国家科学技术学术著作出版基金资助出版
“十三五”国家重点出版物出版规划项目

中国海岸带研究丛书

海水养殖空间管理

刘　慧　蒋增杰　于良巨　宣基亮　尚伟涛 等　著

科 学 出 版 社
龍 門 書 局
北　京

内 容 简 介

本书以海水养殖空间规划理论与技术为核心内容，系统介绍了国内外相关管理政策、理论基础与技术手段，并以桑沟湾为例介绍了海水养殖空间管理所依据的水产养殖分区、环境适宜性评价、生物个体生长预测、养殖容量估算和依托计算机的空间规划决策支持工具等。本书可为我国海水养殖水域划分与管理、养殖场选址、养殖品种与模式选择提供参考。

本书适合从事水产养殖、海洋生态环境保护和海洋功能区划的科研、管理人员阅读，也可作为相关学科高校学生的参考书。

图书在版编目（CIP）数据

海水养殖空间管理 / 刘慧等著 . —北京：科学出版社，2021.12
（中国海岸带研究丛书）

ISBN 978-7-03-067578-1

Ⅰ. ①海… Ⅱ. ①刘… Ⅲ. ①海水养殖－研究－中国 Ⅳ. ① S967

中国版本图书馆 CIP 数据核字（2020）第 260394 号

责任编辑：朱 瑾 白 雪 / 责任校对：郑金红
责任印制：吴兆东 / 封面设计：刘新新

科学出版社
龍門書局 出版
北京东黄城根北街 16 号
邮政编码：100717
http://www.sciencep.com

北京虎彩文化传播有限公司 印刷
科学出版社发行 各地新华书店经销

*

2021 年 12 月第 一 版 开本：720×1000 1/16
2021 年 12 月第一次印刷 印张：20 1/4
字数：408 000

定价：268.00 元

（如有印装质量问题，我社负责调换）

“中国海岸带研究丛书”
编委会

《海水养殖空间管理》著者名单

刘　慧　中国水产科学研究院黄海水产研究所

蒋增杰　中国水产科学研究院黄海水产研究所

于良巨　中国科学院烟台海岸带研究所

宣基亮　自然资源部第二海洋研究所

尚伟涛　中国科学院烟台海岸带研究所

蔺　凡　中国水产科学研究院黄海水产研究所

尤隽永　挪威技术研究中心（Norwegian Research Centre AS，NORCE）

朱建新　中国水产科学研究院黄海水产研究所

高亚平　中国水产科学研究院黄海水产研究所

孙龙启　中国水产科学研究院黄海水产研究所

姜晓鹏　中国科学院烟台海岸带研究所

何宇晴　自然资源部第二海洋研究所

孙倩雯　中国水产科学研究院黄海水产研究所

段娇阳　中国水产科学研究院黄海水产研究所

姜娓娓　中国水产科学研究院黄海水产研究所

周　锋　自然资源部第二海洋研究所

曾定勇　自然资源部第二海洋研究所

袁　伟　中国水产科学研究院黄海水产研究所

蔡碧莹　中国水产科学研究院黄海水产研究所
杜美荣　中国水产科学研究院黄海水产研究所
张志新　威海市水产学校
王军威　荣成楮岛水产有限公司
李晓波　威海长青海洋科技股份有限公司
张　媛　獐子岛集团股份有限公司
常丽荣　威海长青海洋科技股份有限公司
卢龙飞　威海长青海洋科技股份有限公司
张义涛　荣成楮岛水产有限公司
李文豪　中国水产科学研究院黄海水产研究所

丛 书 序

海岸带是地球表层动态而复杂的陆-海过渡带，具有独特的陆、海属性，承受着强烈的陆海相互作用。广义上，海岸带是以海岸线为基准向海、陆两个方向辐射延伸的广阔地带，包括沿海平原、滨海湿地、河口三角洲、潮间带、水下岸坡、浅海大陆架等。海岸带也是人口密集、交通频繁、文化繁荣和经济发达的地区，因而其又是人文-自然复合的社会-生态系统。全球有 40 余万千米海岸线，一半以上的人口生活在沿海 60km 的范围内，人口在 250 万以上的城市有 2/3 位于海岸带的潮汐河口附近。我国大陆及海岛海岸线总长约为 3.2 万 km，跨越热带、亚热带、温带三大气候带；11 个沿海省（区、市）的面积约占全国陆地国土面积的 13%，集中了全国 50% 以上的大城市、40% 的中小城市、42% 的人口和 60% 以上的国内生产总值，新兴海洋经济还在快速增长。21 世纪以来，我国在沿海地区部署了近 20 个战略性国家发展规划，现在的海岸带既是国家经济发展的支柱区域，又是区域社会发展的“黄金地带”。在国家“一带一路”倡议和习近平生态文明建设战略部署下，海岸带作为第一海洋经济区，成为拉动我国经济社会发展的新引擎。

然而，随着人类高强度的活动和气候变化，我国乃至世界海岸带面临着自然岸线缩短、泥沙输入减少、营养盐增加、污染加剧、海平面上升、强风暴潮增多、围填海频发和渔业资源萎缩等严重问题，越来越多的海岸带生态系统产品和服务呈现不可持续的趋势，甚至出现生态、环境灾害。海岸带已是自然生态环境与经济社会可持续发展的关键带。

海岸带既是深受相连陆地作用的海洋部分，又是深受相连海洋作用的陆地部分。海岸动力学、海域空间规划和海岸管理等已超越传统地理学的范畴，海岸工程、海岸土地利用规划与管理、海岸水文生态、海岸社会学和海岸文化等也已超越传统海洋学的范畴。当今人类社会急需深入认识海岸带结构、组成、性质及功能，以及陆海相互作用过程、机制、效应及其与人类活动和气候变化的关系，创新工程技术和管理政策，发展海岸科学，支持可持续发展。目前，如何通过科学创新和技术发明，更好地认识、预测和应对气候、环境与人文的变化对海岸带的冲击，管控海岸带风险，增强其可持续性，提高其恢复力，已成为我国乃至全球未来地球海岸科学与可持续发展的重大研究课题。近年来，国际上设立的“未来地球海岸（Future Earth-Coasts，FEC）”计划，以及我国成立的“中国未来海洋联合会”“中国海洋工程咨询协会海岸科学与工程分会”“中国太平洋学会海岸管理科学分会”等，充分反映了这种迫切需求。

“中国海岸带研究丛书”正是在认识海岸带自然规律和支持可持续发展的需求下应运而生的。该丛书邀请了包括中国科学院、教育部、自然资源部、生态环境部、农业农村部、交通运输部等系统及企业界在内的数十位知名海岸带研究专家、学者、管理者和企业家，基于他们多年的科学技术部、国家自然科学基金委员会、自然资源部项目及国际合作项目等的研究进展、工程技术实践和旅游文化教育为基础，组织撰写丛书分册。分册涵盖海岸带的自然科学、社会科学和社会-生态交叉学科，涉及海岸带地理、土壤、地质、生态、环境、资源、生物、灾害、信息、工程、经济、文化、管理等多个学科领域，旨在持续向国内外系统性展示我国科学家、工程师和管理者在海岸带与可持续发展研究方面的新成果，包括新数据、新图集、新理论、新方法、新技术、新平台、新规定和新策略。出版“中国海岸带研究丛书”在我国尚属首次。无疑，这不但可以增进科技交流与合作，促进我国及全球海岸科学、技术和管理的研究与发展，而且必将为我国乃至世界海岸带的保护、利用和改良提供科技支撑与重要参考。

中国科学院院士、厦门大学教授

2017年2月于厦门

序

中国社会经济快速发展，给近海生态环境造成了巨大的压力，导致近海生态环境急剧恶化。这些压力来自陆地向海洋的排污、沿海经济活动的填海造地及大规模海洋经济开发，如渔业（捕捞及养殖）、旅游和港口航运等产业。这些海洋产业为我国社会创造了巨大的经济收入和众多的就业机会，但这些效益源自健康的海洋所提供的丰富的生态系统服务，而急剧恶化的近海生态环境则无法为我们持续支撑这些产业的发展。为此，除严控陆源排污和围填海，中国也必须下大力气对各类海洋产业进行相应的治理。

中国的海水养殖业规模庞大，提供了我国海产品总量的2/3，其与海洋生态环境的冲突也日益凸显。为了保持产业的持续发展，我们需要更多地依靠科学来管好、用好海洋资源，同时也要保护好海洋生态环境。为达到这些目的，管理好海水养殖空间尤为重要。目前，国际上对水产养殖空间的规划普遍包含了资源环境条件的综合评价、水产养殖环境影响的评估及各种用海冲突的权衡，并以此为基础对养殖品种、模式、布局和密度等提出可行性方案。水产养殖空间规划需要综合考虑上述多方面的因素，必须采用地理信息系统（GIS）技术才能实现。

《海水养殖空间管理》一书集水产养殖空间规划理论与技术方法之大成，系统地阐述了中国海水养殖业及其管理的现状与问题，较为全面地介绍了国内外水产养殖空间规划技术的研究与应用，包括作为空间规划重要依据的养殖容量、个体生长、环境影响评估的理论体系与技术方法，以及相关的数据检索、分析、评价与图形展示等信息化技术。该书以桑沟湾养殖系统作为典型案例，在对其理化、生物环境进行全面评估的基础上，结合国内学者自主研发的水产养殖空间规划决策支持系统（aquaculture planning decision support system，APDSS）的具体设计与实施，对基于生态系统的海水养殖空间管理技术的实际应用进行了详细介绍，并对 APDSS 的功能进行了全面展示。

由于水产养殖空间规划需要考虑多方面的因素，因此地理信息系统（GIS）技术是其必要的一种方法。APDSS 采用 GIS 技术，通过大数据分析与模型运算来强化水产养殖空间管理的科学性与合规性，集成海域功能属性分析、资源环境条件综合评价、养殖容量估算及养殖环境影响评估等功能模块，以此为基础对养殖品种、模式、布局和养殖密度等提出建议方案。这项工作是尊重自然生态属性、多规合一管理海水养殖空间的一次有益尝试，对后续海水养殖业乃至海洋空间规划相关工作都有一定的参考价值。

该书应是国内海水养殖空间管理领域的首本专著，书中所展示的国内外养殖空间规划技术与研究成果，可为我国水产养殖分区与生态系统水平的海水养殖空间管理提供重要参考。该书的出版发行也有望带动相关领域的科研工作，为完善我国渔业水域空间规划、实施数字化水产养殖管理提供重要的科技支撑。该书内容丰富，文字通俗易懂；既突出了学术性，又涵盖了丰富的技术方法说明与案例解读，是渔业管理者、科技工作者和水产养殖从业人员及养殖企业的重要参考书。

该书主要作者刘慧研究员从事海水养殖研究近30年，主要研究方向为海水养殖技术与养殖生态学、水产养殖管理与空间规划等。她是欧盟"玛丽·居里学者"和国际海洋考察理事会（ICES）水产养殖环境影响工作组成员，主持过科技部国家重点研发计划政府间国际科技创新合作重点专项和省市各类科研项目，并参与过中国环境与发展国际合作委员会、中国科学院和中国工程院等多个有关海洋生态环境治理的咨询项目。

中国科学院院士 [签名]

2020年9月于杭州

前　言

中国海洋渔业经过半个多世纪的快速发展，取得了举世瞩目的成就。据农业农村部统计，我国目前海洋鱼虾贝类的年产量相当于全国肉类和禽蛋类年总产量的30%，为我国城乡居民膳食营养提供了近1/3的优质动物蛋白，海洋水产品已经成为我国食物供给的重要来源和维护粮食安全的新途径。

我国海水养殖产量已连续多年超过海洋捕捞产量，在支持渔区经济社会发展、保障渔民生计和就业、维护国家和世界粮食安全方面，做出了巨大贡献。2019年，我国海水养殖产量2065万吨，占海洋渔业总产量的63%，高于近海和远洋捕捞产量的总和。海水养殖业对沿海经济社会发展起到了重要的推动作用。产业高速发展的背后，是强有力的政策、财税和科技支撑。从20世纪50年代至今，国家采取"以养为主"的发展政策，使养殖产业在内陆和沿海获得了优先发展的机遇。鱼虾贝藻规模化育苗技术的突破、海珍品养殖的快速发展，都促进了产业多元化发展。20世纪90年代以来，随着国家科技投入的增加，中国在海水养殖新品种培育、病害防控、养殖工艺优化和机械化水平等方面都取得了长足的进步，产业发展不断踏上新的台阶。

不过，中国在部分海洋技术领域目前还处在欠发达国家的水平，体现在海水养殖领域就是机械化和自动化程度有待提高，基础研究相对薄弱，海水养殖产品的质量安全保障还需加强。不仅如此，我国在海水养殖管理中也缺少足够的科技支撑，缺少实用的管理工具，数据共享不足和信息不对称也一定程度上影响了管理部门的监督和执法。例如，国家和地方多年来尚缺乏明确的指导性海水养殖区规划，一方面导致可以利用的水域空间被多方面开发利用，产生了较为明显的水产养殖与其他行业的空间竞争；另一方面则导致养殖规模缺乏足够的监督和控制，在全国沿海普遍存在超容量养殖的现象。

科学规划、合理布局，是海水养殖业可持续发展的必要条件。要制定科学的海水养殖空间规划，必须以系统的生态学研究为基础，编制基于海水养殖容量和环境容量的海水养殖空间规划。首先要深入了解养殖系统所处的自然生态环境的状况和变化规律、养殖系统的结构和功能、养殖生物的基本生理生态学特性、养殖过程所驱动的内在和逸出效应；其次要了解自然生态环境中生物种群的关键生境和生态学特征，包括其结构和功能及自然生产力状况；同时，需要运用数字化建模、地理信息学技术、计算机辅助运算和分析等，将养殖活动及其生态影响与特定的空间要素相结合，方能实现对特定水域空间养殖容量的综合估算。发展基于生态系统的水产养殖业，还要求我们对养殖水域的生产力状况、生态环境特征、养殖容量及养殖对自然生态系统的影响进行综合评估与预测，从而科学合理地确定某一水域所适合的养殖种类、养殖模式和养殖密度；在考虑生态系统的结构、功能和服务价值的前提下，规划水产养殖品种结构和养殖规模，以不超过生态系统的承载力为约束条件，避免生态系统功能的退化。

2017 年，农业部开始大力推进养殖水域滩涂规划和水产养殖区、限养区和禁养区划定工作。与此同时，为了创新养殖规划和环境管理技术，更好地借鉴发达国家水产养殖空间规划理论与经验，科技部部署了国家重点研发计划政府间国际科技创新合作重点专项"基于生态系统的水产养殖空间规划研究"。项目选择山东荣成重要养殖水域桑沟湾作为研究区域，拟从生态系统的视角探讨解决水产养殖空间规划的理论与技术问题。同期实施的欧盟"地平线 2020"计划项目"基于生态系统的可持续水产养殖空间拓展（Ecosystem Approach to Making Space for Sustainable Aquaculture，AquaSpace）"，则针对多个欧盟国家研发、应用和验证了养殖空间规划工具。这两个项目的成果是撰写本书的基础素材的重要部分。

《海水养殖空间管理》一书全面系统地介绍了海水养殖空间规划的方法及其支持技术，是黄海水产研究所和项目团队近年工作的系统展示。全书共 6 章。第一章，中国海水养殖业及其管理，介绍了中国海水养殖业的发展现状及面临的问题，对比分析了中外海水养殖业管理体系与管理制度，并聚焦于养殖用海管理及其空间规划技术与工具。第二章，海水养殖空间管理技术：养殖生物生长预测，以项目团队自主研发的藻类、滤食性双壳贝类和舐食性贝类个体生长模型为例，全面介绍了动态能量学模型的理论与应用。第三章，海水养殖空间管理技术：养殖容量估算，介绍了水产养殖容量的概念及其研究进展，并重点介绍了作者针对桑沟湾研发的基于生态系统模型的养殖容量估算技术与方法，以及基于食物网结构的养殖容量估算方法。第四章，海水养殖空间管理技术：环境影响评价，重点介绍了桑沟湾理化、生物和生态环境，包括水动力、营养盐和生物群落结构特征，以及水产养殖对桑沟湾水交换、营养盐时空变化特征及自然生态群落的长期影响，以期为评估养殖对近海生态系统的影响提供思路。第五章，海水养殖空间管理技术：空间规划，重点讨论了海水养殖多规合一管理与养殖分区方法，海水养殖政策与环境适宜性评价的综合运用，评估模型运算与图形展示等，较为全面地描述了基于地理信息系统的海水养殖空间规划所涉及的理论与技术方法。第六章，海水养殖空间规划决策支持工具，重点介绍了项目团队研发的桌面端和网络端水产养殖空间规划决策支持系统及其主要功能。

书稿的完成有赖于全体作者数十年科研工作的积累与收获。本书主要执笔人为：刘慧、蒋增杰、于良巨、宣基亮、尚伟涛、蔺凡、尤隽永、朱建新、高亚平、孙龙启、姜晓鹏、何宇晴、孙倩雯、段娇阳等。全书由刘慧统稿、定稿。在本书编写过程中，还得到了自然资源部第二海洋研究所苏纪兰院士的支持与指导，在此一并表示感谢！

水产养殖的规划管理目前在国际上仍属于比较新的研究领域，真正付诸应用的管理工具还不多。同时由于作者水平有限，在成书过程中难免疏漏之处，还请学界前辈和广大读者批评指正！

刘　慧

2020年8月28日于青岛

目　　录

第一章

中国海水养殖业及其管理[1]

① 本章主要作者：刘慧、尤隽永、朱建新

2006年，中国的海水养殖产量超过捕捞产量，成为海洋水产品的主要来源。此后，在海洋捕捞产量逐年下降的同时，海水养殖产量一路攀升，目前已达到我国海洋捕捞产量的2倍。水产品是国际公认的优质动物蛋白来源，也是人类食物的重要组成部分；我国海洋水产品中鱼虾贝类的年产量相当于全国肉类和禽蛋类年总产量的30%，为我国城乡居民膳食营养提供了近1/3的优质动物蛋白，海洋水产品已经成为我国食物供给的重要来源，也是维护我国粮食安全的新途径（农业部印发《国家级海洋牧场示范区建设规划（2017—2025年）》）。

中国水产养殖业经历了60多年的快速发展，取得了举世瞩目的成就；养殖产量从1950年不足10万吨跃升至1985年的363万吨，成为世界第一水产养殖大国，进而增至2016年的5142万吨并占世界总产量的2/3；水产养殖占中国渔业总量的比例也相继从1950年的8%增至1985年的45%和目前的80%。水产养殖作为中国大农业中发展最快的产业之一，在保障市场供应、增加农民收入、提高农产品出口竞争力、优化国民膳食结构和保障粮食安全等方面做出了重大贡献。

产业的快速发展离不开我国水产养殖科技研发与创新。近年来，我们在水产生物技术与遗传育种、海水养殖、淡水养殖、水产动物安保、水产动物营养与饲料、渔药、捕捞、渔业资源保护与利用、生态环境、水产品加工与贮藏工程、渔业装备、渔业信息等各个领域不断获得技术突破，确立了我国水产学科在国际相关研究领域的优势地位。

同时也应该看到，我国海、淡水养殖业发展中还存在一些问题和挑战，产业的经济效益、产品质量、抗风险能力都有待加强，尤其是管理手段和管理能力还有待提高。本章概述了中国海水养殖业的发展现状与趋势，分析了产业面临的问题与挑战，着重分析与探讨了产业管理相关问题，通过借鉴国外经验，对我国应如何加强海水养殖空间管理提出建议。

第一节　中国海水养殖业的发展现状及面临的问题

一、中国海水养殖业现状与发展趋势

中国海洋渔业总产量在2019年达到3282万吨，占中国渔业总产量的半壁江山。其中海水养殖产量2065万吨，占海洋渔业总产量的63%，高于近海和远洋捕捞产量的总和（图1.1）。

海水养殖业对沿海经济的发展，尤其是近年来的快速发展，发挥了引领和推动作用。产业高速发展的背后，是强有力的政策、财税和科技支撑。从20世纪

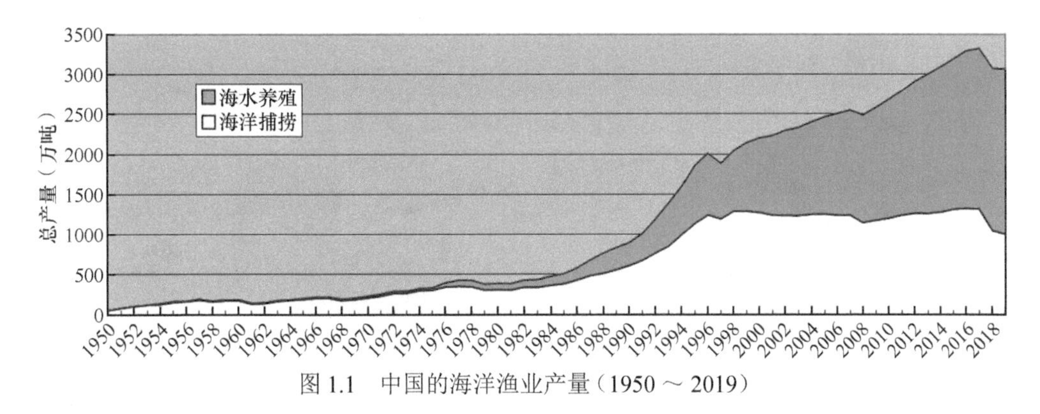

图 1.1　中国的海洋渔业产量（1950 ～ 2019）

50 年代至今，国家采取"以养为主"的发展政策，使养殖产业在内陆和沿海获得了优先发展的机遇，并且一直持续了半个多世纪。其中有一个时期，每隔 4 ～ 5 年，养殖产量就会翻一番。国家政策的引导只是一个方面，科技和财税扶持的支撑作用也不容忽视。中国五次"海水养殖浪潮"（指成规模的跨越式发展）分别以海带（*Saccharina japonica*）、扇贝（Pectinidae）、对虾（ Penaeidae）养殖及海水鱼类规模化育苗技术的突破，以及近年来的海参及其他海珍品养殖为基础，大大加速了养殖规模的扩增，也促进了产业多元化发展。20 世纪 90 年代以来，得益于国家科技投入的增加，中国在海水养殖新品种培育、病害防控、养殖工艺优化和机械化水平的提高等方面，都取得了长足的进步，产业发展不断踏上新的台阶。

（一）海水养殖的经济学特征

2019 年，中国渔业经济总产值 2.64 万亿元，其中渔业总产值 1.29 万亿元，相关的工业和建筑业、流通和服务业产值约 1.35 万亿元。渔业总产值中占比较大的为淡水养殖（6186 亿元）、海水养殖（3575 亿元）和海洋捕捞（2116 亿元）。休闲渔业产值为 964 亿元，呈持续上升趋势（图 1.2）。渔业经济对整个中国国民经济的贡献十分显著。

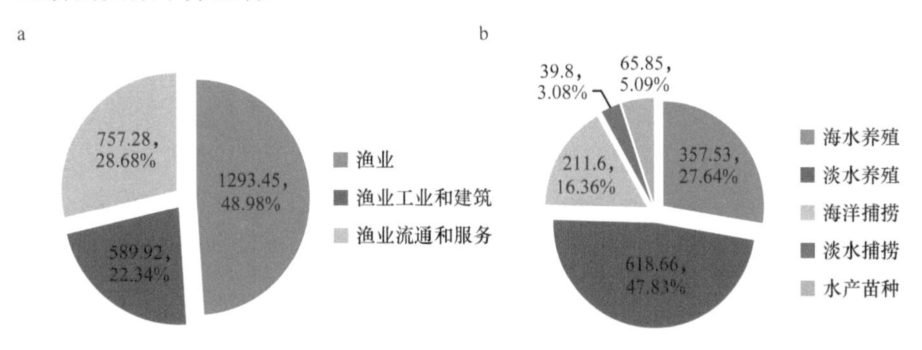

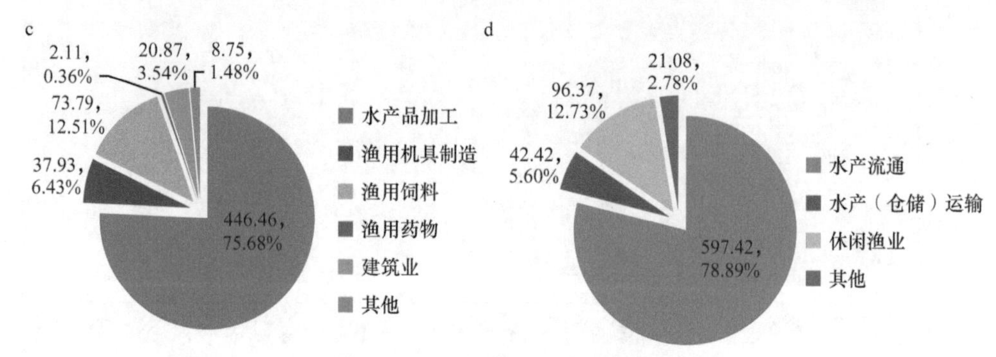

图 1.2　2019 年中国渔业经济结构

产值单位为十亿元。a. 中国渔业经济主要成分产值及比例；b. 中国渔业总产值主要构成及比例；c. 中国渔业工业和建筑业总产值主要构成及比例；d. 中国渔业流通和服务业总产值主要构成及比例

中国水产品的消费市场主要在国内（图 1.3）。据连续多年的水产行业统计数据，水产品作为食品在中国国内市场的消耗量，占国内水产品总量的 85% ～ 92%。水产品出口量仅占 4% ～ 7%，且进出口总量近年来变化不大。2019 年水产品出口额 206.58 亿美元，约占全国农产品出口总额的 28%；水产品进口额 187.01 亿美元，以低值产品鱼粉等为主。不过，在贸易顺差大幅减少的同时，我国高端水产品进口呈现增加趋势。

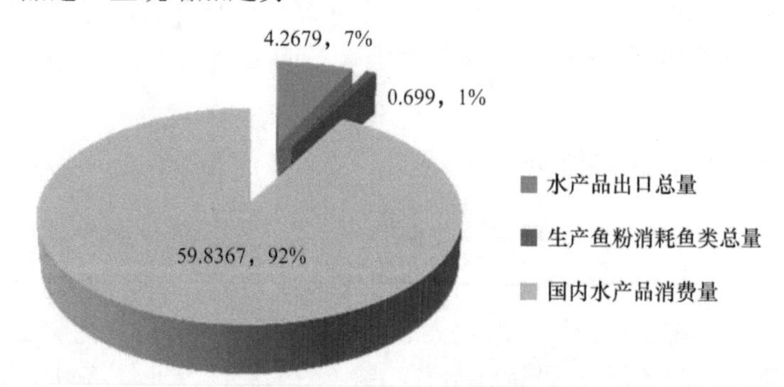

图 1.3　2019 年中国水产品总量和主要去向

数据显示为总量（百万吨）和比例

我国水产饲料产业在过去 30 多年间发展迅速，1991 年水产饲料产量约为 75 万吨，2012 年水产饲料产量为 1855 万吨，增加了 23.73 倍，占世界水产饲料总产量的 41%，也催生了世界规模最大的水产饲料生产企业。一些饲料品种的加工工艺和质量明显提高。从反映饲料品质的饲料系数（指饲料消耗量与养殖品种的增重量之比，饲料系数越低，说明饲料转化率越高、饲料使用效果越好）来看，目前我国水产饲料系数普遍在 0.9 ～ 1.5（麦康森，2020），而对虾的饲料系数已达到 1.0 ～ 1.2，接近或达到国际先进水平（刘慧等，2017）。

根据对 1 万户渔民（包括水产养殖从业人员）家庭收入的调查，2019 年全国渔民人均纯收入 2 万多元，比 2018 年增加 6%（图 1.4）。一般来说，渔民属于中国农村人口中收入较高且收入增加较快的群体。在渔民收入中，经营性收入约占 90%；工资收入和生产补贴（指各种惠农补贴）在近年来有逐步增加的趋势，其占渔民家庭收入的比例分别为 6.1% 和 3.5%。

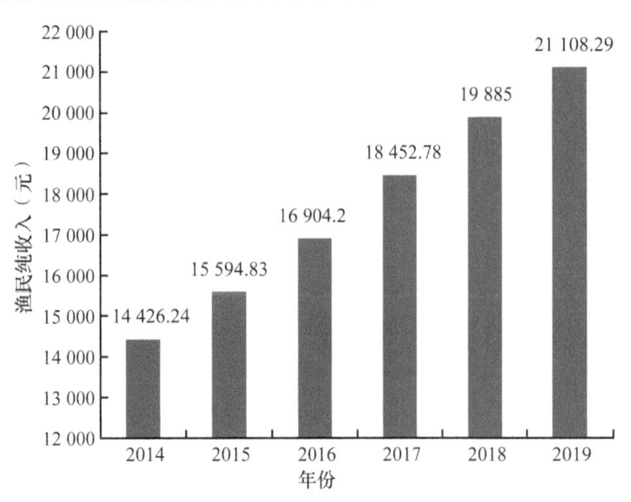

图 1.4　2014 ～ 2019 年中国渔民人均纯收入

不过，由于近年来水产养殖业经营风险增加，水产品市场价格波动较大，部分养殖种类（如对虾）病害问题得不到有效控制，加之养殖用工及原材料成本不断上涨，致使海水养殖利润率越来越低，也有一些小型或家庭养殖场因经营不善而亏损或倒闭。

（二）主要养殖种类及其特点

中国海水养殖业在格局上明显不同于世界其他国家：世界主要养殖国家如挪威等，主要依托一种或少数主导品种，养殖模式也较为单一；而中国在养殖品种、方式和规模等方面都呈现多元化发展。我国目前养殖规模较大的海水生物种类有 70 多种，包括鱼、虾、贝、藻、参等几大类，其中相当一部分种类是依靠光合作用或者滤食天然饵料而生长，在养殖过程中不需要投放饵料。只有鱼类和部分虾蟹类是投饵养殖的品种，其总产量占海水养殖总量的大约 15%（唐启升等，2016）。

FAO 报告显示，世界海水鱼类养殖产量正以 8% ～ 10% 的年增长率迅猛发展，鱼类养殖产量已经超过了鱼类捕捞产量，为全球提供了 50% 以上的鱼类产品。随着中国人消费结构的变化，投饵养殖的产量也快速增加，其中海水鱼虾类颇具代表性，已连续多年以 5% 以上的年增长率递增，几乎与世界海水鱼类养殖产量的增长同步。2019 年我国海水鱼类养殖产量为 160.58 万吨，与 2018 年相比增幅为 7%；虾蟹类 174.38 万吨，与 2018 年相比增幅为 2.4%（图 1.5）。目前，我国海水鱼养殖品种主要有 10 个：大黄鱼、鲈鱼、鲆鱼、石斑鱼、鲷鱼、美国红鱼、军曹鱼、河鲀、鲕鱼、鲽鱼，主要有陆基工厂化、海上网箱和海岸带池塘三大养殖模式。虾蟹类主养品种有南美白对虾、中国对虾、斑节对虾、日本对虾、锯缘青蟹、三疣梭子蟹等，养殖模式以池塘为主，还有少量混养和工厂化养殖。

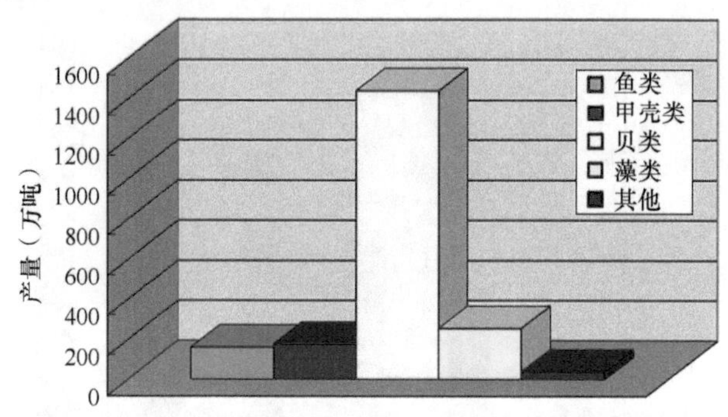

图 1.5　2019 年中国海水养殖分种类产量对比

贝藻类是典型的不投饵养殖种类。中国养殖的海水贝类有牡蛎、贻贝、扇贝、蚶、蛏、蛤、鲍、螺等；养殖海藻包括海带、紫菜、裙带菜、龙须菜、羊栖菜、微拟球藻等。相对来说，贝藻类养殖模式比较粗放，占用海域面积较大。2019 年，我国贝类养殖面积 120.4 万 hm^2，藻类养殖面积 14.2 万 hm^2，分别占我国海水养殖总面积的 60.4% 和 7.1%，总体上较为稳定。2019 年我国海藻养殖产量（干重）253.84 万吨，比上年增长 8.3%。我国海藻养殖产量约占全球总产量的 60%，年总产值在 200 亿元左右。此外，海藻食品及海藻食品添加剂产品年出口 7.15 万吨，换汇 2.87 亿美元，占全球市场份额的 1/4 左右。

（三）主要养殖模式及产业规模

中国海水养殖从业者既有大、中型股份制公司，也有家庭作坊式小型养殖场，已形成了池塘、滩涂、浅海、陆基工厂化、小型和深水网箱等多种养殖模式，以及海洋牧场（Sea Ranching）和资源增殖放流相结合的多样化发展新格局。中国浅海养殖在面积和产量上，都占海水养殖的一半以上（分别为 55.5% 和 57.8%），主要养殖模式为筏式（包括吊笼）养殖和网箱养殖。滩涂养殖产量和面积则均占 30% 左右，主要包括底播和池塘养殖（图 1.6）。工厂化养殖占比很小，产量和面积分别占 1.31% 和 0.15%。

海水池塘养殖品种在南方主要是对虾，北方主要是海参。池塘系统的设施相对简单，主要配套设备为增氧机、水泵、投饵机等。为了控制池塘水质和底质污

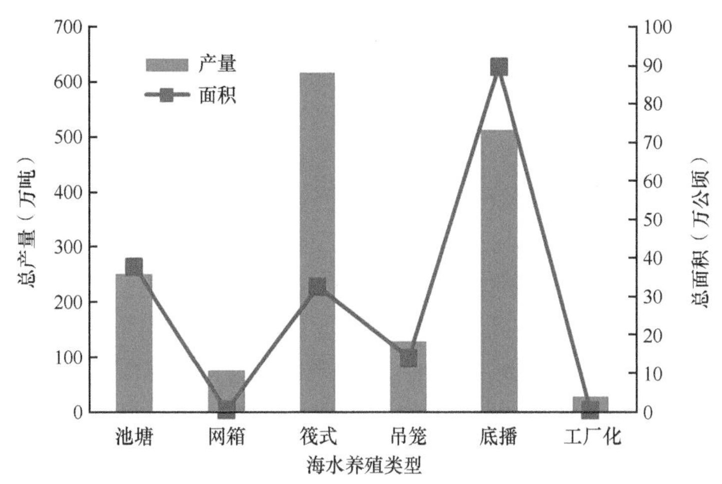

图 1.6 2019 年中国海水养殖模式及其对应的面积和产量

染，池塘系统的结构也在不断改进，一些大型池塘逐渐增加人工湿地、生态沟渠、生物浮床等净化设施。

筏式养殖是浅海表层水域的主要养殖方式，由成排的浮子（浮球）和绳索（筏绳）组成浮筏，并用缆绳固定于海底，吊养贝类和藻类等。南方主要养殖品种为海带、紫菜、牡蛎等，北方主要养殖品种为海带、扇贝、贻贝。由于筏式养殖机械化程度很低，主要依靠人力，劳动强度非常大。如何提高其自动化、机械化水平，已经成为行业发展迫切需要解决的问题。底播养殖利用的是近岸底层水域，主要养殖贝类、海参等，目前结合海洋牧场和人工渔礁的建设，底播养殖在我国南北方都有开展，规模呈现增加态势。

深水网箱和工厂化养殖是技术含量和设施化水平相对较高的养殖方式，所需投资成本也远远高于其他养殖模式。我国目前有工厂化海水养殖水体 3374 万 m^3，养殖产量约 20 万吨，养殖品种以海水鱼类为主。目前，这两种模式占我国海水养殖总量的比例很低。2018 年，我国有深水网箱 1348 万 m^3，养殖产量 15.4 万吨，约为普通小网箱的 1/4。其中，海南和雷州半岛为卵形鲳鲹、军曹鱼的主产区，福建、广东、浙江沿海为大黄鱼主产区，山东、辽宁、河北沿海为鲆鲽类主产区。

作为低污染、节能减排的新模式，多营养层次综合水产养殖（integrated multi-trophic aquaculture，IMTA）、海洋牧场和工厂化循环水（recirculating aquaculture system，RAS）目前已成为我国海水养殖的发展方向。

事实上，IMTA 可以称得上是生态系统水平的水产养殖业。该养殖模式立足于水产养殖资源的综合利用，不仅关注养殖产量，而且关注产品质量、环境影响、资源利用及养殖活动的生态效益和社会效益。从 20 世纪 90 年代以来，在山东近海大力发展的 IMTA 是生态系统水平水产养殖的一个范例，受到国内外水产养殖业界的高度评价和广泛关注。其中，荣成桑沟湾就是一个 IMTA 的传统养殖区和典型代表。在这个养殖系统中，网箱养殖的鱼类的残饵和排泄物可转化为贝类和藻类的营养物质，行自营养的大型藻类海带通过光合作用吸收海水中的 C、N、P 等营养元素，扇贝、牡蛎等养殖贝类的生长是通过滤食海水中的浮游生物和有机碎屑，海带还可用来养殖鲍，扇贝和鲍的排泄物及海带碎屑等可被海参等底栖生物利用，由此形成一个完整的生态食物链。这也是 IMTA 模式的基本原理，即不同养殖生物占据生态链条中的不同环节，一种生物的残饵和排泄物可成为另一种生物的营养物，达到互为补充、互为利用、和谐共处、共生共荣的效果。可见，IMTA 既提高了水产养殖的单位面积产量和渔民收益，又有效消除了养殖产生的负面效应，为实现水产养殖业的可持续发展探索出一条有效途径。

二、海水养殖业面临的问题与挑战

中国海水养殖业经过半个多世纪的快速发展，在产业规模、品种多样性、模式丰富度和技术创新等方面都取得了举世瞩目的成就。但是，在空间布局和产业结构上，趋同化和同构化的问题较为突出；在发展方式上，重规模不重效率、粗放型发展的状况非常明显。产业结构趋同化会造成低水平的重复建设和过度竞争，不利于形成合理的专业化分工和资源在整个区域内的最优配置。总体来说，中国的海水养殖业仍然是资本、原材料和劳动密集型产业，对空间资源、水资源和渔业资源的消耗巨大，产业向现代化发展和效率提升的需求非常紧迫。中国海水养殖业目前面临的主要问题包括：缺乏合理的养殖空间规划、与其他用海方式之间冲突明显、生态影响日益凸显、经营风险进一步增大、科技对管理支撑不足等。

（一）产业盲目扩张，缺乏合理的空间规划

我国水域滩涂的利用由国家进行统一规划，部分滩涂归集体所有。多年来，我国海水养殖业的准入以养殖证登记的方式进行管理。《中华人民共和国渔业法》（2013 年）规定：“各级人民政府应当把渔业生产纳入国民经济发展计划，采取措施，加强水域的统一规划和综合利用。”与此同时，“国家鼓励全民所有制单位、集体所有制单位和个人充分利用适于养殖的水域、滩涂，发展养殖业。”为了达到上述目的，“国家对水域利用进行统一规划，确定可以用于养殖业的水域和滩涂。单位和个人使用国家规划确定用于养殖业的全民所有的水域、滩涂的，使用者应当向县级以上地方人民政府渔业行政主管部门提出申请，由本级人民政府核发养殖证，许可其使用该水域、滩涂从事养殖生产。核发养殖证的具体办法由国务院规定。集体所有的或者全民所有由农业集体经济组织使用的水域、滩涂，可以由

个人或者集体承包，从事养殖生产。”

《中华人民共和国渔业法实施细则》进一步说明了有关水产养殖活动需要管理部门审批，以及申领水产养殖证的有关规定：“使用全民所有的水面、滩涂，从事养殖生产的全民所有制单位和集体所有制单位，应当向县级以上地方人民政府申请养殖使用证。”《中华人民共和国海域使用管理法》（2001 年）除了要求水产养殖应符合海洋功能区划外，还规定：“海域属于国家所有，国务院代表国家行使海域所有权。任何单位或者个人不得侵占、买卖或者以其他形式非法转让海域。单位和个人使用海域，必须依法取得海域使用权。”“国家实行海洋功能区划制度。海域使用必须符合海洋功能区划。国家严格管理填海、围海等改变海域自然属性的用海活动。”

尽管国家政策法规中已经对“规划先行、依规而治”做出了明确规定，但总体而言，我国在 2019 年以前一直缺少明确的市县一级水产养殖区规划，而现有海洋功能区划中“渔业水域”的划定也主要是平衡各种用海需求的结果，并未充分体现“四场一通道”（指产卵场、育幼场、索饵场、越冬场和洄游通道）等关键渔业栖息地，以及适合开展水产养殖的环境条件等诸多重要因素，导致养殖活动与保护水域生态环境之间发生冲突。由于缺少规划的约束，养殖企业受经济利益驱使，在土地和水域使用、养殖品种选择、养殖密度控制方面也较为随意。此外，在我国沿海各地，未申领养殖证和海域使用证而擅自开展水产养殖活动的个体渔民和各类养殖企业，以及从事养殖活动多年而未进行养殖证登记的企业，都不在少数。以上种种现况使得不少水产养殖活动失于监管，使《渔业法》中关于“国家对水域利用进行统一规划，确定可以用于养殖业的水域和滩涂”、单位和个人依据国家规划从事养殖业的规定，长期得不到落实。

（二）养殖与其他用海方式冲突增多

近几十年来，我国海洋经济高速发展，对海洋不可再生资源如生物多样性、重要渔业种类和空间资源的掠夺式开发，特别是岸线和近岸海域的粗放式利用较为严重。在改革开放初期，我国人工岸线不足 10%，而目前我国 1.8 万 km 的大陆海岸线中 60% 以上已经变成了人工岸线，其中很大一部分被大规模围填海并开垦成盐田、养殖池塘、工业用地和拓展城市空间等（图 1.7）（Wang et al.，2014）。目前，我国海水养殖面积已达 200 万 hm^2。据统计，养殖用海约占岸线总长度的 33% 和近海水面的 10%（Liu and Su，2017）。

2002 年，我国发布实施了《全国海洋功能区划》，为海域管理提供了科学依据。到 2010 年底，国务院和沿海县级以上地方各级人民政府依据海洋功能区划确权海域使用面积 194 万 hm^2，基本解决了海域使用中长期存在的“无序、无度、无偿”等问题。在 2012 年重新修订和发布实施的《全国海洋功能区划

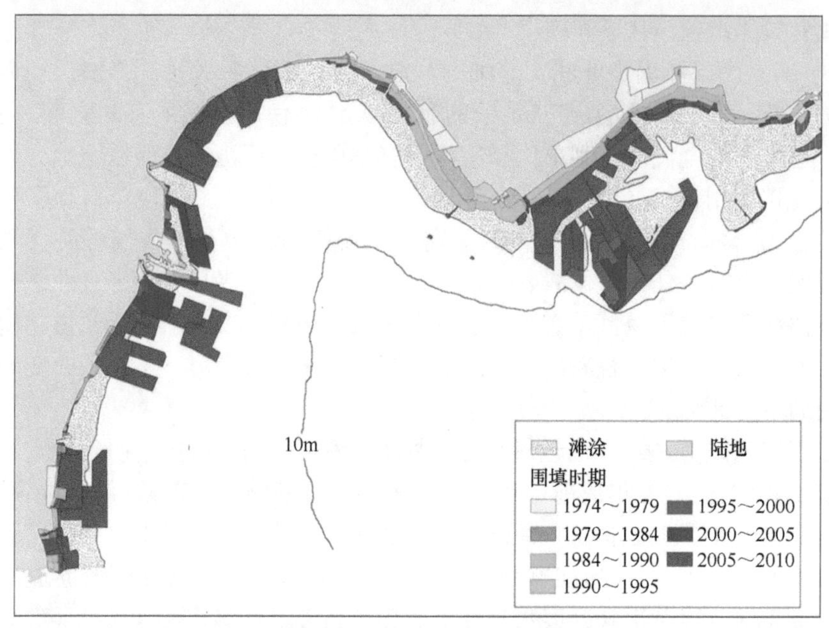

图 1.7　1974 ～ 2010 年渤海西侧部分区域的围填海（引自 Wang et al.，2014）

（2011 ～ 2020 年）》中，我国海洋功能区分为八大类，即农渔业、港口航运、工业与城镇用海、矿产与能源、旅游休闲娱乐、海洋保护、特殊利用和保留。按照国务院要求，该区划是“合理开发利用海洋资源、有效保护海洋生态环境的法定依据”，一经批准，任何单位和个人不得随意修改。《全国海洋功能区划》由国家海洋局会同有关部门和沿海 11 个省、自治区、直辖市人民政府编制；地方政府在该区划的框架下，分别负责本省市的《全国海洋功能区划》编制。

然而，尽管各地《全国海洋功能区划》都明确提出了建设用围填海规模控制指标，且《渔业法》中也规定:“沿海滩涂未经县级以上人民政府批准，不得围垦；重要的苗种基地和养殖场所不得围垦”，但随着沿海经济发展和城市化进程的加快，大规模围填海工程和其他产业空间利用占用养殖区的现象十分突出，海水养殖空间受到不同程度的挤压。

（三）海水养殖生态环境问题凸显

海水养殖的生态影响主要包括占用野生水生动植物栖息地的问题、养殖排污带来的环境污染问题及养殖业对海洋生物多样性的影响等方面，而缺乏科学合理的海水养殖空间规划又是诸多症结的根本原因。

我国的海水养殖业主要通过海域使用证和养殖证的发放进行管理，养殖业者获得两证后，可以在确权的海域从事养殖活动。两证虽然明确规定了可以使用的水域空间，但对于养殖密度、养殖种类结构和养殖布局则无任何限制（Liu，

2016）。在20世纪90年代以前，这种管理方式对促进我国水产养殖业的发展发挥了重要作用。但随着养殖空间的不断拓展，养殖规模的不断扩大，单位水体养殖生物量和养殖密度无限制增加，导致了养殖自身污染加剧，环境质量下降，病害频发，水产品质量越来越难以保障。此外，沿海各地无证养殖的现象非常普遍，不利于养殖业的统筹规划。随着国家对养殖业的管理日趋规范，对生态环保的要求日趋严格，这些问题虽然已有所改善，但仍有不少待改正的地方。

海水养殖业在保障我国粮食安全和沿海经济发展的同时，也占用了大量空间。据统计，海水养殖占用了我国滨海湿地总面积的1/3、浅海总面积的10%（Liu and Su，2017）。近半个世纪以来，我国进行了大规模的围海养殖（Wang et al.，2014），围填海导致大面积的海岸地貌改变，滨海湿地生态系统严重退化。迄今，我国东南沿海已经建成了约24万hm^2虾塘，其中仅广西虾塘面积就有4.62万hm^2。据"国家海洋督察第一批围填海专项督察意见"（http://www.soa.gov.cn/xw/hyyw_90/201801/t20180114_59954.html），辽宁、河北、江苏、福建、广西和海南等省违法违规用海问题严重，其中河北省围海养殖用海总面积约18 424hm^2，取得海域使用权的面积仅为27%；江苏省违规占用海域进行养殖涉及137宗养殖用海，合计2.9万余亩[①]，占用自然保护区缓冲区及生态红线区9954.654hm^2。1989～2000年，我国有12 923.7hm^2红树林消失，其中97.6%用于修建虾塘；据了解，广西的对虾养殖池塘至少有10%来源于历史上的红树林。我国海堤人工岸线长度在2015年达到14 500km，占中国18 000km海岸线总长度的80%；而20年前仅占18%。"虾塘-海堤-滩涂（包括红树林）组合"已经成为热带和亚热带海岸的常见景观。

违法违规用海和占用各级各类自然保护区的用海活动，势必造成海洋生物多样性和重要水生生物种质资源的破坏，对我国近海生态系统造成难以估量的损失。反过来，恶化的近海生态环境又冲击着养殖业本身。

除了养殖自身排污污染，其他环境污染源也是影响海水养殖产品质量安全的突出问题，尤其是过量的陆源营养盐输入，导致赤潮频发、缺氧酸化严重等生态灾害。根据2014年全国渔业生态环境监测网的监测结果，我国四大海区渔业水域局部污染仍然较严重，其中无机氮、活性磷酸盐和石油类的超标率分别为72.0%、33.7%和38.7%（贾晓平等，2017）。同时抗生素污染的威胁也一度备受关注。受到河流输入和养殖排污影响，北部湾水体中曾检测出多种抗生素类药物（Zheng et al.，2012），其中红霉素为最主要抗生素种类，检出率为100%，浓度范围1.10～50.9ng/L；其次是磺胺甲噁唑，浓度和检出率分别为＜10.4ng/L和97.1%。

---

① 1亩≈666.7m^2

此外，鲜杂鱼的使用也加剧了海水养殖业的资源和环境问题。目前我国部分海水鱼类养殖中仍大量使用冰鲜杂鱼作为饵料，配合饲料的普及率不高。由于鲜杂鱼的适口性较差、饲料系数高，大量投喂会引发养殖水域的污染，并存在病害传播隐患和水产品食用安全风险。不仅如此，由于鲜杂鱼的捕捞兼捕了大量的经济鱼类的稚幼鱼，无论是制作鱼粉还是直接投喂，都会对野生渔业资源造成浪费和破坏。水产养殖业直接用鲜杂鱼养鱼的问题不仅会加速海洋渔业资源的枯竭，而且会导致环境污染与病原传播，威胁我国水产养殖业绿色持续发展（麦康森，2020）。

（四）海水养殖的经营风险加剧

随着我国海水养殖业不断向规模化、高投入的方向发展，产业经营的风险也在增加。水产养殖业在本质上属于农业范畴，因此受自然条件和环境因素影响比较大。据农业农村部统计，受台风、洪涝、病害、干旱、水域环境污染等灾害影响，2016 ～ 2018 年，我国每年的渔业损失在 150 亿～ 290 亿元，受灾面积 60 万～ 107 万 hm^2，水产品损失达到 80 万～ 165 万吨。在全国渔业灾害损失中，沿海 11 省、自治区、直辖市的损失占 70% 左右；而海水养殖业则承担了其中绝大部分灾害损失。

作为“投资回报率高”“经济效益好”的行业之一，中国的海水养殖业在改革开放之初到 2010 年前后的近 30 年时间里，曾吸引了来自国内外的大量投资。然而，十余年来，随着饲料、能源和劳动力价格的上涨，其他海洋产业在资源和资金方面的竞争，尤其是接连发生的水产品安全事件导致的产品价格剧烈波动，使海水养殖业“稳赚不赔”的时代已经一去不返。近几年，海水养殖业的突发性事件层出不穷，包括对虾和海参病害难以得到有效控制、新型病原不断出现、养殖海水鱼价格不抵养殖成本、底播贝类不明原因的大规模死亡等，让产业疲于应对、损失惨重，一些小型养殖企业甚至资不抵债、经营陷入困境。在新的形势下，产业经营的不确定因素和发展的不稳定性都显著增加。

最近几年发生的几起重大灾害性事件，给中国乃至全世界水产养殖业者和科技工作者一个警醒：水产养殖风险大，目前应对灾害的科学技术和预警防范手段还远远不够。2017 ～ 2019 年，我国黄海虾夷扇贝养殖产业连续发生扇贝大规模死亡、贝体消瘦和大面积减产等事件，导致獐子岛海洋牧场利润亏损数十亿元。综合分析，导致这些灾害的主要原因应该是自然环境条件异常和超容量养殖，缺乏科学合理的养殖空间规划是其根本原因。此外，对环境灾害缺乏有效的监测和管理手段、灾害风险评估不足也是重要原因。黄海养殖扇贝大规模死亡问题警示我们要加强相关科学与技术研究，加强水产养殖的规划管理。

海洋的动力强，潮汐、波浪和海流构成了海洋水交换和水质净化的基础。合理的空间规划可以让水产养殖场建在温度、盐度、营养盐和浮游生物等都较为适宜的区域；也可以让水产养殖场远离污染源和有害藻华等的负面影响；同时，还可以让养殖场之间留有足够的隔离带，有效防止污染物的相互影响和彼此之间动植物病害的传播。总之，空间规划是有效规避水产养殖风险的重要手段。

（五）国家政策推动产业转型

从 2012 年党的十八大以来，中国深入推进生态文明建设，生态文明的理念日益成为社会共识。随后，新修订的《中华人民共和国环境保护法》于 2015 年实施，环保督察和生态审计工作都在有序开展，环境执法力度、处罚力度大大增强，中国的环境质量日益改善。这一系列政策和工作的落实也给水产养殖业带来了前所未有的机遇和压力。目前，水产养殖业面临着两个最为紧迫的问题：大面积违法违规建设的养殖设施必须拆除，而“合法”、“合规”、已经取得养殖证的企业则要加快进行尾水治理、污染整治和节能减排整改。

在“退养还滩”和“环保风暴”压力下，我国水产养殖系统集约化程度有望得到迅速提高。集约化程度高，意味着单位面积能耗更高，同时产业还面临着资源利用和资金投入的增加，以及环境风险增加等更多挑战。2019 年，我国的碳排放量高达 102 亿吨，约占全球总量的 27.9%，位居世界第一。提质增效、节能、减排（对水产养殖来说不仅包括碳，也包括氮、磷营养盐）三位一体的重任，是水产养殖业转型升级必须做足的功课。为此，养殖企业应考虑如何应对相关的技术和金融风险，而管理部门也要思考如何加大对企业的技术培训、如何运用金融手段促进绿色发展及如何在部分企业关停后解决渔民的转产和再就业问题。

（六）科技对管理的支撑仍显不足

我国在水产养殖科技领域取得了大量创新性成果，支撑了产业的发展及其在全球的优势地位，但在水产养殖管理方面尚缺乏科技支撑。

一方面是以往的科学研究侧重于支撑产业发展的应用技术研发，而管理手段、管理技术等方面的科技研发明显不足。例如，我国目前尚缺乏科学有力的水产养殖空间规划技术和规划工具，导致《渔业法》中明文规定的“水域的统一规划和综合利用”难以落实。同时，地方管理部门普遍缺乏信息化管理工具，在水产养殖企业的许可证管理、产量和环境监测数据的实时更新、掌控与管理能力上较为薄弱。

另一方面是管理部门尚未建立规范的科技咨询制度，科技成果难以在管理过程中充分发挥作用，导致部分已经颁布实施的法规、制度、行业规范与标准难免有不科学、不合理的内容。例如，2019 年，我国水产养殖主产县的水域滩涂规划编制工作已基本完成，新一轮水产养殖水域滩涂规划开始实施。但是，从各地编制的养殖区规划来看，普遍缺乏对环境容量和养殖容量的掌控与考量；对具有不同温度、营养盐、水交换条件的沿海水域分别适合养殖哪些品种，养殖密度和养殖场数量应该怎样控制，也未做出具体要求。再如，国家于2002年和2012年先后发布和修订了《全国海洋功能区划》，虽然该区划在指导原则中再三强调“自然属性为基础”“科学发展为导向”“保护渔业为重点”“保护环境为前提”“陆海统筹为准则”“国家安全为关键”，但实质上还是以用海各方利益的平衡为重点，缺乏对于海域自然属性的理解与尊重；在分区时既没有合理避让渔业生物的繁殖场、育幼场和洄游通道，也没有严格规定海洋保护区、海洋特别保护区和国家级海洋公园与其他用海方式的“非兼容”属性，没有在这些区域与工农业和城市用海功能区之间设立缓冲区。同时，该区划中对于“渔业用海”区域的划定，并非基于水域本身的自然属性和理化生条件适合开展海水养殖业，而是在考虑养殖用海现状的基础上，权衡其他各种用海需求的结果。

重要的是，中国目前还缺少一个能够集成生物、地质、物理、化学、经济和社会等各类信息的海洋地理信息系统（geographic information system，GIS），来辅助政府编制海洋功能区划和水产养殖区划。在缺乏上述多学科、多层级数据信息的条件下编制出来的《全国海洋功能区划》，难免带有太多的实用性色彩，而欠缺了科学性、客观性与合理性。

第二节　国内外海水养殖空间管理

保障海水养殖产业的健康持续发展，是我国水产科研与管理部门的一项重要使命。在国家“以养为主”的宏观政策支持下，海水养殖业曾经经历了数十年的快速扩张，在发展空间上几乎没有受到任何限制。不过，随着我国海洋经济的快速发展，海水养殖业与其他用海产业、城市化、海洋保护区的空间竞争与矛盾也日益凸显。尤其是近年来，国家全面推进生态文明建设，提倡水产养殖业绿色健康发展，提质增效、减量增收，退养还滩、养殖区划等工作在沿海各地悄然推进，使得海水养殖业的空间管理也变得越来越重要。

一、中国海水养殖管理政策与制度

中国的海水养殖业由国家与地方分权管理。农业农村部渔业渔政管理局代表国家行使宏观管理职权，包括制定政策、法规和管理条例、规划和计划，并指导实施；省市县各级农业农村局则代表地方行使具体职权，负责执行政策、法规和管理条例，以及辖区内海域使用证和养殖证的审批等。

从20世纪70年代至21世纪的最初10年，中国对海淡水养殖业始终采取积极和鼓励性政策，而1986年颁布的《中华人民共和国渔业法》则确立了“以养殖为主”的渔业发展方针（唐启升，2017）。在宏观政策鼓励产业快速发展的同时，国家也颁布了一整套法律法规来规范海水养殖业的发展，包括《中华人民共和国海域使用管理法》《中华人民共和国物权法》《中华人民共和国动物防疫法》《中华人民共和国海洋环境保护法》等。

长期以来，国家把水产养殖业作为提高农村收入、增加粮食产量和促进农村就业的重要产业，通过政策扶持促进其发展。农业农村部对水产养殖户的扶持政策种类繁多，包括渔用柴油补贴、渔业资源保护和转产转业财政项目、渔业互助保险补贴、发展水产养殖业补贴（又包括水产养殖机械、良种和养殖基地补贴等几种类型）、渔业贴息贷款和税收优惠政策等。这些政策在扶持和激励行业发展方面，无疑发挥了积极的作用并卓有成效。

（一）中国现阶段水产养殖宏观政策

2007年，党的十七大报告提出要建设生态文明。随着国家一系列生态保护措施的落地，“绿水青山”的生态环保意识逐步深入人心。十余年来，国家出台了一系列有关生态文明建设的政策法规，其中很多涉及水产养殖业的管理。2006年，国务院批准并印发了《中国水生生物资源养护行动纲要》；2013年，国务院发布了《关于促进海洋渔业持续健康发展的若干意见》，再次强调了渔业管理中“生态优先”的方针政策，把海洋渔业发展纳入建设海洋强国战略中，所提出的“到2015年，海水产品产量稳定在3000万吨左右，海水养殖面积稳定在220万公顷左右，其中海上养殖面积控制在115万公顷以内”；“到2020年，海洋渔业基础设施状况显著改善”“海洋渔业生态环境明显改善，渔民生产生活条件显著改善”等目标已基本达到。

2016年，农业部印发了《养殖水域滩涂规划编制工作规范》和《养殖水域滩涂规划编制大纲》，突出强调了水产养殖空间规划的重要性，要求全国各地合理布局水产养殖生产，划定禁养区、限养区和养殖区，2018年底前全面完成《养殖水域滩涂规划》编制工作。2016年12月，《全国渔业发展第十三个五年规划》发布，提出“提质增效、减量增收”的发展目标，同时也提出要“完善养殖水域滩涂规划。科学划定养殖区域，明确限养区和禁养区，合理布局海水养殖，调整优化淡水养殖，稳定基本养殖水域，科学确定养殖容量和品种。”为了缓解各种压力，提振相关利益主体的信心，2019年颁布的《关于加快推进水产养殖业绿色发展的若干意见》，再次强调了质量兴渔、市场导向、创新驱动、依法治渔的四项原则。

2017～2021年，为了贯彻落实上述管理制度和规定，践行国家关于加快推进生态文明建设的路线方针，全国沿海市县认真细致地开展了水产养殖“三区”

（禁养区、限养区、养殖区）划定工作，陆续编制完成了本地区的养殖水域滩涂规划（2018～2030年）。到2021年8月为止，我国水产养殖的养殖区、限制养殖区和禁止养殖区"三区"划定已基本完成（http://www.gov.cn/xinwen/2021-08/28/content_5633902.htm）。不过，划定限养区和禁养区后，水产养殖面积将面临大规模缩减，一些粗放的养殖方式将受到限制，渔业发展、渔民增收也会面临较大挑战；与此同时，一些传统养殖水域和"两证齐全"的养殖户则面临着转产甚至转行的压力。从"养殖优先"到"退养还滩"的政策过渡，给管理者和产业经营者均带来一系列挑战。

（二）养殖生态环境管理制度与措施

多年来，我国水产养殖业的空间规划与管理较为欠缺，在养殖用海方面存在"只要有空余滩涂或者水域，就可以开展水产养殖"的现象。如本章第一节所述，这种做法在一定程度上导致了产业盲目扩张、用海冲突增加和超容量养殖，由此派生出一系列生态环境问题。与此同时，在生态保护问题上，不同部门的法律规定相互衔接不够。例如，《海洋环境保护法》（2017年）第三条规定："国家在重点海洋生态功能区、生态环境敏感区和脆弱区等海域划定生态保护红线，实行严格保护。"但是，在《渔业法》及其历次修订中，都没有对此做出相应的规定与安排；水产养殖影响、侵入海洋保护区和水产种质资源保护区，甚至与保护区、生态红线区相重叠的现象非常普遍。

从《渔业法》（2013年）等相关法律法规来看，我国水产养殖业的行业管理主要针对饲料、药品等投入品的管理，以及养殖排污、病害传播等外溢效应的管理，涉及空间利用的管理规定较少。例如：

1）饲料和投入品。《渔业法》第十九条规定："从事养殖生产不得使用含有毒有害物质的饵料、饲料。"

2）水产养殖污染治理。《渔业法》第二十条规定："科学确定养殖密度，合理投饵、施肥、使用药物，不得造成水域的环境污染"；第四十七条规定："造成渔业水域生态环境破坏或者渔业污染事故的，依照《中华人民共和国海洋环境保护法》和《中华人民共和国水污染防治法》的规定追究法律责任。"

针对上述条例规定不够清晰、实施难度大的问题，2019年起公开征求意见的《渔业法修订草案》针对水产养殖排污和污染问题进行了相应的补充，内容说明更加详细和明了。例如，在上述规定之外，《草案》第二十五条（养殖水域环境保护）规定："禁止使用野生幼杂鱼直接投喂养殖"；养殖水域环境应当"符合国务院渔业主管部门规定的环境卫生和清洁生产条件"，养殖尾水"应当符合国家或地方规定的污染物排放标准"。

3）养殖对野生物种影响。《渔业法》第二十九条规定："国家保护水产种质资源及其生存环境，并在具有较高经济价值和遗传育种价值的水产种质资源的主要生长繁育区域建立水产种质资源保护区。”第三十七条规定：“国家对白鳍豚等珍贵、濒危水生野生动物实行重点保护，防止其灭绝。禁止捕杀、伤害国家重点保护的水生野生动物。”这方面的问题由各级农业主管部门负责管理。

虽然在现行《渔业法》等相关法规中，对于有可能受到养殖活动影响，但不属于种质资源的野生鱼虾贝类、底栖动植物、鸟类等，都未做任何保护规定。不过，《渔业法实施细则》（1987 年）第十二条则明确规定：“全民所有的水面、滩涂中的鱼、虾、蟹、贝、藻类的自然产卵场、繁殖场、索饵场及重要的洄游通道必须予以保护，不得划作养殖场所。”然而，在实际操作中，由于很多海洋生物的产卵场和育幼场都在浅海和近岸水域，而这些水域恰恰是海水养殖最为集中的区域，造成产业与生态保护冲突的问题十分突出。

4）外来物种入侵。水生外来物种引进管理历来比较重视其病原携带的问题，而对于引进物种本身的安全性、是否有生物入侵风险等问题关注不够，或者在具体落实上有待加强。此外，与欧美一些发达国家不同，我国对于水产养殖动物逃逸有可能造成病害传播和基因污染，进而对野生水生动物种群造成影响的问题重视不够。

二、中国的养殖用海管理

水产养殖用海管理，其实质是养殖空间的管理。

《渔业法》（2013 年）规定：“各级人民政府应当把渔业生产纳入国民经济发展计划，采取措施，加强水域的统一规划和综合利用。”在这一原则指引下，各级渔业主管部门通过水产养殖证审批和登记来行使海水养殖用海的监督和管理权利。一般来说，应由国家各级渔业管理部门依据不同的用途对海域和滩涂进行统一规划，确定哪些区域可以用于海水养殖。水产养殖企业和个体养殖户如果需要使用水域滩涂开展养殖活动，则需要根据水域所有权的不同性质，办理不同的行政审批手续：

1）如果该水域属于全民所有，则审批权属于县级以上地方政府渔业主管部门。养殖企业 / 个体户提出申请，县级以上政府渔业主管部门审批、核准后，向申请者核发养殖证。

2）如果该水域属于集体所有或者全民所有，且目前由农业集体经济组织（即村民委员会和村民小组）使用，那么该水域可以由个人或者集体承包，从事养殖生产。原则上，从事养殖活动的个人或集体只需要与农业集体经济组织签订承包协议即可。

（一）养殖水域分区

虽然《渔业法》从一开始就对渔业水域的统一规划和综合利用提出了明确要求，但直到最近两年，全国范围内的水产养殖“三区”（禁养区、限养区、养殖区）划定工作才得以落实，以市县为单位的养殖水域滩涂规划（2018～2030年）也陆续编制完成。根据农业部2016年印发的《养殖水域滩涂规划编制工作规范》和《养殖水域滩涂规划编制大纲》，以及各沿海县市（如福建省宁德市）（http://www.ndwww.cn/106086.shtml）的具体做法，“三区”划分的具体原则是：

1）禁止养殖区：禁止从事水产养殖生产活动的区域，包括自然保护区核心区和缓冲区、国家级水产种质资源保护区核心区和未批准利用的无居民海岛等重点生态功能区；港口、航道、行洪区、河道堤防安全保护区等公共设施安全区域；有毒有害物质超过规定标准的水体；法律法规规定的其他禁止养殖区。

2）限制养殖区：限定水产养殖污染物排放不得超过国家和地方规定的污染物排放标准，以及限定网箱围栏养殖可养比例的区域，包括自然保护区实验区和外围保护地带、国家级水产种质资源保护区实验区、风景名胜区、依法确定为开展旅游活动的可利用无居民海岛及其周边海域等生态功能区；近岸海域等公共自然水域限制开展网箱围栏养殖；法律法规规定的其他限制养殖区。

3）养殖区：以区域环境承载力为基础，原则上作为适宜开展水产养殖的区域，包括海上养殖区、滩涂及陆地养殖区。海上养殖包括近岸网箱养殖、深水网箱养殖、吊笼（筏式）养殖和底播养殖等，滩涂及陆地养殖包括池塘养殖、工厂化等设施养殖和潮间带养殖等。

（二）养殖证审批

根据《渔业法》，核发养殖证的具体办法由国务院规定，不过最初对于水产养殖证的核发和管理并未做出明确规定。直到2010年，《渔业法》颁布实施24年以后，农业部发布了《水域滩涂养殖发证登记办法》，才对水产养殖证的申领和核发做出具体规定。根据《登记办法》，申请人需向县级以上地方政府渔业主管部门提出申请，主管部门应当在受理后15个工作日内对申请材料进行书面审查和实地核查。符合规定的即在当地进行公示，公示期为10日。公示期满后，符合下列条件的，即由同级人民政府核发养殖证：

1）水域、滩涂依法可以用于养殖生产；

2）证明材料合法有效；

3）无权属争议。

根据规定，各地政府应给予当地渔业生产者从事养殖生产的优先权，尤其是传统渔民、捕捞转产渔民及因养殖水域滩涂规划调整另行安排的当地居民。考虑到部分水产养殖模式的投资成本高、资金回收慢等问题，国家规定养殖用海的海域使用权最高期限为15年，并且可以减缴或者免缴海域使用金。

（三）养殖空间管理政策的相互衔接

除了《渔业法》，我国涉海法规中都对养殖用海做出相应规定。例如，《海域使用管理法》规定："按照海域的区位、自然资源和自然环境等自然属性，科学确定海域功能"；要求"沿海县级以上地方人民政府海洋行政主管部门会同本级人民政府有关部门，依据上一级海洋功能区划，编制地方海洋功能区划。"海水养殖等行业规划"涉及海域使用的，应当符合海洋功能区划"。各种涉海管理法规相互衔接，是避免用海冲突、保障海域使用和海洋生态保护效益最大化的前提条件。

由于中国水产养殖历史悠久，海水养殖业已经历了半个多世纪的快速发展期，一些养殖区在《海域使用管理法》颁布和《全国海洋功能区划》公布之前就已经存在了。为此，《海域使用管理法》做出规定："本法施行前，已经由农村集体经济组织或者村民委员会经营、管理的养殖用海，符合海洋功能区划的，经当地县级人民政府核准，可以将海域使用权确定给该农村集体经济组织或者村民委员会，由本集体经济组织的成员承包，用于养殖生产。"不过，对于养殖用海与《全国海洋功能区划》冲突的情况，则未做出任何说明，而这种情况并不在少数。这就使《海域使用管理法》总则第四条"海域使用必须符合海洋功能区划"难以全面落实，一些地区的用海冲突难以避免。

许多生态环境问题，都可以归结为不合理的空间使用问题。针对与海水养殖用海相关的生态环境问题，《海洋环境保护法》（2017年）第二十八条规定："国家鼓励发展生态渔业建设，推广多种生态渔业生产方式，改善海洋生态状况。新建、改建、扩建海水养殖场，应当进行环境影响评价。海水养殖应当科学确定养殖密度，并应当合理投饵、施肥，正确使用药物，防止造成海洋环境的污染。"在重要渔业水域，如海洋渔业生物的产卵场、育幼场、索饵场、越冬场、洄游通道和鱼虾贝藻类的养殖场等需要特别保护的区域，不得新建排污口。"重要渔业水域及其他需要特别保护的区域，不得从事污染环境、破坏景观的海岸工程项目建设或者其他活动。"

此外，《海洋环境保护法》（2017年）还对海洋生态保护做出了更为明确的规定，如第二十条规定："国务院和沿海地方各级人民政府应当采取有效措施，保护红树林、珊瑚礁、滨海湿地、海岛、海湾、入海河口、重要渔业水域等具有典型性、代表性的海洋生态系统，珍稀、濒危海洋生物的天然集中分布区，具有重要经济价值的海洋生物生存区域及有重大科学文化价值的海洋自然历史遗迹和自然景观。对具有重要经济、社会价值的已遭到破坏的海洋生态，应当进行整治和恢复。”上述诸多类型的具有重要经济或生态价值的生态系统，都与水产养殖密切相关，既为养殖业提供了重要的种质和环境支撑，也与养殖业在空间上存在竞争关系，确应成为海水养殖管理的重要内容。

总之，海水养殖空间管理问题，无论是养殖证的核发、养殖区规划、养殖污染防控，还是养殖与其他用海方式的综合协调，都离不开海域和滩涂空间信息的综合考量与研判，也离不开理化生地多学科交叉研究成果的支撑。随着养殖分区等多规合一管理工作的循序推进，尤其是随着我国海洋多学科监测手段的提升与研究领域的拓展，我国海水养殖业的管理将越来越规范，我国海洋综合治理能力也将稳步提升。

三、国外海水养殖管理

由于生态、人文、经济社会发展水平，以及对环境质量与审美要求等方面的巨大差异，发达国家与发展中国家针对水产养殖的管理理念和管理规定有很大不同。世界各国都针对养殖环境与适合养殖的品种制定了相应的管理策略。挪威等发达国家的海水养殖业以鱼类和贝类为主，其管理政策和目标也主要是针对这两大类养殖品种，并侧重于水产养殖环境影响的监督和管理。在挪威等欧美国家，对水产养殖业监管的主要内容包括：水产养殖空间管理、渔用饲料管理、养殖病害和生态环境管理等；养殖生态环境管理又着重强调养殖排污、遗传和生态问题，以及养殖品种与野生种类的相互影响等。其特点是：制度精细、职责明确、信息透明、措施到位。

（一）水产养殖空间管理

空间管理是挪威水产养殖管理最重要、最核心的环节。养殖证审批及对于养殖用海冲突、养殖生态环境影响、养殖病害及逃逸生物的管理，都涉及空间的划分和基于空间的管理措施。挪威针对水产养殖空间管理的专门政策包括《建设与规划法》（*Building and Planning Act*）、《水产养殖规划》（*Aquaculture Planning*）和《水产养殖法》（*Aquaculture Act*[①]），由挪威渔业署（Norwegian Directorate of Fisheries，NDF）和挪威食品安全局（Norwegian Food Safety Authority，NFSA）负责监督执法。

挪威的水产养殖空间规划由每个城市具体负责，主要是给养殖场分配空间，避免海域使用冲突。县议会负责发放养殖证，不过在养殖证审批过程中需要有环境管理部门参与。县议会也负责监管养殖场的环境影响，避免收获时引起环境扰

① https://www.fiskeridir.no/English/Aquaculture/Aquaculture-Act

动。挪威禁止引进和养殖外来贝类。

（二）渔用饲料管理

鱼粉 / 鱼油的使用：挪威生产饲料的鱼粉和鱼油等原料一般为进口，考虑到各国渔业政策、气候变化所导致的原料鱼产量波动等问题，原材料的供应量和质量都不稳定，因而可能给养殖产业带来安全隐患。饲料中的污染物会影响鱼类的健康，并转移到鱼类的可食用部分，进而对人类健康构成威胁。

大西洋鲑养殖业是挪威的支柱产业，因此挪威政府对于产业的管理非常严格。针对渔用饲料和饲料添加剂，挪威政府制定了精细的管理规定。挪威食品安全局是饲料行业主管部门，委托有资质的单位每年对鱼饲料及其原料进行品质检测，检查其中的合法药品残留、环境污染物、添加剂和重金属。此外，还对一部分样本进行违禁药物和饲料成分检测，并同时检测养殖鱼肉的品质。

挪威食品安全局每年大约收集 80 种饲料样本、10 种鱼粉、10 种蔬菜粉、10 种鱼油、10 种植物油、8 种矿物质预混料和 8 种维生素预混料。将这些样品送往海洋研究所，以官方认可的方法进行分析，包括：微生物（如沙门氏菌、肠杆菌科细菌）、霉菌毒素、重金属、有机污染物［如二噁英、多氯联苯（PCBs）、多环芳烃（PAHs）］、农药（如氯化物）、溴化阻燃剂、脂肪酸、矿物质、合成抗氧化剂［如乙氧基喹啉、二丁基羟基甲苯（BHT）、丁基羟基茴香醚（BHA）］和维生素分析。

（三）养殖病害和生态环境管理

水产养殖污染物排放一般涉及几个方面，主要包括网箱养鱼的生物沉积和有机污染、对水体的影响（富营养化问题）、有害化学品（如网箱防腐剂）、药物（抗生素和杀虫剂）残留、对敏感性自然栖息地的影响等。

1. 生物沉积和有机污染

养殖场的生物沉积主要以鱼类粪便的形式下沉到海底，通过生物和地球化学变化引起底栖生物富集。因养殖场环境条件的差异，有机颗粒通常会在网箱下方大量富集，并逐渐影响养殖场周围 200 ～ 1000m 范围内的自然环境。这些污染物中通常会包含药品（锌、抗生素和其他药物）等不同类型的污染物。挪威《水产养殖法》针对养殖环境监测的目的、标准和监控要求都做出了明确规定，同时也为环境调查提供指导（标准：NS 9410:2016，https://www.standard.no/no/Nettbutikk/produktkatalogen/Produktpresentasjon/?ProductID=800604）。

挪威渔业署和挪威环境署（Norwegian Environment Agency，NEA）负责监督水产养殖污染，针对养鱼网箱的下方、附近及中距离影响区都进行环境监测。

以A、B、C分类的底栖影响（指标）用于启动一系列管理响应（NS 9410:2016）：A调查仅限于养殖场区域和网箱下方的底质污染情况；B调查以附近区域为目标，并利用pH/Eh指数和一系列感官参数进行分析评价；而C调查（较不频繁）使用更详细的底栖生物指标（包括大型底栖动物）评估外部影响区域。

对于不同级别的环境影响有不同的阈值，并且针对环境影响程度的增加，主管部门会相应地采取更加严格的管理响应（抽样频率增加）。如果环境影响程度超过三级，主管部门将采取修复措施。另外还规定在产品收获后必须休耕至少两个月时间。

近年来，挪威管理部门通过引入数值模型，根据沉积模型预测有机物富集的足迹，使水产养殖的环境影响评估更好地体现出每个养殖场的生态特点，更加具有针对性。目前，挪威正在开发几种沉积物扩散模型，可用于预测废物分布和生态影响足迹。这方面的工作也借鉴了欧盟国家已经建立的水产养殖环境影响评价模型，如NewDEPOMOD（Rochford et al.，2017），该软件由英国苏格兰海洋科学协会公开发布（https://depomod.sams.ac.uk/）。

挪威法律规定，在建立新的养殖场之前，必须做详细的前期基础生态学调查。在一些地区会进行长期的区域环境监测，或者由管理部门决定何时何地进行区域环境监测。作为长期环境监测的一部分，针对挪威海岸线上的几个站位每年都要进行底栖动物区系和化学参数测定。根据《欧盟水框架指令》（*The EU Water Framework Directive*，WFD）指南，对比分析这些环境监测结果，进而针对挪威南部三个地区制定了比WFD要求更严格、更详细的监测计划。

2. 对水体的影响（富营养化问题）

养殖鱼类会排泄大量营养盐（氨氮、硝酸盐等），可能会导致水体富营养化，进而诱发藻类赤潮并引起食物链的变化。尤其是对人类和海洋生物有害的藻华，能直接导致贝类养殖场关闭。对于寡营养水体且养殖总量不大的海区，养殖所导致的富营养化问题暂时可以忽略。

挪威有关水产养殖导致水体富营养化问题的管理规定主要包括2007年颁布的水质管理条例和框架。《水产养殖法》中明确规定了管理目的、环境标准和水质要求，由挪威渔业署和挪威环境署负责监督落实。

挪威近海水质长期趋势监测从2013年开始，涉及挪威沿海的140个站位。根据WFD的准则，对生物参数（浮游生物的生物量、海藻群落结构和软沉积物中的底栖动物）及物理参数进行监测。此外，按照相同的指导原则，挪威在霍达兰郡、罗加兰郡和诺德兰郡的高密度鱼类养殖区实施了更广泛的（密集站位）采样计划（2010～2020年）。该计划由本地水产养殖公司发起并提供资金，对沿海水域的浮游植物生物量和种类组成进行高频率监测，为公众和养殖企业提供有毒藻类和有害藻华预警（有关信息参见 http://algeinfo.imr.no/）。不过，目前尚未针对水产养殖影响区开展营养盐或者富营养化影响的监测。

3. 有害化学品（如网箱防腐剂）

开放式网箱养殖一般会使用多种化学药品，如含铜的防腐剂。这些药品都会沉积在底泥中，造成环境污染。针对有害化学品的监管制度和措施与生物沉积相同。

4. 药物（抗生素和杀虫剂）残留

养鱼过程中会使用药品来防治病害，尤其是细菌和寄生虫病，但是水中的药物残留会影响野生种类的健康。目前挪威没有针对水产用药的环境监测计划，但在管理规定中有“水产养殖用药需要避免对环境造成负面影响”的条款。挪威负责渔用药品监管的部门包括：挪威药品管理局（Norwegian Medicines Agency）、挪威食品安全局和挪威环境署。

5. 对敏感性自然栖息地的影响

敏感栖息地对养鱼场排污的耐受能力决定了养殖场与敏感栖息地之间的安全距离。敏感栖息地的管理由挪威环境署负责。根据挪威标准 NS 9410:2016，在建立新的养殖场或扩大现有养殖场之前，必须进行环境调查。根据管理部门的要求，环境调查中可能会包括该地区的自然类型（nature type），即自然栖息地分布，以避免影响敏感的栖息地。目前，尚没有为此类调查设定标准的指南或阈值。挪威沿海几个大型珊瑚礁都是受保护的区域。

6. 病害传播、遗传和生态问题

（1）养殖病害和寄生虫

病毒可以在养殖鱼类中传播，并导致不同种类的野生鱼类死亡。寄生虫的传播是开放式网箱养殖的主要挑战之一，目前大西洋鲑养殖中鱼虱的传播非常严重，已经导致了野生鲑鱼死亡。逃逸的养殖鱼类进入野生种群，以及随后的产卵和渗入，对野生种群的遗传完整性、生产力和长期生存能力构成威胁。

挪威食品安全局和挪威环境署负责养殖病害方面的管理。其执法主要依据《食品法》（*Food Law*）中有关动物健康、采样和病害防控的相关规定。与此同时，《食品法》中，对于“养殖场之间的隔离带”，以及动物转运和病害诊断等，都做出了明确规定。《动物福利法》（*Animal Welfare Law*）针对良好动物福利，以及为了保护动物福利所需要采取的管理措施和技术装备做出规定。《动物健康人员法》（*Animal Health Personnel Law*）规定相关管理人员必须尽职尽责，以保障动物健康和福利。《多样性法》（*Diversity Law*）规定，慎重且可持续地利用自然资源，严格保护生态多样性。

此外，挪威养殖病害管理中还涉及各种规定，如《产地条例》[*Regulations on Production Areas for Aquaculture of Food Fish in the Sea of Salmon，Trout and Rainbow Trout*（*Production Area Regulations*）①] 规定，需根据环境影响，特别是鱼虱对野生鱼类的影响，来确定一个水域的总养殖容量；如果某一养殖区因鱼虱引起的野生鱼类死亡率过高，政府可以要求压缩养殖总量。《病害和上市条例》（*Regulations on the Marketing of Alternative Treatment of Disease*②）规定，上市水产品必须是健康的，如果发现病害要警示消费者，此外还有针对商品鱼转运和分区的规定。该条例的附件中列出了各类常见养殖病害，鱼虱被列为第三类病害。此外，相关管理规定还包括《鱼虱条例》《水产养殖场运营条例》《药品条例》等。

（2）对野生种群的影响

从生态系统的角度考虑，水产养殖活动可能会扰动和侵占野生鱼类及贝类和甲壳类等的产卵场，并对海洋哺乳类和鸟类的正常活动造成影响。挪威负责这方面管理的部门较多，包括贸易、工业和渔业部（Ministry of Trade，Industry and Fisheries，NFD），挪威渔业署，挪威气候与环境部（Ministry of Climate and Environment）及挪威环境署。

挪威颁布的《水产养殖法》（*Aquaculture Act*）对养殖场防逃逸技术标准做出规定，要求其监测、追捕逃逸的养殖生物，并向管理部门报告逃逸情况。《野生大西洋鲑质量标准》（*The Wild Salmon Quality Standard*③）中，对于逃逸动物占野生动物的比例做出规定：如果逃逸的养殖鱼类占河流中该鱼类种群的＜ 4%、4% ～ 10% 或＞ 10%，则认为其导致野生种群遗传改变的可能性为较低、中等或偏高。

挪威针对养殖鱼类逃逸的监测计划包括 4 项主要内容：①针对河流中逃逸动物比例的国家监测计划，每年监测 200 条河流中养殖逃逸动物的比例；②用分子标记监测野生鲑鱼种群的遗传状况，观察基因渗入的发生情况；③挪威水产养殖的风险评估，即从养殖逃逸监视程序中获取数据，并根据（法律和法规）设定的阈值判断河流中逃逸生物是否过多。报告养殖逃逸数量的官方统计数据可查询网址：https://www.fiskeridir.no/Akvakultur/Tall-og-analyse/Roemmingsstatistikk。

---

① https://lovdata.no/dokument/SF/forskrift/2017-01-16-61

② https://lovdata.no/dokument/SF/forskrift/2003-12-11-1501

③ https://lovdata.no/dokument/SF/forskrift/2013-09-20-1109

四、国外海水养殖空间管理技术

（一）养殖场选址

在海水养殖管理中，一个至关重要的问题是针对特定区域的养殖空间规划，如新建养殖场的选址、养殖场与海域其他用途的协同与竞争、养殖外溢效应对环境的影响等。从宏观层面来说，目前海水养殖空间管理面临的主要问题和挑战包括如下几个方面。

1）养殖对环境的影响：发展可持续性养殖业，必须关注如何有效地减少养殖对周边环境的影响，尤其重要的是养殖业对野生种群、生物多样性、生态系统结构和功能的影响。另外，空间管理本身是一种适应性管理过程，需要针对不同的养殖品种、模式和技术不断调整规划方案；同时也要考虑如何将养殖废物转化为可利用的资源，如采用 IMTA 等多元综合养殖技术，需要将水产养殖空间规划与养殖技术的发展紧密结合起来。挪威研发的 AkvaVis 水产养殖规划决策系统主要是针对新建养殖场的选址，基于新设立的养殖场和现有养殖场及其他设施（如下水道）之间的距离来进行选址决策，利用 AkvaVis 的地理信息系统和数据可视化，渔业管理部门和企业可以非常便利地在电子地图上自由选择新的养殖场位置，并不断进行调整，从而确定最佳的养殖地点。

2）病虫害对养殖业的影响：发展可持续的养殖业，需有效预防及减少病虫害给养殖业带来的巨大风险。病毒、细菌和寄生虫等，都有可能在一定范围内传播，并给养殖场造成巨大的经济损失。以挪威的三文鱼养殖业为例，其最重要的风险因素即来自三文鱼虱导致的鱼类种群品质下降、健康受损和死亡率升高。为了模拟和追踪鱼虱的扩散规律，挪威的 AkvaVis 水产养殖规划决策系统中嵌入了三文鱼虱的扩散数值模型。来自挪威海洋研究所的科研人员在哈当厄尔峡湾（Hardanger Fjord）的 14 个不同地点释放模拟水质点，然后定期监测水质点的分布情况，并结合水动力模型获取模拟结果。该结果可以在 AkvaVis 系统中以可视化的形式表现出来，从而在设立新养殖场时生动而明晰地显示合适的区域。图 1.8 中不同颜色像素区域分别代表不同海域三文鱼虱的模拟分布状况。

3）养殖技术的发展：如何平衡养殖密度与产量及成本投入之间的关系，如何应用更大、更多的养殖设施，如何开发更广泛适用的养殖设施（如陆地或离岸养殖场），都涉及养殖技术的开发。其中，养殖容量（aquaculture carrying capacity）和生态承载力（ecosystem carrying capacity）是两个密切相关的重要科学问题，也是养殖空间规划中需要重点考虑的两个问题，它涉及物理环境和水产养殖环境的相互作用、生态系统结构和功能及系统恢复力等多个方面。另外，也需要发展可持续性养殖饲料技术，以避免与人类竞争粮食资源。

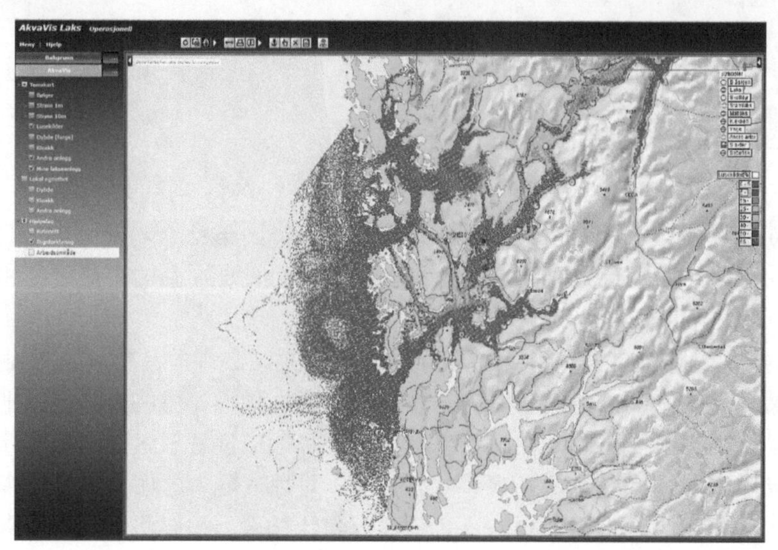

图 1.8　AkvaVis 系统中三文鱼虱分布模拟示意图

4）养殖业的经济和社会性要求：水产养殖业作为一种生产经营性行业，其经济效益、成本收益等方面的需求是至关重要的。在水产养殖区规划管理过程中，应该对养殖成本做出适当考虑，并且兼顾养殖业在拉动地区经济、促进就业和带动全产业链发展等方面的社会效益。此外，管理成本也是需要重点考虑的因素。海洋的动态特征造成养殖水域较高的空间异质性，这是管理过程中最大的挑战。目前，基于 GIS 的空间管理所需的数据成本大约占总成本的 80%，而渔业管理所需数据的数量和质量更高，因此水产养殖空间管理相关的数据成本更高（Megrey and Moksness，2018）。如何遵循养殖业发展和渔业管理的一般规律，酌情考虑经济社会效益和管理成本，开展科学的适应性管理，是今后一段时间水产养殖空间管理中需要重点关注的问题。

（二）养殖证审批

在水产养殖管理中，最先开展的，也是最为关键的管理措施就是许可证审批。挪威的养殖证审批极为严格，而且在通常情况下申请设立新的养殖场可能需要若干年的评估与验证，许可证审批过程中的环境评价与环境影响验证过程，都需要用到环境调查与数值模型运算，以及基于 GIS 的用海冲突审查。为了获得养殖许可，养殖场需要首先符合如下一些基本条件（图 1.9）。

第一条，也是最重要的一点，是对环境负责，要求持有或申请水产养殖证的任何人在建立、运营和拆除水产养殖设施时，必须进行必要的环境调查，并记录场所的环境状况。

养殖场应符合相关规定中针对场地使用和保护措施的要求，主要是满足《建

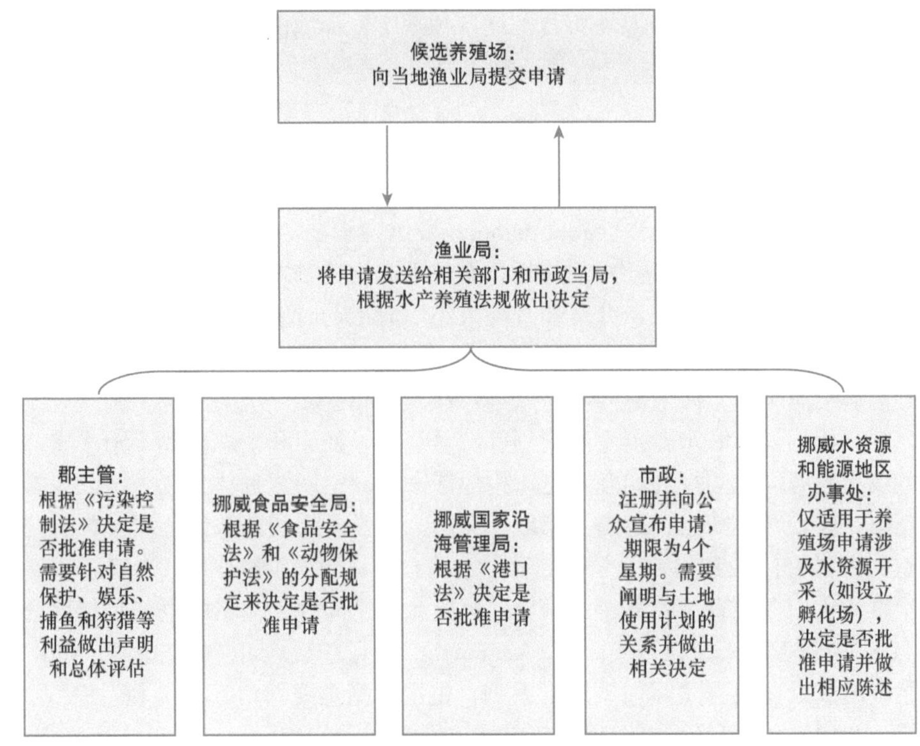

图 1.9　挪威水产养殖证申请程序

设与规划法》《自然保护法》《文化遗产保护法》等的相关规定。例如，为了保护对水生生物具有特殊价值的关键栖息地，渔业部门可以制定禁令，命令重新安置水产养殖设施，或对水产养殖活动设置其他限制性条件。

第二条，在规划和选择水产养殖场所时，尤其需要权衡水域的使用权益。这体现在：重视养殖场的生产使用要求，该区域也可用于水产养殖的其他替代用途。除此之外，还要重视第一条中所未涵盖的保护规定。

第三条，养殖场还需符合食品生产及安全、污染物与养殖废物管理、海港与航道要求、下水道与地下水等的相关规定。

不仅如此，针对投饵性养殖（包括三文鱼和虹鳟等鱼类养殖），挪威渔业部门还专门做出如下规定：

1）限定可分配的养殖证总数；

2）对可授权的养殖场地理分布做出规划（即预先制定养殖空间规划）；

3）针对设立养殖场的许可证申请，渔业部门会首先做经营资质测评，即根据养殖公司的融资能力、运营计划和养殖资质等要素来决定该申请是否可以进一步审议；接下来，再根据相应的评议结果，通过投标或抽签的方式来决定哪家养殖场能够获得许可证。

为了确保新设立的养殖场符合上述各种规定，挪威的水产养殖证申请需要严格遵循图 1.9 的审批流程。

（三）遵循海洋空间规划的综合管理

海洋空间资源具有有限性，其管理日益为各国所重视。自 20 世纪 70 年代以来，海洋空间规划（marine spatial planning）作为重要的海洋空间管理工具逐渐被世界各国广泛接受，海洋空间规划体系也不断完善和发展。海洋空间规划是一种以生态系统方法为基础，分析和分配人类用海活动时空分布，从而实现可持续发展目标的管理理念、工作方法和工作过程。从早期海洋公园规划和海洋生物区划到协调用海空间矛盾的海洋功能区划，从国家和区域尺度的海洋空间规划到精细化管理规划，如海水养殖空间规划等，其经济、社会和生态内涵不断丰富，各类各级不同海洋空间规划相互补充，构成国家海洋空间规划体系。一些欧美国家如英国、比利时、荷兰、德国、挪威、美国，以及澳大利亚等发达国家都有相对完整的海洋空间规划体系（方春洪等，2018），以规划为基础的海洋管理进展有序，可为我们提供有益的参考。例如，英国海洋空间规划体系的框架包括联合王国（UK）、国家（National）、区域（Regional）和地方（Local）4 个层级，其中地方层级的规划仅根据实际需要进行编制，范围包括重要河口、海湾和近海（方春洪等，2018），水产养殖空间规划应隶属该层级。

欧盟委员会（European Commission）制定了多种公约或方针，对全欧洲的水产养殖业进行规范管理。针对海水养殖及其环境影响的最重要的 8 条规定涉及以下内容：有毒有害物质、贝类生长水质、贝类食品安全、环境影响评估（EIA）、战略性环境影响评价（SEA）、物种和栖息地、野生鸟类及水框架指令（https://ec.europa.eu/oceans-and-fisheries/policy_en）（Gentry et al.，2017；Read and Fernandes，2003）。这些公约和方针通过对海水养殖进行监测，从而避免其对环境产生直接或间接的影响，如限制保护区内的水产养殖活动或养殖废水排放等，并规定相应的环境水质标准。另外，在国际层面，还有其他一些针对海洋环境的公约，如《保护东北大西洋海洋环境公约》（《OSPAR 公约》）、《保护波罗的海地区海洋环境公约》（《赫尔辛基公约》）及《保护地中海海洋免受污染公约》（《巴塞罗那公约》）等。

挪威基于生态优先的原则编制了国家海洋空间规划。挪威的海域面积大约是其陆地面积的 3.6 倍，其海洋空间和资源开发力度很大，相关的经济活动主要包括油气、渔业、海上运输等。挪威设计并运行了一个协调监管所有海域使用的综合管理系统。自 2001 年起，挪威开始实施针对部分海域的一体化综合管理计划（Ottersen et al.，2011），即多规合一管理计划。为了制定该计划，挪威政府首先明确了海洋生态系统的生物、社会和经济的基本情况，以及海洋空间中正在开展的所有活动。然后，挪威政府对所有用海部门开展了影响评估，以了解各种活动之间的相互作用或相互影响，以及与生态系统的相互作用或相互影响。第一份海洋管理计划针对巴伦支海-罗弗敦海域，历时4年制定。随后针对另外两个海域也分别制定了海洋管理计划。这些海洋管理计划旨在通过追求资源的可持续利用，同时维护自然生态系统的完整性，在这些生态系统中创造更大的价值。

为了平衡可持续的海洋空间资源利用与生态保护，挪威开展了大量深入系统的科学研究，有多个政府机构参与了规划编制和管理过程，同时还有相关利益主体的不断投入。海洋空间规划管理是一个复杂的过程，因此，确定生态优先的原则并把这一理念贯穿始终，是保证管理取得实效的重要手段。确定生态优先事项的主要标准包括：依据生产力或生物多样性核算生态价值，以及基于所有生物的集中度、生活史中的关键阶段、固着生物的丰度、洄游通道等计算出的生态脆弱性。只有预先核查清楚这些关键的生态学基础条件，管理部门才能做出正确的判断和决定：除了保护目标之外的其他用海方式是否可行，是否会产生负面的生态影响。尽管对不同海域或者不同类型海洋经济活动（如海水养殖业）的日常管理都是独立进行的，但挪威政府通过开展"综合海洋管理"，将这些局部的管理纳入更高层次的治理体系中。海水养殖等不同用海行业，既受到这些生态优先事项的约束，又能在既宏观又相互关联的统一范畴下运行。

随着沿海水域被农业、渔业、航运和其他越来越多的行业所占用，对各行业进行单独管理和规划已被证明是一种低效的方法。进行全面、综合的海洋空间规划似乎已经成为必然趋势，而目前已经开发出了越来越多的工具来协助完成这项任务。例如，美国加州大学圣巴巴拉分校的研究人员开发的SeaSketch，是一种可供非专业人士使用的工具，可以为其所在地区制定数百种可能的海洋空间规划方案。这些方案通过程序分析，可以预测生物、社会和经济表现，从而较为直观地评估收益，以此来比较和评估不同规划方案之间的优劣。这一规划平台（工具）甚至允许利益相关者投资于不同的规划方案，并进行协作。SeaSketch工具已被用于巴布达岛（"巴布达岛Blue Halo计划"）[①] 和新西兰豪拉基湾（"海洋变化"）等海域的大范围空间规划。类似的空间规划工具正在不断涌现和改进完善，有些工具整合了更多的数据并引入更深入的权衡分析（Lester et al., 2018）。有了这些工具及其数据支持，管理者可以更加高效地编制综合性的海洋空间规划。

① https://www.waittinstitute.org/blue-halo-barbuda

（四）水产养殖空间规划和管理工具

为了有效地解决海水养殖面临的困难与挑战，并发展可持续性水产养殖业，一个重要的途径是基于水产养殖所涉及的多学科知识，开发有针对性的养殖管理工具软件，其中具有代表性的工作包括基于地理信息系统和环境数据的养殖管理决策支持系统（decision support system，DSS）。例如，BLUEFARM-2[①]工具包开发了一种空间多标准评估方法，可以支持政策制定者和投资者选择进行水产养殖活动的地点（European MSP Platform，2020），已经在意大利的艾米利亚-罗马涅（Emilia-Romagna）大区得到应用。英国基于3D水动力模型、贝类生长模拟模型、生物地球化学模型，以及特定的水产养殖生态模型SMILE工具箱开发了一个综合框架[②]，来确定计划中的贝类养殖区的可持续承载能力，并用于分析养殖压力、状态和响应措施等（European MSP Platform，2020）。挪威海洋研究所（IMR）与克里斯汀·米科尔森研究所（CMR）共同开发了一种针对水产养殖空间规划的决策支持系统AkvaVis（http://akvavis.no/）（Gangnery et al.，2020），可用于针对不同的养殖种类来规划新的养殖区域，该系统已成功应用于挪威、英国和法国的海水养殖空间管理，并在中国的獐子岛海域进行了初步验证。图1.10展示了该系统在不同养殖区域的应用情况。

另外，近期完成的欧盟地平线2020计划项目AquaSpace也开发了一个基于地理信息系统的规划工具，能够对30项指标进行综合评估，这些指标可以反映海水养殖中所涉及的经济、环境、部门间和社会文化的风险及拟议中的水产养殖系统的风险。图1.11描述了该工具的概念框架（Gimpel et al.，2018）。

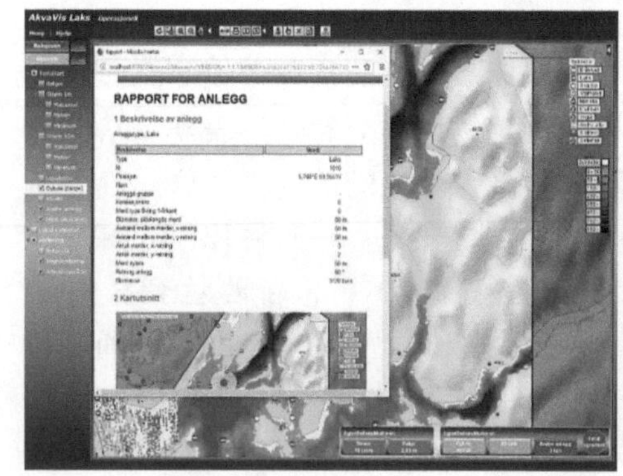

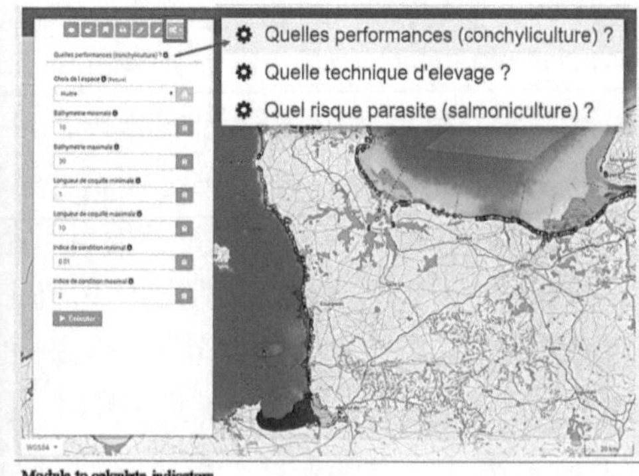

① http://www.aquaspace-h2020.eu/wp-content/uploads/2018/04/Tools_Factsheet_BLUEFARM2-final.pdf

② http://www.aquaspace-h2020.eu/wp-content/uploads/2018/04/Tools_Factsheet_SMILE.pdf

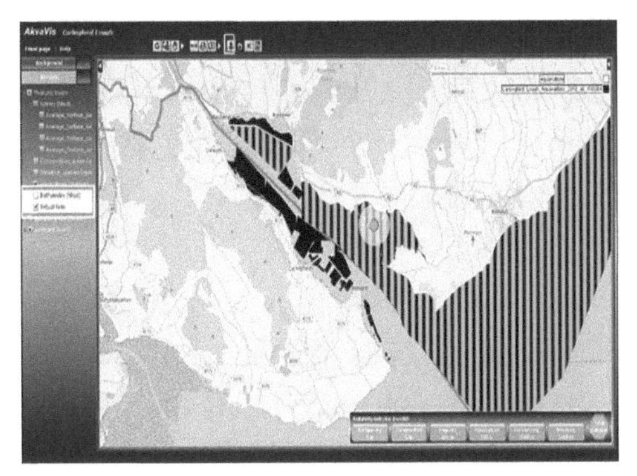

图 1.10　AkvaVis 决策支持系统及其在不同国家的应用

左上：挪威；右上：法国；下：英国

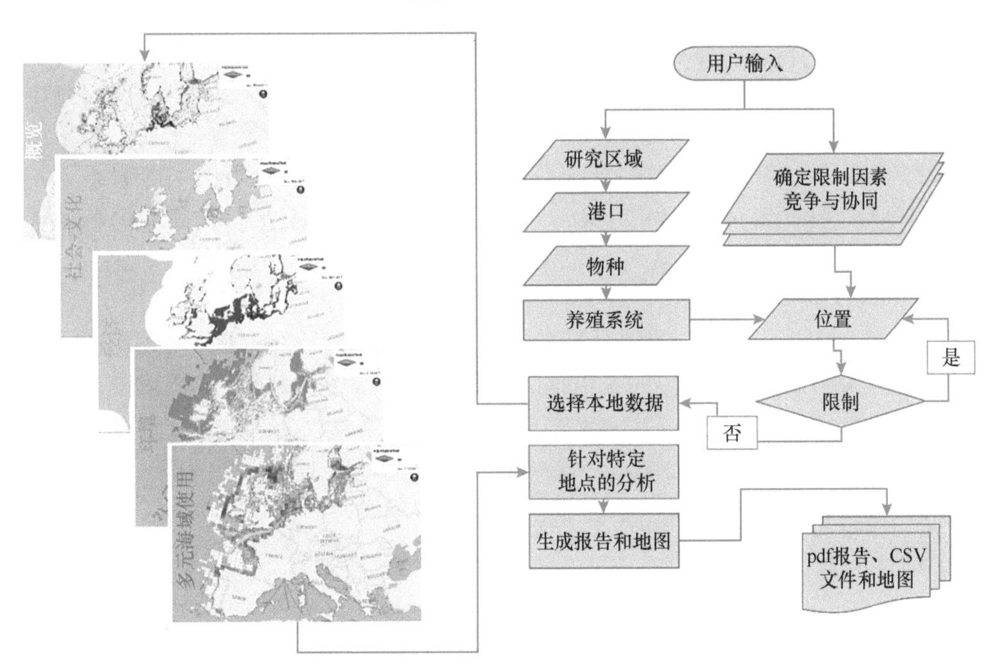

图 1.11　AquaSpace 养殖规划工具的概念框架（引自 Gimpel et al.，2018）

五、中国海水养殖空间管理的发展趋势

《中华人民共和国渔业法》（2013 年）已对养殖的水域滩涂统一规划及养殖证管理做出规定。2016 年农业部颁布的《养殖水域滩涂规划编制工作规范》和《养殖水域滩涂规划编制大纲》、2017 年颁布的《全国渔业发展第十三个五年规划》、2019 年颁布的《关于加快推进水产养殖业绿色发展的若干意见》中，也都对水产养殖空间规划、划定禁限养区和养殖区，以及质量兴渔、依法治渔等做了

明确规定。

但是，中国对水产养殖业尚未采用基于地理信息系统和数字化的定点管理，我国沿海各地目前仍然存在一些无证养殖和超容量养殖的问题。受经济利益驱使，养殖业主在土地和水域使用、养殖品种选择、养殖密度控制方面较为随意，一些养殖区甚至发生了水质下降、病害频发、养殖生物长速和肥满度下降等问题，影响了养殖业的产品质量和经济效益。例如，福建宁德三都澳的大黄鱼网箱养殖（http://www.shuichan.cc/news_view-374467.html）和广东、海南的网箱养殖（http://www.xumurc.com/main/ShowNews_53176.html），都出现过这类问题。

《2019 中国渔业统计年鉴》显示，我国海水养殖用海面积达 200 多万公顷。为了实现对如此大面积海水养殖用海的实时管理，有必要采用 GIS 技术，利用计算机软件辅助实现养殖空间数据的采集、管理和分析。同时，利用 GIS 技术也便于实现养殖证登记、监管和养殖场相关信息录入和查询，并以地图的形式展示养殖活动与交通、城市、工业、旅游和自然保护区等不同行业的用海冲突，是进行水产养殖的空间、产量和环境管理的有力工具。国外渔业管理中已经广泛应用了 GIS 技术，如挪威的所有持证三文鱼养殖场都需要在渔业署的 GIS 管理系统（https://kart.fiskeridir.no/portal/home/）中注册登记，网站上实时公布养殖场地理坐标、养殖面积、养殖产量及环境影响评价等信息，不仅方便了管理，也为科学家开展养殖场环境影响评估、病害防控提供了便利。

目前，我国正逐步借鉴国际经验，积极发展和运用 GIS 技术加强水产养殖空间管理。中国政府正在沿海省市推动开展水产养殖分区规划，山东省等一些地方政府也在积极建设海洋捕捞和水产养殖管理信息系统。随着这项工作的循序推进，尤其是更多基于生态学理论、具有逻辑运算和判断功能的空间规划工具的出现，必将推动我国海水养殖空间管理愈加趋于科学合理。

参考文献

方春洪，刘堃，滕欣，等. 2018. 海洋发达国家海洋空间规划体系概述. 海洋开发与管理，4: 51-55.

贾晓平，陈家长，陈海刚，等. 2017. 水产养殖环境评估与治理 // 唐启升. 环境友好型水产养殖发展战略：新思路、新任务、新途径. 北京：科学出版社：268-310.

刘慧，孙龙启，王建坤，等. 2017. 环境友好型水产养殖现状、问题与应对建议 // 唐启升. 环境友好型水产养殖发展战略：新思路、新任务、新途径. 北京：科学出版社：14-34.

麦康森. 2020. 中国水产动物营养研究与饲料工业的发展历程与展望. 饲料工业，41(1): 2-6.

农业农村部渔业渔政管理局，全国水产技术推广总站，中国水产学会. 2019. 2019 中国渔业统计年鉴. 北京：中国农业出版社.

唐启升. 2017. 环境友好型水产养殖发展战略：新思路、新任务、新途径. 北京：科学出版社：1-14.

唐启升，韩冬，毛玉泽，等. 2016. 中国水产养殖种类组成、不投饵率和营养级. 中国水产科学，23(4): 729-758.

European MSP Platform. 2020. Tools and methods supporting EAA: finding the gap towards an environmental Cost Benefit Analysis. https://www.msp-platform.eu/practices/tools-and-methods-supporting-eaa-finding-gap-towards-environmental-cost-benefit [2020-6-30].

FAO. 2016. The State of World Fisheries and Aquaculture. Rome: FAO.

Gangnery A, Bacher C, Boyd A, et al. 2021. Web-based public decision support tool for integrated planning and management in aquaculture. Ocean and Coastal Management. 203: 105447

Gentry RR, Froehlich HE, Grimm D, et al. 2017. Mapping the global potential for marine aquaculture. Nature Ecology & Evolution: 1317-1324.

Gimpel A, Stelzenmüller V, Töpsch S, et al. 2018. A GIS-based tool for an integrated assessment of spatial planning trade-offs with aquaculture. Science of the Total Environment, 627: 1644-1655.

Lester SE, Stevens JM, Gentry RR, et al. 2018. Marine spatial planning makes room for offshore aquaculture in crowded coastal waters. Nature Communications, 9: 1-13.

Liu H. 2016. National aquaculture law and policy: China//Bankes N, Dahl I, VanderZwaag DL. Aquaculture Law and Policy: Global, Regional and National Perspectives. Northampton: Edward Elgar Publishing: 238-265.

Liu H, Su JL. 2017. Vulnerability of China's nearshore ecosystems under intensive mariculture development. Environmental Science and Pollution Research, 24: 8957-8966.

Megrey BA, Moksness E. 2018. 计算机在渔业研究中的应用 (原著第 2 版). 欧阳海英，孙英泽，胡婧，等译 . 北京 : 海洋出版社 : 336.

Ottersen G, Olsen E, Meeren GI, et al. 2011. The Norwegian plan for integrated ecosystem-based management of the marine environment in the Norwegian Sea. Marine Policy, 35(3): 389-398.

Read P, Fernandes T. 2003. Management of environmental impacts of marine aquaculture in Europe. Aquaculture, 226(1-4): 139-163.

Rochford M, Black K, Aleynik D, et al. 2017. The utility of bathymetric echo sounding data in modelling benthic impacts using NewDEPOMOD driven by an FVCOM model. Geophysical Research Abstracts, 19: EGU2017-14714.

Wang W, Liu H, Li YQ, et al. 2014. Development and management of land reclamation in China. Ocean & Coastal Management, 102: 415-425.

Zheng Q, Zhang R, Wang Y, et al. 2012. Occurrence and distribution of antibiotics in the Beibu Gulf, China: Impacts of river discharge and aquaculture activities. Marine Environmental Research, 78: 26-33.

第二章

海水养殖空间管理技术：养殖生物生长预测[①]

① 本章主要作者：刘慧、蔺凡、蔡碧莹、段娇阳、姜娓娓、蒋增杰、朱建新

水产养殖需要解决的根本问题是如何养出好的产品。在养殖管理过程中，一般注重为养殖生物营造适宜的环境条件，使生物更好更快地生长。但生物的生长速率和肥满度不仅仅取决于遗传因素，它们也是外部多种环境条件共同作用的结果。在非控制实验条件下，如在开放自然海域养殖条件下，影响生物生长的各种理化生地环境条件十分复杂，并且交互作用，这就导致养殖生产的“偶然性”增大，养殖效果变得难以预测。

由于没有很好的预测手段，传统的水产养殖主要依靠“经验”进行管理。迄今，大多数养殖生物的生理生态学研究都停留在单一环境条件对不同生理指标的影响，而对于摄食、消化、呼吸、能量在体内的存储与消耗等生理过程的动态变化，则难以进行全面刻画。了解生物个体的能量收支及其随着外部环境改变而变化的过程，对于理解，进而科学预测生物的生长（Augustine and Kooijman，2019），十分重要；而掌握和预测养殖生物随外部环境条件变化而表现出的不同生长状态，则是养殖过程管理与养殖空间管理的重要依据。

本章将系统介绍动态能量收支理论及其应用，并以贝类和藻类养殖生物为例，概要介绍个体生长模型的构建方法。在水产养殖节能减排、提质增效的大趋势下，对精准水产养殖的技术要求不断提高。更加深入地了解养殖生物的生长过程并对其进行数字化模拟，在此基础上建立养殖容量估算技术，对海水养殖业的持续健康发展具有重要的指导意义。

第一节　动态能量学模型理论及应用

动态能量收支（dynamic energy budget，DEB）理论最初创立于1979年（Augustine and Kooijman，2019）。1986年，Kooijman提出基于κ-rule的生物个体生长模型，成为DEB建模的基础。标准动态能量收支（DEB）模型假设生物体调动一部分能量储备用于生命活动，其中按照κ的比例分配给体细胞维持和生长，其余部分（$1-\kappa$）分配给性成熟维持、（胚胎和幼体达到）性成熟的过程及（成体的）繁殖（Kooijman，2010）。DEB理论不仅适用于能量收支模型，也适用于以C、N、P等生源要素为基础的物质收支模型，且后者应用更为广泛。在水生生物中，DEB模型在贝类、鱼类中应用较多，在植物及藻类中应用较少。不过，在过去的几十年里，国内外也开发了一些模拟海藻个体生长的模型，其目的既是为了预测海带和硬石莼（*Ulva rigida*）等藻类的生长（Zhang et al.，2016；Alunno-Bruscia et al.，2009；Solidoro et al.，1997），也是为了对绿藻和蓝藻等灾害性藻华暴发进行预警（Martins and Marques，2002；汪浩和李玲燕，2012）。

目前，国内外已有许多研究工作，通过建立DEB模型来模拟生物个体在生长过程中的能量分配，能很好地模拟养殖生物在整个养殖周期的生长情况。本节主要介绍 DEB 理论，并对 DEB 模型的构建方法、主要方程和参数等做详细说明。

一、传统能量学模型及能量的测定

20 世纪六七十年代，我国开始对贝类能量学（亦即能量生理学）进行研究。贝类能量学是研究能量在贝类体内分配和利用的学科，是能量学的一个分支，其中心内容是贝类体内能量收支各组分之间的定量关系及生态因子对各组分的影响（常亚青和王子臣，1996）。贝类与其他水生动物一样，都是依靠食物提供能量进行生命活动，其能量学模型可用方程表达：

$$C=P+R+U+F$$

式中，C 为摄食能；P 为生长能（P_g 为用于重量和体积生长的生长能，P_r 为用于维持性腺发育的生殖能）；R 为代谢能；U 为排泄能；F 为粪便能，单位均为焦耳（J）。目前已经建立了能量学方程的贝类有十余种（表 2.1）。

表 2.1 几种贝类传统能量收支方程（常亚青和王子臣，1996）

种类	食物	能量收支平衡（J）						平衡
		C	P_g	P_r	R	F	U	
魁蚶	单胞藻	100	19 ～ 32		29.8	39.5	5.0	−6.7 ～ +6.3
贻贝	单胞藻	100	8.9	4.8	25.8	54	6.4	−0.1
虾夷扇贝	单胞藻	100	22.7	4.3	33.6	29		−10.4
冰岛栉孔扇贝	单胞藻	100	1	0.4	3.6	84.4	9.8	−0.8
长牡蛎	单胞藻	100	0.4	20.7	20.7	63.7	0.1	+5.6
南非鲍	大型藻类	100	1.2	3.3	32.5	63	（E=U）	0
疣鲍	大型藻类	100	22	2.5	27.7	20.4	/	−27.4
透孔螺	大型藻类	100	8	1	25	66	/	0

（一）摄食能

摄食能是指动物摄取食物中所含有的总能值（王俊和唐启升，2001）。在水产养殖生物中，食物摄取方式一般有两种：舔食和滤食。大多数双壳纲动物，如牡蛎、扇贝和贻贝等采用滤食方式，主要以硅藻、原生动物和单鞭毛藻为食；以鲍为代表的腹足类属于舔食性贝类，其主要饵料是大型的褐藻和红藻等。因此，摄食能的测定方法通常有两种，即直接测定法和间接测定法（刘英杰，2005）：直接测定法是直接测定实验前后食物的量差，并转化为能量值；间接测定法是在已知其他组分的能量之后，根据能量学方程计算得出。

（二）生长能

贝类的生长涉及两部分能量：一部分用于重量和体积的生长 P_g，另一部分用于维持性腺的发育 P_r（Nisbet et al.，2012）。贝类体积和重量的生长通常用毛生长率（K_1）和净生长率（K_2）来表示：

$$K_1=[A-(R+U)]/C$$

$$K_2=[A-(R+U)]/A$$

式中，A 为从食物中获取的能量，即同化率。根据常亚青和王子臣（1996）的研究统计，双壳类 K_1 介于 1% ～ 54%，K_2 介于 3% ～ 86%；而腹足类 K_1 介于 8% ～ 63%，K_2 介于 5% ～ 72%。

达到性成熟的生物会以排放精子或卵子的形式将能量排放到环境中。生殖能的测定通常有两种方法：一是通过诱导生物产卵来直接计算或估计精子和卵子的数量，或从性腺重量及成熟卵子的数量来估计；二是从生物个体产卵前后的性腺重量来间接推算（刘英杰，2005）。

（三）代谢能

呼吸代谢是生物重要的生理活动，主要作用是维护生物正常的新陈代谢及其他生命活动，其结果是消耗氧气、产生并释放出热量（张明亮等，2011）。通常情况下，生物的代谢可分为 3 个水平，即标准代谢、活动代谢、日常代谢。标准代谢指在禁食、安静状态下所保持的代谢水平；活动代谢指生物以一定的强度活动时所消耗的能量；日常代谢指生物在日常活动如摄食状态下的代谢水平。目前，生物的代谢研究主要是测定标准代谢和日常代谢（董波等，2003；王俊等，2004）。因此，呼吸能可通过热量计直接测定来获取。但由于目前实验仪器等条件限制，故先测定生物耗氧率，然后换算为能量，是目前广泛采用的方法。

（四）排泄能和粪便能

排泄能和粪便能是两种不同的能量，排泄能是指生物通过代谢等排泄出来的废物，生物的排泄产物主要有氮、尿素、氨基酸等。绝大多数双壳贝类、腹足类的排泄产物为氨，占总排泄量的 70% 或更多，其余部分因生物种类的不同而所占比例不等。而粪便能是指生物排出体外的粪便所含的能量（牛亚丽，2014；常亚青和王子臣，1996）。实验过程中，一般是采用测定水中氨氮的浓度变化求得生物的排氨率，再换算成生物的排泄能。由于生物的排泄能在能量收支中占的比例很少，一般不超过 10%，故在生物能量学研究中经常被忽略（牛亚丽，2014）。粪便能的测定目前最为常用的方法是直接测定法：收集生物排出的粪便，将其抽滤到滤膜上，烘干至恒重后测定粪便的能值，即可求得生物的排粪能（常亚青和王子臣，1996）。一般在摄食生理实验结束后，将生物转入经滤膜过滤的水中，收集实验过程中和实验后生物产生的粪便，测定其颗粒有机物和总颗粒物。

二、动态能量收支理论

（一）动态能量收支的含义

动态能量收支（DEB）理论是 Kooijman 在 1986 年基于 κ-rule 理论提出的。生物的生长和繁殖依赖食物密度，并且表现为体积和存储两个与能量相关的状态变量；能量相关的参数值表现为种内一致性和种间差异性（Kooijman，1986）。通常认为，在恒定的食物密度下，生物的生长符合奥地利生物学家 von Bertalanffy 的生长模型。von Bertalanffy 依据生物进行新陈代谢的化学过程提出：生物与外界环境之间不断进行物质交换的过程，又可分为合成代谢与分解代谢两个过程，即单位时间内个体重量的最小增长量是合成代谢与分解代谢之差，各瞬时体重的增加量（合成代谢）同体重的 2/3 次方成比例，减少量（分解代谢）同体重成比例。生物就是通过这两个过程的共同作用实现生长。按生理学的一般规律，我们也可以认为：同化作用的效率与吸收器官的表面积大小成比例，而异化作用的效率与生物的总消耗量成比例。总之，von Bertalanffy 模型主要用于描述动物生长发育规律，并可研究控制和影响生长的因子。该模型也是各种生长方程中最为重要、最为实用的方程。von Bertalanffy 模型表达式为：

$$\frac{\mathrm{d}W}{\mathrm{d}t} = \lambda W^{\frac{2}{3}} - \mu W$$

微分形式的 von Bertalanffy 模型展现了生物个体体重的瞬时增长率。式中，$\frac{\mathrm{d}W}{\mathrm{d}t}$ 表示个体体重增长率；λ 和 μ 分别为合成代谢系数与分解代谢系数；$\frac{2}{3}$ 表示合成代谢率。

Kooijman（1986）将动态能量收支模型从水生生物推广应用到其他生物，其目标是通过平衡重量和能量，了解从细胞到生态系统的动态变化。在 DEB 理论中，代谢过程是由表面积 / 体积计算的（常亚青和王子臣，1996）。生物个体从环境中摄入食物，以能量的形式储备在体内；然后能量再以两个不同的途径从储备中输出并被利用，其一是被用于身体的生长和维持，其二是被用于性腺的发育和成熟度的维持，或者是成熟个体的性腺再度发育（Martin et al.，2012）。DEB 理论为揭示生物在整个生命周期中获取、分配和使用能量提供了一个可量化的理论框架，从而能够在动态环境中对生活史特征如生长、成熟和繁殖的时间模式进行定量分析（图 2.1）。

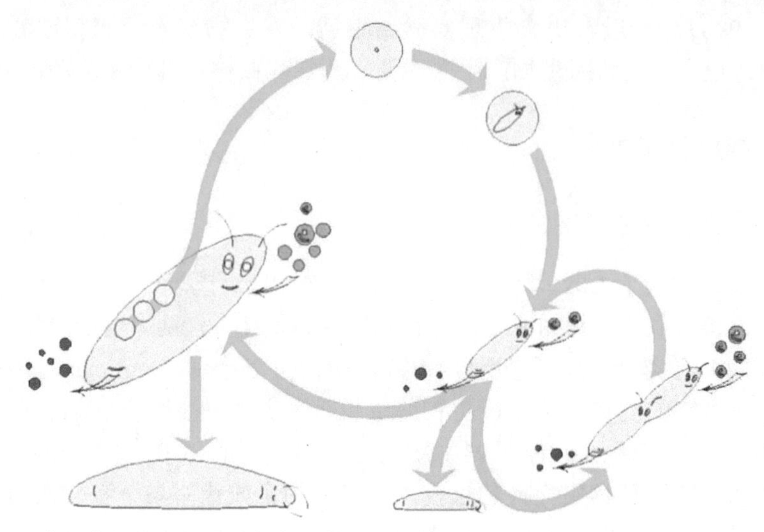

图 2.1 生物个体从卵细胞不断生长发育到衰老死亡的整个生活史（Kooijman，2010）

DEB 理论也是一个强有力的工具，用于将生物（生化、遗传和生理）过程与不同种类生物的个性化生理生态学特征联系起来，并且也可以在更大的时间尺度上与种群、生态系统及其时间演化联系起来（Kooijman，2014，2010）。DEB 理论关注生物有机体的动态变化，用微分方程描述有机体吸收和利用食物中的能量用于机体维持、生长、繁殖和发育的过程。

（二）动态能量收支理论的要点

DEB 理论通过量化生物体在生长、维持和繁殖三个方面所消耗的能量，并与摄入能量进行比较，来实现个体水平上的能量代谢平衡（Kooijman，2014）。DEB 理论的假定条件包括：所有生物体拥有相似或相同的代谢机制，与生物能量代谢相关的物理、化学和生理生态学参数都可以通过实验获得，在极少数约束函数（forcing function）的驱动下就可以计算出生物个体的能量利用（或分配），进而模拟出生物整个动态生长过程。约束函数也称外生变量（Martins and Marques，2002），是影响生物生长发育和新陈代谢的自变量的函数，它既与生物本身的生理生态学特征和环境适应性（常量）有关，也与表征生态环境的状态与变化的环境因子（即环境监测指标变量）有关，它同时也包含了变化过程及机制，是建立在逻辑判断或定量计算基础上的函数值，也是驱动 DEB 模型模拟运算的随机变量。

模拟生物个体新陈代谢过程的通用模型，包括 DEB 模型，一般具有如下基本特点：

1）与其他学科知识的一致性。模型的假设必须基于生物学、物理学、地球化学等学科的原理。DEB 理论基于质量、同位素、能量和时间守恒（Kooijman，

2010；Sousa et al.，2006），假设生物体由一个或多个能量储库、一个或多个结构组成。这些代谢池的动态遵循5个稳态的概念，分别是强稳态、弱稳态、结构内稳态、热稳态和获得性稳态，它们都是为了简化和增强模型预测的可测试性。各种形式的稳态与原理相联系，即生物体在进化过程中增加了对代谢的控制，能够在短时间内适应环境变化。

2）与经验数据的一致性。模型计算过程应该与经验相一致，最终计算结果也能和实际数据相吻合。个体生长模型的最终结果能准确预测生物个体的生长状况，因此，必须要和实际数据相拟合，这样的结果才具有实际意义（Kooijman and Lika，2015）。

3）生命周期的完整性。在做出假设和模拟时，应该涵盖个体的完整生命周期，从出生到衰老死亡（Kooijman and Lika，2015；Sousa et al.，2006）。个体的动态能量收支是整个生命周期的能量变化，是不间断的。因此，在建立个体模型时尽可能考虑周全，但实际操作时可以分阶段进行模拟，如可将牡蛎的生活史分为胚胎期、幼体期和成熟期（Bourlès et al.，2009）。

4）模型的简单性和通用性。一般模型应该尽可能简单明了，避免过多的参数、过于复杂的计算公式和计算过程。模型模拟的最终结果，要能够让更多的人参考和使用，因此要尽可能简单、通俗易懂。

5）模型与生物群体的匹配性。每个生物类群的模型都有其独有的特征。首先应与进化情景相一致，其次要符合该种群的个体特征，最后是表征生物个体的参数要与生物群体相适应（Sousa et al.，2010），如贝类软组织干重、海带干重等，都是兼顾了个体与群体的容易测得的参数。

综上所述，与传统能量学模型相比，动态能量收支模型能更好地反映生物体在生长发育过程中的能量利用情况，并且能更好地揭示生物与环境之间的关系。因此，近年来DEB模型越来越多地应用在生态学和生态系统研究中。

三、动态能量收支模型的应用

DEB理论是基于生物能量学而建立的，即个体本身摄入的能量在体内分配的过程。根据这个原理，利用微分方程建立的模拟能量在体内分配的模型，称为动态能量收支模型。DEB理论提出后，最先应用于藻类，而后成功应用于贝类、鱼类等生物的能量学研究。

相比传统的能量学模型，DEB模型能更具体地表达能量在生物体内的转化，并且能动态模拟温度、食物等因子对其能量分配的影响（Nisbet et al.，2012）。DEB模型用4个状态变量来表征有机体：

1）同化，即食物储备同化为身体能量；

2）消耗，也可以说是代谢，即体细胞和成熟度的维持及生长和繁殖消耗的能量；

3）生长，即用于生物机体的成长，包括长度的增加和体积的增大；

4）繁殖，用于繁殖下一代而储存的能量，到繁殖时，能量会全部排空为0，繁殖之后又继续储存等待下一次的繁殖（Nisbet et al.，2010；Attwell and Laughlin，2001）。

按照生活史的不同，一般生物个体的DEB模型将个体发育分为三个阶段（图2.2）。

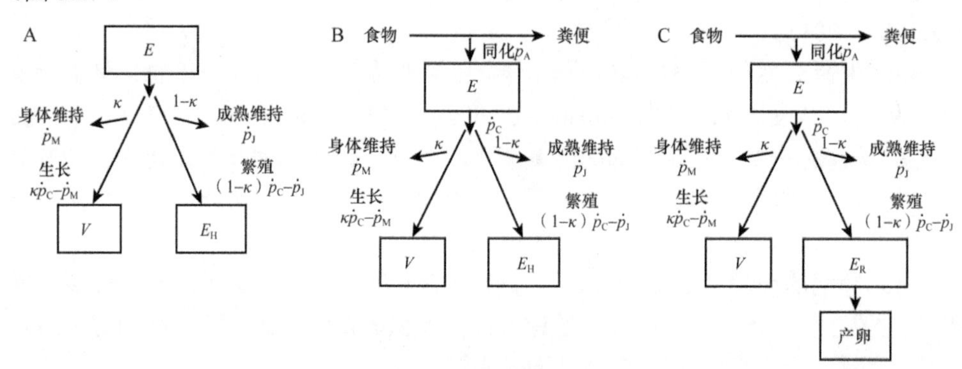

图2.2 生物不同生长期能量的分配过程

A.胚胎阶段，不进食，没有能量的摄取；B.幼体阶段，从出生那一刻开始摄取食物，并有粪便排出，但没有繁殖部分的能量；C.成体阶段，身体已经发育成熟，开始储存生殖的能量，条件成熟时就会产卵

图中，E为食物或营养摄入后，被生物体同化并储存的能量；V是结构物质体积；E_H是成熟储备能量；E_R是繁殖储备能量；κ是能量分配系数；$\dot{p}_A$是摄食同化率；$\dot{p}_C$是代谢率；$\dot{p}_M$是体积维持率；$\dot{p}_J$是繁育维持率；$\kappa\dot{p}_C$是代谢所得能量中用于个体生长的能量

（一）标准DEB模型及参数

标准DEB模型几乎能表征所有生物的能量代谢过程。DEB模型的标准版有12个主要参数（Nisbet，2012）（表2.2）。这12个参数完全量化了个体在整个生命周期中摄食、消化、维持、生长、成熟、繁殖和衰老的7个过程（Kooijman and Lika，2014；Attwell and Laughlin，2001），并且每个过程仅有1～3个参数，这体现了该模型的简洁性和通用性。

表2.2 标准DEB模型约束函数和状态变量及相关参数（Nisbet，2012）

符号	数值	单位	释义
状态变量和约束函数			
E		J	储存的能量
V		cm^3	结构物质体积
E_H		J	用于生长发育的能量积累
E_R		J	用于繁殖的能量（繁殖能量）

续表

符号	数值	单位	释义
X		J/cm^3	单位体积环境中的食物含量
T		K	温度
$f(x)$			与食物密度相关的捕食方程
$C(T)$			温度校准函数
主要参数			
$\{\dot{F}_m\}$	6.51	cm^3/(cm^2·d)	特定搜索率
κ_X	0.8		同化率
$\{\dot{p}_{Am}\}$	22.5z	J/(cm^2·d)	单位体表面积最大吸收效率
$[\dot{p}_M]$	18	J/(cm^3·d)	单位体积维持耗能率
$\{\dot{p}_T\}$	0	J/(cm^2·d)	单位表面积体细胞维持率
$[E_G]$	2800	J/cm^3	形成单位体积结构物质所需能量
$\dot{\upsilon}$	0.02	cm/d	能量传输
κ	0.8		储备＋生长的能量分配比例
$\dot{k}_J$	0.002	d^{-1}	性成熟维持率系数
E_H^b	275z^3	mJ	出生时成熟度阈值
E_H^p	166z^3	J	幼体成熟度阈值
κ_R	0.95		固定在卵子中的繁殖能量比例
辅助和复合参数			
T_A		K	阿伦尼乌斯温度
δ			形状系数
d_V		cm^3	结构物质体积
μ_V		J/mol	结构物质能量含量
μ_E		J/mol	储备能量含量
W_V		g/mol	结构物质的摩尔（湿）质量
W_E		g/mol	储备物质的摩尔（湿）质量
L_m	$\kappa\{\dot{P}_{Am}\}/[\dot{P}_M]$	cm	最大体积长度
g	$\dot{\upsilon}[E_G]/(\kappa\{\dot{P}_{Am}\})$		能量投入比率
K	$\{\dot{P}_{Am}\}/(\kappa_X\{\dot{F}_m\})$	J/cm^3	半饱和系数
$[E_m]$	$\{\dot{P}_{Am}\}/\dot{\upsilon}$	J/cm^3	最大单位体积储能
κ_G	$\mu_V d_V/(W_V[E_G])$		生长效率

* 上述参数是假定模型中的生物具有最大长度 $L_m=zL_{m,\ ref}$。其中，z 是无量纲缩放系数，定义为特定物种的最大长度与参考长度 $L_{m,\ ref}$（为 1cm）的比值

图 2.3 给出了标准 DEB 模型中的食物、储存能量、结构物质能量和性腺发育 4 个能量分室之间的逻辑关系。从头开始估计这些参数需要大量的数据（Kooijman et al.，2008），但是利用同种生物体型比例关系（形状系数 δ）或共同变化的理论预测参数，并进行调整和归纳（Nisbet et al.，2000），则可以适度简化模型方程，并使参数的获取更加容易。简言之，标准 DEB 模型的参数可分为强度参数或设计参数：前者的值仅与生物体本身的物理-化学性质相关，在同类生物之间大致相同；而后者的值随着生物个体大小的变化以可预测的方式变化（Kooijman，2010）。

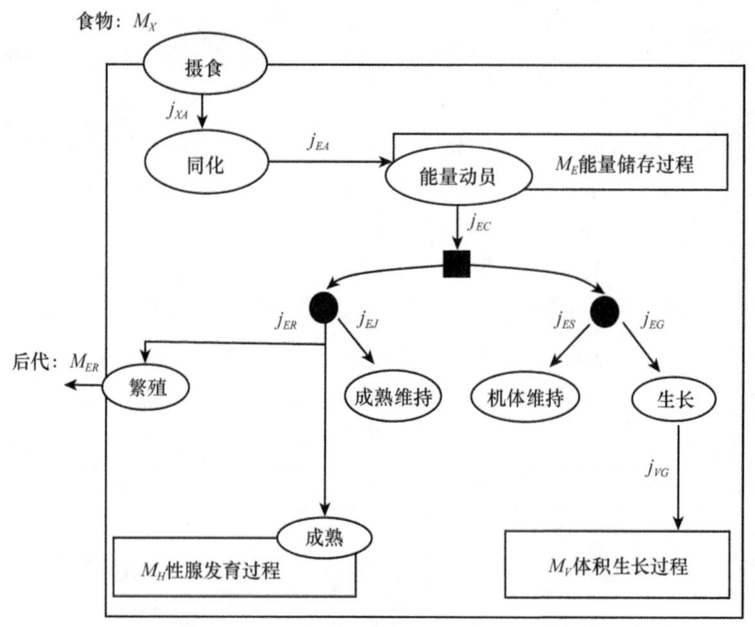

图 2.3　标准 DEB 模型中各主要能量单元的逻辑关系（参照 Sousa et al.，2010）

图中，椭圆形表征代谢过程，矩形表征状态变量。箭头表征能量流动的方向，包括食物流动（j_{XA} 是食物的摄取）、能量储备（j_{EA} 是摄食同化的能量、M_E 是未分配的储备物质能量、M_V 是分配用于机体结构的能量、M_{ER} 是储备在繁殖缓冲区的能量、M_H 是性腺发育储备能量、j_{EC} 是能量同化率、j_{EJ} 是备用能量分配、j_{ES} 是分配给机体维持的能量储备、j_{EG} 是分配给生长的能量储备、j_{ER} 是用于繁殖的能量储备）和机体结构能量传输（j_{VG}）的方向。实心正方形表示固定分配规则（κ-rule），实心圆形表示优先级分配规则

标准 DEB 模型是一个强大的通用性生态学模型。它的结构允许我们在不使用任何经验论证或新的假设条件的情况下，仅经过一定的实验步骤获取少量参数，即可预测生物的生长发育过程。由于 DEB 模型囊括了生物能量代谢的一系列参数，还有可能通过汇总和比较不同类别生物参数值的差异，从生物进化上揭示不同物种间的亲缘关系（Marques et al.，2018）。

（二）水产养殖 DEB 模型的应用

1. 藻类生长模型研究进展

国内外对于海藻生长所需要的环境条件的研究，主要集中在营养盐、光照强度、温度等几个方面。迄今，对养殖大型海藻的能量代谢，尤其是以海藻能量收支为基础的生长模型方面的研究还较为缺乏。通过模型描述海藻生长的关键过程及其与环境参数的关系，对预测产量和经济效益、防控环境风险、合理控制养殖密度、优化养殖环境条件都具有参考价值。在过去的几十年里，国内外已经开发了多个用于描述海藻生长的模型，一方面用于预测海带、硬石莼等藻类的生长（吴荣军等，2009；Solidoro et al.，1997；Bendoricchio et al.，1993；Ferreira and Ramos，1989），另一方面也用于绿藻（Martins and Marques，2002）、蓝藻（汪浩和李玲燕，2012）等灾害藻类暴发的预警。例如，汪浩和李玲燕（2012）运用 PHREEQC 软件建立了太湖藻类生长模型，可用于中小型水库水华暴发的模拟预测。

Martins 和 Marques（2002）开发的浒苔生长模型利用 Stella Architect 1.4.3 软件建模，通过环境条件的变化预测浒苔的生长速率，可模拟浒苔的暴发性生长，是海藻模型中较为全面和成熟的模型之一。该模型依据动态能量收支理论设计参数并拟合藻类的生长过程，以水温 T（℃）、光照强度 I [μmol/(m^2·s)]、盐度 S、水体中的氮 N_{ext} 含量（μmol/L）和磷 P_{ext} 含量（μmol/L）作为自变量，输入其不同时刻的实测值，将藻体内的 N_{int}（μmol/g）、P_{int}（μmol/g）营养盐储备作为状态变量，模型经过校准和验证，较为准确地预测了浒苔的净生长率。

一些经济藻类如海带、紫菜的生长模型，可用于这些种类的养殖生产管理。吴荣军等（2009）以浒苔生长模型（Martins and Marques，2002）为基础，对养殖海带的生长进行模拟，并预测和评估环境条件的变化对海带生长和产量的影响，该模型未加入枯烂作用影响，因此不能很好地反映海带养殖后期的生理过程。蔡碧莹等（2019）利用 Stella Architect 1.4.3 可视化软件描述海带生长的关键过程及其与环境指标的关系，以净生长量（N_{growth}）= 总生长量（G_{growth}）– 呼吸作用消耗（*resp*）– 枯烂（E_{kelp}）为基本框架，模拟和预测海带的生物量和叶片长度变化。海带的生长用光照、温度、盐度、海带体内营养盐（包括 N 和 P）等环境因子的约束函数定义，模型模拟桑沟湾养殖海带的长度与干重随养殖时间而增加的状况，结果与实测值的拟合度 R^2 值分别为 0.936 和 0.963，说明该模型能够很好地反映海带的真实生长情况。

生态模型可用来预测约束函数随时间变化对生态系统产生的影响，以及生态系统的状态将发生的变化。DEB 模型在本质上属于一种生态模型，由一系列变量、参数和方程所定义。水温 T（℃）、光照强度 [μmol/(m^2·s)]、水体中的氮含量 N_{ext}（μmol/L）和磷含量 P_{ext}（μmol/L）、总颗粒物（TPM）浓度（mg/L）为海带 DEB 模型的自变量（也称约束因子）。DEB 模型的约束因子（forcing factor）也称驱动因子，是影响生态系统状态的自变量，对于模型来说，它们是对各种参数和变量施加影响、导致模型运算结果发生改变的直接或者间接因素，因此被视为模型的约束因子。当约束因子随时间变化时，可以用模型预测生态系统将产生何种变化和响应。从理论上说，约束因子往往通过约束函数发生作用。

表 2.3 列举了国内外海藻生长模型主要研究种类及相关公式、采用的模型软件、输入的约束函数等。

表 2.3　国内外海藻生长模型主要研究种类及相关公式

研究对象	公式	输入变量	软件	参考文献
微囊藻 *Microcystis* spp.	$Ba=Ba_{max}\times f(T)\times f(N)\times f(P)$ Ba：藻类生长率	总氮、总磷、水温、流速	PHREEQC 软件	汪浩和李玲燕，2012
海带 *Saccharina japonica*	$G_{growth}=\mu_{max}\times f(I)\times f(T)\times f(NP)$	水温、光照、水体中的氮和磷	Stella Architect 1.4.3 软件	吴荣军等，2009
硬石莼 *Ulva rigida*	$\frac{dB}{dt}=(\mu(1,T,Q,[P])-f_{death}(DO)B)$ Q：模型食物体内的氮浓度； B：生物量	水温、光照、溶解氧（DO）、水体中的氮和磷	3D transport-water quality model	Solidoro et al.，1997
浒苔 *Enteromorpha* sp.	$G_{growth}=\mu_{max}\times f(I)\times f(T)\times f(NP)\times f(S)$	水温、光照、盐度、水体中的氮和磷	Stella Architect 1.4.3 软件	Martins and Marques，2002
坛紫菜 *Porphyra haitanensis*	—	水温、光照、盐度、水体中的氮和磷、潮位、降雨量	Powersim 软件	骆其君等，2007

注：“—”表示参考文献中未给出具体公式

2. 滤食性贝类 DEB 模型

在贝类中，DEB 模型最早应用于牡蛎个体生长预测。Bacher 和 Gangnery（2006）利用实验数据并借助 Stella Architect 1.4.3 软件，在法国牡蛎主养区拓潟湖建立了牡蛎个体生长 DEB 模型。模型中有两个约束函数，分别是水温函数和食物函数。对于滤食性贝类来说，其食物来源主要是浮游植物和颗粒有机物等，而浮游植物的生物量又常常用叶绿素 a 来表示。因此，该模型的约束函数为水温和叶绿素 a 的函数，模型输出的状态变量为总湿重、软组织湿重和壳高。能量的转换量化为数学函数。由于实验中 4 个站位的水温和叶绿素 a 含量等环境条件不同，其牡蛎的投苗时间和养殖模式也有所不同，因此每个站位牡蛎的生长也有明显的差异（图 2.4）。

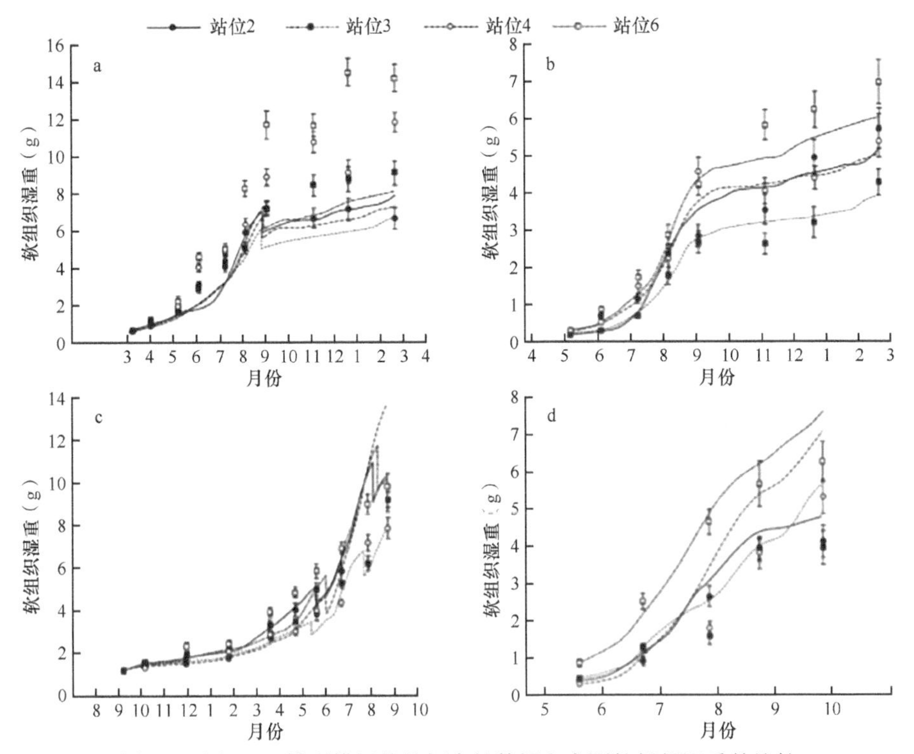

图 2.4　用 DEB 模型模拟的牡蛎生长数据和实测软组织湿重的比较

（引自 Bacher and Gangnery，2006）

a、b、c、d 代表不同的养殖模式和假定的牡蛎个体初始物质分配比例组合：a. 结构物质：储备物质 =100 ： 0，模式 1；b. 结构物质：储备物质 =30 ： 70，模式 2；c. 结构物质：储备物质 =70 ： 30，模式 1；d. 结构物质：储备物质 =70 ： 30，模式 2。模式 1 表示牡蛎养殖周期是从＜ 1g 的苗种养到 8 ～ 14g；模式 2 表示牡蛎从大约 0.3g 养到 4 ～ 7g。线代表模拟数据，点代表实测数据

国内对贝类能量收支的研究大多数停留在传统能量学模型上，动态能量收支研究较少。张继红等（2017）建立了虾夷扇贝的标准 DEB 模型，以水温和叶绿素 a 作为约束函数，分别在山东荣成桑沟湾和辽宁大连长海县进行了数值模拟和验证（图 2.5）。

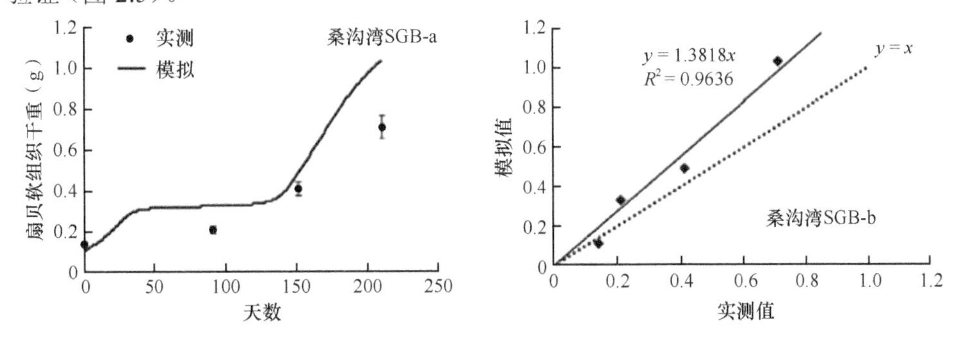

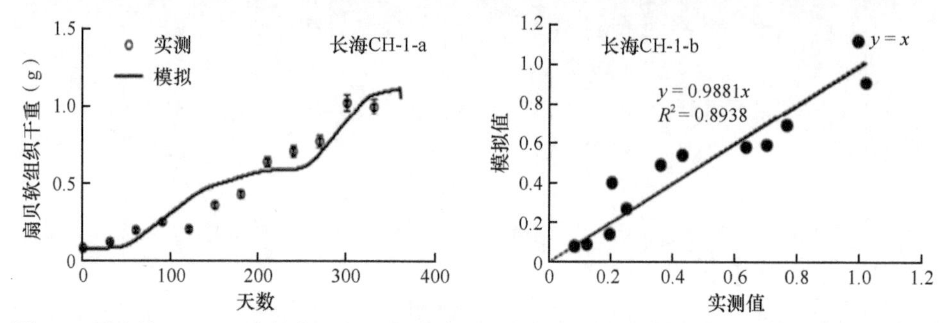

图 2.5　桑沟湾（SGB）和长海（CH）虾夷扇贝软组织干重实际测定结果与模型模拟结果比较（引自张继红等，2017）

a. 软组织干重模拟结果与实测结果的对比；b. 模拟结果与实测结果的回归分析。CH-1 表示长海虾夷扇贝为 1 龄贝

综上所述，国内外在滤食性贝类 DEB 模型的构建方面已经积累了一定的经验，现有牡蛎、扇贝等模型也能很好地模拟贝类个体的生长，与实际测定结果拟合较好。

（三）DEB 模型存在问题与发展趋势

由于研究方法的日渐成熟和实验数据的积累，尤其是建模技术的不断改进和完善，国际上已经建立了多种水产养殖生物的 DEB 模型，它们大多能很好地拟合养殖生物的个体生长。利用这些模型可以预测不同环境条件下每个时段生物的个体大小和生长情况，帮助我们规划养殖生产周期、规避不良环境条件所引发的经营风险，对养殖生产管理具有一定的指导意义。另外，养殖种类个体生长和生物量的预测，对建立生态系统模型及在此基础上开展生态系统管理都创造了很好的条件。可以说，DEB 模型是养殖容量和养殖规划管理的基础。

不过，与任何数值模型一样，DEB 模型也存在很多不足和需要不断完善的地方。首先，任何生物类群都存在种内和种间差异，这源于个体生理代谢效率的不同，以及由遗传物质决定的表型差异。从实际操作层面来看，中国拥有庞大的水产养殖与苗种繁育产业，即便是在同一个水域养殖同一个物种，其养殖模式（方法）和苗种来源都可能不同；另外，近年来国内外在水产养殖遗传育种方面已经取得了巨大的成功，鱼虾贝藻都有许多优良新品种在同时甚至同一个水域养殖。要从 DEB 模型上体现这些“千差万别”的养殖品种之间的差异，就必须在参数校准和获取高质量数据上下功夫。

正是由于受到充足的、高质量数据的限制，目前 DEB 模型的应用范围还比较小，仍有许多水产养殖品种未被涉及，尤其是国内对于 DEB 模型的研究和应用更少。随着水产养殖的效率和效益越来越被重视，尤其是随着“精准养殖”概念的提出，产业对深入研究和了解养殖品种、定量描述其生理生态学过程的要求也更为迫切。如果说“生物数字化”是“精准养殖”的必要条件，那么与数字化相伴而生的则是包括DEB模型在内的各种数值模型的应用，以及由模型运算、预测及不断验证和校准所主导的水产养殖精准管理。

相对于个体模型方面的工作来说，目前针对生物种群、群落或更大范围的生态系统的模型研究还基本处于空白。考虑到生物体与外界源源不断的能量和信息交流，水产养殖管理的对象不应局限于单个的生物，还应涵盖一个养殖场或者一整片养殖水域；所谓养殖系统，就是指一片海域或者一个池塘内可能存在的所有鱼虾贝藻等各种生物（朱明远等，2002）。如果能够运用DEB模型厘清这些生物之间的相互影响，从而估算合适的养殖密度、养殖容量，就能针对其中的某一种或几种养殖生物的生长状况做出更为科学和准确的测算，以期达到最好的管理效果。

从生态学角度来看，水生生物会更容易，也更多地受到环境因素的影响。因此，对水产养殖业来说，与生物因素同样重要的是非生物因素，包括作为饵料生物（以单胞藻为主，有时以叶绿素a表示）重要补充的有机碎屑，以及水温、水流、透明度、盐度等环境因子。这些因素不仅通过控制养殖生物代谢率对生长产生影响，同时还会影响种群的生长。之前的研究主要是在实验室条件下就某个因素或多个因素进行分析研究，而在自然环境下则需要考虑多方面的影响因素（史洁等，2010；Ricovilla et al.，2010）。由于缺乏基础研究的支持，这些变量对DEB模型研究对象的细微影响目前还难以全面体现。可以说，水产养殖生物DEB模型的约束函数还需要进一步充实和完善，现有模型还有待丰富和提升。

随着DEB模型的日渐充实和完善，我们有理由相信，未来的养殖生物个体生长DEB模型将足够精细、足够准确，不仅可以预测养殖产量，还能用来研究特殊环境状况或者预测和提示环境风险，如海洋毒素和污染物对水生生物的影响、气候变化和海洋酸化将如何改变水产养殖业等，从而作为环境风险预警的手段。此外，还可将DEB模型作为子模型整合到模拟水产养殖生态系统的综合模型中，为基于生态系统的水产养殖空间规划管理提供技术支持。

第二节 藻类个体生长模型构建：以桑沟湾为例

山东荣成桑沟湾是中国北方典型养殖海区，是以贝藻养殖为主的海湾。为了更好地了解桑沟湾养殖生物的生长状况并据此进行养殖容量估算，我们对桑沟湾的主要养殖藻类（海带）和鲍、牡蛎、扇贝等贝类开展了系统的生理生态学研究，并检索了大量文献资料，以此为基础构建了这些生物的个体生长模型。

一、海带生物学及养殖技术

（一）海带生物学与生态学特点

海带是一种具备明显世代交替的两年生褐藻，属于褐藻纲（Phaeophyceae）海带目（Laminariales）海带科（Laminariaceae）海带属（*Saccharina*）。海带自然分布于北太平洋北部，属于冷水性褐藻，曾用拉丁文名为 *Laminaria japonica*（曾呈奎等，1985），现更名为 *Saccharina japonica*（Lane et al.，2006）。

海带生活史分为两个阶段，分别为有性繁殖的配子体世代和无性繁殖的孢子体世代，为异型世代交替（曾呈奎等，1985）。配子体阶段：雌配子体由单个细胞形成，球形或梨形，直径 11 ～ 22μm；雄配子体通常由多个细胞构成，细胞较小，直径为 5 ～ 8μm。在特殊条件下，海带配子体可通过营养生长增殖（方宗熙等，1978）。我们所吃的海带生活史属于无性的孢子体世代，由叶片、柄、固着器三部分组成（吴超元，1981）。海带孢子体生长发育可分为幼龄期（5 ～ 10cm）、凹凸期（10cm 以上）、脆嫩期（1m 左右）、厚成期（1.5m 左右）、成熟期和衰老期 6 个时期（曾呈奎等，1985）。

海带作为一种重要的大型经济褐藻、海洋生态系统重要的初级生产者，是中国海水养殖规模最大的大型海藻，具有重要的经济价值。海带原产于冷温带，目前我国海带养殖北起辽宁大连、南至广东南澳，其中山东、福建、辽宁均是我国海带的主要产地。海带在食品、提炼工业用原料（甘露醇和褐藻胶）和医药保健等方面都具有很高的价值。海带营养价值高，蕴含丰富的维生素、矿物质及粗纤维；含碘量高，能预防和治疗甲状腺肿，具有降低胆固醇、调节免疫力等保健价值。

桑沟湾的海带养殖始于 1957 年，产量在 20 世纪 70 年代以后逐年快速增加，目前年产量已逾 10 万吨。生长状况较好的海带，长度、宽度和厚度都较大，出成率比较高。近年来，桑沟湾筏式养殖的海带在养殖后期（即成熟期和衰老期，一般是 4 月下旬以后），叶片有明显的枯烂现象，并随时间推移愈加严重，在一定程度上影响了海带养殖产量和效益。Li 等（2007）认为海带叶片末梢枯烂现象从 11 月份投苗即开始出现，并持续整个养殖周期。Suzuki 等（2008）发现，当温度超过 17.5℃，海带叶片末梢枯烂率就已超过其生长率。生产中发现，温度、光照和营养盐的变化都可能引起海带叶片末梢枯烂。

（二）海带养殖技术

1958 年全国推广海带养殖以来，养殖技术不断改进，目前已经形成较为成熟的浅海筏式养殖模式和“南北接力”养殖模式。最初采用垂挂苗绳养殖海带，逐渐发展到现在的顺流平养，海带植株之间互不遮挡，光照条件得到极大改善，使海带植株能够进行充分的光合作用。

海带养殖筏架通常为网格结构。筏架的主干也称为梗绳，应沿着海水主导潮流的方向设置和固定。梗绳上绑缚着浮球或浮漂，为整个筏架提供浮力。一般每根梗绳的长度为 80 ～ 100m，并排设置，彼此相距 4.6m。为了固定梗绳，在梗绳两端连接锚绳，锚绳长度一般为水深的 3 倍，下端通过连接重力锚或者打桩固定在海底。

根据山东省荣成市寻山集团提供的海带养殖区数据，“间隔平养”是目前桑沟湾普遍采用的海带养殖方法，概念图见图 2.6。其基本模式是：两排筏架之间的距离为 4.6m，筏架之间的一绳海带由两小串组成，两绳海带之间距离约 1.5m，每一小串海带绳约 2.3m，养殖有 30 ～ 32 棵海带。当海带生长到厚成期时（海带长度 1.5m 以上），在平养苗绳中间增加一小浮漂，通过增加浮力来增加海带产量。

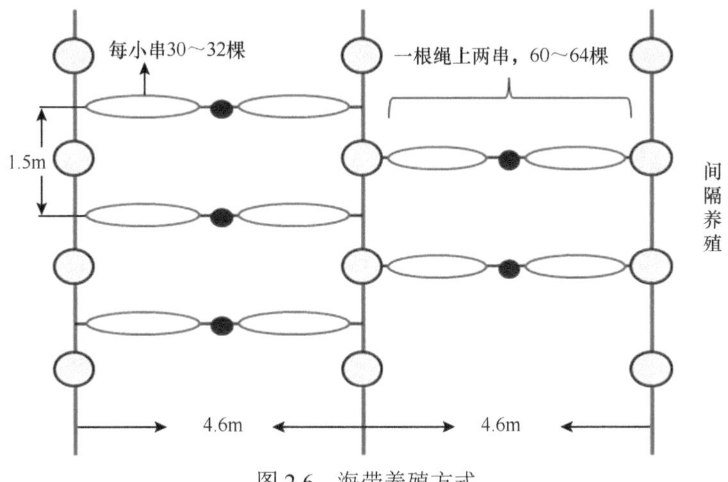

图 2.6　海带养殖方式

桑沟湾筏式养殖海带的周期一般为 11 月中旬到次年 7 月中旬，每小串海带收获时约 50kg，收获的海带长度平均 3m。根据寻山集团 2016 年的数据，公司在桑沟湾的实际养殖面积约 2300 亩，收获海带鲜重约 3.5 万吨；爱伦湾实际养殖面积约 7200 亩，收获海带鲜重约 10.8 万吨，平均亩产为 15t。北方海带通常在 6 月份开始收获，作为食品加工的海带 4 月下旬至 5 月份开始收获。福建海带通常只作为食品，4 月中旬开始收获。

（三）海带生长的适宜环境条件

生物特定的生长条件，即对自然栖息环境的要求，往往取决于生物的遗传性状，与生物本身的生理和生态学特点有关。无论是建立养殖生物个体生长模型，还是做养殖适宜性评价，其主要依据都是养殖生物的生理和生态学特点（表 2.4）。

表 2.4　海带适宜性评价指标

养殖品种	适宜性指标	适宜值（范围）	生存值（范围）	参考文献
海带 *Saccharina japonica*	水温（℃）	5 ～ 10	0.5 ～ 20	陈达义和汪进兴，1964；吴荣军等，2009
	水深（m）	3 ～ 5	5 ～ 20	梁省新等，2009；索如瑛等，1988
	盐度（PSU）	29 ～ 32	3 ～ 40	陈根禄和王东室，1958
	海带体内无机氮含量（gN/g DW）	0.0204 ～ 0.024	0.013 ～ 0.0168	吴荣军等，2006；Mizuta et al.，1992
	流速（m/s）	53	1 ～ 83	张定民等，1982

注：表中 DW 为海带干重

二、海带个体生长模型构建[①]

本节以桑沟湾为例建立模拟浅海筏式养殖的海带个体生长的数值模型，并通过运用可视化 Stella Architect 1.4.3 软件对海带生长过程进行模拟。Stella Architect 1.4.3 软件可以很方便地输入模型中的各种函数方程、参数与初始值及外部环境监测数据，而模型中间变量与终变量的值均可以通过图与表格在窗口呈现。

海带生长模型的建立是在对海带的生理机制、环境因子等相互作用关系的认识和了解基础上，通过数学公式对海带生长和产量形成过程进行定量化表达。为了更好地模拟环境因素对海带生长的影响，在桑沟湾的 3 个不同区域设置采样站位进行海带采样与环境监测（图 2.7）。DEB 模型具有一定的通用性，即通过改变输入的环境参数值进行模型运算，可以有效地预测不同海域和不同环境条件下海带的生长和产量变化情况。

（一）环境条件与海带生长参数

为了获取模型参数值，我们查阅了大量参考文献。对于海带生长比较重要的环境参数包括：光照、水温、盐度、营养盐、水深、流速等。此外，作为一般性要求，浅海养殖还需要具备无污染、水流通畅、浪高适宜、无风暴潮灾害等条件。海带孢子体适温范围很广，从 0℃到 18℃，最适温度 5 ～ 10℃，在 18 ～ 20℃及以上不能发育；海带配子体的生长和生殖最适温度在 10 ～ 15℃（曾呈奎，1994）。海带作为一种大型海藻，可以高效地吸收储存大量的营养盐，其维持生存的最低组织 N 含量（N_Q 生存限额）为 16.8μg/mgDW，达到最大速率生长的每天 N 需求量

① 本节内容根据蔡碧莹等（2019）和蔡碧莹硕士学位论文（蔡碧莹，2018）改写而成

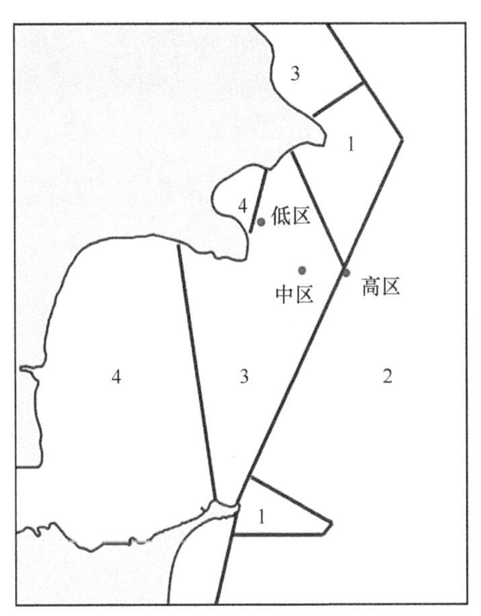

图 2.7　桑沟湾养殖海带采样站位示意图

高区（37°8′33.47″N，122°37′59.22″E）、中区（37°8′37.44″N，122°36′30.98″E）、低区（37°9′52.88″N，122°35′10.06″E）。其中，高区水深约 23.4m，流速较大（0.3m/s 左右）；中区水深约 20m，流速适中（0.25m/s 左右）；低区水深约 16.7m，流速较小（0.1m/s 左右）。图中 1 ～ 4 数字代表根据环境特征将桑沟湾划分成不同的区域

（N_{req}）为 2.45μg/(mgDW·d)（吴荣军等，2006）。

构建个体生长模型需要重点考虑的参数包括：海带在适温下的最大生长率，20℃时最大呼吸速率，光合作用的最适光强，最适生长温度，生长温度生态幅的上下限，最适生长盐度，盐度耐受上下限，体内游离 N、P 最低需求，维持最大生长率所需的体内游离 N、P 含量，无机氮的半饱和同化系数，NO_3^--N、NH_4^+-N、PO_4^{3-}-P 最大吸收速率，NO_3^--N、NH_4^+-N、PO_4^{3-}-P 半饱和吸收常数，最大枯烂率，水体中的 N、P 浓度等。参数的选择与取值是否得当，是决定海带个体生长模型是否有科学意义和应用价值的关键。

海带个体生长模型的概念流程如图 2.8 所示。研究期间，我们对 2016 年 11 月至 2017 年 6 月的桑沟湾海带生长情况和环境条件进行了定点连续监测，包括海表温度 T（℃）、盐度 S、营养盐 N 和 P 浓度（μmol/L）、海表光照强度 I［μmol/(m^2·s)］，以及总颗粒物（TPM）浓度（mg/L），每 30 天左右监测一次。环境参数按照《海洋调查规范 第 4 部分：海水化学要素调查》（GB/T 12763.4—2007）要求采样，海水中营养盐、TPM 的分析均按照《海洋监测规范 第 4 部分：海水分析》（GB 17378.4—2007）进行。海带生长情况监测项目包括干重（DW）（g）和叶片长度（cm），每 30 天左右测量一次。

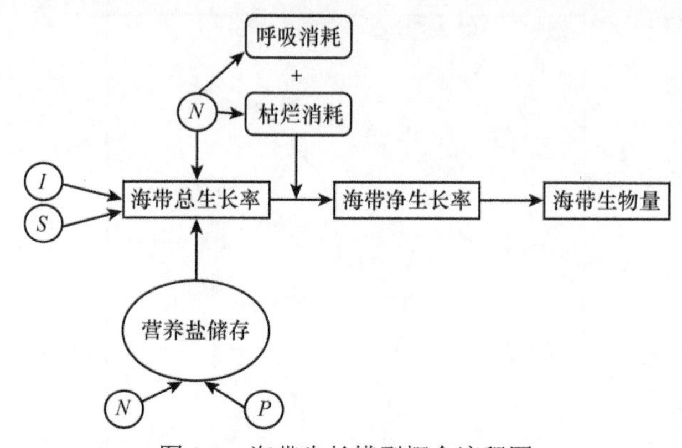

图 2.8　海带生长模型概念流程图

约束函数包括环境自变量 T（温度）、I（光照）、S（盐度）、N（溶解性无机氮包括：NH_4^+-N、NO_3^--N）、P（溶解性无机磷：PO_4^{3-}-P）的函数

（二）模型函数

海带的净生长量（N_{growth}）由其总生长量（G_{growth}）与呼吸作用消耗（*resp*）和海带枯烂（E_{kelp}）之差决定：

$$N_{growth}=G_{growth}-resp-E_{kelp}$$

式中，呼吸作用消耗（*resp*）主要采用 Jørgensen 和 Bendoricchio（2008）关于呼吸作用的计算公式：

$$resp=R_{max20}\times\theta^{T-20}$$

式中，R_{max20} 为 20℃最大呼吸速率；θ 为经验系数，经模型校正取 1.02；T 为温度。

G_{growth} 受海带最大生长率（μ_{max}）、温度（T）、光照（I）、盐度（S）及营养盐（N、P）的共同作用。为体现各参数的限制作用，利用乘法计算，即：

$$G_{growth}=\mu_{max}\times f(T)\times f(I)\times f(S)\times f(NP)$$

海带的生长遵循在最适温度附近的偏正态分布，所以采用如下温度函数（Radach and Moll，1993）：

$$f(T)=\exp[-2.3\times(\frac{T-T_{opt}}{T_x-T_{opt}})^2]$$

式中，T_{opt} 和 T_x 分别代表海带生长的最适温度和温度生态幅；当 $T\leqslant T_{opt}$ 时，$T_x=T_{min}$（温度生态幅下限）；当 $T>T_{opt}$ 时，$T_x=T_{max}$（温度生态幅上限）。

海带在高强度的光强下光合作用受到抑制，生长处于抑制状态（张起信，1994），因此，光照函数采用 Steele 的光抑制模型最优曲线公式（Steele et al.，1962）：

$$f(I)=\frac{I}{I_{opt}}\times e^{(1-\frac{I}{I_{opt}})}$$

式中，I_{opt} 为光合作用最适光强；I 为到达海带表面的光照强度。

潮位的变化通常会引起光照透射水深的变化。由于海带为筏式养殖生物，浮筏本身会随着潮水升降，所以潮位的变化并不会引起养殖生物水层的变化，海带基本保持固定的生长水层不变。同时，由于水流的存在，海带基本上是漂浮在水的上层。在不同深度上光照的变化，用 Beer 公式（Parsons et al.，1984）来表示：

$$I=I_0\times \exp(-k\times Z)$$

式中，I_0 为水表面的光强；k 为吸光系数；Z 为水层深度。

养殖海区水体的初级生产力也取决于水中的吸光系数 k。潮位的变化所引起的涨潮、退潮及风浪流，都能对水体和海床造成扰动。这种变化引起的海底沉积物的再悬浮是引起 k 变化的主要因素。Suzuki 等（2008）在桑沟湾研究得出 TPM 与 k 之间的关系，建立经验公式如下：

$$k=0.0484\times \text{TPM}+0.0243$$

公式描述了 k 与 TPM 之间的关系，利用不同时刻的 TPM 测定值输入模型，进一步反映 Z 深度下的光照变化情况。

光照约束函数的输入，不能以某一天的某一时刻光照作为变量输入，应参考养殖海区的当日平均光照情况，同时需要考虑每月的晴日天、阴雨（雪）天、每月的日照时长等。根据中国气象局对荣成市 2016 ～ 2017 年的天气预报，我们计算了每月晴日天及阴雨（雪）天数、每月的日照时长，并且根据我们实测的桑沟湾海域晴日天及阴雨天光照强度，在这两种天气情况下一天平均海表光照强度分别约为 550μmol/(m^2·s) 和 385μmol/(m^2·s)。据此，设计平均海表光照强度公式为：

$$I_0=\frac{\text{日照时长}\times（\text{晴日天}\times 550+\text{阴雨天}\times 385）}{\text{总天数}\times 24}$$

针对桑沟湾盐度变化情况，参照 Martins 和 Marques（2002）浒苔模型中对盐度限制的表达公式：

$$f(S)=1-(\frac{S-S_{opt}}{S_x-S_{opt}})^m$$

式中，S_{opt} 为最适生长盐度，当 $S < S_{opt}$，$S_x=S_{min}$（停止生长的盐度耐受的最小值），$m=2.5$；$S \geqslant S_{opt}$，$S_x=S_{max}$（停止生长的盐度耐受的最大值），$m=2$。

海带生长受相对最缺乏的营养盐限制，海带体内氮磷比（N/P）为 12 ～ 16 时，营养盐最易被海带吸收。因此，$N/P < 12$，$f(NP)=f(N)$；$12 \leqslant N/P \leqslant 16$，$f(NP)=1$；$N/P > 16$，$f(NP)=f(P)$（Martins and Marques，2002）。

海带对N营养盐的吸收特征符合饱和吸收动力学。同时，因为藻类的生长取决于细胞内营养盐浓度，而不是水体中营养盐的浓度，根据米氏（Michaelis-Menten）方程（N_{int}–N_{imin}）计算：

$$f(N)=\frac{N_{int}-N_{imin}}{K_q+N_{int}-N_{imin}}$$

式中，N_{int}、N_{imin}分别为海带体内游离N含量、海带体内游离N的最低需求量；K_q为N的半饱和同化系数。

海带对PO_4^{3-}-P的吸收动力学特征不符合米氏方程，藻体的生长随体内P的增加呈线性增加（Jørgensen and Bendoricchio，2008）。

$$\text{如}\ P_{int}<P_{imax},\ f(P)=\frac{P_{int}}{P_{imax}};\ \text{如果}\ P_{int}\geqslant P_{imax},\ f(P)=1$$

式中，P_{int}和P_{imax}分别为海带体内游离P含量，以及维持最大生长率所需的体内游离P含量。

海带体内游离N、P营养盐含量（N_{int}、P_{int}）的计算是将吸收的营养盐（φ）减去同化为组织的营养盐（γ）得到：

$$\varphi=\frac{X_{imax}-X_{int}}{X_{imax}-X_{imin}}\times\frac{V_{max}\times X_{ext}}{K_x+X_{ext}}$$

$$\gamma=X_{int}\times G_{growth}$$

式中，X代表N或P；V_{max}为N或P营养盐的最大吸收速率；K_x为N或P营养盐吸收的半饱和常数；X_{ext}为海水中无机N或P营养盐含量。

研究发现，光照过强可能会引起海带白烂病、光照过弱会引起绿烂病等病理性枯烂，这类枯烂可根据光照情况及时调节养殖水层得到改善。除了海带病理性枯烂，海带叶片末梢枯烂也是一种遗传特性，当温度或其他环境条件改变时，海带末梢开始枯烂，并通过枯烂组织的营养盐释放和再吸收，促进海带分生组织的生长，有利于孢子的放散，属于一种生存适应机制（Li et al.，2007）。在4月以前，海带末梢枯烂并不明显，之后随着海水温度的不断升高，末梢枯烂率大幅度上升，5月份枯烂率达到最大，以后保持平稳状态（Li et al.，2007；Mizuta et al.，2003）。综上，根据海带的最适温度（T_{opt}）与海水中的温度（T）之间的差值作为指数，得出海带枯烂的方程：

$$E_{kelp}=E_{max}\times P^{(T-T_{opt})}$$

式中，T_{opt}为海带最适生长温度；T为不同时刻的温度测量值；P为经验系数，经模型校正取1.05；E_{max}为海带最大枯烂率。

吴荣军等（2009）取得了海带长度与干重的关系式，与本书作者的海带长度与干重实测值有一定差异，推测与不同研究中海带干湿比的计算结果不同等因素有关。本书通过 Origin 9.0 软件对吴荣军等（2009）海带长度与干重公式进行系数校准，得出海带长度与干重经典公式：

$$L=\exp\left[\ln(\mathrm{DW}\times 10^{6.28})/3.35\right]$$

式中，L 为海带长度；DW 为海带干重。

（三）状态变量及约束函数

模型中的三个状态变量包括海带体内营养盐含量（N_{int}、P_{int}，μmol/g），以及海带的干重（DW，g）；其随时间变化的量值表示为：$N_{int}(t)$、$P_{int}(t)$、DW(t)。

$$N_{int}(t)=N_{int}(t-\mathrm{d}t)+\varphi_N-\gamma_N$$

$$P_{int}(t)=P_{int}(t-\mathrm{d}t)+\varphi_P-\gamma_P$$

$$\mathrm{DW}(t)=\mathrm{DW}(t-\mathrm{d}t)+N_{growth}$$

模型中状态变量的初始值 N_{int}、P_{int} 的取值以海带干重的百分比（%DW）表示。海带组织总氮（TN）的含量（%，m/m，DW），用纳氏试剂比色法测定（《水质 铵的测定 纳氏试剂比色法》GB 7479—1987）。组织中总磷（TP）的含量以钒-钼酸铵比色法测定（张永顺和王玉成，1999），也以海带干重的百分比（%，m/m，DW）表示。Zhang 等（2016）测定 1 月份海带 TN 为 1.51%，经过单位换算，N_{int}=1071μmol/g。刘嘉伟等（2017）测定海带 TP 为 0.218%，经过单位换算，P_{int}=70.32μmol/g。

水温 T（℃）、光照强度 I［μmol/(m²·s)］、水体 N 含量 N_{ext}（μmol/L）（包括 NH_4^+-N 和 NO_3^--N）、水体中 PO_4^{3-}-P 含量 P_{ext}（μmol/L）、水体中 TPM 浓度（mg/L）为海带 DEB 模型的约束因子，可根据不同时刻的实测值输入。

（四）模型中的参数

海带 DEB 模型共包含 22 个常量（表 2.5），与营养盐吸收耗能相关的参数为 11 个、与海带生长耗能相关的参数为 3 个、与海带生长环境相关的参数为 8 个。模型中大部分重要参数来自桑沟湾海域实验研究结果及相关文献。

表 2.5 海带生长模型中的参数与取值

参数	定义	单位	参数值	参考文献
μ_{max}	适宜温度下最大生长率	d^{-1}	0.6	姚海芹，2016
I_{opt}	光合作用最适光强	μmol/(m²·s)	350	Duarte et al.，2003；张起信，1994
T_{opt}	最适生长温度	℃	12	张为先，1992；曾呈奎等，1962
T_{max}	生长温度生态幅上限	℃	20	曾呈奎等，1962
T_{min}	生长温度生态幅下限	℃	0.5	曾呈奎等，1962

续表

参数	定义	单位	参数值	参考文献
S_{opt}	最适生长盐度	无	30	季仲强，2011；陈根禄和王东室，1958
S_{max}	停止生长的盐度耐受的最大值	无	40	季仲强，2011
S_{min}	停止生长的盐度耐受的最小值	无	3	季仲强，2011
R_{max20}	20℃时的最大呼吸速率	d^{-1}	0.015	Bowie et al.，1985
N_{imin}	体内游离N最低需求量	μmolN/gDW	300	Bowie et al.，1985
N_{imax}	维持最大生长率所需的体内游离N含量	μmolN/gDW	1714	Mizuta et al.，1992
K_q	无机氮半饱和同化系数	μmolN/gDW	250	Bowie et al.，1985
$V_{maxNO_3^-}$	NO_3^--N最大吸收速率	μmolNO_3^-/(gDW·d)	246.72	沈淑芬，2013
$V_{maxNH_4^+}$	NH_4^+-N最大吸收速率	μmolNH_4^+/(gDW·d)	1263	沈淑芬，2013
$K_{NO_3^-}$	NO_3^--N半饱和吸收常数	μmolNO_3^-/L	29	沈淑芬，2013
$K_{NH_4^+}$	NH_4^+-N半饱和吸收常数	μmolNH_4^+/L	169.49	沈淑芬，2013
P_{imax}	维持最大生长率所需的体内游离P含量	μmolPO_4^{3-}/gDW	171	Mizuta et al.，2003
P_{imin}	体内游离P最低需求量	μmolPO_4^{3-}/gDW	30	Mizuta et al.，2003
$V_{maxPO_4^{3-}}$	PO_4^{3-}-P最大吸收速率	μmolPO_4^{3-}/(gDW·d)	205.92	沈淑芬，2013
$K_{PO_4^{3-}}$	PO_4^{3-}-P半饱和吸收常数	μmolPO_4^{3-}/L	6.01	沈淑芬，2013
E_{max}	海带最大枯烂率	d^{-1}	0.006	Li et al.，2007
Z	海带养殖水层深度	m	0.5	模型率定

海带孢子体适温范围通过查阅文献获得。海带最适温度为5～10℃（曾呈奎，1994；张为先，1992）；结合养殖生产实际，判定海带适温范围为12～13℃。为此，在构建DEB模型时，选择海带生长T_{opt}为12℃、T_{min}为0.5℃、T_{max}为20℃。

盐度和温度一样，也是通过影响生物的摄食、营养吸收、呼吸等代谢活动，进而影响其生长发育。由于盐度为3时，会出现磷负吸收现象（季仲强，2011），而陈根禄和王东室（1958）提出盐度在29～32时最适合海带生长。因此，设S_{opt}为30、S_{min}为3、S_{max}为40。

光照是影响海藻光合作用的重要环境因子。张起信（1994）报道，海带I_{opt}范围为252～396μmol/(m^2·s)，Duarte等（2003）将海带I_{opt}设定为491.4μmol/(m^2·s)。综合上述研究成果，我们在海带DEB模型中设定I_{opt}为350μmol/(m^2·s)。

根据沈淑芬（2013）对海带N、P营养盐吸收动力学特征的研究，选取$V_{maxNO_3^-}$、$V_{maxNH_4^+}$、$V_{maxPO_4^{3-}}$分别为10.28μmol/(g·h)、52.63μmol/(g·h)和8.58μmol/(g·h)，

经单位换算分别为246.72μmol/(g·d)、1263.12μmol/(g·d)和205.92μmol/(g·d)，对应的$K_{NO_3^-}$、$K_{NH_4^+}$、$K_{PO_4^{3-}}$分别为29.02μmol/L、169.49μmol/L、6.01μmol/L。将N_{imax}和N_{imin}分别设为N含量占海带干重的2.4%和1.3%，经单位换算及模型率定设为1714μmolN/g和300μmolN/g（Mizuta et al.，1992）。P_{imax}和P_{imin}选取171μmolP/g和30μmolP/g（Mizuta et al.，2003）。

K_q和R_{max20}参数值取自Bowie等（1985）并进行模型校正。

筏式养殖的海带一般是漂浮在水中。海带苗很轻，其重量随着养殖时间增加而逐渐增加。到1月份，海带生长进入厚成期（海带长度1.5m以上）时，筏架开始下沉。在生产中，此时往往在平养苗绳中间加挂一个小浮漂，以增加浮力，使海带分生组织基本保持在海面至50cm的表层水体中，以增加光照和促进生长。因此，DEB模型中选择海带养殖水层深度Z为0.5m。

生物的日生长速率是DEB模型中的一个重要参数。姚海芹（2016）测量海带平均日生长速率在0.15～0.75d^{-1}。根据相关文献与模型调校，选取0.6d^{-1}作为海带最大日生长率。

海带枯烂是养殖过程中一个不容忽视的问题，尤其是当营养盐缺乏和水温升高的养殖后期，叶片枯烂对海带养殖产量和海带品质都有明显的影响。前期针对海带枯烂的研究表明，海带在整个养殖周期内，因枯烂而减少的叶片长度约为196cm，枯烂造成的鲜重损失为4.0g/d±0.9g/d（Suzuki et al.，2008），而2.0cm/d为海带最大枯烂率（Li et al.，2007；Mizuta et al.，2003）。我们结合海带枯烂速率最大时的海带鲜重，按照百分比换算约为0.006d^{-1}，且假定同一棵海带各部分的干湿比一致，因而选择0.006d^{-1}为E_{max}。

综上所述，海带生长模型中相应参数与取值见表2.5。

（五）模型构建

通过对海带生长的生理生化过程进行综合分析，并且在逐一确定模型参数值的基础上，利用可视化软件Stella Architect 1.4.3构建海带生长模型，其流程图如图2.9所示。模型设置时间步长为0.04d，根据海带养成周期设置模拟时长为220d。由于桑沟湾海带养殖区面积很大，海带苗布放的顺序一般是从湾内向湾外逐步推进，湾底与湾口投苗时间前后可能相差一个月。一般来说，低区投苗时间较早，从11月15日开始投苗，中区11月24日、高区12月7日。为此，在DEB模型中，高、中、低区的海带分别设定不同的运算开始时间。高、中、低区海带干重（DW）的初始值分别为0.5g、0.45g、0.25g。

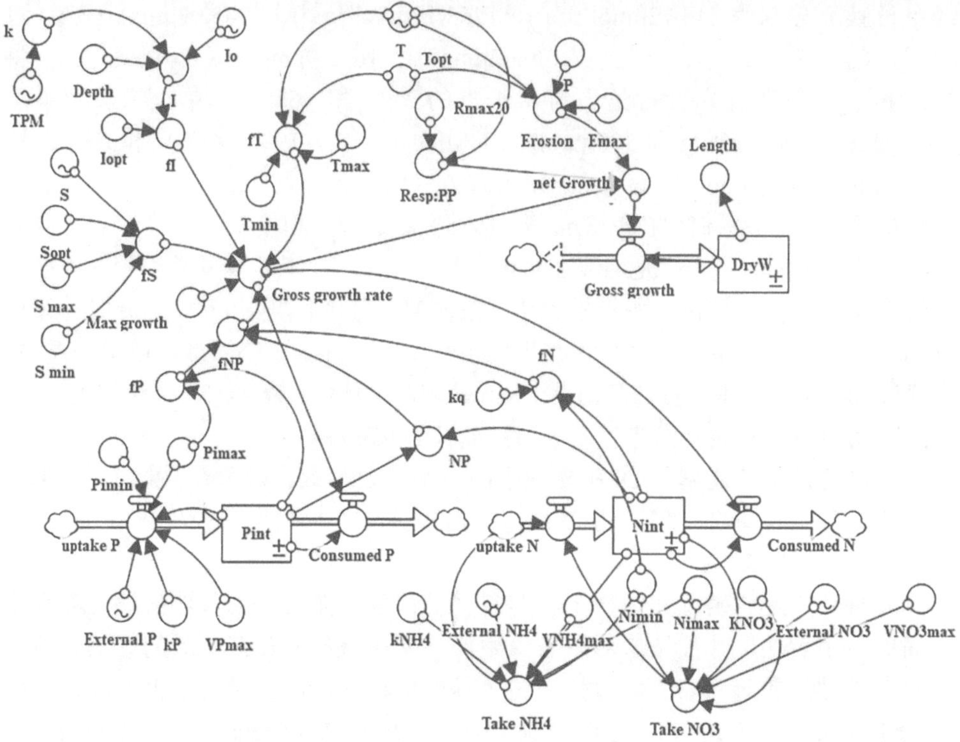

图 2.9　基于可视化软件 Stella Architect 1.4.3 软件构建的海带生长模型

（六）海带生长的数值模拟

作为驱动模型运转的自变量，环境参数的取值对于海带 DEB 模型运算非常重要。环境参数实测值是根据 2016 年 11 月到 2017 年 6 月的桑沟湾大面积调查，取得的高、中、低区的环境数据，包括温度、盐度、TPM、营养盐（氨氮 NH_4^+-N、硝酸盐 NO_3^--N、磷酸盐 PO_4^{3-}-P）（图 2.10）。在海带养殖期内，低区的温度略高于中、高区。高区的营养盐较中、低区含量丰富，另外高区在桑沟湾养殖区外侧，流速较大，水体中 TPM 浓度也较其他区域高。

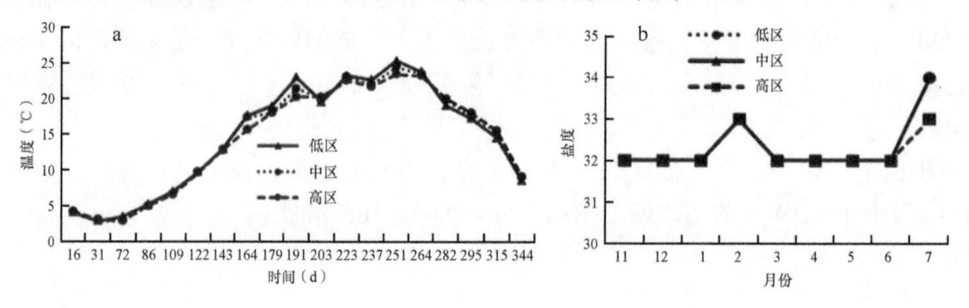

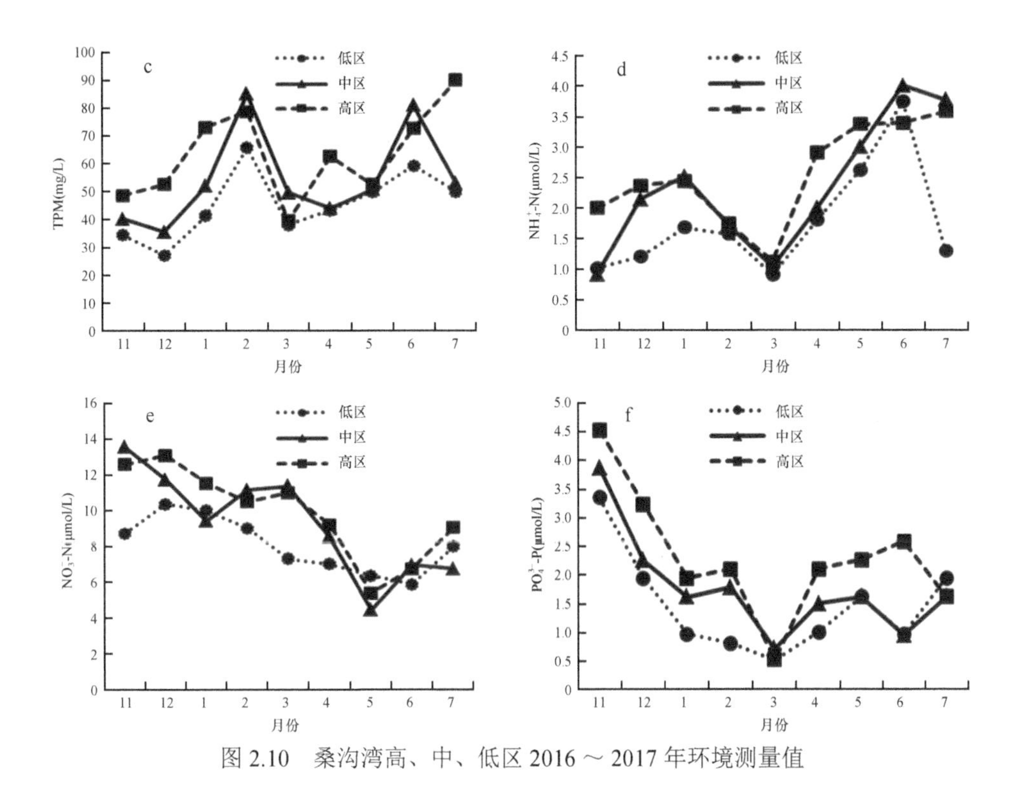

图 2.10 桑沟湾高、中、低区 2016 ～ 2017 年环境测量值

约束函数是由环境指标实测值（环境因子）和生物适宜的环境条件同时定义的，本质上是由生物的生理生态学特征决定的函数。图 2.11 就是海带 DEB 模型温度约束函数 $f(T)$ 的输出曲线。以低区为例，海带最适生长温度为 12℃，海带苗刚下海时海水温度为 15℃左右，超过了海带的最适生长温度，因此 $f(T)$ 并未达到最大值。而随着天气逐渐转冷，水温达到了海带适宜生长温度范围，此阶段 $f(T)$ 逐渐升高并达到最大值，然后又再次减小。3 月开始温度逐步升高，5 月中

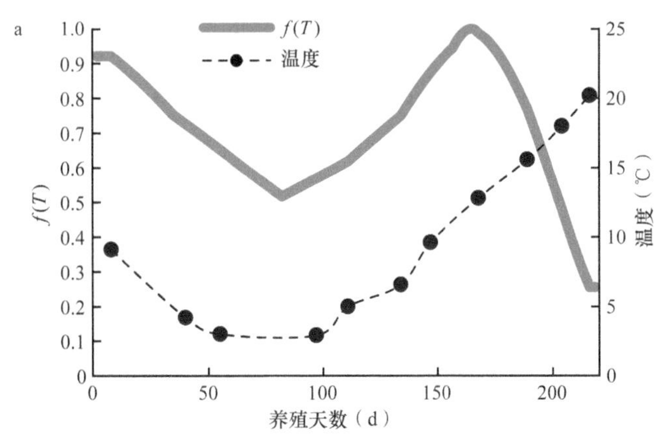

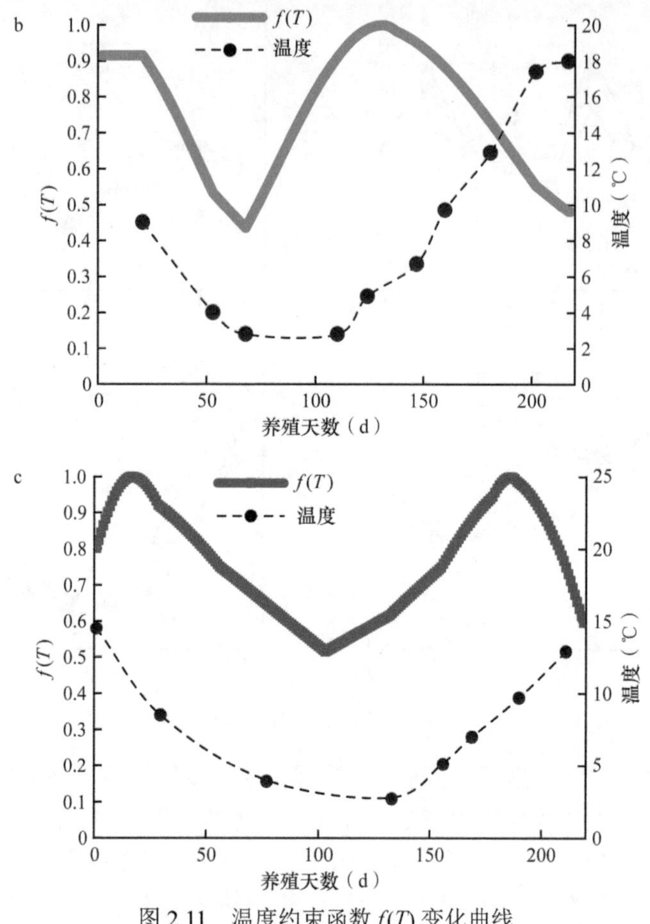

图 2.11　温度约束函数 $f(T)$ 变化曲线

a. 高区；b. 中区；c. 低区

旬左右达到 12℃，此时 $f(T)$ 再次达到最大值。随后温度开始持续攀升，对海带生长的限制作用加强，$f(T)$ 逐渐减小，直到 6 月中旬左右海带收获结束。

养殖区域的营养盐对于海带的生长起着至关重要的作用，营养盐偏低在一定程度上限制了养殖容量，大面积的养殖生物及养殖筏架影响了养殖区域的水交换，使外部的营养盐难以进入湾内，成为限制水体生产力的关键因素。当水体中 N 或 P 含量较少，海带用于生长的内部 N 或 P 储量也减少。不过，从桑沟湾海域的环境调查结果来看，氮磷比基本符合海带生长的条件。根据图 2.12，$f(P)$ 的值稳定在 0.8 ～ 0.9，$f(N)$ 的值稳定在 0.54 ～ 0.75。如图 2.13 所示，$f(NP)$ 的值稳定在 0.54 ～ 1，说明氮磷比不会构成对海带生长的限制。

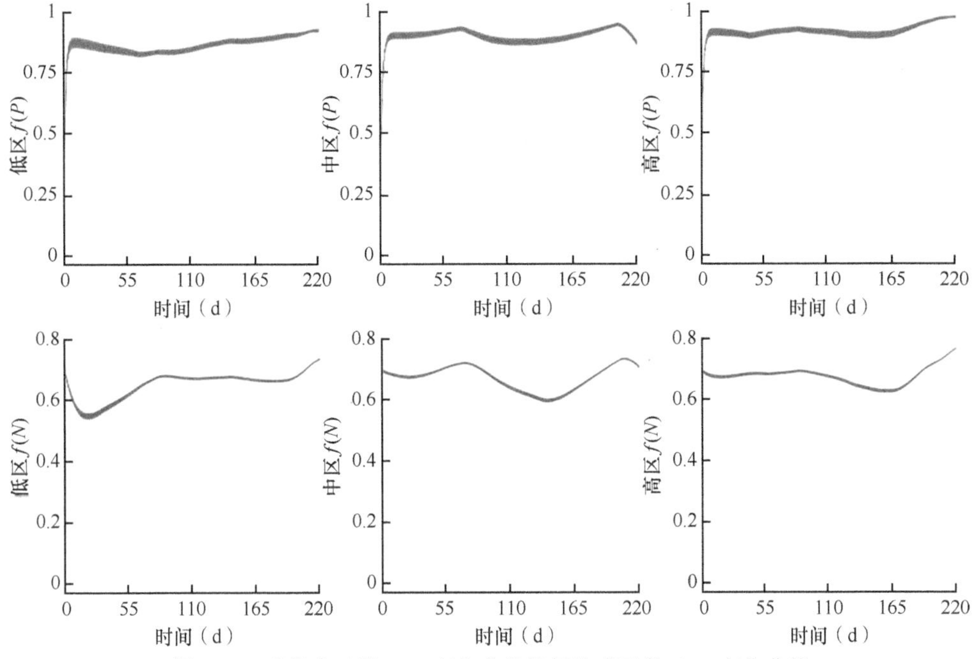

图 2.12 磷约束函数 $f(P)$ 变化曲线及氮约束函数 $f(N)$ 变化曲线

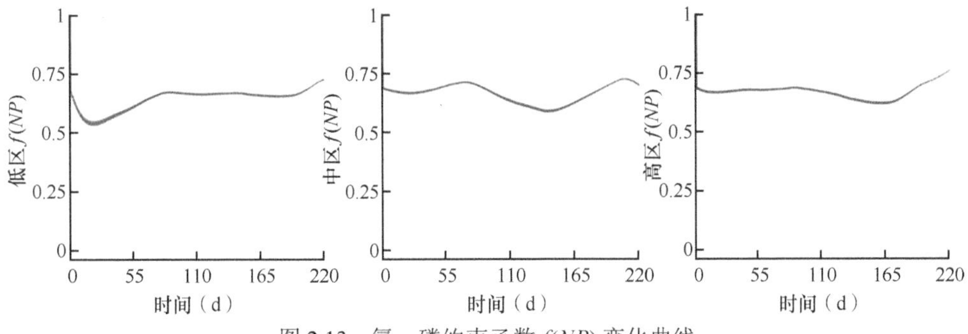

图 2.13 氮、磷约束函数 $f(NP)$ 变化曲线

在桑沟湾，冬季太阳辐射强度最低，春季不断攀升，在夏季达到最大值，秋季下降。太阳辐射通过养殖水体又经过光的反射、散射损失大部分光能，使海带可利用的光能大幅度减少，可见光（400 ～ 760nm）的总能量衰减了 58%，只有 42% 太阳辐射能可被海带所利用进行光合作用（Ferreira and Ramos，1989）。不过，桑沟湾大部分时间有着平缓而适宜的流速，使海带基本上处于在水体表层漂浮的状态，有利于增加海带的受光面积，提高海带的产量。

桑沟湾及周边地区降雨较少，并且陆源淡水输入有限，因此海水盐度四季平稳，保持在 32 左右，接近海带生长最适盐度 30，对海带生长限制较小。盐度约束函数 $f(S)$ 始终保持在 0.91 ～ 0.96。鉴于盐度在桑沟湾海带生长过程中的限制作用较小，在模型构建上也可忽略盐度这一环境因素对海带生长的影响。不过，对于盐度变化较大的海域，如我国南方降水量大，尤其是大型河口邻近水域盐度变化明显，则盐度有可能成为生长限制因子，尤其对盐度变化敏感的养殖生物，在进行生长模型构建时，盐度函数则是需要重点考虑的约束函数。

（七）海带生长模拟结果与验证

为了对海带DEB模型进行验证，我们对桑沟湾高、中、低区养殖海带长度和干重的实测值与模拟值进行了对比（图2.14、图2.15）。通过模拟生长曲线与海带实测值的比较可以看出，模型较好地模拟了海带在不同环境下的个体生长。虽然实测值是以散点的形式出现，但高、中、低区海带的长度和干重模拟值大部分在实测值的标准误差范围内，能够较好地模拟不同区域海带的生长状况。图2.16和图2.17利用同一时间点的海带长度、干重的实测值与模拟值画出散点图，与$y=x$线性公式拟合得出R^2分别为0.936、0.963，说明拟合度较好，也证明DEB模型能够较好地模拟海带的真实生长情况。

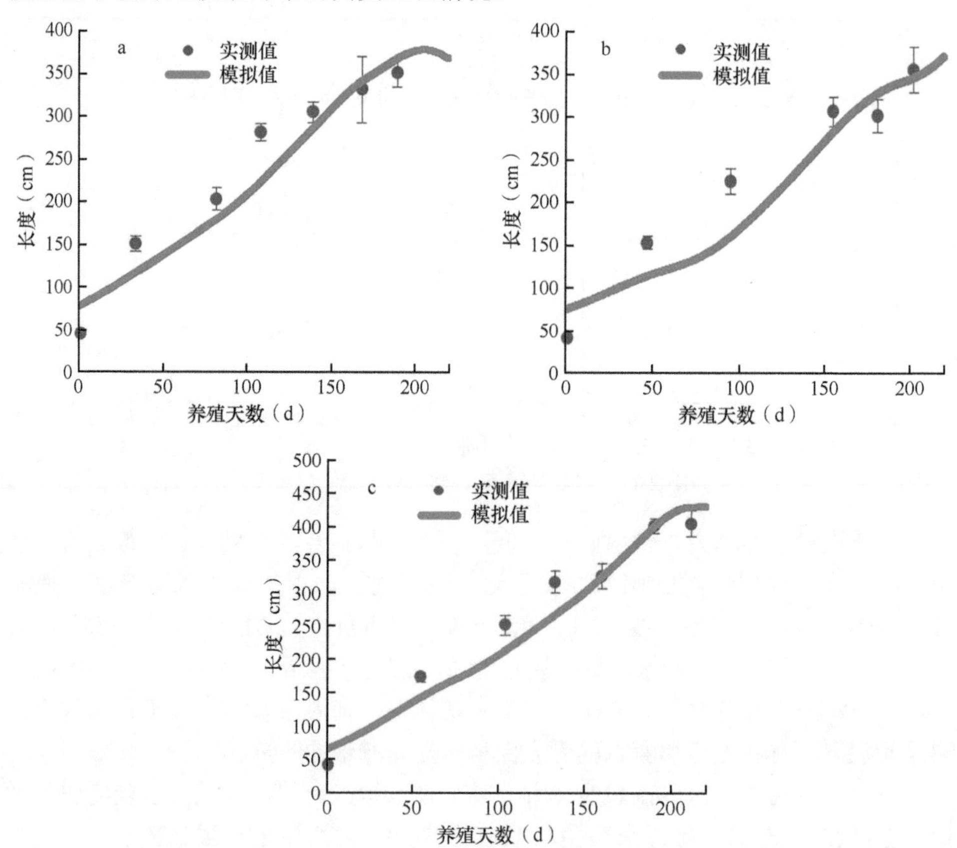

图2.14　高区（a）、中区（b）、低区（c）海带长度模拟值与实测值

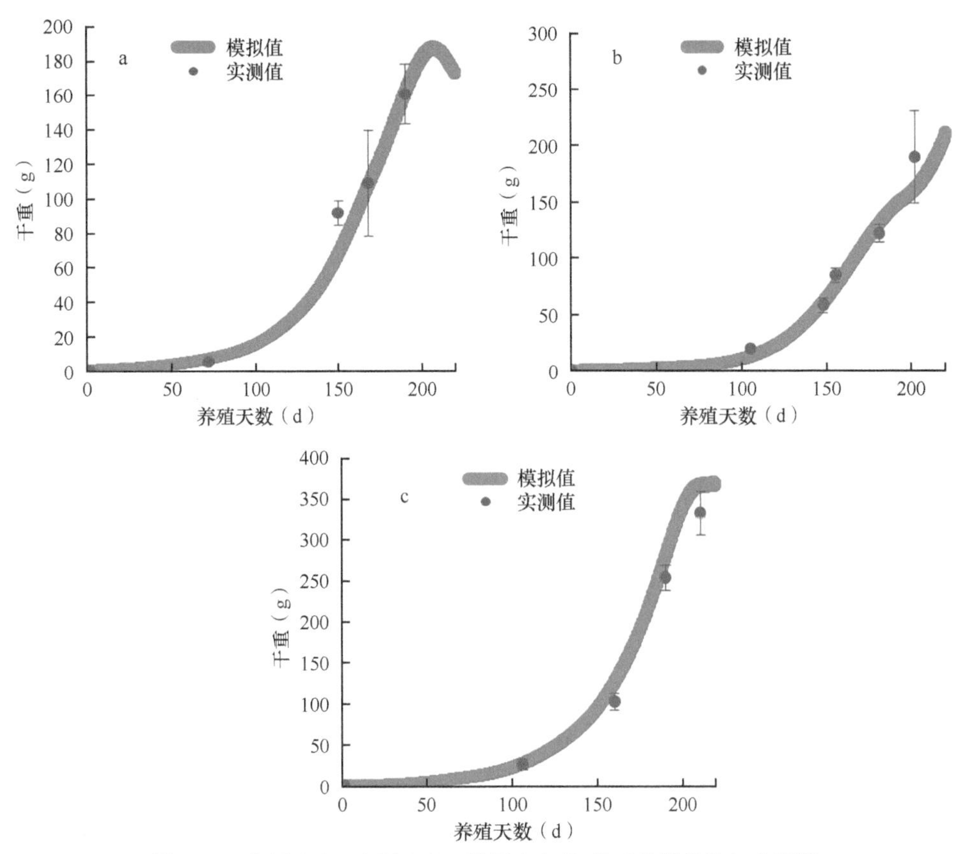

图 2.15 高区（a）、中区（b）、低区（c）海带干重模拟值与实测值

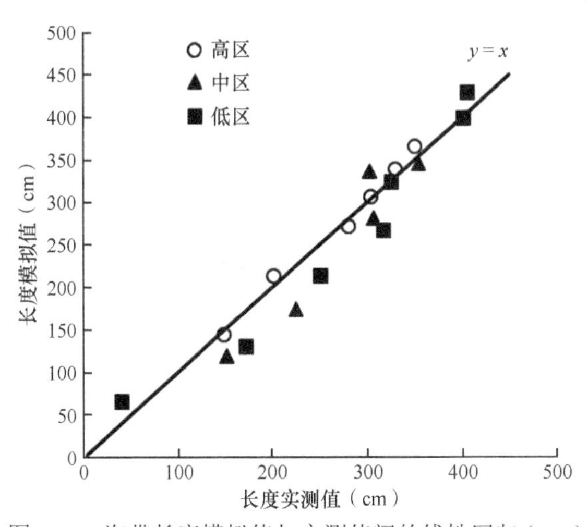

图 2.16 海带长度模拟值与实测值间的线性回归（$y=x$）

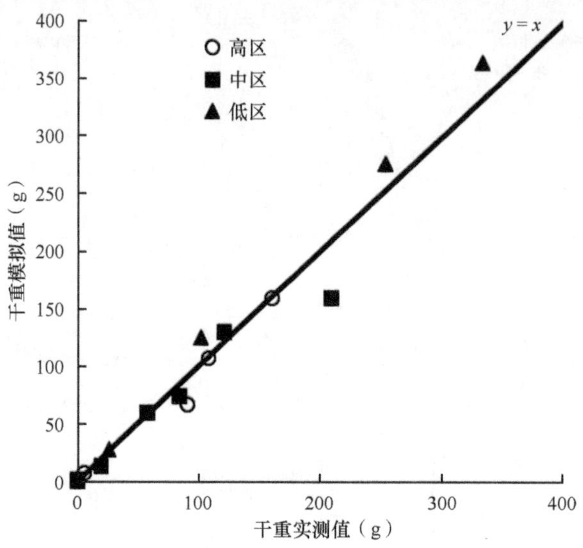

图 2.17　海带干重模拟值与实测值间的线性回归（$y=x$）

（八）小结

选取水深、温度、光照、流速和营养盐等方面都有较显著差异的桑沟湾高、中、低区 3 个采样站位，作为海带生长模型的预测对象，目的是更加准确地模拟环境因子变化对海带个体生长的影响，进一步验证模型的准确性。结果发现，低区海带比中区生长情况好，高区次之。高区流速较大，海流的波动对水体和海床扰动使海水浑浊，降低了海带表面的光照强度；低区风浪较小，水体透明度高，海带较少受到海水的扰动且接收到的太阳辐射能较多，有利于干物质的积累。其次，海流较大会使海带边缘较脆嫩的部分发生断折，加速海带叶片的枯烂。此外，不同养殖区投苗期、收获期不同，高区收获期最晚，此时海水温度较高，可能影响了海带的生长。

海带的叶片枯烂是其特有的重要生理过程，贯穿于整个孢子体生长期，但不同时期的枯烂程度不同（Li et al.，2007）。本研究建立了海带枯烂与温度之间的函数关系，对海带枯烂消耗的过程进行了动态模拟，因此模型更加合理。

此外，模型在光照约束函数构建过程中，考虑了桑沟湾养殖区全年的晴日天、阴雨天及日照时长的影响，使光照变量值更为接近桑沟湾的实际情况，这也是其他藻类模型所忽略的内容。

海带个体生长 DEB 模型较好地模拟了海带的生长状况。其中部分模拟值在生长后期略低于实测值，说明模型在精确性方面还有待提高。桑沟湾海带 DEB 模型中的参数主要来源于文献，并进行了适当的校正；由于部分文献中参数研究区域不在桑沟湾，环境条件存在一定差异，有可能会导致部分模拟值与实测值的偏差。模型的建立要综合考虑环境因素并结合模拟物种生物学特征以确定相关参数，从而更好地发挥模型的预测作用。

第三节　贝类个体生长模型构建：以桑沟湾为例

一、滤食性双壳贝类的 DEB 模型

我国作为贝类养殖大国，目前养殖贝类多达 50 余种，主要包括牡蛎、扇贝、蛤等。在规模化养殖的情况下，双壳贝类的个体生长情况是关系经济效益高低的关键因素，而生长模型是反映贝类个体生长规律性变化的有效工具。目前，应用最多的个体生长模型是基于生长余力（scope for growth）概念建立的 SFG 模型和基于动态能量收支理论建立的 DEB 模型（Widdows and Johnson，1988；周毅等，2002）。SFG 模型可以较好地预测贝类的生长，但未能将贝类软组织和贝壳有机质之间的能量分开。DEB 模型则整合了物种所采取的能量分配策略，可以根据水温和食物密度等环境指标的变化预测生长情况，已经在诸多生态模拟研究中得到应用，其中包括了牡蛎（Ren and Schiel，2008）、贻贝（Hatzonikolakis et al.，2017）、蛤仔（Flye-Sainte-Marie et al.，2009）等滤食性双壳类软体动物。作为生态模型的基础模块，个体生长模型所提供的模拟数据是后续的生态系统动力学模型与水域动力学模型耦合的基础。

叶绿素 a 通常被认为是滤食性贝类食用浮游植物生物量的有效度量。在诸多双壳类 DEB 模型中，通常将叶绿素 a 作为唯一的饵料来源（张继红等，2017；Béjaoui-Omri et al.，2014；Ren and Schiel，2008）。但仅使用叶绿素 a 存在许多问题：①每个浮游植物细胞中叶绿素 a 的浓度在一年内变化很大（Llewellyn et al.，2005）；②检测到的叶绿素 a 的来源可能各不相同，除了硅藻等微型藻类，还有大型海藻、有毒藻类和微型浮游生物等，它们可能不会完全被滤食性动物保留或吸收（Christine et al.，2000）；③叶绿素 a 并非滤食性动物的营养性化合物（Bourlès et al.，2009）。因此，对于不同的养殖环境，应该根据养殖的具体情况筛选养殖物种的主要食物来源。在长牡蛎（俗称太平洋牡蛎）（*Crassostrea gigas*）的养殖模型里，按照以往的研究结果，我们采用了叶绿素 a 作为主要的食物来源。在养殖虾夷扇贝的个体生长模型中，我们采用颗粒有机物（POM）作为主要饵料，并改善了功能性反应的更多细节，这将有助于研究不同食物来源对扇贝生长的相对重要性（Jiang et al.，2019）。

（一）模型方程与参数

在本次应用中，我们基于动态能量收支理论建立了双壳贝类（长牡蛎、虾

夷扇贝）的个体生长模型（Lin et al.，2020；Jiang et al.，2019）。在模型中，养殖个体生长和繁殖的动态过程可以通过 3 个基本方程来描述：①结构物质体积（structural volume）的生长过程；②能量存储（energy reserve）的动态过程；③分配于繁育中能量（energy allocated to development and reproduction）的存储和利用过程。每个基本过程通过一组参数化的方程进行运算，模型假设同化能量首先存储于体内，然后再遵循 κ-rule 进行维持、生长和繁殖的能量分配。模型的主要方程见表 2.6。

表 2.6　DEB 模型中所用的主要关系式

定义	函数
温度依赖关系	$k(T)=k_1\cdot\exp(\frac{T_A}{T_1}-\frac{T_A}{T})\cdot(1+\exp(\frac{T_{AL}}{T}-\frac{T_{AL}}{T_L})+\exp(\frac{T_{AH}}{T_H}-\frac{T_{AH}}{T}))^{-1}$
代谢率	$\dot{p}_C=k(T)\cdot\frac{[E]}{E_G+\kappa\cdot[E]}\cdot\frac{[E_G]\cdot\{\dot{p}_{Am}\}\cdot V^{2/3}}{[E_m]}+[\dot{p}_M]\cdot V$
能量密度	$[E]=\frac{E}{V}$
摄食同化率	$\dot{p}_A=k(T)\cdot f\cdot\{\dot{p}_{Am}\}\cdot V^{2/3}$
功能反应	$f=\frac{F}{F+F_H}$
体积维持率	$\dot{p}_M=k(T)\cdot[\dot{p}_M]\cdot V$
繁育维持率	$\dot{p}_J=k(T)\cdot\min(V,V_P)\cdot[\dot{p}_M]\cdot(\frac{1-\kappa}{\kappa})$
体内储备能量的速率	$\frac{dE}{dt}=\dot{p}_A-\dot{p}_C$
繁育储能变化率	$\frac{dE_R}{dt}=(1-\kappa)\cdot\dot{p}_C-\dot{p}_J$
生物体积生长	$\frac{dV}{dt}=\frac{\kappa\cdot\dot{p}_C-\dot{p}_M}{[E_G]}$
软组织重量	$DW=\frac{E}{\mu_E}+\frac{\kappa_R\cdot E_R}{\mu_E}+V\cdot\rho$

在个体生长模型中，生物个体的各个生理过程被参数化处理为相应的生理方程。针对不同品种的双壳贝类，其基本生理方程是一致的，但是在相应的生理参数选择上会存在差异。针对长牡蛎的个体生长模型中应用的参数见表 2.7。由于对于长牡蛎个体生长的研究比较充分，所以大部分参数参考了之前的研究结果，其中叶绿素 a 的同化半饱和常数为基于模型调校获得，δ_m 用于计算贝类壳高（$L=(V/\delta_m)^{1/3}$）等时使用。

表 2.7　长牡蛎 DEB 模型的参数取值

参数	符号	单位	数值	参考文献
形成单位体积结构物质所需能量	$[E_G]$	J/cm^3	2 900	Ren and Schiel，2008
最大单位体积储能	$[E_m]$	J/cm^3	5 900	Ren and Schiel，2008
能量分配系数（即结构维持及生长能量的比例）	κ	—	0.40	本团队研究结果
繁殖能量分配比例	κ_R	—	0.89	本团队研究结果
结构物质体积	V_P	cm^3	0.40	Pouvreau et al.，2006
形状系数	δ_m	—	0.158	Bacher and Gangnery，2006
单位体表面积最大吸收效率	$\{\dot{p}_{Am}\}$	$J/(cm^2 \cdot d)$	560	van der Veer et al.，2006
单位体积维持耗能率	$[\dot{p}_M]$	$J/(cm^3 \cdot d)$	24	Pouvreau et al.，2006
参考温度	T_0	K	288.15	本团队研究结果
阿伦尼乌斯温度	T_A	K	5 900	Ren and Schiel，2008
温度耐受上限	T_H	K	303	Ren and Schiel，2008
温度耐受下限	T_L	K	283	Ren and Schiel，2008
生理代谢率下降的阿伦尼乌斯温度下限	T_{AL}	K	13 000	Ren and Schiel，2008
生理代谢率下降的阿伦尼乌斯温度上限	T_{AH}	K	80 000	Ren and Schiel，2008
参考温度下生理反应速率的值	k_0	—	1	本团队研究结果
储备能量的含量	μ_E	J/gWW	4 500	Ren et al.，2012
单位体积软组织湿重	ρ	gWW/cm^3	1.02	本团队研究结果
产卵性腺指数阈值	GSI	%	35	Pouvreau et al.，2006
产卵温度阈值	T_s	K	293.15	Pouvreau et al.，2006
食物半饱和常数	F_H	μg/L	1.8	模型调校

注：“—”表示无单位

本研究中使用的虾夷扇贝 DEB 模型参数见表 2.8，它们主要来源于文献（张继红等，2017，2016；Chen et al.，2007；高悦勉等，2007）。形状系数（δ_m）采用壳高和软组织湿重回归法计算获得；阿伦尼乌斯温度（T_A）和沉积物半饱和常数（Y_K）基于已有文献（Kooijman，2006；Fuji and Hashizume，1974）获得；碎屑贡献率（α_{Det}）和食物半饱和常数（X_K）基于模型调校获得。

表 2.8　虾夷扇贝 DEB 模型的参数取值

参数	符号	单位	数值	参考文献
形成单位体积结构物质所需能量	$[E_G]$	J/cm^3	3 160	张继红等，2016
最大单位体积储能	$[E_M]$	J/cm^3	2 030	张继红等，2016

续表

参数	符号	单位	数值	参考文献
能量分配系数比例	κ	—	0.83	本团队研究结果
繁殖能量分配比例	κ_R	—	0.92	本团队研究结果
结构物质体积	V_P	cm^3	0.60	张继红等，2017
形状系数	δ_m	—	0.29	本团队研究结果
单位体表面积最大吸收效率	$\{\dot{p}_{Am}\}$	$J/(cm^2 \cdot d)$	420	张继红等，2017
单位体积维持耗能率	$[\dot{p}_M]$	$J/(cm^3 \cdot d)$	22	张继红等，2016
参考温度	T_0	K	288.15	本团队研究结果
阿伦尼乌斯温度	T_A	K	4 791	Fuji and Hashizume，1974
温度耐受上限	T_H	K	296.95	Chen et al.，2007
温度耐受下限	T_L	K	273	张继红等，2017
生理代谢率下降的阿伦尼乌斯温度下限	T_{AL}	K	35 000	张继红等，2016
生理代谢率下降的阿伦尼乌斯温度上限	T_{AH}	K	75 000	张继红等，2016
参考温度下生理反应速率的值	k_0	—	1	本团队研究结果
储备能量的含量	μ_E	J/g	28 000	张继红等，2017
单位体积软组织干重	ρ	g/cm^3	0.17	本团队研究结果
产卵性腺指数阈值	GSI	%	0.17	高悦勉等，2007
产卵温度阈值	Ts	K	278.15	高悦勉等，2007
食物半饱和常数	X_K	μg/L	1	模型调校
沉积物半饱和常数	Y_K	mg/L	117	Kooijman，2006
碎屑贡献率	α_{Det}	μgChla/mgPOM	0.35	模型调校

注："—" 表示无单位

（二）模拟结果

模型的运行主要基于 Python 语言进行方程的分解，并按照时间序列进行运算，模型主要代码见图 2.18。状态变量的初始值由第一次采样的测量值估算，繁育储能 E_R 的初始值设为 0；同时在本模型中，对长牡蛎或虾夷扇贝的繁殖过程给予简化，并假定繁育能量（E_R）一旦存储了足够的能量（即达到产卵性腺指数阈值 GSI，并超过产卵温度阈值 Ts），贝类即产卵，随后 E_R 被完全排空（E_R=0）。

对于在桑沟湾养殖的长牡蛎，水温、叶绿素 a 是驱动个体生长模型的约束因子，根据养殖的实际情况和约束因子的时空分辨率，我们设置的模拟步长为 1/4d，模拟时段覆盖养殖的第一个周年，共计 365d。将模型的结果与实地采样获得的长牡蛎的生长数据（壳高、软组织干重）进行对比验证。长牡蛎的生长数据

```
def T_emp_star( T_A, T_0, T_AL, T_L, T_AH, T_H, T):
    return  np.exp(T_A/T_0 - T_A/T) / ((1 + np.exp(T_AL/T - T_AL/T_L) + np.exp(T_AH/T_H-T_AH/T)))
def f_cc( X, a_Det, Y, X_H, Z ):
    return  (X + a_Det * Y) / (X_H * (1 + (Z - Y)/100) + (X + a_Det * Y))
def J_xc(p_Xm,f,V):
    return p_Xm * f * np.power(V,2/3)
def p_A_c(T_emp_x, f, V_x):
    return T_emp_x *f * 420 * np.power(V_x,2/3)
def p_C_c( T_emp_x, E_x, V_x, E_G_s, kappa, E_m_s, p_M_x):
     return  ((T_emp_x *E_x/V_x) / (E_G_s + kappa * (E_x/V_x))) * ((E_G_s * 420 * np.power(V_x,2/3))/E_m_s + p_M_x * V_x
def P_J_c(T_emp_x, V_x, V_p, p_M_s, kappa):
    return bio_less(V_x,V_p)* T_emp_x * p_M_s * (1-kappa) / kappa
def p_M_c(T_emp_x, p_M_s, V_x):
    return T_emp_x * p_M_s * V_x
def E_cc(E, p_A, p_C, dt):
    return E + dt * (p_A - p_C)
def V_cc(V, kappa, p_C, p_M, E_G_s, dt):
    return V + dt * ( (plus_function( kappa * p_C - p_M))/E_G_s )
def E_R_c(E_R, kappa, p_C, p_J, dt):
    return E_R + dt * ( (1-kappa) * p_C - p_J )
def L_c(delta,V):
    return (np.power(V,0.33333) / (delta))
def W_c(V_x, rho, E_x, E_Rx, kappa_Rx, mu_Ex):
    return V_x * rho + (E_x + E_Rx * kappa_Rx)/(mu_Ex)
```

图 2.18　双壳贝类个体生长 DEB 模型主要代码

来自桑沟湾内牡蛎养殖户，采用筏式养殖的方式，初始时刻牡蛎的软组织干重为 0.2g、壳高为 3.342cm。牡蛎的验证数据于 2016 年 8 月开始收集，分别记录其软组织湿重及壳高数据，每两周记录一次，直至 2017 年 1 月。桑沟湾牡蛎养殖区的水温和叶绿素 a 数据采用定点连续观测的方式进行记录，所采用的仪器为自容式浊度叶绿素仪（INFINITY-CLW，日本）。

虾夷扇贝 DEB 模型中，除水温、叶绿素 a 之外，根据不同养殖环境的差异我们添加了 POM、TPM 浓度作为外部环境因子。生长模拟步长为 1d，共计运行 750d。将模型的结果与獐子岛海域底播养殖区实地采样获得的虾夷扇贝的生长数据（壳高、软组织干重）进行对比验证。虾夷扇贝的周期性生长数据来自獐子岛海域养殖区：扇贝苗种的初始壳高为 3.80cm±0.52cm，软组织干重为 0.23g±0.08g，于 2012 年 12 月底播投苗，养殖海区的水深为 40 ～ 50m。在 2012 年 12 月至 2014 年 12 月期间，每隔 2 ～ 6 个月从该批次扇贝中随机抽取 30 ～ 40 只扇贝进行生物学测定，共采样 8 次。环境参数以两种方式监测，海水温度和叶绿素 a 浓度同样采用自容式浊度叶绿素仪（INFINITY-CLW，日本）连续监测；水体中总颗粒物（TPM）和颗粒有机物（POM）的含量则每 2 ～ 4 个月采集一次海水样品，采用重量分析法进行测定。缺失的部分水温、叶绿素、POM 和 TPM 数据则参考刘超（2016）的实测数据。

桑沟湾牡蛎养殖区水温和叶绿素 a 浓度的变化如图 2.19 所示。水温的变化具有典型的季节性变化特征，最高值出现在夏季，最低值出现在冬季，整体在 0 ～ 25℃范围内波动；叶绿素 a 的浓度在大部分时段内处于偏低水平，数值波动于 0.1 ～ 9.4μg/L，高值出现在夏季，模拟期间的平均值约为 1.6μg/L。牡蛎的生长情况和生长模拟结果见图 2.20。验证结果表明，模拟的牡蛎壳高、软组织湿重结果与实测值的对比呈显著性相关，R^2 超过 0.9，能够较好地反映在模拟时段内牡蛎的生长状况。该模型捕获了牡蛎的主要生长时段，在模拟过程中较好地呈现出了桑沟湾养殖牡蛎的生长态势。

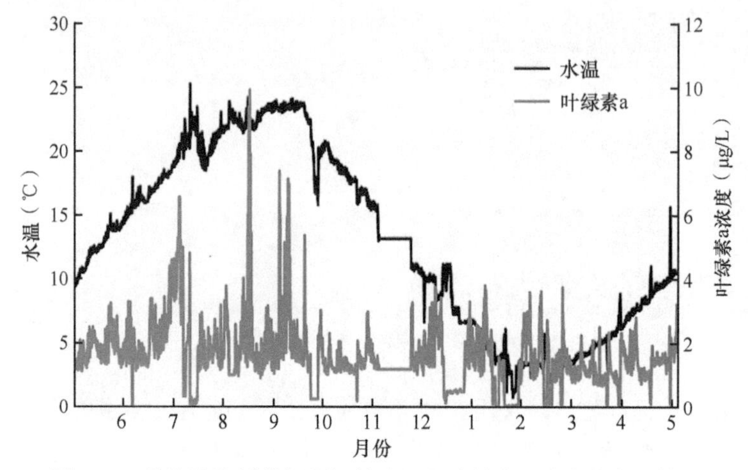

图 2.19　桑沟湾海域模拟期间的水温和叶绿素 a 浓度的变化情况

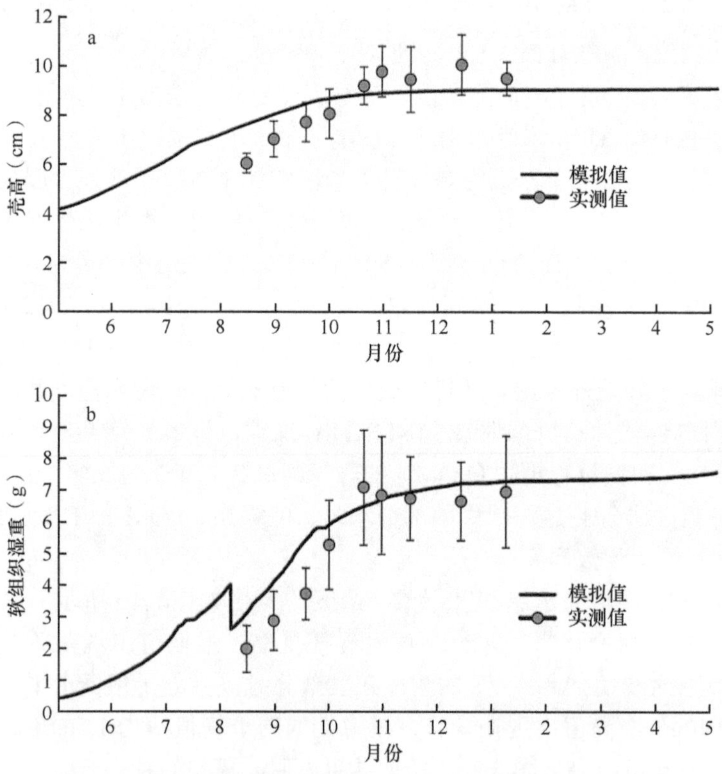

图 2.20　桑沟湾牡蛎模型模拟结果和实测结果的对比验证情况

图中曲线代表模拟值，圆圈代表实测值

獐子岛虾夷扇贝养殖区水温和饵料密度的变化如图 2.21 所示。全年水温的波动范围为 2.99 ～ 22.36℃，具有典型的季节性变化特征，最高值出现在夏季，最低值出现在冬季；叶绿素 a 的浓度波动于 0.38 ～ 6.50μg/L，最高值出现在 8 月，最低值出现在 3 月；POM 浓度变化范围为 2.97 ～ 11.84mg/L，最高值出现在 10 月，最低值出现在 12 月；TPM 表现出与 POM 相似的变化趋势，变化范围为 14.24 ～ 42.36mg/L。

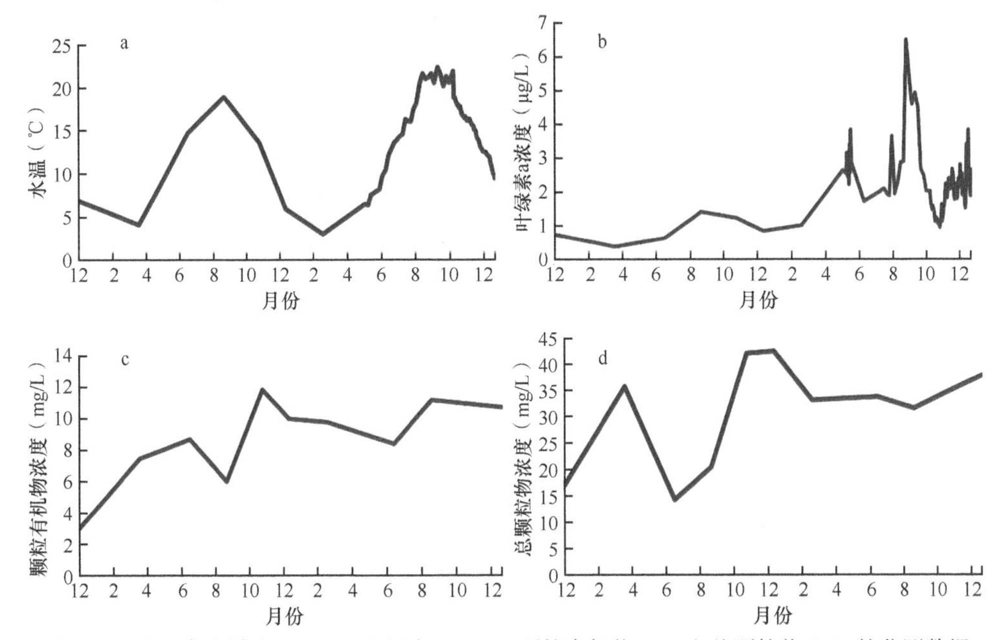

图 2.21　獐子岛海域水温（a）、叶绿素 a（b）、颗粒有机物（c）和总颗粒物（d）的监测数据

獐子岛海域虾夷扇贝的生长情况和生长模拟结果见图 2.22。结果显示，獐子岛海域虾夷扇贝壳高、软组织干重的模拟结果与实测结果呈显著相关性，R^2 可

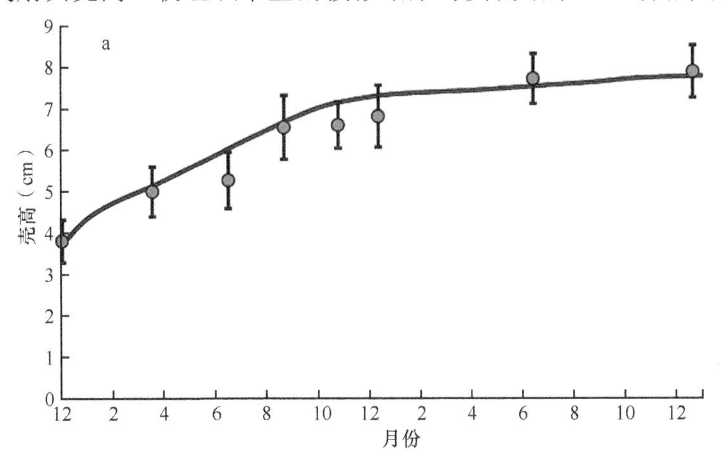

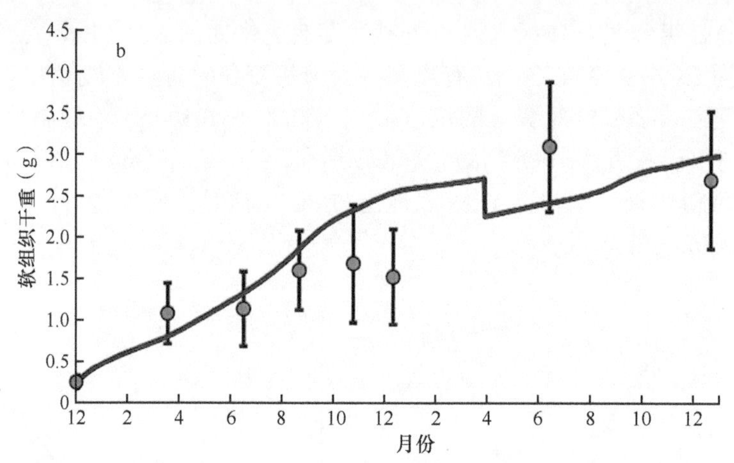

图 2.22　獐子岛海域虾夷扇贝生长实际测定与模型模拟结果的比较

图中曲线代表模拟值，圆圈代表实测值

达 0.94，能够较好地反映虾夷扇贝的生长状况。该模型捕获了虾夷扇贝对环境变化生理反应的主要特征，整个模拟过程中，壳高一直呈增加趋势，而软组织干重于 2014 年 2 月至 2014 年 4 月急剧下降，表明此时扇贝进入繁殖期，产生了大量配子。

根据目前的模拟结果和实测结果，双壳贝类的个体生长模型可以较好地模拟相应贝类的生长情况。对于长牡蛎，在环境约束因子数据比较充分的条件下，模型预测的生长结果和相应时段的观测数据呈现较好的一致性；虾夷扇贝的个体生长模型能够较好地模拟其生长过程，尤其壳高模拟值与实测值相关性明显。

（三）小结

现有滤食性双壳贝类个体生长模型虽然较好地拟合了养殖过程中的个体生长情况，但对于具体环境事件的模拟还不够精细。例如，牡蛎生长模型没有完全捕捉到低温季节牡蛎软组织生长停滞的情况，而虾夷扇贝软组织干重的生长模拟出现了类似的问题。造成这一问题的原因可能为：①动物的软组织干重是能量储备、繁殖缓冲和结构物质的总和，模型的模拟效果不仅取决于对这些组分相对比例的良好描述，而且取决于将能量转换为质量的诸多参数；②对于贝类的繁殖过程，我们假定当达到性腺指数阈值和水温阈值时扇贝即产卵，这些阈值均参考以往的研究结果（高悦勉等，2007），并没有进行本地化的校正；③环境指标测值（如水温、叶绿素 a 等）的缺失或不连续，会导致模型的校正过程及部分强制变量的设置不准确，这往往是导致模型模拟值和实测值差异的主要原因；④基于 DEB 理论的个体生长模型无法完全参数化养殖生物的所有生理过程，模型的一些简化过程无法完全描述双壳贝类生长过程中环境的影响。

此外，目前所建立的个体生长模型对贝类摄食过程的诠释并不完整，仅包括食物的摄取和吸收过程，而双壳类软体动物的摄食过程包括过滤（选择、截留颗粒物）、摄入（吸收前选择、将拒绝的颗粒物返回至水体中）和吸收（消化、吸收和储存）3 个过程（Saraiva et al.，2012，2011），相应具体过程的缺失均会导致模型结果无法完全呈现由生理过程变化带来的软组织重量和壳高的细致变化。

综上所述，基于 DEB 理论的双壳贝类个体生长模型是可用的，但是存在提升空间，需要从增补生理学实验以进行生理过程的参数化、获取更加可靠连续的环境数据及更多的验证数据等方面进行加强。

二、舐食性单壳贝类的 DEB 模型

模型的复杂性（参数和状态变量）取决于所要解决问题的难易程度及相关数据的可获得性。迄今，国内外已经根据 DEB 理论构建了许多复杂程度各不相同的模型（Baas et al.，2018），其中，最常用、最简单的完整 DEB 模型是基础 DEB 模型，即一种生物由一个身体结构和一个能量储备库组成，并且是单一食性，生长环境中主要影响因子是温度（Kooijman，2010）（图 2.23）。在基础 DEB 模型中，重点强调食物被有机体同化吸收并存储在储备能量库中，用于生长、成熟、

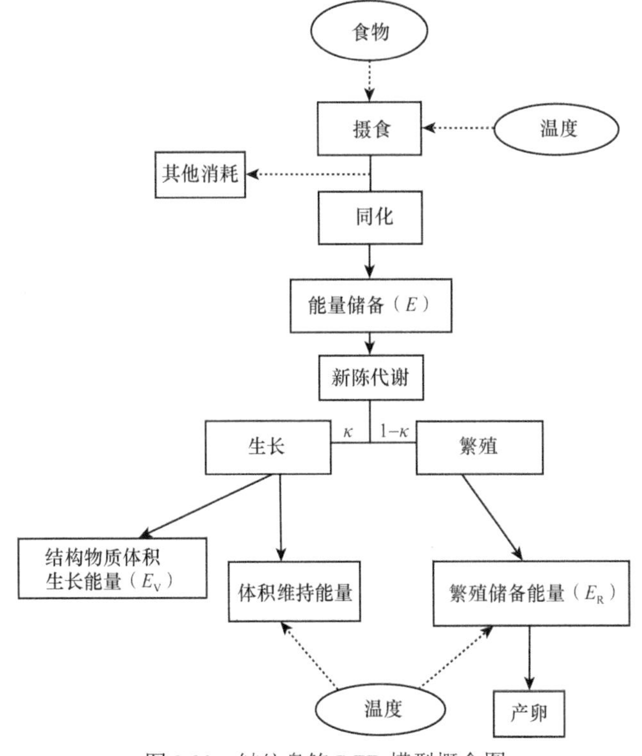

图 2.23　皱纹盘鲍 DEB 模型概念图

繁殖和维持机体结构的完整性，这一系列过程都遵循 κ-rule（Lika et al.，2011；Kooijman，2010，2000）；而复杂 DEB 模型是将基础 DEB 模型联合其他模型或因子，以解决个体或个体以外更复杂的生物与生态学问题，如 DEBtox 模型在 DEB 理论的基础上添加了毒物参数，以了解其对个体生长发育的影响（Baas et al.，2018）。目前，基础 DEB 模型已成功应用于鱼类（Orestis et al.，2018；Pecquerie et al.，2009）、贝类（Jiang et al.，2019；张继红等，2017；贾艳丽等，2015；Bacher and Gangnery，2006；Sousa et al.，2006；Stéphane et al.，2006）、大型海藻（蔡碧莹等，2019；Martins and Marques，2002）和海参（Ren et al.，2016）等多个水生生物品种。

鲍作为我国重要的水产养殖品种，近年来养殖产量一直持续增长。2019 年全国鲍养殖产量 18 万吨（农业农村部渔业渔政管理局等，2020），比 2018 年增加了 10%，并且是 2009 年产量的四倍左右。其中，国内主要养鲍大省是福建和山东，分别占中国鲍养殖产量的 79.9% 和 11.9%，同时，这两个省也是我国鲍“南北接力”养殖模式的主导省份，具有示范作用。本研究基于 DEB 理论，以皱纹盘鲍为例初步构建了舐食性贝类的个体生长模型，通过参数化鲍生长的主要限制因素，并以山东荣成桑沟湾 + 福建秀屿海区的“北鲍南养”模式为案例，预测鲍的生长状况并验证模型的合理性。研究结果可用于鲍的养殖管理和生产规划，也可为进一步研究群体模型及估算养殖容量等提供理论支持。

（一）模型基本原理

根据 DEB 理论及 van der Veer 等（2006）对双壳贝类 DEB 模型参数和方程的研究，建立皱纹盘鲍生长模型的方程，方程中参数的字母和符号规则如下：

1）方程中的变量由大写字母和小写字母表示。

2）变量的方括号“[ ]”表示单位体积；大括号“{}”表示有壳生物的单位表面积。例如，$[E]$ 代表单位体积的储能（J/cm^3），$\{\dot{p}_{Am}\}$ 代表单位体表面积最大吸收效率 $[J/(cm^2 \cdot d)]$。

3）速率上方有点，表示每次的变化，如 $\dot{p}_A$ 代表同化能量的速率（J/d）。

依据 DEB 理论，将皱纹盘鲍的生长和繁殖由 3 种状态的微分方程来表达：能量储备（energy reserve，E）、结构物质体积生长能量（structural body volume，E_V）和繁殖储备能量（reproductive reserve energy，E_R）（图 2.23）。

皱纹盘鲍是狭温性贝类，因此温度变化对其生长有较大的影响（胡耿等，2015）。温度主要通过影响鲍的同化率和维持率进一步影响其生长，温度函数用阿伦尼乌斯方程表示，主要反映随外界水温的变化鲍的生理反应速率相对于参考温度的变化情况：

$$k(T)=k_0\exp\left\{\frac{T_{\mathrm{A}}}{T_0}-\frac{T_{\mathrm{A}}}{T}\right\}\left(1+\exp\left\{\frac{T_{\mathrm{AL}}}{T_0}-\frac{T_{\mathrm{AL}}}{T_{\mathrm{L}}}\right\}+\exp\left\{\frac{T_{\mathrm{AL}}}{T_{\mathrm{H}}}-\frac{T_{\mathrm{AH}}}{T}\right\}\right)^{-1} \tag{2.1}$$

式中，$k(T)$ 是温度依赖函数；k_0 是参考温度下生理反应速率的值；T_{A} 是阿伦尼乌斯温度（热力学温度单位，K）；T_0 是参考温度（K）；T_{L} 是温度耐受下限（K）；T_{H} 是温度耐受上限（K），T_{AL} 是生理代谢率下降的阿伦尼乌斯温度下限（K）；T_{AH} 是生理代谢率下降的阿伦尼乌斯温度上限（K）。

同化是指生物体将从环境中获得的食物和营养转化为自身的结构物质或储存能量的过程。舐食性贝类的营养来源是饵料，而人工养殖的鲍一般投喂大型海藻（如海带），因此，本研究以摄食量计算同化率，其函数值同时与温度 $k(T)$ 相关。公式如下：

$$\dot{p}_{\mathrm{A}}=k(T)\cdot \mathrm{AE}\cdot \mu_{\mathrm{X}}\cdot J_{\mathrm{X}} \tag{2.2}$$

式中，$\dot{p}_{\mathrm{A}}$ 是同化能量的速率（J/d）；μ_{X} 是食物能量转换系数（本研究指鲜海带含有的能量，17 大卡[①]/100g）；J_{X} 是摄食量（海带湿重，g/d）；AE 是吸收效率（%），不同温度下皱纹盘鲍对食物的吸收效率不同。

代谢作用是摄入生物体内的营养物质在酶的作用下分解转化，从而引起的生物体物质和能量的变化。鲍体内的能量每天释放、转移和储存的量即代谢率（$\dot{p}_{\mathrm{C}}$）（J/d）。Kooijman（2000）通过对多种生物回归得到代谢率公式：

$$\dot{p}_{\mathrm{C}}=k(T)\frac{[E]}{[E_{\mathrm{G}}]+\kappa\cdot[E]}\left(\frac{[E_{\mathrm{G}}]\cdot\{\dot{p}_{\mathrm{Am}}\}\cdot V^{\frac{2}{3}}}{[E_{\mathrm{m}}]}+[\dot{p}_{\mathrm{M}}]\cdot V\right) \tag{2.3}$$

式中，$[E]$ 代表单位体积的储能（J/cm^3）；$[E_{\mathrm{G}}]$ 代表形成单位体积结构物质所需能量（J/cm^3）；$\{\dot{p}_{\mathrm{Am}}\}$ 代表单位体表面积最大吸收效率［J/(cm^2·d)］；$[E_{\mathrm{m}}]$ 代表最大单位体积储能（J/cm^3）；$[\dot{p}_{\mathrm{M}}]$ 代表单位体积维持耗能率［J/(cm^3·d)］；V 代表体积（cm^3）；κ 是能量分配系数。

鲍体内储备能量的速率是摄食同化率 $\dot{p}_{\mathrm{A}}$ 与代谢率 $\dot{p}_{\mathrm{C}}$ 之差：

$$\frac{\mathrm{d}E}{\mathrm{d}t}=\dot{p}_{\mathrm{A}}-\dot{p}_{\mathrm{C}} \tag{2.4}$$

储备能量有一部分将用于鲍体积的增长，包括软组织重量的增加和壳高的增长，结构物质体积增长的能量（E_{V}）公式如下：

$$\frac{\mathrm{d}E_{\mathrm{V}}}{\mathrm{d}t}=\kappa\cdot\dot{p}_{\mathrm{C}}-\dot{p}_{\mathrm{M}} \tag{2.5}$$

---

① 1 大卡 =1kcal

$$\dot{p}_{\mathrm{M}} = k(T)\cdot[\dot{p}_{\mathrm{M}}]\cdot V \tag{2.6}$$

式中，$\dot{p}_{\mathrm{M}}$ 是体积的维持率（J/d）；κ 是能量分配系数。

体积（V，cm^3）由体积增长的能量和形成单位体积结构物质所需能量 $[E_{\mathrm{G}}]$（$\mathrm{J/cm}^3$）转换得到：

$$V = \frac{E_{\mathrm{V}}}{[E_{\mathrm{G}}]} \tag{2.7}$$

幼体发育和成体繁殖对应个体生活史上两个不同阶段。DEB 理论中将结构物质体积（V_{P}，cm^3）作为阈值，标志能量在体内全部用于生长（幼体发育阶段）和部分用于生长、部分用于繁殖储备的分界点。

$$\dot{p}_{\mathrm{J}} = k(T)\cdot \min(V, V_{\mathrm{P}})\cdot[\dot{p}_{\mathrm{M}}]\cdot\left(\frac{1-\kappa}{\kappa}\right) \tag{2.8}$$

式中，$\dot{p}_{\mathrm{J}}$ 为繁育维持率（J/d）。

能量储备的另一部分将储存在生殖腺内用于繁殖，达到产卵的阈值时，这一部分能量将会转移到生殖细胞内。繁殖储能变化率公式为：

$$\frac{\mathrm{d}E_{\mathrm{R}}}{\mathrm{d}t} = (1-\kappa)\cdot\dot{p}_{\mathrm{C}} - \dot{p}_{\mathrm{J}} \tag{2.9}$$

鲍对能量的吸收和储存最终都体现为个体的生长。其中，软组织干重（DW）包括 3 部分的重量：能量储备 E 转化为重量 $\frac{E}{\mu_{\mathrm{E}}}$、体积增长的重量 $V{\cdot}\rho$ 和用于性腺发育的能量转换 $\frac{\kappa_{\mathrm{R}}\cdot E_{\mathrm{R}}}{\mu_{\mathrm{E}}}$：

$$\mathrm{DW} = \frac{E}{\mu_{\mathrm{E}}} + \frac{\kappa_{\mathrm{R}}\cdot E_{\mathrm{R}}}{\mu_{\mathrm{E}}} + V\cdot\rho \tag{2.10}$$

式中，μ_{E} 是储备能量的含量（J/g）；κ_{R} 是繁殖能量分配比例；ρ 是单位体积软组织干重（g/cm）。

壳高 L 根据形状系数 δ_{m} 得到：

$$L = \frac{V^{1/3}}{\delta_{\mathrm{m}}} \tag{2.11}$$

皱纹盘鲍 DEB 模型中的约束函数是水温（T）和摄食量（J_{X}），其量值通过实际测定得到。模型中水温的变化通过定期测定和查询山东荣成①和福建秀屿②气候信息相关网站得到。秀屿和荣成两地在 2017.11 ～ 2018.11 的水温变化如图 2.24 所示。从水温变化图中可见，福建秀屿夏季最高水温为 29℃，冬季最低水温为

① http://hyyy.weihai.gov.cn/col/col24241/index.html

② http://www.fjocean.com/UXOF/html/rcyb/index.html

13.75℃；山东荣成最高水温为25.7℃，最低水温为2℃。在荣成桑沟湾定期测定鲍的摄食量（以投喂鲜海带减去剩余海带重量的方法测定得到）（图2.25），发现鲍的摄食量随温度的变化而变化，5月份摄食量最高，11月份最低。

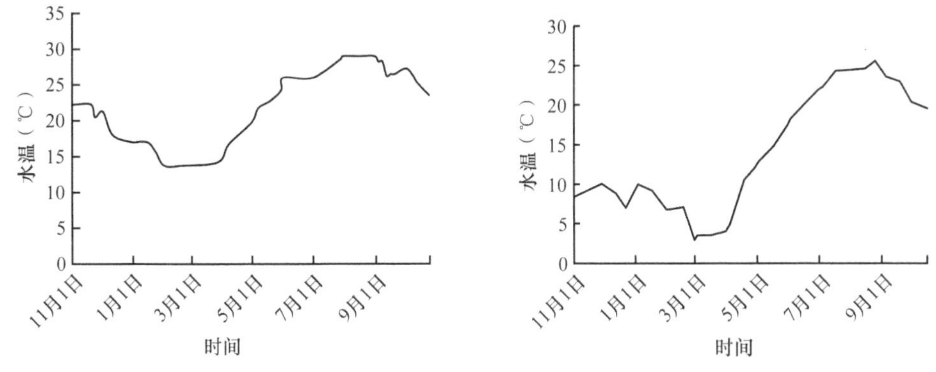

图2.24　2017.11～2018.11秀屿（左）和荣成（右）海域水温变化

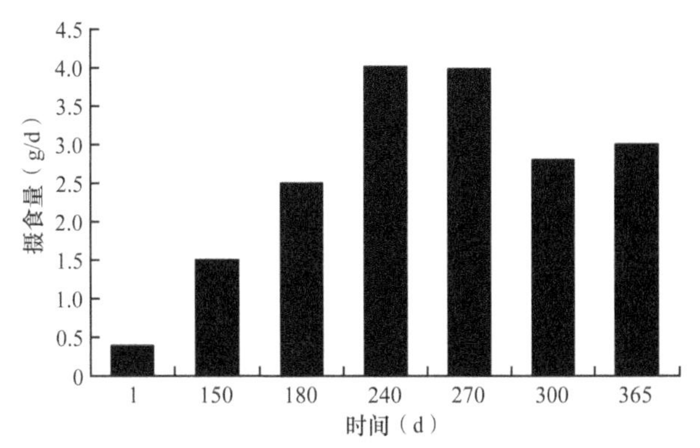

图2.25　桑沟湾皱纹盘鲍随时间的摄食量变化

第一天代表10月1日，依次累计

（二）模型参数

模型一共包括18个参数，包括表2.9中的17个参数及图2.26中的吸收效率。其中，单位体积维持耗能率 $[\dot{p}_M]$、形成单位体积结构物质所需能量 $[E_G]$、最大单位体积储能 $[E_m]$、储备能量的含量 μ_E、阿伦尼乌斯温度 T_A 和形状系数 δ_m 等6个参数通过生理实验获得，其他11个参数根据已有文献确定（表2.9）。另外，吸收效率（AE）参数随温度变化，在不同温度下参数值不同，本研究根据黄璞祎（2008）的研究得到皱纹盘鲍在水温12～24℃时吸收效率的变化。聂宗庆和燕敬平（1985）研究发现皱纹盘鲍在5℃和30℃时基本停止摄食，默认吸收效率为0，通过曲线拟合得到各温度下AE（图2.26）。

表 2.9 DEB 模型相关参数值

参数	参数意义	赋值	单位	数据来源
T_0	参考温度	288	K	Kooijman，2010；张明等，2005
T_A	阿伦尼乌斯温度	7 196	K	段娇阳等，2020；Duan et al.，2021
T_H	温度耐受上限	298	K	石军等，2002；聂宗庆和燕敬平，1985
T_L	温度耐受下限	273	K	石军等，2002；聂宗庆和燕敬平，1985
T_{AL}	生理代谢率下降的阿伦尼乌斯温度下限	35 000	K	段娇阳等，2020；Duan et al.，2021
T_{AH}	生理代谢率下降的阿伦尼乌斯温度上限	76 000	K	段娇阳等，2020；Duan et al.，2021
$[E_G]$	形成单位体积结构物质所需能量	8 120	J/cm^3	段娇阳等，2020；Duan et al.，2021
$[E_m]$	最大单位体积储能	2 726	J/cm^3	段娇阳等，2020；Duan et al.，2021
$[\dot{p}_M]$	单位体积维持耗能率	20.18	$J/(cm^3 \cdot d)$	段娇阳等，2020；Duan et al.，2021
$\{\dot{p}_{Am}\}$	单位体表面积最大吸收效率	77.5	$J/(cm^2 \cdot d)$	段娇阳等，2020；Duan et al.，2021
V_P	结构物质体积	17	cm^3	于连洋等，2012
δ_m	形状系数	0.43	—	段娇阳等，2020；Duan et al.，2021
μ_E	储备能量的含量	32 583	J/g	段娇阳等，2020；Duan et al.，2021
μ_X	食物能量转换系数	732	J/g	姜雪等，2018；吴永沛等，2000
ρ	单位体积软组织干重	0.18	g/cm^3	段娇阳等，2020；Duan et al.，2021
κ	能量分配系数	0.9	—	模型调校
κ_R	繁殖能量分配比例	0.8	—	模型调校

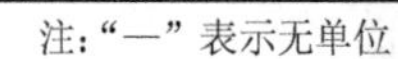
注：“—”表示无单位

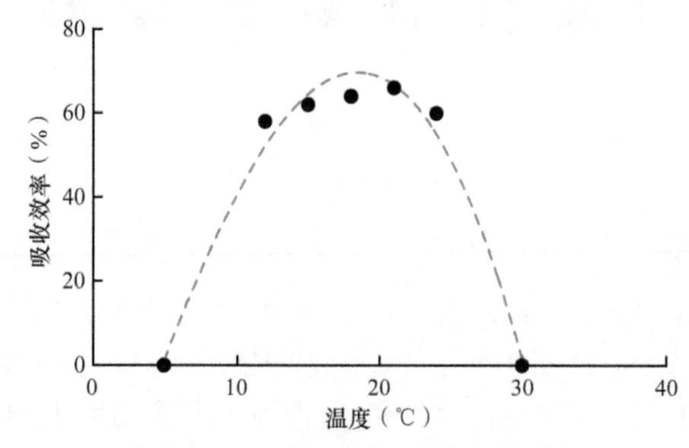

图 2.26 不同温度下吸收效率的变化

（三）模型构建与验证

在获取相关公式和参数的基础上，利用可视化软件 Stella Architect 1.4.3 构建鲍个体生长 DEB 模型，流程图见图 2.27。模型模拟的时长为 365d，步长为 1d，

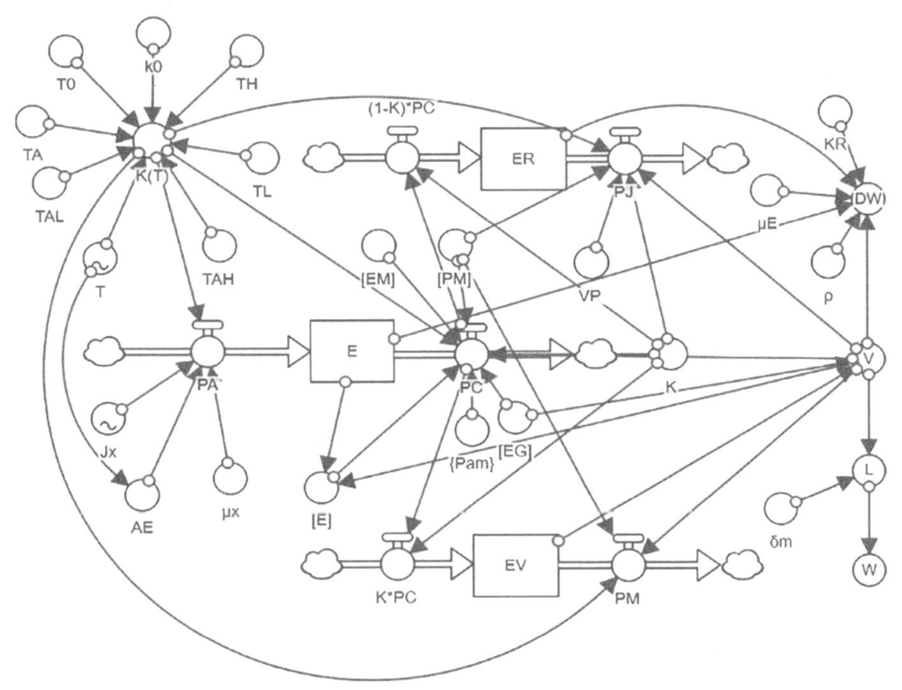

图 2.27　基于可视化软件 Stella Architect 1.4.3 构建的皱纹盘鲍个体生长模型

以鲍苗下海养殖的时间为第一天，初始壳高 2.8cm，干重 0.3g。最后，模型以同样的参数分别模拟“南北接力”与不接力养殖鲍（整个生长期只在福建秀屿或山东荣成养殖）的生长情况，对比模拟结果的差异。

本研究用 DEB 模型模拟了皱纹盘鲍在 2017 年 11 月 1 日到 2018 年 11 月 1 日“南北接力”养殖期间的生长情况（图 2.28）。经过一年的养殖，鲍的壳高从 2.8cm 长到 6.8cm 左右，软组织干重从 0.3g 长到 10.9g。

为了验证模型的科学性和准确性，在此期间，分别在山东荣成和福建秀屿养殖区针对同一批鲍定期取样，每次取样 100 头，测量鲍的壳高、湿重和软组织干重。采用 SPSS16.0 软件进行单因素方差分析（one-way ANOVA），得出鲍的壳高、湿重和软组织干重的标准差。将模拟值与实测值进行线性回归拟合。壳高与软组织干重的实测值与模拟值的情况如图 2.28 所示。对模拟和观察到的生长数据进行 Q-Q 图的绘制（图 2.28）。最好的情况是散点全部落在线性方程 $y=x$ 的直线上。根据模拟值和观测值的散点图，壳高 Q-Q 图与 $y=x$ 的拟合度 R^2 为 0.946（图 2.28c），而干重 Q-Q 图与 $y=x$ 的拟合度 R^2 为 0.956（图 2.28d），表明模型模拟结果拟合度较好。壳高和软组织干重实测值与模拟值拟合符合线性相关关系，分别为：$y=1.0184x$（$R^2=0.9548$）、$y=0.9318x$（$R^2=0.9929$），两个关系式的斜率都接近 1，说明模型对鲍生长情况的拟合效果较好。

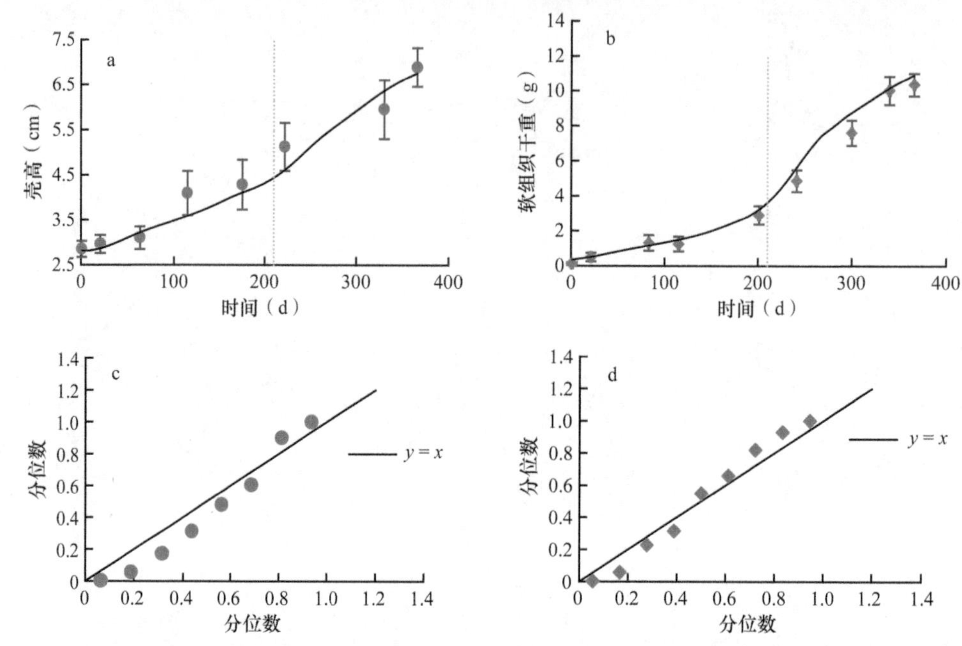

图 2.28　皱纹盘鲍“南北接力”养殖壳高（a）和软组织干重（b）实测值（数据点）与模拟值（曲线）及其对应的 Q-Q 图（c 为壳高的 Q-Q 图、d 为干重的 Q-Q 图）对比

利用 DEB 模型拟合南方和北方养殖鲍的生长，发现二者与“南北接力”养殖有明显的差异。在其他参数均相同的情况下，分别模拟整个生长期在福建秀屿海域或山东荣成桑沟湾海域（温度函数图）的不同生长状况（图 2.29）。根据式（2.1）得出温度依赖关系，$k(T) > 0$。鲍整个生长期在秀屿海域时，$k(T)$ 最大值出现在第 1 天和第 180 天前后；整个生长期在桑沟湾时，$k(T)$ 最大值出现在

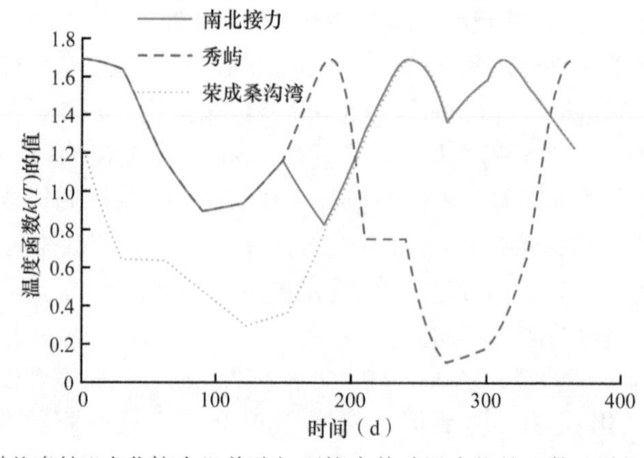

图 2.29　皱纹盘鲍“南北接力”养殖与不接力养殖温度依赖函数随时间的变化情况

第 240 天和第 310 天前后；而“南北接力”养殖 $k(T)$ 最大值出现 4 次，分别是在第 1 天、第 180 天、第 240 天和第 310 天前后。$k(T)$ 最大值 1.69，此时的水温都在 20℃左右。

DEB 模型模拟结果显示，如果鲍整个生长期分别在福建秀屿海域、山东荣成桑沟湾海域，或者在两地之间“南北接力”养殖，从苗种下海养殖时壳高 2.8cm，经过一年养殖后壳高分别达到 5.29cm、6.3cm 和 6.8cm（图 2.30），而软组织干重从 0.3g 分别增长到 4.6g、10g 和 10.9g（图 2.30、图 2.31）。其中，“南北接力”养殖鲍的壳高和软组织干重生长最快。从总体生长趋势来看，在 200d 之前，鲍在秀屿海域生长较快，但在 200d 之后生长变缓，软组织干重出现近似平台期；而在桑沟湾海域生长的鲍在养殖后期生长迅速，并在壳高和软组织干重上逐渐超过全程在秀屿海域养殖的鲍（图 2.30）。

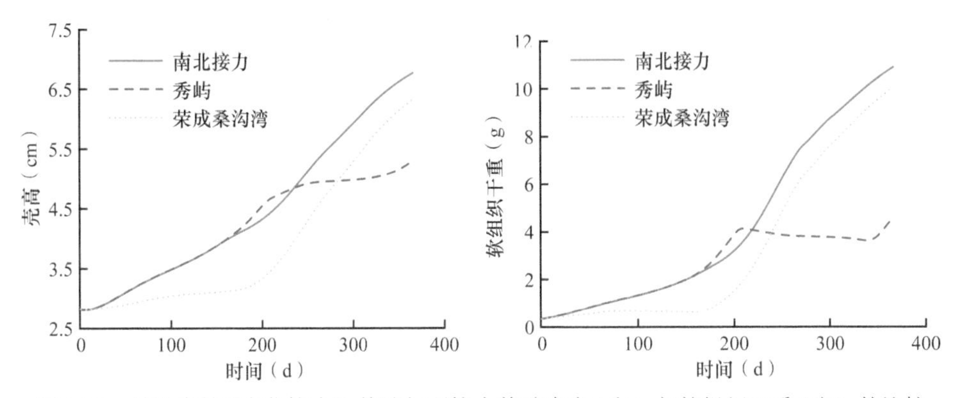

图 2.30　皱纹盘鲍“南北接力”养殖与不接力养殖壳高（左）与软组织干重（右）的比较

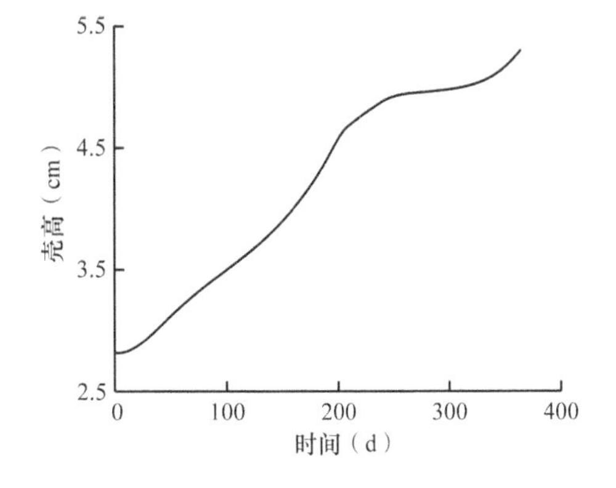

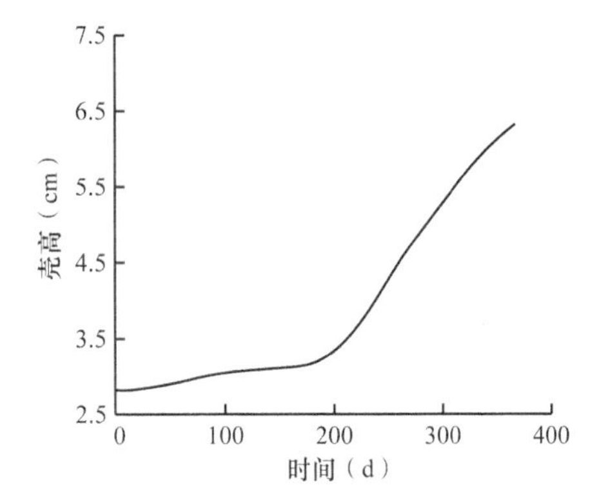

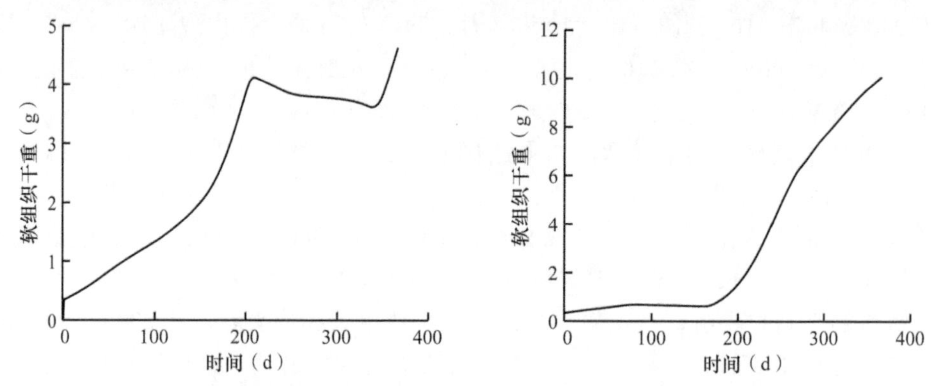

图 2.31　皱纹盘鲍不接力养殖壳高（上）与软组织干重（下）的增长

整个养殖期在福建秀屿海域（左）或山东荣成桑沟湾海域（右）

（四）小结

鲍摄食与生长适宜的水温是 15 ～ 22℃；28℃时不能正常生活，7℃以下时摄食减少，5℃时基本停止摄食（高绪生等，1990；聂宗庆和燕敬平，1985）。上述研究表明，鲍对水温较为敏感，温度过高或过低都对皱纹盘鲍的生长有不良影响。尽管福建和山东都是中国鲍的主产区，但由于福建夏季水温过高，山东冬季水温偏低，都不利于鲍的生长，因而导致鲍的生长期延长，且有可能导致死亡率升高。这一点，通过个体生长模型的模拟，可以在生长曲线明显地看到。为提高度夏和越冬的成活率，提高生长速率，养殖企业尝试开展了鲍的“南北接力”养殖。“南北接力”养殖的优势也可以通过模型对鲍壳高和软组织生长的模拟清晰地呈现。

基于 DEB 理论的个体生长模型整合能量分配策略，根据水温和食物的变化预测个体生长情况，能够有效反映鲍的个体生长变化规律。DEB 模型已广泛应用于紫贻贝（Haren and Kooijman，1993）、长牡蛎（Ren and Ross，2001）和虾夷扇贝（张继红等，2017）等滤食性双壳贝类，相关研究表明 DEB 模型较好地模拟了这些生物生长过程中的能量分配。皱纹盘鲍的 DEB 模型是参考滤食性贝类 DEB 模型而构建的，不过作为舐食性贝类，鲍在养殖过程中需要投喂海带等大型藻类，一般采用过量投喂和定期清理残饵的方法。因此在构建模型时，对于食物输入这一模块我们以摄食量作为约束函数，摄食后食物转化为身体中储存能量的值以鲍在不同温度下的摄食同化效率计算。通过将鲍 DEB 模型的模拟结果与实际养殖结果对比，可见 DEB 模型模拟效果较好，较为准确地预测了鲍的生长。

从 DEB 模型诞生到现在已经过去了几十年，而 DEB 模型仍在不断完善中，DEB 模型的参数估计方法也在不断改进。为了推动建模工作，国外学者开发了大量的共享资源，其中包括 Marques 等 125 名 DEB 模型相关研究者建立的 Add-my-Pet 数据库[1]（Marques et al.，2018）。该数据库收集了大量不同物种相关的 DEB 模型参数，方便用户使用其数据或作为参考。

参考文献

蔡碧莹 . 2018. 海带个体生长模型构建与生长预测研究 . 上海海洋大学硕士学位论文 .

蔡碧莹 , 朱长波 , 刘慧 , 等 . 2019. 桑沟湾养殖海带生长的模型预测 . 渔业科学进展 , 40(3): 31-41.

常亚青 , 王子臣 . 1996. 贝类生物能量学研究进展 . 海洋科学 , 20(6): 25-30.

陈达义 , 汪进兴 . 1964. 海带在浙南沿海生长发育与水温关系的观察 . 浙江农业科学 , (02): 89-93.

陈根禄 , 王东室 . 1958. 海带养殖试点生产管理中的几点体会 . 中国水产 , (4): 10.

董波 , 李军 , 王海燕 , 等 . 2003. 不同温度与饵料浓度下菲律宾蛤仔的能量收支 . 中国水产科学 , 10(5): 398-403.

段娇阳 , 刘慧 , 陈四清 , 等 . 2020. 基于 DEB 理论的皱纹盘鲍个体生长模型参数的测定 . 渔业科学进展 , 41(05): 110-117.

方宗熙 , 欧毓麟 , 崔竞进 , 等 . 1978. 海带配子体无性繁殖系培育成功 . 科学通报 , 2: 115-116.

高绪生 , 刘永峰 , 刘永襄 , 等 . 1990. 温度对皱纹盘鲍稚鲍摄食与生长的影响 . 海洋与湖沼 , (01): 22-28.

高悦勉 , 田斌 , 于永刚 , 等 . 2007. 大连塔河湾海区虾夷扇贝的性腺发育与繁殖规律 . 大连海洋大学学报 , 22: 335-339.

国家海洋局第一海洋研究所 . 1988. 桑沟湾增养殖环境综合调查研究 . 青岛 : 青岛出版社 .

胡耿 , 刘德斌 , 王家伟 . 2015. 我国鲍鱼养殖现状及高温期养殖管理措施 . 中国水产 , (5): 76-77.

黄璞祎 , 周一兵 , 刘晓 , 等 . 2008. 不同温度下皱纹盘鲍“中国红”与各家系代谢和吸收效率的比较 . 大连海洋大学学报 , 23(1): 37-41.

季仲强 . 2011. 近岸海域氮磷污染生态修复与大型海藻生物能源提取研究 . 浙江大学硕士学位论文 : 71-73.

贾艳丽 , 王江勇 , 刘广锋 , 等 . 2015. 高温胁迫对皱纹盘鲍幼鲍生长和成活的影响 . 南方水产科学 , 11(2): 96-100.

姜雪 , 刘楠 , 孙永 , 等 . 2018. 荣成鲜海带及其干、盐制品的营养成分分析 . 食品安全质量检测学报 , 9(08): 160-166.

梁省新 , 史冰玉 , 胡志强 . 2009. 深水大流海区海带养殖新技术 . 齐鲁渔业 , 6: 42.

刘超 . 2016. 温度对底播虾夷扇贝适合度性状影响的研究 . 中国科学院大学博士学位论文 .

刘嘉伟 , 洪春来 , 刘会萍 , 等 . 2017. 大型海藻营养元素的区域性差异及其修复生态环境的潜在模式 . 江苏农业科学 , 45(08): 264-268.

刘英杰 . 2005. 青蛤摄食生理和代谢生理以及能量收支的基础研究 . 中国海洋大学硕士学位论文 .

骆其君 , 冯婧 , 严小军 , 等 . 2007. 坛紫菜可视化个体生长模型的构建 // 中国海洋湖沼学会 . 中国海洋湖沼学会藻类学分会第七届会员大会暨第十四次学术讨论会论文集 . 呼和浩特 : 中国海洋湖沼学会 .

[1] https://add-my-pet.github.io/AmPtool/docs/index.html

聂宗庆, 燕敬平. 1985. 皱纹盘鲍成体摄食习性的初步研究. 水产学报, 9(1): 19-27.
牛亚丽. 2014. 桑沟湾滤食性贝类碳、氮、磷、硅元素收支的季节变化研究. 浙江海洋学院硕士学位论文.
农业农村部渔业渔政管理局, 全国水产技术推广总站, 中国水产学会. 2020. 2020 中国渔业统计年鉴. 北京: 中国农业出版社.
沈淑芬. 2013. 海带的生物修复作用及无性繁殖系的建立. 福建师范大学硕士学位论文: 25-29.
石军, 李俊婷, 陈安国. 2002. 皱纹盘鲍稚鲍的养殖生物学研究进展. 饲料广角, (15): 29-31.
史洁, 魏皓, 赵亮, 等. 2010. 桑沟湾多元养殖生态模型研究: I 养殖生态模型的建立和参数敏感性分析. 渔业科学进展, 31(4): 26-35.
索如瑛, 刘德厚, 田铸平. 1988. 海带养殖. 北京: 农业出版社.
汪浩, 李玲燕. 2012. 基于水动力学的中小水库藻类生长模型及蓝藻暴发的模拟. 能源环境保护, 26(01): 21-25+20.
王靖陶, 慕永通. 2010. 我国贝类养殖管理现状及建议. 中国渔业经济, (3): 43-47.
王俊, 姜祖辉, 唐启升. 2004. 栉孔扇贝生理能量学研究. 渔业科学进展, 25(3): 46-53.
王俊, 唐启升. 2001. 双壳贝类能量学及其研究进展. 渔业科学进展, 22(3): 80-83.
吴超元. 1981. 海带的生活史和我国海带人工养殖现状. 生物学通报, 1: 10-11.
吴荣军, 朱明远, 李瑞香, 等. 2006. 海带 (*Laminaria japonica*) 幼孢子体生长和光合作用的 N 需求. 海洋通报, 25(5): 36-42.
吴荣军, 张学雷, 朱明远, 等. 2009. 养殖海带的生长模型研究. 海洋通报, 28(2): 34-40.
吴晓琴. 2007. 莆田市海洋资源的开发利用. 福建水产, (3): 65-69.
吴永沛, 陈昌生, 蔡慧农, 等. 2000. 人工饲料及海藻养成九孔鲍营养成分的比较. 海洋科学, 24(9): 4-6.
姚海芹. 2016. "海天 1 号" 海带新品系生物学特征的研究. 上海海洋大学硕士学位论文: 11-15.
于连洋, 刘光谋, 王振华, 等. 2012. 皱纹盘鲍的遗传育种研究进展. 水产养殖, (01): 51-56.
曾呈奎. 1994. 曾呈奎文选下. 北京: 海洋出版社: 684.
曾呈奎, 吴超元, 任国忠, 等. 1962. 温度对海带配子体的生长发育的影响. 海洋与湖沼, 4(1-2): 103-130.
曾呈奎, 王素娟, 刘思俭, 等. 1985. 海藻栽培学. 上海: 上海科学技术出版社: 1-5.
张定民, 缪国荣, 杨清明. 1982. 沿岸流与海带养殖关系的研究Ⅱ: 流速对海带生长的影响. 山东海洋学院学报, 12(3): 73-79.
张继红, 吴文广, 刘毅, 等. 2017. 虾夷扇贝动态能量收支生长模型. 中国水产科学, 24: 497-506.
张继红, 吴文广, 徐东, 等. 2016. 虾夷扇贝动态能量收支模型参数的测定. 水产学报, 40: 703-710.
张明, 王志松, 高绪生. 2005. 不同生长期皱纹盘鲍对水温适应能力的比较. 中国水产科学, 12(6): 720-725.
张明亮, 邹健, 方建光, 等. 2011. 海洋酸化对栉孔扇贝钙化、呼吸以及能量代谢的影响. 渔业科学进展, 32(4): 48-54.
张起信. 1994. 海带生长与光照的关系. 中国水产, 6: 34-35.
张为先. 1992. 桑沟湾增养殖. 北京: 海洋出版社: 59-68.
张永顺, 王玉成. 1999. 钒一相酸按比色法测定食品中总磷. 理化检验-化学分册, 35(6): 277-278.

周毅，杨红生，张福绥. 2002. 四十里湾栉孔扇贝的生长余力和C、N、P元素收支. 中国水产科学，9(2): 161-166.

朱明远，张学雷，汤庭耀，等. 2002. 应用生态模型研究近海贝类养殖的可持续发展. 海洋科学进展，20(4): 34-42.

Alunno-Bruscia M, Van Der Veer HW, Kooijman SALM. 2009. The Aqua DEB project (phase Ⅰ): Analysing the physiological flexibility of aquatic species and connecting physiological diversity to ecological and evolutionary processes by using Dynamic Energy Budgets. Journal of Sea Research, 62(2-3): 43-48.

Augustine S, Kooijman SALM. 2019. A new phase in DEB research. Journal of Sea Research, 143: 1-7

Attwell D, Laughlin SB. 2001. An energy budget for signaling in the grey matter of the brain. Journal of Cerebral Blood Flow & Metabolism, 21(10): 1133.

Baas J, Augustine S, Marques GM, et al. 2018. Dynamic energy budget models in ecological risk assessment: From principles to applications. Science of the Total Environment, 628-629: 249-260.

Bacher C, Gangnery A. 2006. Use of dynamic energy budget and individual based models to simulate the dynamics of cultivated oyster populations. Journal of Sea Research, 56(2): 140-155.

Béjaoui-Omri A, Béjaoui B, Harzallah A, et al. 2014. Dynamic energy budget model: A monitoring tool for growth and reproduction performance of *Mytilus galloprovincialis* in Bizerte Lagoon (Southwestern Mediterranean Sea). Environmental Science and Pollution Research International, 21: 13081-13094.

Bendoricchio G, Coffaro G, Di Luzio M. 1993. Modelling the photosynthetic efficiency for *Ulva rigida* growth. Ecological Modelling, 67(2-4): 221-232.

Bourlès Y, Alunno-Bruscia M, Pouvreau S, et al. 2009. Modelling growth and reproduction of the Pacific oyster *Crassostrea gigas*: Advances in the oyster-DEB model through application to a coastal pond. Journal of Sea Research, 62(2-3): 62-71.

Bowie GL, Mills WB, Porcella DB, et al. 1985. Rates, Constants, and Kinetics Formulations in Surface Water Quality Modeling (2nd Edition). Athens: U.S. Environmental Protection Agency.

Chen S, Xiao Y, Wu D. 2007. Temperature tolerance research of scallop (*Patinopecten yessoensis*) in Nanji Island of Zhejiang Province in China. Journal of Zhejiang Ocean University, 26: 160-164.

Christine D, André V, Lam-Höai T, et al. 2000. Feeding rate of the oyster *Crassostrea gigas* in a natural planktonic community of the Mediterranean Thau Lagoon. Marine Ecology Progress Series, 205(1): 171-184.

Duarte P, Meneses R, Hawkins AJS, et al. 2003. Mathematical modelling to assess the carrying capacity for multi-species culture within coastal waters. Ecological Modelling, 168(1-2): 109-143.

Duan JY, Liu H, Zhu JX, et al. 2021. A dynamic energy budget model for abalone, *Haliotis discus hannai* Ino. Ecological Modelling, 451(2): 109569.

Fang JH, Zhang P, Fang JG, et al. 2018. The growth and carbon allocation of abalone (*Haliotis discus hannai*) of different sizes at different temperatures based on the abalone-kelp integrated multitrophic aquaculture model. Aquaculture Research, 49(8): 2676-2683.

Ferreira JG, Ramos L. 1989. A model for the estimation of annual production rates of macrophyte algae. Aquatic Botany, (33): 53-70.

Flye-Sainte-Marie J, Jean F, Paillard C, et al. 2009. A quantitative estimation of the energetic cost of brown ring disease in the Manila clam using Dynamic Energy Budget theory. Journal of Sea Research, 62(2-3): 114-123.

Fuji A, Hashizume M. 1974. Energy budget for a Japanese common scallop, *Patinopecten yessoensis* (Jay), in Mutsu Bay. Bulletin of the Faculty of Fisheries Hokkaido University, 25(1): 7-19.

Haren RJFV, Kooijman SALM. 1993. Application of a dynamic energy budget model to *Mytilus edulis* (L.). Netherlands Journal of Sea Research, 31(2): 119-133.

Hatzonikolakis Y, Tsiaras K, Theodorou JA, et al. 2017. Simulation of mussel *Mytilus galloprovincialis* growth with a dynamic energy budget (DEB) model in Maliakos and Thermaikos Gulfs (E. Mediterranean). Aquaculture Environment Interactions, 9. DOI: 10.3354/aei00236.

Jiang WW, Lin F, Du MR, et al. 2019. Simulation of Yesso scallop, *Patinopecten yessoensis*, growth with a dynamic energy budget (DEB) model in the mariculture area of Zhangzidao Island. Aquaculture International, 28(1): 59-71.

Jørgensen SE, Bendoricchio G. 2008. 生态模型基础 (第三版). 何文珊，陆健健，张修峰译. 北京：高等教育出版社：158-165.

Kooijman SALM. 1986. Energy Budgets Can Explain Body Size Relations. Journal of Theoretical Biology, 121(3): 269-282.

Kooijman SALM. 2000. Dynamic Energy and Mass Budgets in Biological Systems. Cambridge: Cambridge University Press.

Kooijman SALM. 2006. Pseudo-faeces production in bivalves. Journal of Sea Research, 56(2): 103-106.

Kooijman SALM. 2010. Dynamic Energy Budget Theory for Metabolic Organisation (Third edition). Cambridge: Cambridge University Press.

Kooijman SALM. 2014. Metabolic acceleration in animal ontogeny: An evolutionary perspective. Journal of Sea Research, 94: 128-137.

Kooijman SALM, Lika K. 2014. Comparative energetics of the 5 fish classes on the basis of dynamic energy budgets. Journal of Sea Research, 94: 19-28.

Kooijman SALM, Lika K. 2015. Resource allocation to reproduction in animals. Biological Reviews of the Cambridge Philosophical Society, 89(4): 849-859.

Kooijman SALM, Sousa T, Pecquerie L, et al. 2008. From food-dependent statistics to metabolic parameters, a practical guide to the use of Dynamic Energy Budget theory. Biological Reviews, 83(4): 533-552.

Lane CE, Mayes C, Druehl LD, et al. 2006. A multi-gene molecular investigation of the kelp (Laminariales, Phaeophyceae) supports substantial taxonomic re-organization. Journal of Phycology, 42(2): 493-512.

Li JY, Murauchi Y, Ichinomiya M, et al. 2007. Seasonal changes in photosynthesis and nutrient uptake in *Laminaria japonica* (Laminariaceae; Phaeophyta). Aquaculture Science, 55: 587-597.

Lika K, Kearney MR, Kooijman SALM. 2011. The "covariation method" for estimating the parameters of the standard dynamic energy budget model Ⅱ: Properties and preliminary patterns.

Journal of Sea Research, 66(4): 278-288.

Lin F, Du MR, Liu H, et al. 2020. A physical-biological coupled ecosystem model for integrated aquaculture of bivalve and seaweed in Sanggou Bay. Ecological Modelling, 431: 109181.

Llewellyn CA, Fishwick JR, Blackford JC. 2005. Phytoplankton community assemblage in the English Channel: A comparison using chlorophyll a derived from HPLC-CHEMTAX and carbon derived from microscopy cell counts. Journal of Plankton Research, (1): 103-119.

Majkowski J. 1982. Usefulness and applicability of sensitivity analysis in a multispecies approach to fisheries management//Pauly D, Murphy G. Theory and Management of Tropical Fisheries. Cronulla: ICLARM/CSIRO Workshop on the Theory and Management of Tropical Multispecies Stocks.

Marques GM, Augustine S, Lika K, et al. 2018. The AmP project: Comparing species on the basis of dynamic energy budget parameters. PLoS Computational Biology, 14(5): e1006100.

Martin BT, Zimmer EI, Grimm V, et al. 2012. Dynamic energy budget theory meets individual-based modelling: A generic and accessible implementation. Methods in Ecology & Evolution, 3(2): 445-449.

Martins I, Marques JC. 2002. A model for the growth of opportunistic macroalgae (*Enteromorpha* sp.) in tidal estuaries. Estuarine, Coastal and Shelf Science, 55(2): 247-257.

Mizuta H, Maita Y, Yanada M. 1992. Seasonal changes of nitrogen metabolism in the sporophyte of *Laminaria japonica* (Phaeophyceae). Nippon Suisan Gakkaishi, 58(12): 2345-2350.

Mizuta H, Ogawa S, Yasui H. 2003. Phosphorus requirement of the sporophyte of *Laminaria japonica* (Phaeophyceae). Aquatic Botany, 76(2): 117-126.

Nisbet RM, Jusup M, Klanjscek T, et al. 2012. Integrating dynamic energy budget (DEB) theory with traditional bioenergetic models. Journal of Experimental Biology, 215(6): 892-902.

Nisbet RM, Muller EB, Lika K, et al. 2000. From molecules to ecosystems through dynamic energy budget models. J Anim Ecol, 69: 913-926.

Nisbet RM, Muller EB, Lika K. 2010. From molecules to ecosystems through dynamic energy budget models. Journal of Animal Ecology, 69(6): 913-926.

Nisbet RM, Jusup M, Klanjscek T, et al. 2012. Integrating dynamic energy budget (DEB) theory with traditional bioenergetic models. Journal of Experimental Biology, 215(Pt 6): 892-902.

Orestis SZ, Nikos P, Konstadia L. 2018. A DEB model for European sea bass (*Dicentrarchus labrax*): Parameterisation and application in aquaculture. Journal of Sea Research, 143. DOI: 10.1016/j.seares.2018.05.008.

Parsons TR, Takahashi M, Hargrave B. 1984. Biological Oceanographic Processes (Third edition). Oxford and New York: Pergamon Press.

Pecquerie L, Petitgas P, Kooijman SALM . 2009. Modeling fish growth and reproduction in the context of the dynamic energy budget theory to predict environmental impact on anchovy spawning duration. Journal of Sea Research, 62(2-3): 93-105.

Pouvreau S, Bourles Y, Lefebvre S, et al. 2006. Application of a dynamic energy budget model to the Pacific oyster, *Crassostrea gigas*, reared under various environmental conditions. Journal of Sea Research, 56(2): 156-167.

Radach G, Moll A. 1993. Estimation of the variability of production by simulating annual cycles of phytoplankton in the central North Sea. Progress In Oceanography, 31(4): 339-419.

Ren JS, Ross AH. 2001. A dynamic energy budget model of the Pacific oyster *Crassostrea gigas*. Ecological Modelling, 142(1-2): 105-120.

Ren JS, Schiel DR. 2008. A dynamic energy budget model: Parameterisation and application to the Pacific oyster *Crassostrea gigas* in New Zealand waters. Journal of Experimental Marine Biology & Ecology, 361(1): 42-48.

Ren JS, Stenton-Dozey J, Plew DR, et al. 2012. An ecosystem model for optimising production in integrated multitrophic aquaculture systems. Ecological Modelling, 246: 34-46.

Ren JS, Stenton-Dozey J, Zhang J. 2016. Parameterisation and application of dynamic energy budget model to the sea cucumber *Apostichopus japonicas*. Aquaculture Environment Interactions, 9(1). DOI: 10.3354/aei00210.

Ricovilla B, Bernard I, Robert R, et al. 2010. A dynamic energy budget (DEB) growth model for Pacific oyster larvae, *Crassostrea gigas*. Aquaculture, 305(1): 84-94.

Saraiva S, van der Meer J, Kooijman SALM, et al. 2011. Modelling feeding processes in bivalves: A mechanistic approach. Ecological Modelling, 222(3): 514-523.

Saraiva S, van der Meer J, Kooijman SALM, et al. 2012. Validation of a dynamic energy budget (DEB) model for the blue mussel *Mytilus edulis*. Marine Ecology Progress Series, 463: 141-158.

Solidoro C, Pecenik G, Pastres R, et al. 1997. Modelling macroalgae (*Ulva rigida*) in the Venice lagoon: Model structure identification and first parameters estimation. Ecological Modelling, 94(2-3): 191-206.

Sousa T, Domingos T, Poggiale JC, et al. 2010. Dynamic energy budget theory restores coherence in biology. Philosophical Transactions of the Royal Society of London. Series B, Biological Sciences, 365(1557): 3413-3428.

Sousa T, Mota R, Domingos T, et al. 2006. Thermodynamics of organisms in the context of dynamic energy budget theory. Physical Review E, 74(5 Pt 1): 051901.

Steele JH. 1962. Environmental control of photosynthesis in the sea. Limnology and Oceanography, 7(2): 137-150.

Stéphane P, Bourles Y, Sébastien L, et al. 2006. Application of a dynamic energy budget model to the Pacific oyster, *Crassostrea gigas*, reared under various environmental conditions. Journal of Sea Research, 56(2): 156-167.

Suzuki S, Furuya K, Kawai T, et al. 2008. Effect of seawater temperature on the productivity of *Laminaria japonica* in the Uwa Sea, southern Japan. Journal of Applied Phycology, 20(5): 833-844.

Troost TA, Wijsman JWM, Saraiva S, et al. 2010. Modelling shellfish growth with dynamic energy budget models: An application for cockles and mussels in the Oosterschelde (southwest Netherlands). Philosophical Transactions of the Royal Society of London, 365(1557): 3567-3577.

van der Veer H, Cardoso JFMF, van der Meer J. 2006. The estimation of DEB parameters for various Northeast Atlantic bivalve species. Journal of Sea Research, 56(2): 107-124.

Widdows J, Johnson D. 1988. Physiological energetics of *Mytilus edulis*: Scope for growth. Marine Ecology Progress Series, 46: 113-121.

Zhang JH, Wu W, Ren JS, et al. 2016. A model for the growth of mariculture kelp *Saccharina japonica* in Sanggou Bay, China. Aquaculture Environment Interactions, 8: 273-283.

第三章

海水养殖空间管理技术：养殖容量估算①

① 本章主要作者：刘慧、蔺凡、孙龙启、高亚平、朱建新、蔡碧莹、李文豪

水产养殖业规模在全球范围内的迅速扩大，为社会经济的发展和满足人类对优质蛋白的需求做出了重要贡献。然而，产业发展中也面临许多严峻的挑战。一些国家和地区水产养殖业的发展由于缺乏科学的规划和管理，生态和经济问题较为突出，如病害传播、污染加剧和经济效益下降等（董双林等，1998）。为保障产品质量，促进养殖业健康和稳定发展，同时高效低耗地开展水产养殖活动，以养殖容量为基础的水产养殖空间规划管理显得极为重要。养殖容量不仅是水产养殖生态学研究的一个基本问题，也是海洋生物资源可持续利用的关键问题（唐启升，1996）。

水产养殖容量的估算是养殖空间管理的一个重要方面，甚至可以说是整个空间管理的核心所在。养殖场所处的空间是由物理、化学、生物和地质等多元要素所定义的，这些要素也决定了养殖区的水交换能力，营养物质和饵料供应能力，以及养殖废物（污染）的稀释、消解与移除能力。上述种种，也就构成了一个特定养殖水域的容量。管理好养殖容量，将养殖生物的品种、数量（密度）和布局保持在合理的水平，使养殖活动对环境不造成显著影响，同时养殖生物也不会受到环境条件的限制，使养殖产品在品质、生长期和质量安全等方面都能达到正常的标准，是养殖空间管理的基本目标。

本章主要介绍水产养殖容量的原理、估算方法与应用，并从养殖空间管理的角度，介绍两种本书作者自主研发的针对桑沟湾海域的浅海筏式养殖容量估算方法。

第一节　水产养殖容量理论与估算方法[①]

一、水产养殖容量的概念及发展

（一）养殖容量的概念及其演化

水产养殖容量（aquaculture carrying capacity）的概念源自生态学中的一个术语，即容量（carrying capacity）。容量也称负载量、承载力等，指在一个时期内，在特定的环境条件下，生态系统所能支持的一个特定生物种群的有限大小，它也是衡量种群生产力大小的一个重要指标（唐启升，1996）。其中，负载量是林学常用名词，承载力为水利、地理、地质学等学科常用名词，而养殖容量为水产养殖生态学常用名词。养殖容量这一概念来源于种群生态学的 Logistic 方程，它是一种具备密度效应的种群连续增长模型，即：

---

① 本章根据刘慧和蔡碧莹（2018）改写

$$\frac{\mathrm{d}N}{\mathrm{d}t}=r\cdot N\cdot\frac{(K-N)}{K}$$

式中，N为种群个体数量；t代表时间；r值是种群的瞬时增长率；K值是环境允许的最大种群值。种群增长的最高水平以常数K为代表，为增长曲线的上渐近线，即容量（Odum，1982）。种群 Logistic 方程是 1838 年由 Pierre Verhulst 为人口增长而提出的模式，并完善于 20 世纪 20 年代。1934 年，Errington 在讨论种群生态学时首次使用了容量这一专业术语。

Logistic 方程有精确解（亦即 Logistic 曲线），即：

$$N=\frac{K}{1+\left(\frac{K}{N_0}-1\right)\mathrm{e}^{-rt}}$$

式中，N_0为N的初始值（$N_0=N(t_0)$）。因此，若掌握了K、r的估算值，从N_0就能得到N随时间的变化。

将 Logistic 方程引入养殖问题时，就得到各种不同条件或需求下的养殖容量。例如，Carver 和 Mallet（1990）根据容量的概念，将贝类养殖容量定义为：对生产率不产生负面影响并获得最大产量的放养密度。而 Inglis 等（2000）为有效地管理自然资源，将贝类的养殖容量划分为 4 种类型，包括物理容量、养殖容量、生态容量和社会容量（表 3.1），以期达到协助选址和优化养殖区放养密度的目的。

表 3.1 适用于水产养殖容量的概念类型及其影响因素

（McKindsey et al.，2006；Inglis et al.，2000）

类型	概念	关键影响因素
物理容量	在适于养殖的物理空间所能容纳的最大生物数量	取决于满足生物生长、生存所必需的自然条件（如底质、水文、温度、盐度、溶氧等）
养殖容量	产量最大时的养殖密度	取决于物理养殖容量和养殖技术，而容量估算与初级生产力及有机悬浮颗粒物浓度等密切相关
生态容量	对生态系统无显著影响的最大养殖密度	取决于生态系统功能，要考虑整个生态系统和养殖活动的全过程（包括苗种的采集、生长、收获及加工过程）
社会容量	在包含以上 3 个层次的基础上，兼顾社会经济因素，对人类生活无显著负面影响的养殖密度	取决于社会对养殖活动的认知和接受度

在我国，水产养殖容量研究始于 20 世纪 80 年代。李德尚等（1989）认为，水库中投饵网箱养鱼的养殖容量是在保持水质基本正常（符合养鱼水质标准）的前提下，单位水面（亩）所能负载的最大投饵网箱养鱼量（网箱养鱼的鱼产量或标准产量的网箱面积）。该定义在国内首次考虑了水域的理化环境因素的影响，

对于容量概念的发展具有积极意义，但概念中并未考虑沉积等造成的生态影响，存在一定的局限性。董双林等（1998）把养殖容量定义为：单位水体内在保护环境、节约资源和保证应有效益的各方面都符合可持续发展要求的最大养殖量。该定义增加了经济方面的考虑，并第一次在养殖容量中引入可持续发展的概念。杨红生和张福绥（1999）提出，养殖海区对养殖贝类的承载力是在充分利用该海区的供饵能力和自净能力的基础上，贝类养殖群体所能维持的最大现存量。这一概念把浅海贝类养殖业的经济、生态效益统一起来，使养殖容量的概念进一步发展。刘剑昭等（2000）考虑到养殖水体的不同，将养殖容量定义为：单位水体养殖对象在不危害环境，保持生态系统相对稳定，保证经济效益最大，并且符合可持续发展要求条件的最大产量；这个概念中进一步增加了对“生态系统稳定”的关注，初步将养殖容量与生态系统结构与功能联系起来。总之，当一个养殖系统不能完全实现“自给”和“自净”时，水产养殖的外溢效应就是一个不能不考虑的关键问题；对于一些封闭性、排污较少的养殖水体（如池塘）应以取得养殖的最大可持续效益为主，而对于一些开放性水域，则应侧重考虑养殖的生态影响，以养殖环境的可持续性为标准。

从养殖容量概念的发展可以看出，学者们所关心的主要是养殖生态系统的承载力，同时又追求最大的经济效益，即最大的养殖产量或放养密度。李德尚等（1994）对水库投饵网箱养鱼的负荷力研究（具体见下文表 3.2），方建光等对桑沟湾海带和栉孔扇贝养殖容量的研究（具体见下文表 3.2）都取得了突破性成果（方建光和王兴章，1996；方建光等，1996）；但这些研究中没有考虑生态系统的容量，只是以最大养殖量或养殖水质为研究对象，而缺乏养殖活动对整个生态系统影响的研究，存在一定的局限性。随着全球水产养殖业的发展，许多养殖海区已由自然生态系统转化为人工或半人工的生态系统，养殖产生的污染越来越严重，导致大部分本地野生水生生物基本消失。这些问题促使我们愈加关注养殖活动对生态系统的影响，有必要从生态保护角度重新定义养殖容量，使其更加符合可持续发展的理念和要求。

（二）养殖容量与环境容量

环境容量［《辞海》（第七版）］是“自然环境或环境要素对污染物的容许承受量或负荷量……由绝对容量和变动容量组成”。联合国海洋污染科学问题联合专家小组（GESAMP）在 1986 年对海洋环境容量的概念进行了正式定义：环境容量是环境的特性，在不造成环境不可承受的影响的前提下，环境所能容纳某物质的能力。这个概念包含了 3 层含义：

1）在海洋环境中存在的污染物只要不超过一定的限量就不会对海洋环境造成影响；

2）在不影响生态系统特定功能的前提下，任何环境对于污染物都有有限的容量；

3）环境容量可以定量化。

从这个角度分析，则环境容量与具体陆域或水域及污染物的种类相联系，如海洋环境容量，应该是指某一海区所能容纳污染物的最大负荷量（董双林等，1998）。根据上述定义，在贝类养殖容量的 4 个层级中，生态容量与环境容量的概念最为接近（Inglis et al.，2000）（表 3.1）。

如果将环境容量的概念应用在水产养殖中，那么它首先强调的应该是水产养殖的环境影响（aquaculture environmental impact），也就是指水产养殖活动产生的废水和固体颗粒物、药物和各种化学品残留，对周边环境的影响及其去除。从生态学角度理解，水产养殖（环境）容量不可能是常数，而是随着养殖技术、养殖品种和养殖方式及时间或自然条件等诸多因素不断变化的函数（邹仁林，1996）。因此，应该平衡海域的物理、化学、生物等生态环境的负载力，建立一种科学确定养殖环境容量的方法。要确定水产养殖环境容量，首先需要考虑海域环境及养殖生产本身的可持续性，根据特定水域的水动力条件，从生态保护的角度综合考虑该海域的物理、化学、生物特征要素，计算海域的可利用环境容量（蔡惠文等，2009）。

在市场经济条件下，养殖生产还需要考虑经济效益这一层面，同时还需考虑经济和环境协调发展等多方面的问题。为了综合分析养殖环境影响和经济效益，不仅要考虑养殖代谢废物对海洋生态系统的影响，也要考虑其对养殖业经济效益等其他社会因素的影响，如 Rabassó 和 Hernández（2015）建立了 Bioeconomic 模型等。

目前，我国海洋经济快速发展，各种海洋产业在沿海集聚（中国科学院，2014）。考虑到这一实际情况，某一海区的养殖环境容量并不是一个孤立的概念，而是与其他海洋产业（如港口航运、临海工业、海洋旅游业等）密切相关，存在着与使用同一片海域的产业之间的协调和优化问题。从这个层面上来讲，养殖环境容量的确定应该纳入海岸带综合管理，在海洋功能区划确定的养殖区内，依据海域的环境标准和养殖生物生态特征共同确定。

近二三十年来，养殖容量研究不断深化，养殖容量逐渐演化成一个包含了生态、资源、经济和社会等多种因素相互交叉的综合概念。目前对于养殖容量概念的讨论主要针对养殖模式、养殖条件和养殖品种等方面，内容不断得到充实和完善。不仅如此，环境容量、生态资源容量、养殖技术和经验、市场需求等几方面对养殖容量都有一定影响，并通过其各自的规范及标准对如何定义养殖容量提出了更加全面的要求（王振丽和单红云，2003）。

随着全球水产养殖业的发展，一些养殖海区已由自然生态系统转化为人工或半人工的生态系统，养殖区及其周边水质污染越来越严重，野生动植物的栖息地遭到破坏。如果能在生态系统服务功能与价值的背景下看待这些问题，或许会帮助我们全面认识水产养殖活动的成本与收益，并促使我们愈加关注养殖活动对生态系统的影响。这就需要我们从环境保护的角度重新认识养殖容量，使其愈加吻合可持续发展的理念和内在要求。

考虑到多方面的因素，理应将养殖环境容量概念整合进水产养殖容量，即理想的养殖容量定义应该是：在充分利用水域的供饵能力、自净能力，同时确保养殖产品符合食品安全标准的前提下，能维持水域生态系统相对稳定的最大养殖量。这个定义兼顾水产养殖的经济、社会和生态效益，强调了养殖活动的可持续发展和养殖产品质量安全。这个定义无疑给水产养殖业提出了新的、更高的要求，其相关的理论和技术还有待将来的深入研究。

二、水产养殖容量的估算

由于养殖水体的差异、养殖种类的不同，不同研究者所关注的养殖容量内涵不同、所要求的精度不同，其养殖容量的估算方式也存在一定的差异。董双林等（2017）将估算养殖容量的方法归纳为两类：一类是遵循“还原论思想”的方法，即依据饵料供应量和养殖生物能量或物质收支来估算养殖容量的方法；另一类是遵循“整体论思想”的方法，即依据历史经验数据、养殖生物的生长状况或环境因子与养殖容量的关系进行估算。以下先介绍养殖容量的估算方式，再对不同养殖品种、不同养殖水域和不同养殖方式的主要养殖容量估算方法进行比较，最后适当归纳总结。

（一）养殖容量的估算方法

1. 经验研究法

经验研究法一般依据历年的养殖面积、放养密度、产量和环境数据等推算出养殖容量。Verhagen（1986）通过对历年来河口同年龄组紫贻贝（*Mytilus edulis*）的产量统计，研究了该水域的贝类养殖容量。Grizzle 和 Lute（1989）以浮游生物水平分布和海区底部沉积物的特性，估算硬壳蛤（*Mercenaria mercenaria*）养殖容量。徐汉祥等（2005）根据对舟山海区 27 处深水网箱拟养区域的环境调查，估算了深水网箱的养殖容量。杜琦和张皓（2010）以底质硫化物为指标，同样用实地调查法，估算了福建宁德三都湾网箱鱼类养殖容量。不过，上述研究并没有考虑生物之间的相互影响，如滤食性贝类对水质的净化作用可能增加鱼类的养殖容量。

这种利用历年产量间的关系或环境条件对养殖容量进行估算的方法，得出的结果往往是一个经验值，而且水质、环境因子及可能的生物过程的计算欠缺，会导致养殖容量的计算结果存在很大偏差。

2. 瞬时增长率法

根据种群 Logistic 方程对种群增长与容量的关系进行估算。当瞬时增长率 r=0 时，种群达到最大可持续数量，即 N=K，达到环境容量。早在 1981 年，Hepher 和 Pruginin（1981）就采用此方法估算了养殖最大载鱼量。Officer 等（1982）建立了浮游植物在底栖贝类摄食压力下的瞬时生长模型，用于估算贝类的养殖容量。这种方法只考虑饵料供应对生物个体生长的影响，忽略了理化环境、生态条件等因素，估算的养殖容量不够准确，存在一定缺陷。

3. 能量收支法

动态能量收支（DEB）模型已广泛应用于双壳贝类的养殖容量估算中（Bourles et al.，2009）。它主要通过测定单个生物体在生长过程中所需能量，并在此基础上估算养殖区的初级生产力或供饵能力所能提供给养殖生物生长的总能量，建立某种养殖生物的养殖容量模型。Carver 和 Mallet（1990）在加拿大的怀特黑文港通过对颗粒有机物的能量收支研究求得贻贝的养殖容量；方建光和王兴章（1996）采用无机氮作为关键因子，通过无机氮的供需平衡估算桑沟湾海带的养殖容量；同年通过栉孔扇贝对有机碳的需求量估算桑沟湾的扇贝养殖容量（方建光等，1996），得出经验公式（表 3.2）。这种能量收支方法只考虑环境对养殖生物的影响，忽视了在养殖活动中养殖生物自身产生的污染对环境的影响（杨红生和张福绥，1999），以及养殖废物在养殖系统中的再循环，所估算的养殖容量仍不够准确。

表 3.2　养殖容量主要研究的种类及研究方法、公式

种类	养殖区	研究方法	公式	参考文献
栉孔扇贝	山东荣成桑沟湾	能量收支	$CC=\dfrac{P-k\times \text{Chla}\sum_{J}^{M}\left(FR_{Fj}\times B_j\right)}{k\times \text{Chla}\times FR_j}$	方建光等，1996
栉孔扇贝、长牡蛎	山东荣成桑沟湾	生态动力学方法	$\dfrac{\mathrm{d}B}{\mathrm{d}t}=B[p_{\max}f(I)f(N)-r_b-e_b-m_b-c_sS-c_oO]$	Nunes et al.，2003
牡蛎	福建厦门同安湾	化学需氧量（COD）收支平衡法	$P=B\times E^n$	詹力扬等，2003
文蛤	江苏启东吕四海区滩涂	模拟实验法	S^{2-}、COD、DO 几何均值污染指数比较 $M_i=\sqrt{(I_i)最大\cdot(I_i)平均}$， $I_i=\dfrac{C_i}{S_i}$	刘绿叶等，2007

续表

种类	养殖区	研究方法	公式	参考文献
海带	山东荣成桑沟湾	无机氮供需平衡法	$P_T=N_K/K_1$ 流速不同：$\Delta P=\frac{N_C}{k_2\times s}\times\frac{(v-\overline{v})}{\overline{v}}$	方建光和王兴章，1996
建鲤	山东东周水库	现场围隔实验法	$SI=(Y\text{n}\cdot\Delta W\cdot K)^{\frac{1}{3}}$	李德尚等，1994
滤食性贝类	综合全球21个海湾	生态系统方法	$B_{ff}=\frac{(\mu-m)}{Cl_{ff}}+\left(\frac{P_e-P}{P\times Cl_{ff}}\right)\times\frac{1}{RT}$	Dame and Prins，1997 Heip et al.，1995
海带	山东荣成桑沟湾	生态动力学模型	利用水动力POM模型和养殖生态模型耦合的桑沟湾多元养殖模型，通过改变模型中海带养殖密度参数获得养殖容量	史洁等，2010

4. 生态动力学方法

全球海洋生态系统动力学是海洋生态系统研究历史上的飞跃。作为研究食物网功能和结构的质量平衡模型，生态通道模型（ecopath model）通过构建食物网，可以在空间或时间尺度上描述水生系统的结构和能量流（Pauly et al.，2000）。在全球范围内，生态通道模型主要用于研究热带或温带地区的海洋生态系统（主要是大陆架），并逐渐应用于更广泛的生态系统，包括极地和陆地系统（Colléter et al.，2015）。生态通道Ⅱ模型以营养动力学为理论依据，从物质平衡角度估算不同营养层级的生物量，即从初级生产者逐次向顶级捕食者估算容量（唐启升，1996）。营养动态模型的原理是海洋生态系统的物质和能量通过食物链传递，按一定效率由低营养层级向高营养层级流动，营造各层级的生物，形成生态金字塔。以这种方法建立的养殖容量模型即营养动态模型。Parsons 等（1984）运用营养动态模型估算生态系统中不同营养层级的生物量，模型表达为：

$$P=BE^n$$

式中，P 为估算对象生物量；B 为浮游植物生产力；E 为生态效率；n 为估算对象的营养级。

生态动力学方法的一个特例是水产养殖系统生态通道模型（aquaculture ecopath model）。它可以以快照（snapshot）的方式反映某一特定养殖生态系统在某一时期的实时状态、特征及营养关系，以此为基础，假设要提高某一功能群（水产养殖种类）的生物量，就需要调整其他参数使系统重新平衡，在反复迭代运算的过程中来确定养殖种类的养殖容量（Byron et al.，2011a，2011b）。生态动力学模型立足于环境、生态的宏观角度，以维持生态环境平衡为前提，估算海区的某种养殖品种的养殖容量及该海区的总养殖容量，具有较高的可信度（贾后磊等，2002）。

5. 动态生态系统方法

Dame 和 Prins（1997）认为，决定贝类（养殖）生态容量的要素是代表海区生态特征的三个时间，即水团停留时间（水交换周期）、初级生产时间和贝类滤清时间。前两个时间越短，则贝类养殖容量越高。以这三个时间为重要变量的 Herman（1993）模型，通过模拟物理环境、生产者和消费者之间的关系，对以滤食性贝类为优势种的海区养殖容量进行估算，并且认为水交换是决定单位面积贝类产量的主要因素。Heip 等（1995）通过对个体、区域和生态系统水平的营养动力学研究发现，物理过程决定了区域或者养殖场（野生及养殖）贝类的养殖容量，而初级生产力则决定其生态系统水平的容量（表 3.2）。Ibarra 等（2014）综合贝类 DEB 模型、浮游生物生长模型和区域海洋模型系统（regional ocean modeling system，ROMS）建立了一个更为精细化的动态生态系统模型，可用于研究贝类养殖的环境影响及养殖容量。

国内外主要养殖品种的养殖容量估算方法及公式见表 3.2。

（二）不同养殖品种养殖容量的比较

不同养殖品种由于本身的营养摄入和能量代谢方式不同，其养殖容量的估算方法也有一定的区别。现有养殖容量估算方法主要是针对鱼类、虾蟹类、贝类、藻类等大宗养殖品种；这些养殖生物又可以分为投饵养殖品种（鱼虾）和不投饵养殖品种（贝藻）两类。近年来，国内外水产养殖模式逐步从单一品种的养殖发展到多营养层次综合水产养殖如贝藻、鱼贝藻等混养模式，一方面促进了生态系统的高效产出，另一方面则在保障生态系统健康和产业可持续发展方面发挥了积极作用。

1. 贝类养殖容量

滤食性双壳贝类因其养殖密度高和过滤能力强，在许多沿海生态系统中起着关键的作用（Nunes et al.，2003）。牡蛎、蛤类、扇贝及贻贝等滤食性贝类以浮游动植物、微生物或有机碎屑等天然饵料为食。滤食性贝类有很高的滤水率，养殖贝类的大量滤食可导致养殖区域悬浮颗粒物的大幅度衰减；当这些悬浮颗粒物供应不足时，就会限制贝类的生长（张继红等，2008）。方建光等（1996）通过计算单位面积初级生产的有机碳供应量与滤食性贝类有机碳的需求量，估算了在桑沟湾养殖的栉孔扇贝（*Chlamys farreri*）的养殖容量（表 3.2）：当扇贝壳高分别为 3 ～ 4cm、4 ～ 5cm、5 ～ 6cm 时，其养殖总容量分别约为 110 亿粒、75 亿粒、40 亿粒，单位面积养殖容量估算分别为 90 粒 /m^2、60 粒 /m^2、30 粒 /m^2。

随着养殖容量概念的发展和生态学数值模型的广泛应用，生态动力学模型在养殖容量估算中得到了发展和应用。通过耦合生源要素、浮游生物及养殖品种之间的物质转化过程，将生态模型用于养殖容量的估算，Nunes 等（2003）利用生态动力学数值模型对桑沟湾混养的栉孔扇贝、长牡蛎的生态容量进行了估算（表 3.2）。刘学海等（2015）基于生态动力学模型估算不同时间浮游植物浓度和初级生产力，根据不同条件下养殖贝类的滤食率，估算了胶州湾菲律宾蛤仔的养殖容量，认为目前湾内蛤仔的底播养殖密度已达到饱和。

2. 藻类养殖容量

近海藻类养殖是以太阳辐照的能量作为藻类生长的驱动力，利用水中的营养物供给获得生长的自养型养殖系统。我国藻类养殖品种主要包括海带、紫菜、江蓠等大型海藻。适度的藻类养殖在产生经济效益的同时，也可起到一定的生境修复作用。藻类生长的物质基础主要为养殖海区的营养盐供应量。随着藻类养殖密度的增大，养殖藻类会在一定时段内出现叶片边缘枯烂的现象，从而影响藻类的产量和质量，这主要是营养盐，尤其是无机氮供应不足引起的。方建光和王兴章（1996）通过无机氮的供需平衡估算了桑沟湾海带养殖容量（表 3.2）：由于流速大、水交换强，湾口海带养殖容量与实际养殖量较为接近，湾内海带的养殖量则超过了养殖容量，因而可能会发生营养盐供应不足的情况，海带的生长也会受到一定影响。利用类似的方法，卢振彬等（2007）利用水体中无机氮和无机磷输入与吸收的平衡原理，估算了海带和紫菜的养殖容量。

海水中除了浮游植物、底栖微藻外，光合细菌也吸收一定量的氮和磷，上述基于无机氮、无机磷供需平衡来估算养殖容量的方法，并未将这部分氮磷吸收量纳入模型计算，因而有可能导致估算的养殖容量偏高（卢振彬等，2007）。为了让模型估算结果更加客观，需要加入海区野生植物群落及光合细菌的吸收量。

此外，水动力是影响海区营养盐供应的重要因素。海带养殖设施对潮流的阻力等因素，也会通过影响水动力进而限制养殖区营养盐的补充。因此，计算海带养殖容量，就需要模拟不同养殖密度条件下养殖区水动力情况。史洁等（2010）构建了桑沟湾的水动力 POM 模型，并在此基础上考虑水动力对养殖生产活动的影响，通过调节模型参数中的养殖密度，模拟出养殖水域的相对真实流场，计算得到最佳养殖密度为目前养殖密度的 0.9 倍（表 3.2）。增加水动力因素的养殖容量估算结果，对于海区养殖管理有着更为实际的参考意义。

3. 鱼类养殖容量

随着经济发展和人类生活水平的提高，对于动物蛋白的需求也不断提高，而鱼类等高品质水产品的养殖在为人类提供优质蛋白和营养等方面发挥着重要作用。目前饲养食用鱼的方式主要有池塘养鱼、网箱养鱼、工厂化养鱼、天然水域

（湖泊、水库、海湾等）鱼类增殖和养殖等。而根据鱼类是否投饵，又可分为投饵养殖和非投饵养殖。淡水鱼类中不投饵养殖品种较多，包括滤食性鱼类如鲢、鳙等，草食性鱼类如草鱼、团头鲂等；投饵养殖鱼类包括杂食性鱼类如鲤鱼、鲫鱼等，肉食性鱼类如青鱼、鳜鱼等。海水鱼类则以投饵养殖鱼类为主，包括大黄鱼、鲈鱼、石斑鱼和鲆鲽类等主养品种。

（1）不投饵型鱼类的养殖容量

不投饵养殖有着生产成本低、投入少的优点。同时，由于养殖生物处于较低营养层次，具有食物转换效率高和产出量大的特征（唐启升和刘慧，2016）。如果能增加不投饵鱼类的养殖，则生产中就可以减少鱼粉的使用量，从而在一定程度上减轻对野生渔业资源的压力。对于不投饵、不施肥的粗放型养殖，水体的养殖容量主要取决于养殖种类的生物学特性和天然饵料的丰度（董双林等，2017）。在陕西安康瀛湖库区进行不投饵网箱养殖匙吻鲟，鱼苗表现出很好的生长速率，说明这个水域的天然饵料丰富，养殖容量较高（吉红等，2010）。

不投饵养殖的生态学意义还体现在净化水环境等方面。张宗慧等（2007）研究万峰湖不投饵式网箱养殖鲢鳙技术，不仅经济效果显著，并且不投饵鲢鳙养殖能够净化湖区水质，一定程度上抑制了水华的暴发。在多品种综合养殖方面，陈朋（2009）不投饵网箱匙吻鲟、鲢、鳙三种鱼混养试验表明，其载鱼量较匙吻鲟单养高，一定程度上提高了水库渔业资源的利用效率，也提高了经济和生态效益。

不投饵养殖模式符合绿色、可持续和环境友好的发展理念，对于建设环境友好型的水产养殖业、促进生态文明建设有显著的贡献。由于不投饵养殖较为依赖自然生产力和外部环境条件，并且对饵料生物也有显著的抑制作用，其养殖容量的估算应更加侧重于水产养殖与环境的交互作用（aquaculture environmental interaction）。

（2）投饵型鱼类的养殖容量

在精养水体中，饵料的量和质都能得到充分满足，不会成为鱼类生长的限制因素。而水质状况，包括溶解氧和动物自身代谢产物的快速去除等，就成为提高养殖容量的重要手段或影响因素，此时往往需要人工增氧或启用水质调控措施。固体颗粒物是养殖废物中较难去除的要素。残饵很容易腐败并对养殖水体和周围环境造成污染。因此，针对不同养殖品种和养殖模式，研究养殖活动的环境影响或周边环境对某种养殖业的负荷力（环境容量），制定指导性标准，是长期困扰水产养殖科研人员和管理部门的一个难题（李德尚等，1989）。现将不同养殖水域环境中，投饵型鱼类的养殖容量估算方法做简要介绍。

1）池塘养鱼：池塘养鱼是我国饲养食用鱼的主要形式，我国池塘养殖产量占淡水养殖的70.3%，面积占淡水养殖的42.9%（农业部渔业局养殖课题组，2006）。王武（2000）提出，限制放养密度无限提高的因素是水质，正因为有了水质限制，池塘养鱼就要确定合理的养殖容量。综合看来，影响池塘养鱼容量的因素包括 5 个方面：①池塘条件；②鱼的种类和规格；③饵料和肥料供应量（杨红生等，2000）；④饲养管理措施及饲养设备（姚宏禄，1993）；⑤历年放养模式在该池的实践结果（经验值）（王武，2000）。

2）网箱养鱼：网箱养殖区的主要污染源包括残饵、粪便等沉降颗粒物，它们成为养殖容量的限制因子，也是 N、P 的内污染源（葛长字和方建光，2006）。一旦残饵、粪便不断积聚，其对水体的污染超过水体自净能力时，水质和底质就会恶化，并且随着养殖时间延长而愈加严重。目前，对于网箱养殖容量的测定有 3 种主要方法：

• 根据养殖水体最高允许磷负载和单位鱼产量造成的磷负荷标准估算。张皓（2008）以底质的硫化物作为评价网箱养殖区污染现状的限制因子，估算了三都湾海水鱼类网箱养殖承载力，为 1.44 万吨。

• 将网箱养殖有机质污染水体水质与我国《渔业水质标准》（GB 11607—1989）相比较。李德尚等（1989）指出，水体负荷力的大小实质上就是自净能力的大小。

• 李德尚等（1994）根据我国渔业水质标准中水温、透明度、pH、DO、COD 与非离子氨等环境因子的要求，计算出山东省 19 座水库投饵网箱养殖鲤的最大负载量为 3000kg/hm^2，换算为养鱼网箱总面积约占水库总面积的 0.4%。

此外，还有利用模型来估算网箱养殖容量的方法。Dillon-Rigler（1974）模型是关于淡水生态系统对磷增加的反应的预测模型：一个水体中总磷的浓度由磷的负载、水体的形态特征（面积、平均深度）、换水率及磷的长期沉积率决定。该模型已经在温带和热带地区许多湖泊和水库中验证。陈义煊等（1994）利用 Dillon-Rigler 模型计算出四川省 9 座水库网箱养殖鲤的最大养殖量为 2500 ～ 8100kg/hm^2，换算为养鱼网箱总面积占养殖水面的 0.16% ～ 0.50%。挪威政府水产养殖管理中运用的 MOM-B 模型（Stigebrandt et al.，2004；Ervik et al. 1997）是一种鱼类养殖环境监测系统模型，通过对网箱周围的沉积环境状态进行监测和评价，对不同品种和模式的养殖容量进行估算。

3）湖泊、水库养鱼：农业部渔业局养殖课题组（2006）将淡水大水面养殖方式分为湖泊养殖和水库养殖，总产量 397 万吨，占我国淡水养殖的 21%，是传统淡水养殖主要方式之一。王武（2000）指出，对于大水面养殖来说，确定合理的放养密度，首要考虑的因子就是水体供饵能力的大小。合理的密度应该是所放养的鱼类种群数量、对天然饵料的利用程度都尽量与水体所能提供的供饵量相适应；应使放养鱼群最大限度地利用饵料资源，而不损害水域中天然饵料生物的繁殖，从而获得最高的鱼产量。

投饵养鱼模式是引起湖泊、水库养殖水体水质恶化，水体富营养化程度加强的主要原因（苗卫卫和江敏，2007）。无论是哪一种利用天然水体的养殖方式，如果能同时配养滤食性鱼类，均可获得更高的鱼产量。为减少养殖活动污染，在水库进行投饵网箱养鲤时，如果在网箱外配养滤食性鱼类（如鲢），不仅能够明显改善水质，而且还能降低浮游动、植物数量，从而提高投饵网箱养殖鲤的产量和生长率，也一定程度上提高了总的鱼类养殖容量（熊邦喜等，1993；周立红等，2007）。

4. 虾蟹类养殖容量

一般情况下，虾类养殖都需要投喂饲料。因此，制约虾类养殖容量的主要因素不是天然饵料的供给问题，而是水质和环境因子对虾类的生长及生理生化指标的影响。谢剑等（2010）通过对池塘水环境因子、养殖凡纳滨对虾生长状况与消化酶活性的综合分析，得出最佳养殖容量为 46.0g/m^3 或 32.2g/m^2。

河蟹是一种杂食性增殖型经济品种。根据金刚等（2003）、罗国芝和陆雍森（2007）的研究，计算蟹类的养殖容量主要考虑作为天然饵料的沉水植物（水草等）生长不受影响的蟹类最大容许放养量。

在虾蟹类养殖中，疾病的暴发与防控是影响养殖成败的关键问题。为促进虾蟹类增养殖的持续健康发展，需要从养殖环境生态学的角度，根据不同海区的环境容量研究虾蟹类与环境之间的相互影响，从而在一定程度上减少病害发生及其传播，进而确定科学的养殖容量。近年来，虾蟹类养殖中普遍开展多品种综合养殖，如搭配肉食性鱼类和滤食性贝类等，利用生物防疫机制来维护生态平衡，促进虾蟹类养殖的稳产和高产。

5. 多营养层次综合水产养殖（IMTA）容量

唐启升等（2013）研究表明，在多重压力胁迫的背景下，生态系统的变化受多种因素控制。针对生态系统变化的复杂性和不确定性，多营养层次综合水产养殖（integrated multi-trophic aquaculture，IMTA）是应对多重压力胁迫下近海生态系统巨大改变的一条高效途径。IMTA 是目前我国广泛开展的一种主要养殖方式，其原理是将同一养殖系统中一种养殖生物排出的废物变成另一种养殖生物的营养物质来源，这在一定程度上提高了营养物质的利用率。这种养殖方式不仅可以减少养殖自身的污染，同时也可有效提高养殖水体的单位面积产量和经济效益，从而使养殖系统具有较高的容量和更加可持续的食物产出。目前国内外流行的许多 IMTA 养殖模式，都是依据这一原理进行品种搭配，如桑沟湾的贝藻综合养殖，使海区养殖容量得到显著提升。

国内针对多品种混养的容量问题已经开展过一些研究。杨红生等（1998）依据氮磷利用率研究了红罗非鱼与菲律宾蛤仔施肥混养的效果，结果表明混养总生产力和总负荷力都明显高于单养罗非鱼。张涛等（2001）在烟台四十里湾海域利用模拟养殖方式，对栉孔扇贝（*Chlamys farreri*）、海带和仿刺参（*Apostichopus japonicus*）负荷力的研究显示，混养系统的负荷力明显高于单养系统。

考虑到IMTA系统的复杂性，利用数值模型来计算IMTA系统的养殖容量不失为一个合理的选择。朱明远等（2002）建立了一个桑沟湾栉孔扇贝、长牡蛎和海带混养生态系统的模型，在考虑各种环境要素和养殖生物DEB模型的基础上，进一步模拟出种群生长的变化，结合不同混养、收获方式下的产量来估算养殖容量。Ren等（2012）通过量化养殖系统内各因子的相互作用及对C、N、P的需求量，基于DEB理论和区域划分的概念，构建了生态系统水平的IMTA系统数值模型（图3.1）。通过模拟，获得网箱养殖鱼类、大型藻类、仿刺参（均为干重）的合理配比为1∶1.02∶0.17。

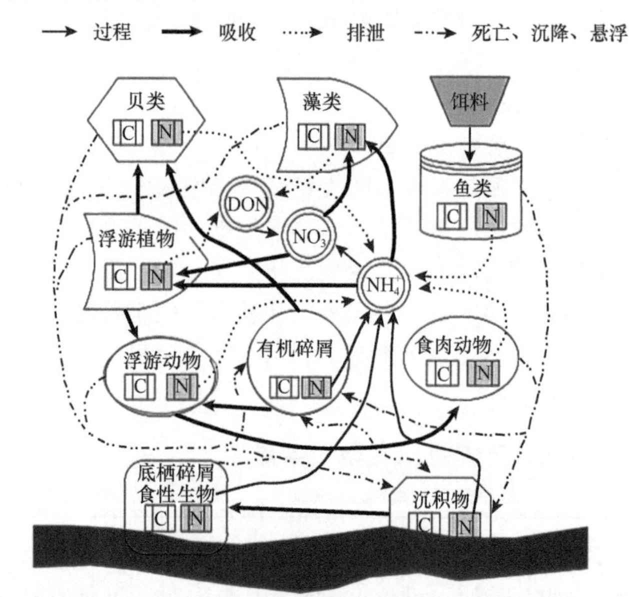

图3.1　多营养层次综合水产养殖系统数值模拟模型架构图（参照Ren et al.，2012）

DON为溶解有机氮

IMTA的养殖容量估算，需要综合考虑混养在同一水体中的各品种的物质与能量交流，并且根据水体的初级生产力、氮磷供应量与利用率及养殖品种的生长情况来计算。由于系统内部的理化生地要素增加，模型参数和计算单元都显著增加，并且不同要素之间又存在着动态的交互影响，因此IMTA系统的容量估算颇具挑战性。下文将以桑沟湾养殖区为例，介绍以水动力模型和养殖生物的动态能量收支为基础，估算IMTA系统养殖容量的方法。

（三）不同水域和不同模式的养殖容量比较

1. 不同水域养殖容量比较

我国常见的养殖水体包括池塘、湖泊、水库、滩涂浅海、近海乃至深远海，类型多种多样。水域生态系统不仅包含一般生态系统所具有的生产者、消费者、分解者，并且它们生活在流动性和连通性很强的动态水环境中，水体的物化环境随时都在发生着变化（董双林，2016）。只有充分认识各种养殖水域的生态环境要素的变化规律及彼此之间的关系，了解养殖生物对水环境的生态要求，才能有效地调节和控制养殖水环境，使之符合养殖生物生长的要求，从而创造健康可持续的养殖方式。

水产养殖池塘是人工控制的小型生态系统，系统的特点是具有较高的群落生物量和较大的有机负荷量。这也决定了池塘养殖水体内存在着各种繁杂的理化和生物学关系。根据池塘的养殖方式采取因地制宜的策略进行合理密度的混养，可在一定程度上发挥饵料、水体的生产潜力，从而提高资源利用效率。

湖泊和水库的流动性取决于湖泊与外界的水交换，如果水体常年处于频繁交换状态，营养物质的输入及循环较快，同时湖泊和水库的水温、溶解气体分布也较为均匀，有助于养殖生物及浮游生物的生长和繁殖。

海洋生态系统的动态特征更胜于湖泊和水库。海水中富含各种营养盐、溶解气体及大量不同粒径的有机、无机悬浮物质。开放海域的水动力循环好，加之水体积庞大，局部水域水质变化在一定程度上不会对生态环境产生较大影响。但封闭或半封闭型海湾，由于水交换略差，动力条件弱于开放环境，加之水产养殖设施往往大量布设在这些水域，因而更容易导致污染物积累或者营养物质供应不足，从而影响水产养殖的效果。综合已有的对上述不同水域养殖容量的研究，可以发现几个影响养殖容量的关键因素。

第一，水交换对养殖容量有重要影响。不同养殖方式中水交换的程度各不相同，池塘中不断地注排水加快了水交换，池塘因水交换时间短，可养殖的密度较大。然而，池塘养殖所产生残饵、粪便及大量养殖产生的废水未经处理加以排放对池塘水体及池塘四周水域、土地产生的影响也不容忽视（周劲风等，2004）。湖泊、水库的水交换较池塘慢，养殖活动清滤、排出代谢废物虽然也会影响水质和底质，但作用结果显现的时间更长。浅海水域海水交换快，养殖对水质的影响可能并不显著，养殖容量主要受海区的生产力控制。

第二，营养物质来源及其供应量也对养殖容量有重要影响。在不同养殖模式下，系统内部的生物多样性、营养物质供给情况也不尽相同。例如，一个池塘就是一个独立的生态系统，养殖生物的饵料来源可能以浮游植物为主；而内陆水域又分为“草型湖泊”“藻型湖泊”等，含有丰富的浮游生物、底栖动物和微生物（可以作为某些鱼类饵料），但由于湖泊、水库的水交换较为缓慢，污染物一旦进入很容易发生量的积累和质的变化，出现水质恶化的现象，从而影响饵料生物的补充和供应；海洋生态系统的初级生产力主要依靠微微型到微型浮游植物的光合作用，以及微型到小型的浮游动物将能量逐步向上传递给庞大而复杂的海洋食物网（刘慧和苏纪兰，2014）。因而，针对不同水域养殖容量的估算需要体现其生态环境特点，不能一概而论。

2. 不同模式养殖容量比较

不同养殖模式在本质上决定了养殖系统物质和能量输运途径的不同，因而其容量也有所不同。从另外一个角度来看，养殖容量其实是由水域（水体）自然属性决定的，是一种客观规律性的存在；养殖水域本身的性质，包括水交换情况、营养盐多寡、初级生产力大小等因素，也通过养殖容量的内在驱动力决定了我们应该采用哪种养殖模式，以便更好地发挥水域的养殖潜力。

针对不同的养殖水域，研究和认识养殖容量的客观限制和要求，对于选择适宜的养殖品种和方式有着重要的参考意义。我们以海水滤食性贝类的筏式养殖和滩涂底播养殖这两种不同养殖方式为例进行说明。

（1）浅海筏式贝类养殖容量

筏式养殖是海水贝类常见的养殖方式。利用浮球和绳索组成的浮筏，采用缆绳将其固定于海底，将养殖贝类，如贻贝、牡蛎等的幼苗按一定的密度布放在吊笼中，悬挂于浮筏上进行养殖。贝类筏式养殖在国内外都有较悠久的历史，也是在所有海水养殖品种和养殖模式中较早开展容量估算的类型。20 世纪 80 年代以后，国外学者主要从营养动力学和水动力学的角度建立了大量的数值模型，根据养殖水体的能量收支和个体营养需求等，估算了牡蛎（Grant et al.，2007；Guyondet et al.，2010）、贻贝（Grenz et al.，1991；Carver and Mallet，1990；Grant and Maller，1988）等贝类的养殖容量（Nunes et al.，2003；Grant et al.，1993）。

方建光等（1996）在国内最早地系统探讨了桑沟湾栉孔扇贝的养殖容量，并提出了栉孔扇贝养殖的一系列优化举措。国内相关研究一直延续至今，在方法上和内容上不断创新，并已在多个海湾和养殖区开展了实验研究。Lin 等（2020）在桑沟湾采用生态系统模型方法估算了贝藻综合养殖的容量，该方法以箱式模型为基本计算单元，在模型中集成了营养盐、浮游植物、浮游动物、碎屑、贝类等模块，并离线耦合水动力模型，是一种基于生态系统动力学模型的养殖容量动态估算方法。

（2）底播贝类养殖容量

滩涂和浅海底播养殖在我国一些沿海地区已形成规模，海参、鲍及多种滤食性贝类皆可采用此方法进行养殖。滩涂作为海洋与陆地交汇的生态系统，同样可以开展底播养殖，目前养殖较多的有菲律宾蛤仔、缢蛏等贝类。

由于不了解养殖容量，盲目增加投苗密度，一些规模较大的养殖区也发生了病害和大规模死亡等问题，给养殖业带来重创。科学估算养殖容量，并以此为指导解决养殖密度过大的问题，是贝类底播和筏式养殖中共同面临的问题（尹晖等，2007）。不过，底播与筏式养殖的环境有比较大的差异，这决定了其养殖容量估算方法有所不同。最根本的区别是底播养殖区的水交换方式不同，埋栖生活使养殖生物产生的生物沉积增加，导致代谢废物及其他污染物容易在局部积累，因而对养殖生物的影响更为显著。这些因素都会影响底播贝类的养殖容量。

张继红等（2008）在大连獐子岛采用 Dame 和 Prins（1997）提出的食物限制性指标方法对底播虾夷扇贝的养殖容量进行估算，结果表明养殖量可提高为目前的 20 倍，年产量将达到 256 亿粒。不过，近年来獐子岛虾夷扇贝的大规模死亡事件表明，这个研究结果在估算底播养殖生物的饵料可获得性方面可能不够准确，而且仅仅依靠食物限制性指标来估算底播养殖容量可能失之偏颇。

尹晖等（2007）在山东乳山湾利用浮游生物和底栖微藻对有机碳的供需平衡，对不同规格的菲律宾蛤仔的养殖容量进行了估算，发现壳高在 1.5 ～ 2.5cm 范围内的蛤仔未达到最大养殖容量；壳高在 2.5 ～ 3.5cm 的蛤仔接近养殖容量，其实际养殖密度为 1157ind./m^2；而壳高大于 3.5cm 的蛤仔养殖密度过大。Inglis 和 Gust（2003）也提出，底播贝类与筏式养殖贝类所处的生境不同，其饵料来源也不同，尤其需要重视底栖微藻对底播贝类养殖容量的影响。因此，根据底播贝类的生存环境，同时结合当地的底播养殖生态环境包括温度、水交换、底质化学环境等，系统地进行底播贝类养殖容量研究就显得极其重要。

中国贝类养殖随着养殖强度和规模的不断扩大，相应的生态问题也逐渐成为人们关注的焦点。滤食性贝类通过摄食天然饵料，将水体中的悬浮营养物质以粪便和假粪的形式沉积到海底。养殖区水动力条件作为一个关键因素影响着贝类生物性沉积物沉降的数量和范围，以及贝类可养殖的规模。例如，在水交换较弱的区域，贝类的排泄作用能够加快有机物的沉积，而在一些水交换较强的区域，有机物沉积速率不会发生明显的变化。筏式养殖方式中养殖筏架会降低养殖区流速，从而进一步增大养殖区的沉积速率；同时其在一定程度上可以降低水体中的营养物质浓度，可减少海域的营养负荷。底播养殖对底质生态环境影响非常大，如果在养殖容量上不加以控制，贝类养殖密度过大，微生物降解生物沉积物的作用不足，就会造成底质的厌氧环境，对底栖生物产生危害。

三、养殖容量在水产养殖规划中的应用

（一）养殖容量模型的发展

准确估算海区的养殖容量，对于指导水产养殖生产，保证最大养殖产出和养殖业的可持续发展有着非常重要的意义。通过数值模型这一研究手段对海区养殖容量进行估算，可以将复杂的生态系统中的各个变量及过程联系起来，从而在养殖规划及管理过程中发挥重要作用。

在养殖容量模型研究的初期，大多数模型都是依据单个养殖物种的个体生长情况，考虑物质和能量收支平衡而建立的。在中国，方建光和王兴章（1996）在桑沟湾首次采用了无机氮的供需平衡对海带养殖容量进行了调查研究，其概念图见图 3.2。后期，卢振彬等（2007）又采用无机磷供需平衡法估算海带养殖容量。滤食性贝类养殖容量通常也采用能量收支方法估算。因贝类摄食生长主要靠天然饵料，滤食性贝类养殖容量与初级生产力及有机悬浮颗粒物的浓度密切相关（Bacher et al.，2003，1997；Carver and Mallet，1990）。筏式养殖的贝类从养殖水体中摄取颗粒物作为食物，但也受水体中颗粒食物浓度的制约，因此，颗粒食物的消耗与再生的平衡就是悬浮式贝类养殖容量模型建立的基础（Wildish and Kristmanson，1997；Grant，1996）。底播养殖与筏式养殖的根本区别是水交换方式不同，前者使养殖生物产生的代谢废物等一些污染物对贝类产生的影响更为显著，进一步影响底播的养殖容量。例如，Dame 和 Prins（1997）利用食物限制性指标对开放水域底播贝类的养殖容量进行的估算。

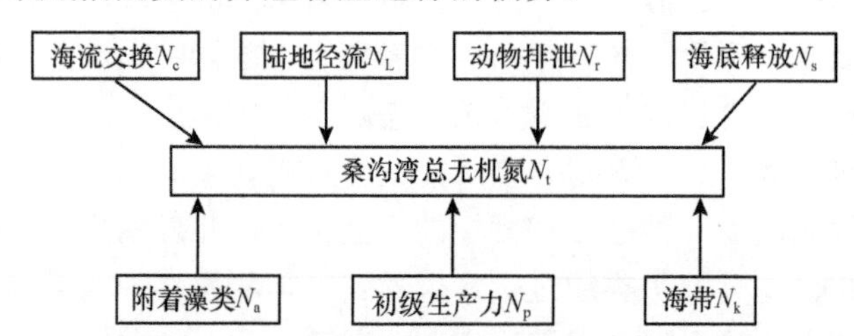

图 3.2　桑沟湾海带养殖容量的概念模型（方建光和王兴章，1996）

随着数值模型的发展，容量估算模型加入了物理和生物子模块。其中，物理模块用来计算颗粒物和溶解态营养盐的输运，生物模块用来模拟贝类的摄食和生长。不同模型虽然采用的变量不同，算法上也有差异，但基本上是利用箱式模型，把整个生态系统看作是垂直方向上均匀分布，研究区域划分成若干个箱，计算相邻箱子之间颗粒物和溶解态物质的输运（史洁，2009；Ferreira and Ramos，1989）。Raillard 和 Ménesguen（1994）采用箱式模型估算了长牡蛎（*Crassostrea gigas*）获得最大产出时的播苗密度，强调了物理过程作为一个关键要素影响养殖容量。

随着研究的不断深入，对养殖生态系统环境要素的了解也逐步加深，养殖容量在算法上逐渐将养殖物种和养殖区的物理、生物和化学环境耦合起来，不仅加入养殖生物受到的物理环境影响，而且愈加重视养殖生物的反馈机制及不同养殖生物之间的关系，以此估算多元养殖和多营养层次综合水产养殖的容量。例如，Nunes 等（2003）建立的零维贝藻混养生态系统模型，结合了海湾生态模型与扇贝和牡蛎个体生长模型，同时这一模型综合了贝类个体和种群生长特征，通过模拟不同播苗密度下相应的贝类产量，以及不同混养方式对海区生态系统的影响来确定养殖容量。此外，Duarte 等（2003）为估算桑沟湾多元养殖的养殖容量，建立了二维物理-生物化学耦合模型。

水动力是影响海区营养盐供应的重要因素，养殖设施阻力等因素也会通过影响水动力进而限制养殖区营养盐的补充。史洁等（2010）在建立桑沟湾水动力 POM 模型的基础上，加入了养殖活动的影响，将海表养殖设施及水体中海带的阻力分别进行参数化，模拟不同养殖密度条件下养殖区水动力情况，通过改变三维模型中的密度参数，确定了最高的养殖容量，对于海区养殖布局和规划有着实际的参考意义。

水产养殖环境容量或生态容量是从环境承载力角度来估算养殖容量。经过长时间的养殖生产活动后，养殖生物产生的生物性沉积物会聚积在海底，在一定程度上对底质环境及底栖生物产生负面影响（张继红等，2011）。Ervik 等（1997）为监测养鱼网箱周围的沉积环境状况提出的 MOM 模型和 Henderson 等（2001）建立的 DEPOMOD 模型均属于底质污染评估类模型。

MOM 模型（图 3.3）是一个监测鱼类养殖环境影响，以确保养殖废物排放不超出环境容量的管理系统。它集成了环境质量标准、环境影响评价与监测等功能，可基于网箱养鱼的环境影响对本地的环境容量做出判断。作为一个应用型的模型工具，它被挪威政府管理部门用于评价三文鱼养殖场环境状况和养殖风险评估。MOM 模型包括 5 个子模型：①鱼类子模型；②水质子模型；③污染物扩散子模型；④底栖生物子模型；⑤沉积物子模型。MOM 模型可根据环境影响程度的不同制定相应类别的监测计划，包括在监测强度、内容、空间范围都不同的 A、B、C 三个监测计划。其中，MOM-B 主要针对鱼类养殖网箱周围的沉积环境进行监测和评价，所有的监测结果可从现场调查中直接获得，不需要实验室分析样品，具有直接、快速、简便的特点，因而也是最为常用的监测方案（张继红等，2011）。MOM-B 的监测指标由生物、化学和感官指标组成。

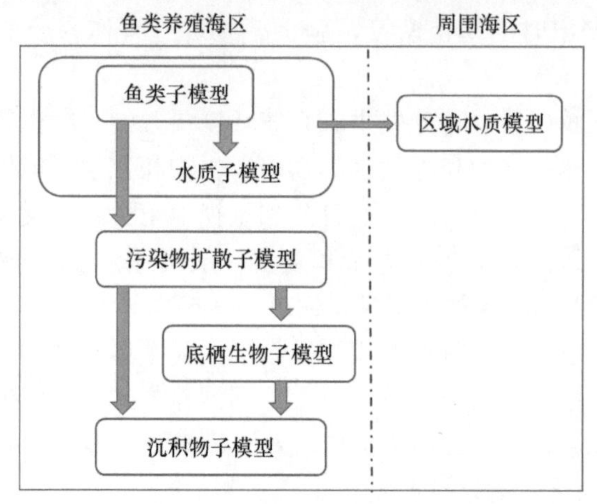

图 3.3　MOM 模型示意图

DEPOMOD 模型（图 3.4）根据颗粒物沉降轨迹依赖水动力学的特性，模拟网箱养殖区有机物沉降过程，定量描述沉降通量与底栖群落的反馈关系，预测不同密度养殖鱼类对底栖生物群落结构的影响，能够在一定程度上对养殖容量进行

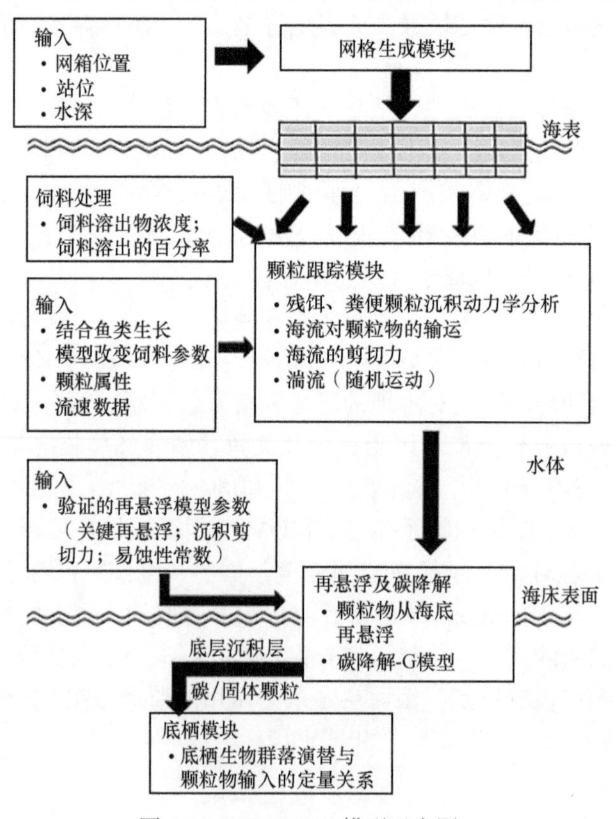

图 3.4　DEPOMOD 模型示意图

定量化描述。DEPOMOD 模型适用于贝类的筏式养殖系统，但是不适用于底播养殖贝类的养殖容量估算（Henderson et al.，2001）。

目前，国际上的发展趋势是应用水产养殖容量估算技术解决水产养殖管理问题，即将水产养殖容量模型与地理信息系统相结合，对水产养殖区的适宜性或者对现有养殖布局的合理性进行评价，并以此作为发展水产养殖业和颁发养殖证的依据。一些国家已经建立了一些基于单机版或者网络的养殖规划软件和养殖容量估算软件，包括挪威的 AkvaVis（Ervik et al.，2008）、德国的 CBA 工作平台（Gimpel et al.，2015），以及我国学者于 2019 年构建完成的水产养殖空间规划决策支持系统（aquaculture planning decision support system，APDSS）。这些软件工具既考虑到养殖场的养殖容量、养殖活动对环境的压力，又考虑到各种水域使用冲突情况，可以辅助养殖场选址和优化布局，已经在养殖容量估算中得到初步应用。

FARM 模型（Ferreira et al.，2008）是养殖容量估算工具中开发较早的一个（图 3.5），已成功应用于水产养殖资源管理和多种不同类型的养殖场的评估（Cubillo et al.，2016；Ferreira et al.，2007），具有操作简单、所需数据易获取的优点。FARM 模型不仅可以利用简单的参数如水流速度、悬浮颗粒、营养盐和溶解氧等，对养殖规模、养殖密度及养殖品种选择等方面提供建议，而且可以通过模型估算出养殖产量和经济效益，从而指导养殖生产和规划，为养殖业者和政府部门管理水产养殖生产提供有效手段。

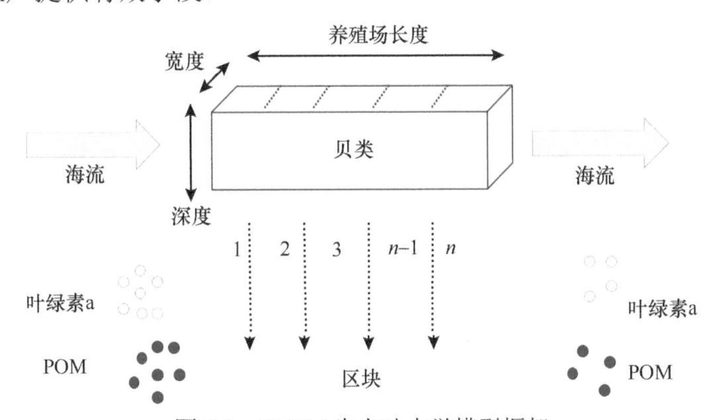

图 3.5　FARM 生态动力学模型框架

（二）养殖容量在水产养殖规划中的应用前景

一般而言，养殖区规划需要综合考虑水域面积、地形、水深、水质、底质及潮流、波浪等水文环境，同时还应考虑养殖管理的便利性、对海区生态环境的影响、生态红线及与其他用海项目的利益关系等多方面因素（桂福坤等，2011）。应基于上述要素的综合评判，结合海区功能、养殖规模等要求，全面考虑生态因素和社会经济因素的影响，综合规划养殖设施的布局与规模。在建立大规模养殖场之前，必须对水域承载力进行评估，才能保证养殖生物获得适宜的生长条件、食物供应，且减少或避免生态影响。对于贝类这种滤食性生物来说，系统尺度上决定其可持续承载力的主要因素是初级生产力、碎屑颗粒物输入量及与邻近生态系统的交换情况，而在局地尺度上主要取决于物理条件，如底质、遮蔽物、潮流输送的食物及密度依赖性的食物消耗（Ferreira et al.，2008）。

养殖容量估算是水产养殖空间规划的核心。国内外专家对于养殖容量的估算主要根据养殖区环境特征、养殖品种和养殖方式等几方面进行研究，已经建立多种生态模型并在养殖海区规划中得到应用。生态模型的构建有助于阐明养殖生态系统动态变化的过程和机理，对于科学合理地确定合适的苗种投放种类、投放时间、投放密度、营养物质的利用效率等具有重要的指导意义，最终为适应性管理决策提供科学基础（Ren et al.，2012）。依据养殖容量来指导养殖生产和规划工作，将为我国水产养殖区科学规划提供一种新的思路。

如上文所述，养殖海区规划需要综合考虑多方面因素，包括海区功能规划、设施结构规划、养殖对象与养殖模式的选取等，同时，每个方面采用的技术手段均有不同（桂福坤等，2011）。在估算养殖容量的过程中，应全面考虑海区的初级生产力、水动力特征、营养盐的供应、现有水层和底栖生物类群等一系列生态条件，使养殖容量估算结果更加趋于合理；以海区可承载的最大养殖容量为基础，对海区进行水产养殖规划，方能减少养殖活动对生态系统的影响。

目前，养殖规划技术的发展趋势是，以地理信息系统（GIS）为平台，将养殖容量和养殖生态学模型与养殖生物生长模型相结合，对养殖容量进行估算与测评，并将测评结果通过 GIS 展示出来，从而为养殖规划管理提供决策参考。

（三）展望

养殖容量概念发展的趋势是从单一追求“最大效益”发展到兼顾经济效益和生态效益的养殖容量，以及以实现养殖产业可持续发展为目的的养殖容量。这一趋势体现出水产养殖生态学所关注的内容在逐步扩展，从养殖品种本身到水环境、经济和社会效益乃至整个生态系统。为此，作者将养殖容量定义为：在充分利用水域的供饵能力、自净能力，同时确保养殖产品符合食品安全标准的前提下，能维持水域生态系统相对稳定的最大养殖量。将经济效益、社会效益和生态效益综合考虑，全面系统地估算养殖容量，这是未来养殖容量研究的总体趋势。

在过去二三十年间，养殖容量的估算方法随着研究内容的充实和数值模型的广泛应用得到不断的改进和提升。随着养殖技术的成熟、多营养层次综合水产养殖的蓬勃发展，估算方法已经从经验法、瞬时增长率法、能量收支法、生态动力学方法、生态系统方法，发展到一维、二维的数值模型，进而到引入水动力计算的动态平衡模型，从单一品种的养殖模型逐步发展为多营养层次综合水产养殖模型。模型参数逐渐增加，对理化生地要素的考量趋于全面。随着对养殖生物生理生态学认知的逐步深入，未来的养殖容量估算方法将更加细化，不仅将融入更多的微观生态要素，而且将更好地量化养殖系统中物质和能量的流转。

养殖容量估算是指导养殖环境管理和养殖生产规划，进行养殖布局优化和结构调整，提高水产养殖综合效益的基本依据。由于养殖产量与水域生态环境变化之间存在相互制约的关系，合理的养殖区规划是关系到水产养殖业能否健康持续发展的战略问题。同时，依据养殖容量科学调整养殖布局，合理利用水域自然生产力，也有助于实现水产养殖结构调整和减量增收的目标。因此，深入开展养殖生态学和养殖容量研究，在我国现阶段具有相当的紧迫性和重要意义。

第二节　实例：利用生态系统模型估算桑沟湾养殖容量[①]

随着养殖生物生理生态学研究的发展，观测技术及设备的更新和高性能计算机应用的普及，水产养殖生态系统模型现在已经成为进行水产养殖容量研究的一种有效工具。Grant 等（2007）在加拿大魁北克省采用基于箱式计算的生态系统模型，研究了牡蛎筏式养殖的容量问题。该模型应用流体动力学模型结果来计算每个箱边界处的水交换，从而代表外部环境的变化情况和对每个箱内的影响情况，并通过集成牡蛎的个体生长模型，模拟了不同牡蛎养殖情况对本地环境的影响和生产情况。Guyondet 等（2010）在加拿大圣劳伦斯湾内，将养殖牡蛎的动态能量收支（DEB）模型与高分辨率物理-生物地球化学模型进行了耦合，研究了牡蛎养殖场与养殖活动所属海域生态系统的相互作用，主要以颗粒物的衰减系数为对象描述了养殖活动对该海湾的生态系统及养殖容量的可能影响。Ren 等（2012）针对新西兰怀希瑙湾及罗盘湾的养殖海域开发了 IMTA 的生态系统模型，该模型具有多种生物模块，包括鱼类、藻类、贝类、浮游植物、浮游动物、腐食性生物和底栖生物等。与 Grant 等（2007）的模型相似，Ren 等（2012）的模型是由水动力计算的边界体积通量驱动的箱式模型，该模型具有包括沉积物在内的多营养层次综合水产养殖系统的主要生理生化过程。上述数值模型对养殖生物与生态系统组成部分之间的相互作用进行了参数化，预测了目标生物群的个体生长和种群状况及主要的相关环境因子。这种生态系统模型通常具有很强的区域特征，如与养殖区的自然环境、生态系统组成、水产养殖方法和养殖生物的生物生理学特征具有较强的相关性。在应用生态系统模型时应当进行充分的本地化设置、校准和验证。

桑沟湾位于山东半岛东部沿海（37°01′ ～ 37°09′N，122°24′ ～ 122°35′E），为

① 本节主要内容来自作者已发表文章（Lin et al.，2020）

半封闭海湾，北、西、南三面为陆地环抱，湾口朝东，口门北起青鱼嘴，南至楮岛，口门宽 11.5km，呈“C”状。海湾面积 144km^2，海岸线长 90km，湾内平均水深 7 ～ 8m，最大水深 15m，滩涂面积约 20km^2。桑沟湾内水域广阔，水流畅通，水质肥沃，自然资源丰富，是荣成市最大的海水增养殖区。桑沟湾的海水养殖以 20 世纪 50 年代试养海带为起点，逐渐发展成以海带和贝类为主的多营养层次综合水产养殖模式，近年来海带和牡蛎的年产量一直稳定在 8 万吨（干重）和 12 万吨左右。随着养殖规模不断扩大，目前桑沟湾水域面积已被全部开发利用，并将养殖水域延伸到湾口以外，总面积达 6300hm^2，总产量 24 万吨，总产值 36 亿元，分别占荣成市养殖总面积、总产量、总产值的 30.7%、41.2% 和 56.3%。本节以桑沟湾为例，介绍一种基于水动力和系统生产力的养殖容量估算方法（图 3.6）。

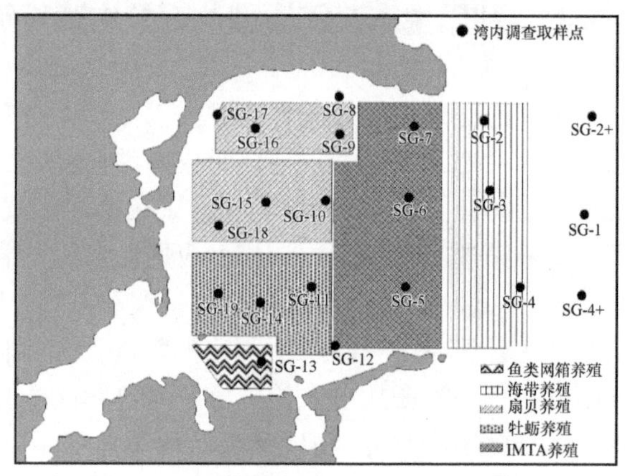

图 3.6　桑沟湾养殖布局及环境调查站位

在桑沟湾海域，已经针对养殖容量开展了大量的研究，其中既包括基于物质平衡法的容量估算，也包括应用生态系统模型进行的对过去动态情况的研究。方建光和王兴章（1996）首先在桑沟湾开展了以氮为主要通量的海带养殖容量估算工作，在研究方法中已经考虑了由潮差所代表的水交换量，在当时计算出的产能以干重计约为 54 000MT。Grant 和 Bacher（2001）是较早在桑沟湾开展数值模型研究的学者之一，以研究桑沟湾贝类和海藻养殖布局及设施分布的情况估算了其养殖容量对海域水文动力的影响。该研究得出的结论为：在有水产养殖设施的情况下，水交换量减少了 41%，这可能会导致过高的估算桑沟湾的水交换效率，结果可能会导致养殖容量的过高估计。Shi 等（2011）构建了桑沟湾的三维物理-生物耦合模型，其中参数化了来自养殖结构的表面阻力。针对不同养殖密度模拟海带产量 / 氮收支和当时的养殖情况，探索了不同养殖密度海带的产量情况。

根据最新的研究，我们在桑沟湾建立了基于养殖生态系统动力学模型的养殖容量动态估算方法，所采用的生态系统模型仍然以箱式模型为基本计算单元，在模型中包含了营养盐、浮游植物、浮游动物、碎屑、贝类等模块，并离线耦合水动力模型。生态模型的主要构成部分如图 3.7 所示。

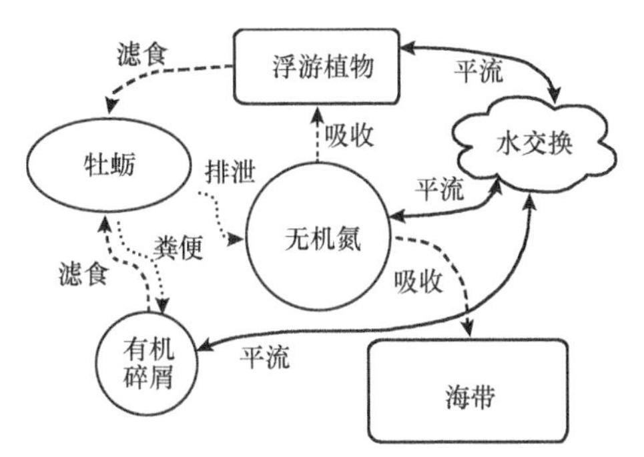

图 3.7　桑沟湾生态系统模型各基本计算单元示意图

一、模型构建

桑沟湾双壳贝类和海带综合养殖的生态系统模型参考了先前的养殖生物生长的个体水平数值模拟研究（蔡碧莹等，2019；Zhang et al.，2016；Filgueira et al.，2015；Ren et al.，2012；Ren and Schiel，2008；Grant et al.，2007）。该模型是根据典型的营养盐-浮游植物-浮游动物-碎屑（NPZD）模型建立的，模型中通过个体生长模型描述以长牡蛎为代表的滤食性养殖生物种群、以海带（*Saccharina japonica*）为代表的营养盐消耗型养殖植物种群的一般生长过程。该模型还使用动态能量收支理论实现子模型对单个养殖牡蛎的生长模拟，以及养殖海带和浮游植物基于每日最大生长率的指数型生长过程模拟；用无机氮作为生态系统模型中的基本通量，描述每个营养基团之间的相互作用。养殖牡蛎和海带的种群动态取决于养殖活动和自然死亡率。在养殖期结束时，收获养殖生物并将其从模型系统中移除。浮游动物生物量无法与牡蛎相比，因此未在生态系统模型中考虑。当前模型中没有考虑随机过程（疾病和气象灾害等），因为该机制尚无法在模型方程中描述。由于我们假设海湾中有充分的垂直混合，故本模型中未考虑底栖过程。

根据水文环境和养殖布局的相似性，在本研究的生态系统模型中，将模型域分为 4 个箱（box）（图 3.8）。在模型箱内和每个边界处、海湾外的相邻海域有主要营养盐［溶解无机氮（DIN）］、浮游植物和浮游有机质（碎屑产生的颗粒有机碳）的交换。桑沟湾的水产养殖活动主要发生在箱 2、箱 3 和箱 4。由于箱 1 水深较浅，只能进行非常有限的水产养殖活动，因此我们忽略了在箱 1 内的养殖活动。生态系统模型中的水动力过程源于从 3D 有限体积海岸海洋模型（finite volume coastal ocean model，FVCOM）生成的每小时流场结果，我们将在后面进行描述。生态系统模型涉及的主要模型方程见表 3.3（蔡碧莹等，2019；Zhang et al.，2016；Ren et al.，2012；Ren and Schiel，2008）。表 3.4 则描述了在生态系统方程中的各种生物学过程。对于模型的各个部分的描述如下。

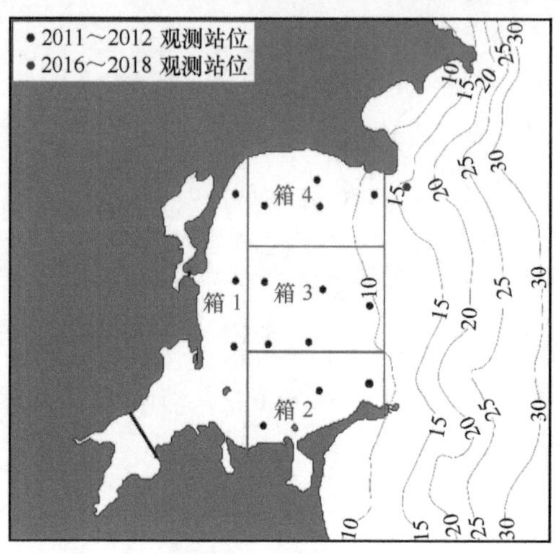

图 3.8　桑沟湾的水产养殖区域划分为 4 个箱

表 3.3　模型方程

方程	定义（单位）
牡蛎个体生长方程	
$dE/dt=p_A-p_C$	储备能量（J）
$dE_R/dt=(1-\kappa)p_C-p_J$	繁殖能量（J）
$dV/dt=(\kappa\cdot p_C-p_M)_+/[E_G]$	体积生长（cm^3）
$dN/dt=-(\delta_r+\delta_h)\cdot N$	种群动力学（No.）
海带个体生长方程	
dB/dt=growth−resp−erosion	海带重量（g）
$L=\exp[\ln(B\cdot 10^{6.28}/3.35)]$	海带长度（cm）
$dN_{int}/dt=\varphi-\gamma$	海带组织氮含量（μmolN/gDW）
$dA/dt=-(\delta_r+\delta_h)\cdot A$	种群动力学（No.）
生态系统模型方程	
$dCP/dt=U_{cp}-r_p\cdot f(T)_p\cdot CP-U_{bp}\cdot N/V_{box}-Mp+Ex_{CP}$	浮游植物碳含量（mgC/m^3）
$dNP/dt=(1-e_{up})\cdot U_{np}-r_p\cdot f(T)_p\cdot NP-Q_p\cdot U_{bp}\cdot N/V_{box}-Q_p\cdot M_p+Ex_{NP}$	浮游植物氮含量（mgN/m^3）
$dPOC/dt=O_m N/V_{box}-U_{oo}N/V_{box}-\lambda_0 POC+Ex_{POC}$	碎屑颗粒有机碳（POC）（mgC/m^3）
$dDIN/dt=O_{exer}\cdot N/V_{box}-U_{np}-U_{nk}\cdot A/V_{box}+Ex_{DIN}$	溶解无机氮（mgN/m^3）

注：$(x)_+$ 定义为：当 $x>0$ 时，$(x)_+=x$，当 $x\leqslant 0$ 时，$(x)_+=0$

表 3.4 各生物过程的参数化方程

符号	定义	方程	单位
f	功能反应	$F/(F+F_H)$	—
T_{emp}	温度依赖关系	$k_0 \cdot \exp(T_A/T_0-T_A/T)\cdot[1+\exp(T_{AL}/T-T_{AL}/T_L)+\exp(T_{AH}/T_H-T_{AH}/T)]^{-1}$	—
U_{bp}	牡蛎对浮游植物的摄食率	$T_{emp}\cdot U_{mm}\cdot CP\cdot V^{2/3}$	mgC/d
U_{bo}	牡蛎对 POC 的摄食率	$T_{emp}\cdot U_{mm}\cdot POC\cdot V^{2/3}$	mgC/d
p_A	吸收率	$T_{emp}\cdot f\cdot\{p_A\}\cdot V^{2/3}$	J/d
p_C	代谢率	$T_{emp}\cdot[[E]/([E_G]+\kappa\cdot[E])]\cdot([E]\cdot\{p_A\}\cdot V^{2/3}/[E_m]+[p_M]\cdot V)$	J/d
p_M	维持率	$T_{emp}\cdot\{p_M\}\cdot V$	J/d
p_J	繁育维持率	$\min(V, V_P)\cdot[p_M]\cdot(1-\kappa)/\kappa$	J/d
O_m	排粪率	$U_{op}+U_{oo}-p_A/\mu_{CJ}$	mgC/d
O_{excr}	排泄率	$\{[p_C-(1-\kappa_R)\cdot dE_R/dt-\mu_V\cdot\rho\cdot dV/dt]\cdot Q+p_A\cdot(Q_p-Q)_+\}/\mu_{CJ}$	mgN/d
W_o	个体湿重	$V\cdot\rho+(E+E_R\cdot\kappa_R)/\mu_E$	G
growth	生长率	$\mu_{max}\cdot f(T)\cdot f(I)\cdot f(N)$	—
resp	呼吸率	$R_{max20}\times\theta(T-20)$	—
erosion	枯烂率	$E_{max}\cdot P^{(T-T_{opt})}$	—
I	养殖深度光照强度	$I_0\cdot\exp(-k\cdot Z)$	$\mu mol/(m^2\cdot s)$
$f(I)$	光照对海带生长的影响	$(I/I_{opt})\exp(1-I/I_{opt})$	—
$f(T)$	温度对海带生长的影响	$\exp\{-2.3\cdot[(T-T_{opt})/(T_x-T_{opt})]^2\}$	—
$f(N)$	营养盐对海带生长的影响	$(N_{int}-N_{imin})/(K_q+N_{int}-N_{imin})$	—
φ	外源 DIN 的吸收率	$[(N_{imax}-N_{int})/(N_{imax}-N_{imin})]\cdot V_{maxN}\cdot[DIN/(K_N+DIN)]$	μmolN/(gTDW·d)
γ	组织 DIN 的含量	$N_{int}\cdot growth$	μmolN/(gTDW·d)
U_{nk}	个体对外源 DIN 的吸收率	$\varphi\cdot B\cdot(14/1000)$	mgN/ind.
$f(T)_p$	温度对浮游植物生长的影响	$k_{0p}\cdot\exp(T_{Ap}/T_{0p}-T_{Ap}/T)\cdot[1+\exp(T_{ALp}/T-T_{ALp}/T_{Lp})+\exp(T_{AHp}/T_{Hp}-T_{AHp}/T)]^{-1}$	—
$f(I)_p$	光照对碳吸收的影响	$(1/H)\cdot\int_0^H \frac{1}{1+X_1}dz$	—
U_{dinp}	浮游植物对 DIN 的吸收	$U_{nmaxp}\cdot[DIN/(DIN+X_{pdin})]$	d^{-1}
U_{np}	浮游植物对总氮的吸收	$NP\cdot f(T)_p\cdot U_{dinp}/\{1+\exp[(Q_p-Q_{pmax})/Q_{poff}]\}$	mgN/d
U_{cp}	浮游植物对总碳的摄取	$f(I)_p\cdot CP\cdot f(T)_p\cdot G_{pm}\cdot(1-Q_{pmin}/Q_p)_+$	mgC/d
Q_p	浮游植物氮碳比	NP/CP	—
M_p	浮游植物的碳沉降速率	$CP\cdot[\delta_{pmin}+\delta_p\cdot(Q_{pmax}-Q_p)_+]$	mgC/d

注：$(x)_+$ 定义为：当 $x>0$ 时，$(x)_+=x$，当 $x\leqslant 0$ 时，$(x)_+=0$；“—”表示无量纲

（一）长牡蛎相关方程

长牡蛎是目前桑沟湾养殖的主要双壳贝类，牡蛎个体的生长条件根据 DEB 理论进行模拟（Kooijman，2010）。可以从文献中找到标准 DEB 模型的一些详细描述（如 Meer，2006；Pouvreau et al.，2006）。根据先前的研究，采用阿伦尼乌斯关系（Kooijman，2010）来描述水温对牡蛎生理过程的影响。模型中应用的阿伦尼乌斯温度可参考 Ren 和 Schiel（2008）的方法，如表 3.4 所示。

模型方程主要参考 Ren 和 Schiel（2008）的方法，描述牡蛎能量的 3 个状态变量是：储备能量（E）、生殖能量（E_R）和生物体积（V）。牡蛎吸收饵料（浮游植物和碎屑）中的能量并先储备起来（E），储存的能量将被连续分配到相应的生理活动中，包括机体结构的维持、生长和繁殖过程。牡蛎摄食的生理过程受基于饵料浓度的Ⅱ型功能响应的限制，描述为 $f=F/(F+F_H)$，其中 F 是食物的浓度，F_H 是牡蛎摄取饵料的半饱和系数。能量分配中应用了 κ 规则，即储备能量（E）中的 κ 部分将用于结构维护和生长，导致生物体积（V）的增加；而其余的 $1-\kappa$ 部分将适用于繁殖过程。分配给繁殖的能量将存储在生殖能量（E_R）中。当达到产卵的触发温度和性腺成熟条件（性腺重量占软组织重量，即性腺指数 GI > 35%）时，将排空相应的精卵子及繁殖所用的能量（Pouvreau et al.，2006）。

养殖的牡蛎一般用吊笼悬挂在养殖筏架上，通过滤水摄食。牡蛎的生物学功能是从生态系统中过滤浮游植物和颗粒有机物，并排泄氮和粪便。

（二）海带和浮游植物相关方程

海带作为桑沟湾的主要养殖物种，覆盖了海湾的大部分区域，因此本研究用 Zhang 等（2016）和蔡碧莹等（2019）的个体生长模型模拟了海带的生长情况。具体的相关描述可以在原文献中找到详细信息，在这里我们主要对模型进行总结。

海带的生物量（B，gDW/ind.）建模为 3 个动态过程之间的差异：生长、呼吸和枯烂。将这 3 个过程描述为对日增长率（%）的影响，海带的生长又被定义为最大日生长率（μ_{max}，d^{-1}）乘以由于水温、光照强度和养分而产生的限制因子（从 0 到 1）。相关方程的详细信息可见表 3.4。温度限制函数 $f(T)$ 定义为根据海带生长的最佳温度产生局部正态分布的指数函数（Radach and Moll，1993）。对于营养限制函数 $f(N)$，在我们的模型中仅考虑了氮，并且根据蔡碧莹等（2019）的模拟结果，磷对海带生长的限制作用稳定在 0.8 ～ 0.9。$f(N)$ 通过 Michaelis-Menten 方程计算（Caperon and Meyer，1972）。根据 Steele（1962）定义的光限制 $f(I)$，存在最佳的光照强度 I_{opt} [μmol/(m^2·s)]，并且在不同养殖深度（Z，m）的光衰减情况是根据兰伯特比尔定律计算得出的。根据蔡碧莹等（2019）的方法，通过指数函数计算海带的呼吸，最大呼吸（R_{max20}，d^{-1}）设定为 20℃时海带的呼吸耗能。

海带的枯烂以类似于呼吸的形式进行量化，最大侵蚀率（E_{max}）设置为海带的最佳生长温度。描述海带生长的另一个变量是内部氮的浓度（N_{int}，μmol/gDW），对溶解无机氮（DIN）的吸收也遵循 Michaelis-Menten 方程。模型中包括了海带的自然死亡率，以计算模拟过程中的生物量损失。海带的养殖通常从 11 月开始，收获从 5 月开始，收获后的海带生物量将从系统中去除。

浮游植物生物量（CP，mgC/m^3）被模拟为基于最大日增长率（G_{pm}，d^{-1}）的生理过程，是生态系统内的主要生产者。除了生长和呼吸，浮游植物的变化还包括相邻箱之间的交换过程。模型描述了浮游植物对碳的吸收，其功能受光照、温度和氮含量的限制，浮游植物是系统中第二大氮汇。浮游植物的温度极限类似于具有不同边界值的牡蛎。根据 *N*/*C* 值，我们在浮游植物 DIN 吸收方程中设置了开关函数，以防止浮游植物出现无限 DIN 吸收的情况（Ren et al.，2012）。

（三）悬浮有机颗粒物和溶解性营养盐相关方程

模型中考虑的主要颗粒有机物由碎屑中的颗粒有机碳（POC，mgC/m^3）和颗粒有机氮（PON，mgN/m^3）描述。表 3.3 中有描述有机物变化的方程。POC 和 PON 的主要来源是牡蛎的粪便，作为悬浮物质，它们可以在相邻的小箱之间、箱体和外边界之间交换。POC 是贝类主要的能量来源，牡蛎可以通过滤食过程摄入 POC。为了简便起见，PON 浓度被计算为生态系统模型中 POC 的一部分。

溶解无机氮（DIN，mgN/m^3）是生态系统模型中的主要养分变量。浮游植物和海带的吸收是 DIN 的汇，而牡蛎的排泄物是其源。流经相邻箱体和外边界的交换是影响 DIN 变化的另一个过程。

（四）水动力和水质模型相关方程

根据相似的水文条件和养殖活动，桑沟湾的水产养殖区域被划分为 4 个箱。如图 3.8 所示，箱 1 ～ 4 的水体体积分别为 0.367km^3、0.239km^3、0.504km^3 和 0.352km^3。每个箱的平均深度分别为 2.79m、5.46m、8.03m 和 6.86m。我们利用水动力模型的结果来估算每个边界上及外海海域的外边界的流量。水动力模型由自然资源部第二海洋研究所的 Xuan 等（2019）构建。简而言之，水动力模型基于 3D 有限体积海岸海洋模型（FVCOM），其具有非结构化网格，且在黄海、渤海、东海海域内的模型水平分辨率可以在 3 ～ 10km 变化，在桑沟湾研究区域内的水平分辨率最高可达 200m。水动力模型的驱动力包括潮汐、洋流和大气数据。模型结果包括深度平均流场、水温和盐度，结果被插值到桑沟湾海域内的矩形网格上，水平分辨率为 100m。在水动力模型结果之外，通过离线耦合设置了水质模型以模拟环境因子，包括 DIN、POC 和浮游植物（以叶绿素 a 浓度表示）。水质模型是根据之前在桑沟湾进行的研究数据（Xuan et al.，2019）得出的。在本研究中，我们使用了 2010 年 7 月至 2011 年 7 月时间段的流场，水体特征（包括温度和盐度）及水质模型的模拟结果作为生态系统模型的驱动力。

二、模型的参数化和设置

为了进行模型的应用，基于前述研究，我们对主要养植物种长牡蛎（*C. gigas*）和海带（*S. japonica*）的生长模型进行了参数化处理，各项参数的具体数值如表 3.5 所示。其中牡蛎动态能量收支模型的参数参考 Pouvreau 等（2006）、Ren 和 Schiel（2008）的文章。海带个体生长模型的参数参考了之前在桑沟湾进行的研究（吴荣军等，2009；蔡碧莹等，2019；Zhang et al.，2016）。生态系统模型的框架主要参考 Ren 等（2012）的研究，其中包括浮游植物、悬浮颗粒物和营养盐子模型的大多数参数。但是，由于地理条件的不同，模型中采用的某些参数（如牡蛎食物摄取半饱和常数、最大浮游植物 / 海藻日生长速率等）已通过先前在桑沟湾开展的研究结果进行了测试和校正，并已通过观测值进行了验证。我们将验证过的参数集应用于生态系统模型中，以保持结果的一致性。

表 3.5　生态系统模型中用到的参数

参数	定义	数值	单位
F_H	牡蛎对浮游植物摄取的半饱和常数	4.3	μg/L
T_A	牡蛎的阿伦尼乌斯温度	5 900	K
T_L	牡蛎的温度耐受下限	283	K
T_H	牡蛎的温度耐受上限	303	K
T_{AL}	牡蛎生理代谢率下降的阿伦尼乌斯温度下限	13 000	K
T_{AH}	牡蛎生理代谢率下降的阿伦尼乌斯温度上限	80 000	K
k_0	牡蛎参考温度下生理反应速率的值	1	—
U_{mm}	牡蛎单位体表面积最大滤水率	0.045	$m^3/(cm^2 \cdot d)$
$\{\dot{p}_{Am}\}$	单位体表面积最大吸收效率	560	$J/(cm^2 \cdot d)$
$[\dot{p}_M]$	单位体积维持耗能率	24	$J/(cm^3 \cdot d)$
$[E_G]$	形成单位体积牡蛎生长所需能量	2 900	J/cm^3
$[E_m]$	最大单位体积储能	5 900	J/cm^3
V_P	结构物质体积	0.4	cm^3
κ	能量分配系数比例	0.65	—
κ_R	繁殖能量分配比例	0.7	—
μ_E	储备能量的含量	4 500	J/gWW
μ_{CJ}	C 与能量的转换系数	48.8	J/mgC
μ_V	结构物质能量的含量	2 700	J/gWW

续表

参数	定义	数值	单位
ρ	养殖生物单位体积软组织湿重	1	gWW/cm^3
Q	牡蛎的氮碳比	0.183	mgN/mgC
μ_{max}	海带最大日生长率	0.115	d^{-1}
R_{max20}	海带 20℃时的最大呼吸率	0.015	d^{-1}
θ	海带吸收经验系数	1.02	—
E_{max}	海带平均枯烂率	0.006	d^{-1}
P	海带枯烂经验系数	1.05	—
I_{opt}	海带光合作用的最适光强	350	$\mu mol/(m^2 \cdot s)$
T_{opt}	海带最适生长温度	12	℃
T_{max}	海带生长温度生态幅的上限	20	℃
T_{min}	生长温度生态幅的下限	0.5	℃
N_{imin}	体内游离 N 最低需求量	300	μmol/gDW
N_{imax}	维持最大生长率所需的体内游离 N 含量	1 714	μmol/gDW
K_N	N 吸收的半饱和常数	29	μmol/L
V_{maxN}	N 最大吸收速率	246.72	$\mu mol/(gDW \cdot d)$
K_q	无机 N 的半饱和同化系数	400	μmolN/gDW
Z	海带养殖水层深度	0.2	m
T_{Ap}	浮游植物的阿伦尼乌斯温度	6 800	K
T_{Lp}	浮游植物的温度耐受下限	286	K
T_{Hp}	浮游植物的温度耐受上限	298	K
T_{ALp}	浮游植物生理代谢率下降的阿伦尼乌斯温度下限	27 300	K
T_{AHp}	浮游植物生理代谢率下降的阿伦尼乌斯温度下限	80 300	K
k_{0p}	浮游植物参考温度下生理反应值	1	—
U_{nmaxp}	浮游植物 DIN 的最大吸收效率	0.5	d^{-1}
X_{pdin}	浮游植物对 DIN 吸收的半饱和系数	28	mgN/m^3
Q_{pmax}	浮游植物最大氮碳比	0.25	mgN/mgC
Q_{pmin}	浮游植物最小氮碳比	0.1	mgN/mgC
Q_{poff}	浮游植物氮吸收系数	0.01	mgN/mgC
G_{pm}	浮游植物最大生长率	1.6	d^{-1}
X_I	光照半饱和常数	7	$\mu mol/(m^2 \cdot d)$
e_{up}	浮游植物吸收相关的排泄	0.005	—
δ_{pmin}	浮游植物的最小沉降速率	0.1	d^{-1}

续表

参数	定义	数值	单位
δ_p	浮游植物的最大沉降速率	0.25	d^{-1}
δ_r	牡蛎 / 海带的自然死亡率	0.001	d^{-1}
δ_h	牡蛎 / 海带的收获死亡率	1	d^{-1}

注："—"表示无量纲

模型中的初始环境因子（包括浮游植物、POC 和 DIN 浓度变量）设置为水质模型中在相应季节的值，并平均到每个箱。根据实际的水产养殖周期，牡蛎养殖始于 6 月，通常在桑沟湾持续一年，然后被转移到其他水域进行育肥。考虑到现有的水产养殖布局情况，我们仅在箱 3 中设置牡蛎养殖，牡蛎养殖的初始密度为当前的实际养殖情况。由于桑沟湾海域的养殖情况较为复杂，养殖品种繁多，合理的平均密度是保持合理的总养殖量所必需的，当前养殖密度约为每平方米水面养殖 50 只牡蛎。牡蛎的初始能量储备设置为 40J，生殖储备设置为 10J，初始生物体积为 $0.6cm^3$，初始牡蛎软组织湿重（TWW）约为 0.2g。海带在箱 2、箱 3 和箱 4 中进行养殖，通常夹苗于 11 月开始，收获于次年 5 月开始持续至 8 月。最初的海带生物量和生理特征参数取自蔡碧莹等（2019）。对于所有养殖箱，海带生物质的初始组织干重（TDW）均设置为 0.5g，而体组织内的初始氮（N_{int}）设置为 1071μmol/gDW（Zhang et al.，2016）。筏式养殖是桑沟湾海带的主要养殖方式，现有养殖密度估计为每平方米 4 ～ 5 棵海带（Mao et al.，2018）。

生态系统模型的基本方程使用 Python 语言进行了数值化处理，在每个箱内随着时间的推移计算各个生物模块和非生物模块的变化情况。

三、观测数据及模型验证

（一）观测数据的获取

为了提供生物物理数据用于模型验证和优化，表 3.6 总结了以往的观测数据以进行比较。对于牡蛎的动态能量收支模型，自 2016 年 8 月到 2017 年 2 月，在桑沟湾海域每月约两次记录 20 个样品的壳高和软组织湿重数据，长期站点的采样位置如图 3.6 所示。同时通过 JFE Advantech Infinity-CLW 叶绿素荧光仪以 4h 的时间间隔记录相应的海表叶绿素 a 浓度和水温数据。对于海带的个体生长，在 2018 年 2 月至 2018 年 6 月期间每个月收集海带样品。由于生产环境的限制，海带样品大部分取自同一养殖区域。每月测量海带养殖区的水温和 DIN 浓度。同时根据以往的研究，我们收集了 2011 ～ 2012 年以前大面调查的 DIN 数据，并根据地理位置将其对应到每个箱之中，采样地点也如图 3.8 所示。

表 3.6　验证模型所使用的观测数据

时间	测定指标	采样频率	测定方法
2011 ～ 2012	DIN（NH_4^+、NO_3^-、NO_2^-）	2011.04；2011.08；2011.10；2012.01	调查船出海采样
2016.8 ～ 2017.2	牡蛎壳高和软组织湿重	每月 2 次	每次测量 20 个牡蛎
2016.6 ～ 2017.8	海表温度、叶绿素 a 浓度	每 4 小时 1 次	JFE Advantech Infinity-CLW 荧光叶绿素仪悬挂水下 0.2m 连续测定
2018.2 ～ 2018.6	海带干重、叶片长度和宽度	每月 1 次	10 棵
2017.11 ～ 2018.10	DIN（NH_4^+、NO_3^-、NO_2^-），海表温度	每月 1 次	在海带养殖区采集水样测定

（二）生态系统模型的验证

本研究中个体模型和生态系统模型都通过观测数据进行了验证。对于牡蛎，以叶绿素 a 和海表温度观测值作为外部变量，我们模拟了养殖区内相应养殖时段内的牡蛎生长情况，模拟的时间间隔与驱动力的时间间隔一致（Δt=1/6d）。牡蛎的软组织湿重（g）由测量值估算。对于海带，根据 2017 ～ 2018 年观测值的内插 DIN 和水温进行海带个体生长的模拟，将月度数据内插到时间间隔为 6h（Δt=1/4d）的时间序列中。蔡碧莹等（2019）的文献引用了相应的表面辐照度，考虑到晴天和多云条件，其光照强度平均为 24h。从 2018 年 2 月至 2018 年 6 月采集的海带样本中估算出海带干重（g）。在此期间，每月大约采样 10 棵海带。对于生态系统模型，由于我们缺乏相应时期的详细观测数据，所以主要是将环境参数 DIN 和叶绿素 a 浓度的季节变化的模拟值与观测值进行了比较，以检查模型是否能够再现合理的数值变化幅度和季节性周期。

图 3.9 显示了模拟的牡蛎软组织湿重（TWW）与实测值的比较，以及相应的驱动水温和叶绿素 a 浓度时间序列。误差线是每次测量 20 只牡蛎的标准差。模拟的牡蛎生长于 5 月开始，大约是采样牡蛎的播种时间。自 8 月以来，在适当的温度和相对丰富的食物条件下，观察到的和模拟的牡蛎均显示出快速增长，并且随着环境的变化，自 11 月开始个体生长趋于放缓。随着牡蛎的生长，个体差异会导致牡蛎的软组织湿重趋于多样化，最大标准偏差可能是 2.6g，约为平均值的 27%。作为预期的模拟结果基本再现了生长情况，与观测平均值的均方根误差为 0.6g。然而，自 12 月以来，模拟的牡蛎生长与实际观测有所偏离，这可能是由于环境驱动力的不确定性引起的。由于性腺指数尚未达到 35%，第一年没有产卵，但是随着模型继续运行到下一个 8 月，牡蛎完成了产卵活动，并且预计体重下降约 40%。

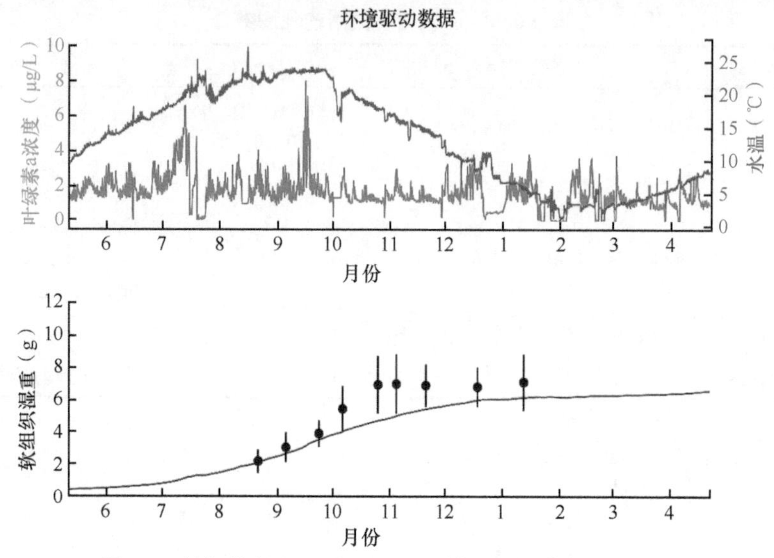

图 3.9 牡蛎软组织湿重（TWW）模拟值与实测值的比较

上图：环境约束因子（水温和叶绿素 a）在实验期间的观测值；下图：长牡蛎 TWW 在实验期间的观测值（数据点）与模拟值（曲线），误差线表示在桑沟湾观测期间（2016/2017）TWW 的标准差

模拟的海带干重与观测值的比较，以及相应的环境数据的插值结果曲线如图 3.10 所示。观测值是位于寻山集团海带养殖区中 10 个样品的平均海带干重(g)，误差线为每次测量的标准偏差。海带的收获通常从 5 月开始，直到 8 月下旬。在模拟中，海带养殖于 11 月底进行，计算时间步长为 6h（1/4d）。根据 Zhang 等（2016）和蔡碧莹等（2019）的研究工作，未考虑磷酸盐限制因子，辐照度限制因子保持恒定（辐照度 340μmol/(m^2·s)）。模拟和观测到的海带干重增加的总体趋势显示出良好的一致性，建模和观测值的均方根误差约为 17.03g。尽管当海带开始迅速生长时，该模型往往会低估海带干重的增长速度，这也是由于插值数据难以完全重现养殖海带所处的精确生长条件。考虑到模型结果的合理范围和不确定性，该模型通常适用于描述生态系统模型中海带的大致生长情况。

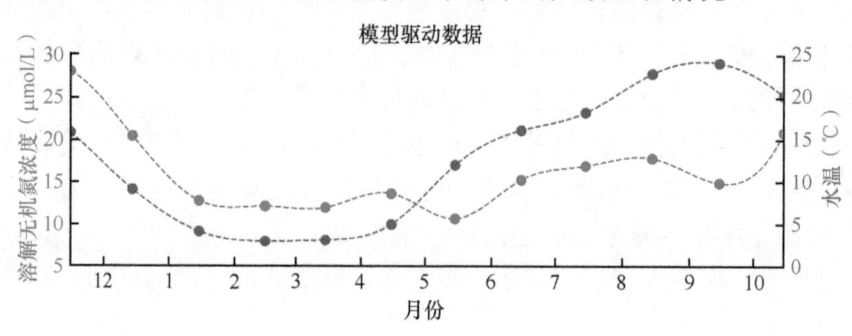

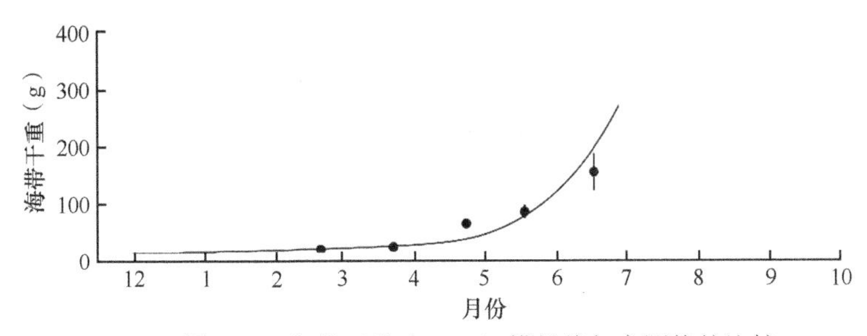

图 3.10　海带干重（TDW）模拟值与实测值的比较

上图：环境约束因子（溶解无机氮和水温）在实验期间的观测值，由散点拟合得到其时间序列，时间步长为 Δt=1/4d；下图：海带 TDW 在实验期间（2018 年）的模拟值（实线）与观测值（散点）的比较

（三）趋势验证

在完成牡蛎和海带的个体生长模型的验证后，我们进行了生态系统模型结果的趋势验证。在模型验证中，我们将箱 3 的牡蛎养殖密度设置为 50 个 /m^2 水面，将箱 2、箱 3 和箱 4 的海带养殖密度设置为 4 棵 /m^2 水面。牡蛎在 7 月开始养殖，养殖周期 12 个月；海带在 11 月开始养殖，次年 6 月中旬收获。利用水动力数据和水质模型结果对 2010 年 7 月至 2011 年 6 月的生态系统模型进行了模拟。模型时间步长为 1h（Δt=1/24d）。在每个时间步骤，将计算养殖海带和牡蛎的生长情况，以及 DIN、浮游植物在每个箱的输入 / 输出量。应用以前的大面调查和定点环境观测数据进行结果的量级和趋势的对比。

图 3.11 是每个箱的模拟浮游植物生物量（以浮游植物 C：Chla=40 的比例转换为叶绿素 a）与长期站 2016 ～ 2017 年观测到的叶绿素 a 的比较。在 5 ～ 10 月的旺盛生长季节中，生态系统模型在一定程度上再现了叶绿素 a 的含量和季节变

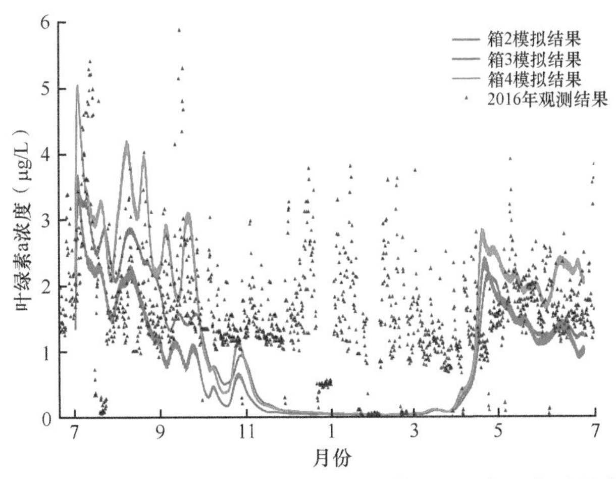

图 3.11　2016 ～ 2017 年箱 2（红色）、箱 3（蓝色）和箱 4（绿色）中叶绿素 a 浓度模拟值和长期水质监测站的叶绿素 a 浓度观测值（黑点）

化。但是，在养殖海带的冬季，生态系统模型低估了叶绿素 a 的变化情况。造成这种情况的一种解释为，浮游植物的生长受到生态系统模型中温度的强烈约束，这导致冬季浮游植物的繁殖率极低。而且观测的位置在海湾的外边界，与外海的平流可能引起冬季叶绿素 a 的测值偏高。尽管该模型中浮游植物的季节周期没有得到完美再现，但是在模型结果中可以大致看到一般叶绿素 a 含量的数值量级及由水交换引起的短期峰谷变化。

图 3.12 显示了每个箱的模拟 DIN 与 2011 ～ 2012 年从样本站点观察到的 DIN 的比较，将单位从 mgN/m^3 转换为 μmol/L 应用到的转换系数为 14。尽管模拟周期与观测周期存在一定差异，但是模拟的季节变化粗略地符合观测趋势。由于 7 月没有海带，每个箱中的 DIN 都在 10μmol/L 以上。在冬季，模拟的 DIN 保持在 12.5μmol/L 左右的高水平，但是在 1 月观察到的 DIN 已经下降到 7.5μmol/L 左右，这表明模型中的海带的生长被低估了。当海带在 3 月左右开始快速增长时，模型模拟的 DIN 急剧下降。当 5 月开始收获时，箱 3 和箱 4 的海带生长减慢，DIN 稳定在 2.5μmol/L 左右的较低水平。6 月收获海带后，生态系统模型中的 DIN 在每个水产养殖箱体中均迅速恢复至外边界约束因子的数值。由于每个箱体观测到的 DIN 是从 2011 ～ 2012 年的大面调查过程中测定的全部水样取平均值（图 3.12），因此在计算平均值时每个箱体的标准偏差都很大。

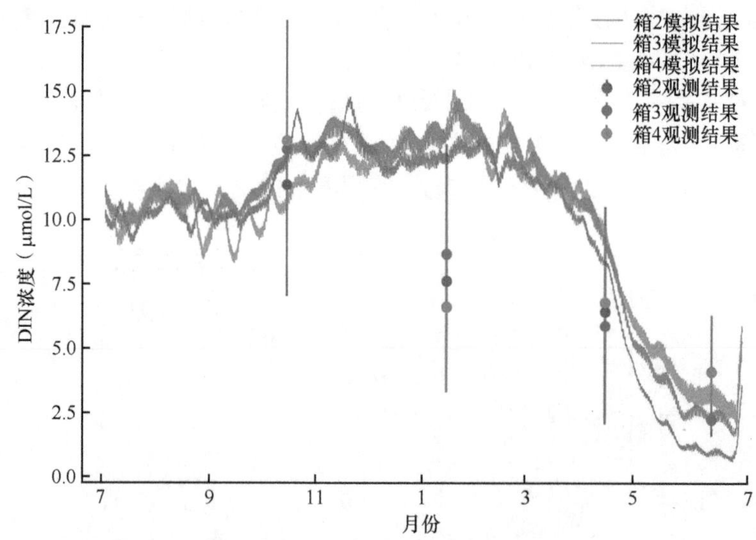

图 3.12　2011 ～ 2012 年箱 2（红色）、箱 3（蓝色）和箱 4（绿色）中的 DIN 模拟值（直线）与同期相应的观测值（散点）

DIN 的观测值是同一箱体中所有采样站位（图 3.8）测值的平均值

模型中 DIN 浓度和浮游植物生物量与实测数据的差异可能是由于外边界条

件的约束和空间数据进行平均化处理引起的，并且模型中的假设可能不足以解释复杂的自然变异性。在这些限制之内，该模型可以正确地再现环境监测数据的量级和季节性周期，我们认为生态系统模型的结果为评估水产养殖场景提供了合理的基础。

（四）场景模拟

应用生态系统模型，在模拟的养殖周期内，针对代表不同播种组合的 10 个场景进行模拟。其中场景Ⅲ是与现有水产养殖活动接近的验证模拟。场景Ⅰ～Ⅵ是研究在固定数量的养殖海带的情况下，不同牡蛎播种密度对浮游植物和产量的反应。场景Ⅲ、Ⅶ、Ⅷ、Ⅸ、Ⅹ用于研究固定牡蛎量下不同海带播种密度的生长条件和环境反馈。表 3.7 汇总了这些组合。

表 3.7　生态系统模型模拟的牡蛎和海带养殖密度场景

密度场景	牡蛎（ind./hm^2）（箱 3）	海带（ind./hm^2）（箱 2、箱 3、箱 4）
Ⅰ	0	40 000
Ⅱ	300 000	40 000
Ⅲ	500 000	40 000
Ⅳ	700 000	40 000
Ⅴ	1 000 000	40 000
Ⅵ	1 500 000	40 000
Ⅶ	500 000	50 000
Ⅷ	500 000	60 000
Ⅸ	500 000	70 000
Ⅹ	500 000	80 000

四、模拟结果

（一）长牡蛎

场景Ⅰ～Ⅵ情况下，牡蛎个体的软组织湿重生长如图 3.13 所示，箱 3 中也显示了相应的浮游植物生物量。模拟结果表明，牡蛎生长随播种密度的增加而降低。在场景Ⅱ～Ⅵ的养殖周期结束时，单个牡蛎的软组织湿重分别为 7.71g/ind.、5.86g/ind.、4.77g/ind.、3.78g/ind.、2.83g/ind.，并且这种下降是非线性的。场景Ⅰ是没有牡蛎养殖的情况，通过对比可以发现牡蛎的存在对浮游植物施加了一定的摄食压力，在场景Ⅱ～Ⅵ中观察到了浮游植物浓度的显著下降。

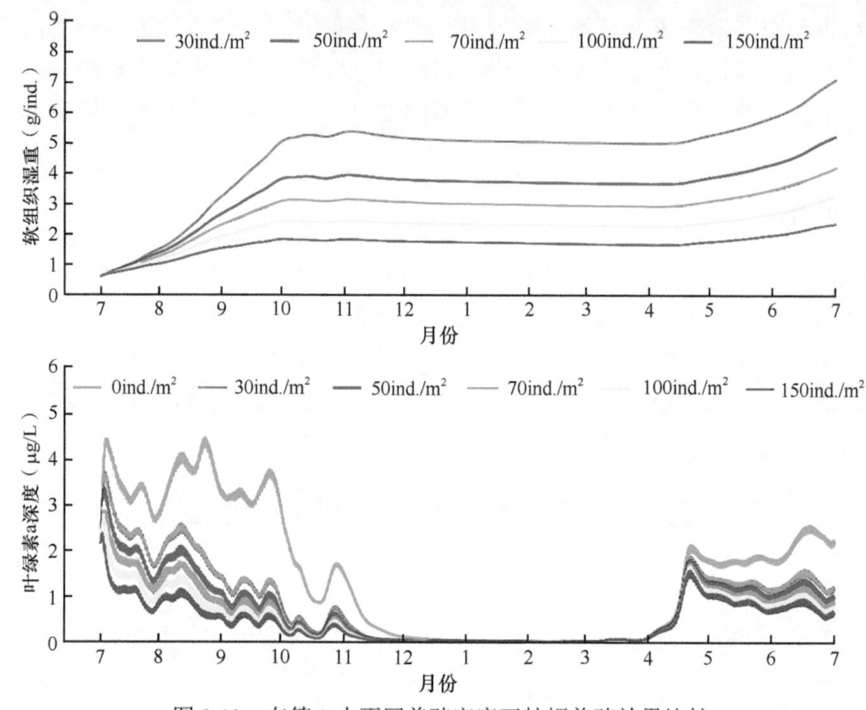

图 3.13　在箱 3 中不同养殖密度下牡蛎养殖效果比较

设定的 6 个场景中牡蛎养殖的密度分别为 0ind./m^2、30ind./m^2、50ind./m^2、70ind./m^2、100ind./m^2 和 150ind./m^2。上图表示单个牡蛎软组织湿重随时间的变化情况；下图表示浮游植物密度变化及无牡蛎养殖时的情况

每个密度的最终牡蛎软组织湿重（g）、牡蛎产量（kgWW/hm^2）、浮游植物消耗率（%）和生产效率如图 3.14 所示。每公顷牡蛎产量计算为 $P=W_o \times N$，其中 W_o 是牡蛎个体软组织湿重，N 是模拟结束时牡蛎的存活数量。浮游植物的消耗率 DR=[(CP)$_0$−(CP)$_n$]/(CP)$_0$×100%，其中 (CP)$_n$ 是从养殖周期开始时牡蛎养殖密度为 n 时的平均叶绿素 a 浓度，(CP)$_0$ 是无牡蛎情况下的平均叶绿素 a 浓度。生产效率（PE）定义为每公顷牡蛎的最终产量除以牡蛎播种总量。对于场景Ⅱ～Ⅵ，一年后的模拟产量为 1604kgWW/hm^2、2033kgWW/hm^2、2318kgWW/hm^2、2624kgWW/hm^2 和 2942kgWW/hm^2。显然，较少的养殖密度导致牡蛎更好地发育，但是在预设的恒定死亡率 0.1%/d 的条件下，牡蛎养殖产量随着养殖密度的增加而增加。随着箱 3 内养殖牡蛎的增加，浮游植物的消耗增加，在场景Ⅱ～Ⅵ中，浮游植物的消耗率分别为 41.9%、51.5%、57.6%、63.8% 和 70.0%。30ind./m^2 的牡蛎养殖密度低于桑沟湾现有的牡蛎养殖情况，但这种情况下，养殖的牡蛎仍过滤掉了一定数量的浮游植物，导致浮游植物消耗了近 42%。

当将牡蛎养殖密度提高5倍时，浮游植物的消耗率增加到67%，表明浮游植物的消耗率与牡蛎最终收获的生物量（产量）有更好的相关性。场景Ⅱ～Ⅵ的生产效率分别为8.7、6.6、5.4、4.3和3.2。由于每个个体可以占用更多资源，故牡蛎养殖密度越小，在模拟期间的生产效率就越高。

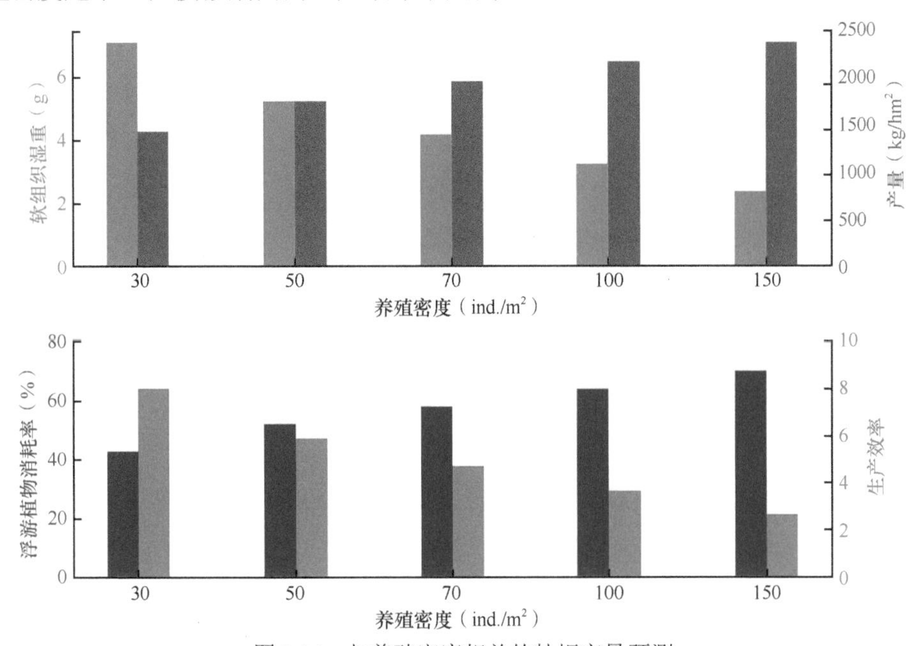

图3.14　与养殖密度相关的牡蛎产量预测

上图：不同养殖密度下单个牡蛎的软组织湿重（蓝色）和每公顷养殖产量（红色）；下图：与无牡蛎养殖相比较，不同养殖密度下浮游植物消耗率（红色）和牡蛎的生产效率（绿色）

（二）海带

图3.15显示了箱2、箱3和箱4在场景Ⅲ下海带干重（TDW）的增长，同时展示了每个箱内相应的DIN浓度变化。在不同的环境条件下，模型中每个箱内的海带生长情况有所不同，箱2、箱3和箱4的最大海带干重为185.8g/ind.、246.1g/ind.和278.8g/ind.。箱2与其他箱相比生长情况较差，DIN的供应不足以维持5月以来的海带的高增长，随着呼吸和枯烂的增强，6月箱2内的海带生长几乎停止。箱3和箱4的海带一直保持较高的增长，直到6月。因为箱4的DIN供应最多，使在箱4内的海带的最终组织干重比箱3的海带要高。在场景7～10中可以观察到，随着海带播种密度的增加，最大海带干重变小，平均DIN含量水平降低。

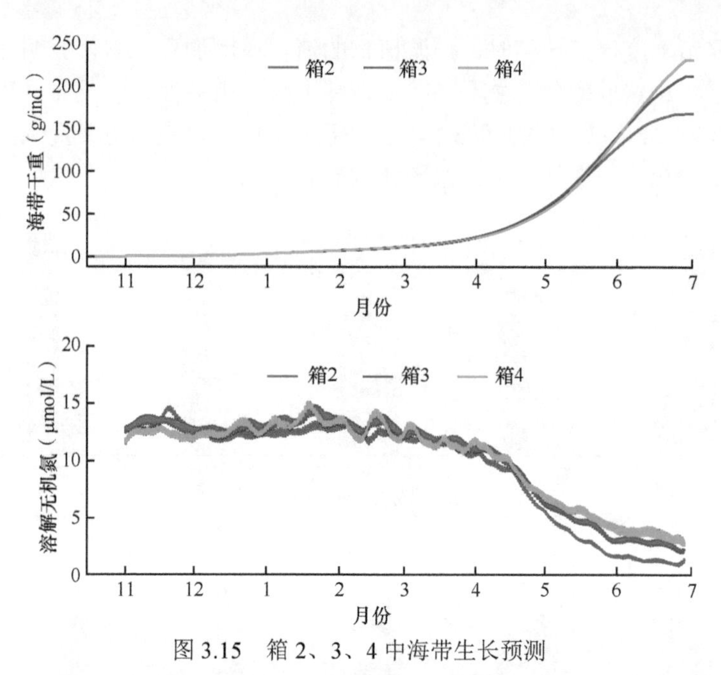

图 3.15　箱 2、3、4 中海带生长预测

上图：在场景Ⅲ条件下，每个箱体中的单棵海带干重的生长情况（投苗时间为 11 月）；下图：在场景Ⅲ条件下，每个箱体中相应的溶解无机氮浓度变化的模拟值

图 3.16 显示了每个箱体内的海带干重的产量（t/hm^2）和不同播种密度收获时的预期单个海带干重（g）。在生态系统模型中，海带定于 6 月 15 日收获，而后使用海带个体干重模拟值和收获时的海带数量（使用 0.1%/d 的恒定死亡率）来计算每个箱内的产量。

随着海带投苗数量的增加，海带养殖的总产量显示出增加的趋势。显然，每个箱的增量是不均匀的，对于箱 2，当每公顷养殖 80 000 根海带时，产量增加到 $6.82t/hm^2$，当养殖密度为 $40\ 000ind./hm^2$ 时的产量为 $5.84t/hm^2$，增长率为 16.8%。箱 3 中的相同操作使产量从 $7.73t/hm^2$ 增加到 $9.80t/hm^2$，增长 26.8%；在箱 4 中，产量从 $8.76t/hm^2$ 增加到 $12.00t/hm^2$，增长 37.0%。通过模型设置的环境变化和生理过程，似乎箱 2 中海带产量已接近箱 2 中的养殖容量，DIN 补充量不足以支持海带生物量的显著增加。在箱 3 和箱 4 内，DIN 的补充更加充分，即使海带养殖密度增加一倍，相应的产量表明其养殖密度仍然在养殖容量之内。但是在实际情况下，养殖密度的选择是对生产效率、海带品种、管理工作和其他成本的综合考虑。

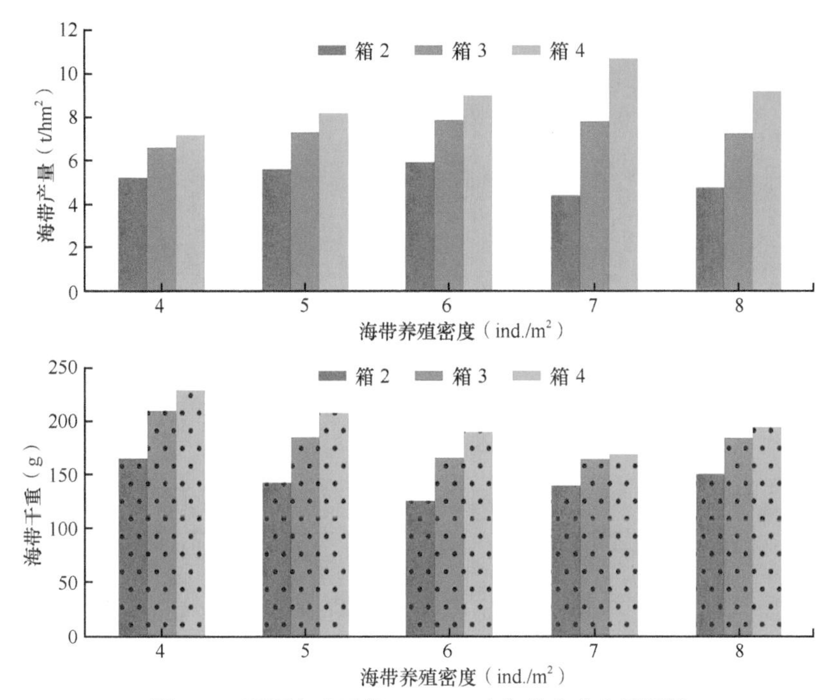

图 3.16 不同密度下箱 2、3、4 中海带养殖产量预测

上图：不同密度下每个箱体中海带总产量（干重）；下图：不同密度下单棵海带收获时的干重模拟值

（三）DIN 收支

图 3.17 为模拟期间牡蛎、海带、浮游植物和海流交换对场景Ⅲ情况下箱 3 中 DIN 收支的贡献。我们将每个时间步长内的牡蛎 DIN 输入量计算为 $(O_{ex}\times N)/V_3$，其中 O_{ex} 是单个牡蛎排泄量，N 是活牡蛎的数量，V_3 是箱 3 的体积。海带对营养盐吸收的计算公式为 $(U_{nk}\times A)/V_3$，其中 U_{nk} 是单根海带 DIN 摄入量，A 是当前海带的数量，V_3 是箱 3 的体积。

浮游生物 U_{np} 在每个时间步长的吸收量均用公式列于表 3.4 中。

修正后的 DIN 计算公式为：

$$\Delta \mathrm{DIN}=\frac{\sum(\Delta V_{\mathrm{in}}\times \mathrm{DIN}_{\mathrm{in}}-\Delta V_{\mathrm{out}}\times \mathrm{DIN}_3)}{V}$$

式中，ΔV_{in} 和 ΔV_{out} 是每个边界处的水体流入和流出量；DIN_{in} 是流入箱 3 相应的 DIN 含量；DIN_3 是指箱 3 中的水体 DIN 含量。每个月将不同部分的 DIN 收支量相加然后列出。

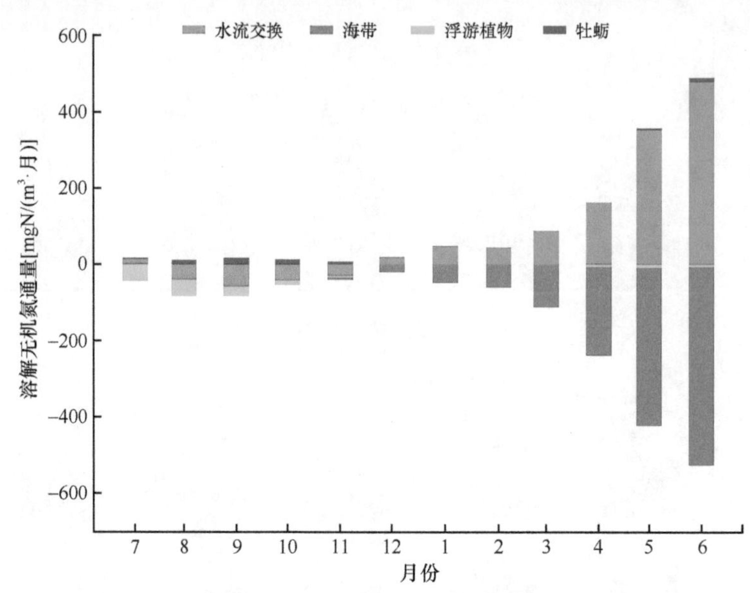

图 3.17　在场景Ⅲ条件下模型模拟区域的无机氮收支情况

本图为综合考虑水交换、海带吸收、浮游植物吸收和牡蛎排泄量，箱 3 中单位水体（每立方米）每月的溶解无机氮（DIN）收支模拟值

从图 3.17 可以得出结论，海带养殖在箱 3 的生态系统模型中的 DIN 收支过程中起重要作用。在牡蛎养殖期内，养殖牡蛎的 DIN 释放量在 9 月达到 15.8mgN/(m^3· 月) 的峰值，表明其在适当的环境下具有旺盛的生理活动。随着温度的降低和浮游植物生物量的降低，牡蛎的 DIN 释放量降低至可忽略的水平，约为 0.42mgN/(m^3· 月)，并且在环境适合时再次开始升高。在浮游植物的 DIN 收支情况中也表现出类似的行为，浮游植物在 8 月达到吸收峰值，为 44.6mgN/(m^3· 月)，并且随着温度的降低而下降。由水交换引起的 DIN 收支主要取决于与相邻箱体的 DIN 浓度差异。在海带养殖之前，箱 3 可以将 DIN 输出到其他 DIN 含量较低的箱内。但是，在海带养殖开始并且生物量快速增长之后，输入箱 3 的 DIN 被养殖海带大量吸收，并且在养殖周期的 12 月到次年 6 月之间，其摄入量几乎成倍增加。海带也在相邻的箱 2 和箱 4 进行养殖，因此海湾外部的 DIN 主要通过外边界提供。在 6 月，海带每月摄入的 DIN 可能超过 0.5g/m^3，这表明海湾外部是养殖海带营养盐的主要来源。

五、小结

本研究生态系统模型是长牡蛎（*C. gigas*）和海带（*S. japonica*）的个体生长模型，根据先前的文献（蔡碧莹等，2019；Zhang et al.，2016；Ren et al.，2012；

吴荣军等，2009；Ren and Schiel，2008；Pouvreau et al.，2006）构建而成。各个模型均根据观测结果进行了验证，并在一定程度上显示出模型的合理性。DIN 和浮游植物等主要环境因子的输出已再现了具有适当的数量级和季节性周期的观测值。该模型可以代表以水产养殖为主要组成部分的生态系统的变化情况，可用于研究不同水产养殖设施与环境之间的相互作用。

（一）生态系统模型的性能

生态系统模型是研究特定生态系统动态和特征的有效工具，已经有多项研究表明其较强的应用特性（Filgueira et al.，2014；Shi et al.，2011；Grant et al.，2007）。Reid 等（2018）综述了 IMTA 生态系统模型研究方法的种类和评价指标，并指出 IMTA 系统中营养成分转移和生长的估算需要从多方面考虑，包括环境条件、生态转化、生产周期的效率和时机等。我们将每小时的水动力模型结果用于计算每个箱之间的水交换，将潮汐和海流引起的短期环境变化引入生态系统模型中，同时应用更高的时间分辨率，使动态模型重现大部分环境变化。尽管如此，在模型构建过程中仍对养殖生物的生理过程、种群动态和环境生物相互作用应用了大量假设，因此在应用模型之前，需要针对生态系统模型进行验证。对于桑沟湾的情况，在复杂的水产养殖实践中，生态系统模型的空间规模为数十公里。由于水产养殖公司和个体户数量众多，设施的分布和水产养殖管理缺乏统一性。所以难以获得同步观测值，因此很难准确地再现以前的实际情况。

季节性浮游植物和 DIN 的生态系统模型结果（图 3.11 和图 3.12）粗略地再现了总体周期变化和合理的数量区间。这表明模型中包含的主要生物过程足以描述大多数生态系统特征。对于浮游植物，冬季生物量被低估，这可能是由于温度限制因素，如忽略了桑沟湾中可能存在的耐低温物种。另外，也有可能该水质模型未捕获到黄海地区冬季浮游植物特征的外边界条件。

各个生态模块是生态系统模型的重要组成部分，它们是否能合理地参数化不同环境条件下养殖生物的生理过程，对于生态系统模型的整体表现至关重要。我们应用的牡蛎个体生长模型是通过动态能量收支理论实现的（Kooijman，2010），而这种 DEB 模型在双壳类中也得到了很好的应用（Ren and Schiel，2008；Pouvreau et al.，2006；Duarte et al.，2003）。图 3.9 中的验证结果表明，该模型可以在给定的环境因子驱动下比较准确地再现观测到的牡蛎生长过程。

用于描述海带的模型也是动态生长模型，通常用于海带的此类模型是基于指数增长公式（Reid et al.，2018），该模型需要仔细选择诸如基本日增长率之类的参数。近期有关桑沟湾海带建模的研究中，其所采用的每日最大增长率有所差异（蔡碧莹等，2019；Zhang et al.，2016）。在我们的模型中，通过观测值对日增长率进行了校准，并将其设置为 μ_{max}=0.115/d。对于相同物种和区域，模型参数化方面的差异可能来自模型方程的差异、环境数据质量和采集的生物样品质量。为了构建用于海藻产量预测的有用模型，需要具有良好质量（时间和空间）的相关环境数据以进行进一步耦合（Reid et al.，2018）。我们的海藻个体生长模型与给定时期的观测值显示出良好的一致性，它是否足以代表桑沟湾内的整体海带养殖情况，仍需要更多数据进行连续验证和优化。

（二）利用生态系统模型进行水产养殖管理

以生态系统模型为工具，我们可以研究桑沟湾每个箱的养殖生物的养殖容量。当前，关于如何定义特定环境的养殖容量尚无统一标准。Filgueira 等（2014）在加拿大 Richibucto 河口建立了美洲牡蛎（*Crassostrea virginica*）水产养殖的全空间生态系统模型，并以浮游植物的耗竭作为养殖容量估算的指标。Zhao 等（2019）为底播养殖虾夷盘扇贝（*Patinopecten yessoensis*）建立了耦合 SCAMOD 模型，并基于经济效益评估来判断养殖容量。对于桑沟湾的牡蛎养殖，如图 3.14 所示，每公顷模拟产量随播种密度的增加而增加，表明其物理容量还未达上限。浮游植物的消耗与牡蛎生物量的增长大致成比例增加，说明生物量从浮游植物到牡蛎的转移量增加。通过我们的生态系统模型模拟，证明当前的牡蛎养殖实践中养殖密度约为每平方米水面 50 只牡蛎，是目前水产养殖模式下的比较合理的养殖密度。

海带养殖是桑沟湾的主要水产养殖活动。由于海带的生长特征，其承载能力状况与牡蛎不同。从海带模拟方案来看，不同海带养殖密度下，在养殖周期结束时箱 2 中的海带生物量变化不大，表明海带生物量已接近受养分供应限制的养殖容量。在箱 3 和箱 4 中，随着养殖数量的增加，海带产量保持了一定的增长势头。但是，由于在计算过程中采用了固定的死亡率，水产养殖场中海带数量的增加将导致个体数量减少。当海带生长到一定程度时，它将开始产生孢子。模型中未包括的此类过程将影响海带作为商品的质量。在实际的水产养殖生产中，海带生产的限制不仅来自模型中包含的生理和生态过程，而且还来自水中物理生存空间的限制。基于数十年的经验积累，目前的海带养殖密度接近 40 000ind./hm^2，这是综合考虑海带个体质量、适度管理劳动力要求和较低苗种成本的适当组合。该模型预测的海带生长和收获时的重量，可以帮助水产养殖企业和管理部门根据环境条件、市场需求和政策要求做出决策。

（三）模型的局限性和未来的改进方向

尽管我们的模型在一定程度上重现了观测结果，但这种重现是基于数十公里的空间规模之上的，并进行了大量假设和简化。箱式模型设定的空间分辨率要求每个箱内的水产养殖设施呈均匀分布。在当前的生态系统模型中，典型的水面面积超过 400km^2。具有这种时空分辨率的模型可以在一定程度上充分描述桑沟湾水产养殖生态系统的状况。如果水产养殖场更加分散，则该模型将缺乏灵活性和适用性。全空间耦合的生态系统模型（Filgueira et al.，2014）可以更好地再现分散的水产养殖场的空间分布和影响，但是这种模型通常需要更严格的边界条件和具有更好连续性的验证数据，并且模型配置通常因此难以移植。为此，需要根据水产养殖和环境条件的实际情况，选择一种更有效的模拟方法。

在我们的生态系统模型模拟期间，缺乏同步和连续的观测数据，阻碍了模型的进一步校准和优化。但是，获取连续数据并不容易，因为这在很大程度上取决于采样难度、测量精度和当地水产养殖生产过程。为了提高模型的性能，需要保持数据采集和持续监控的输入。各个模型的改进还取决于生理和生态学研究的进展，以更精细的系统方程式描述海带和浮游植物的养分吸收动力学、贝类的摄食生理生态学和种群动力学的过程。

第三节 实例：利用食物网模型估算桑沟湾养殖容量

一、桑沟湾养殖系统的食物网结构和生态系统特征[①]

桑沟湾是中国北方典型的海水养殖区，也是多营养层次综合水产养殖（IMTA）的典型代表。IMTA 是由不同营养级生物组成的综合养殖系统，其中的投饵性养殖单元（如鱼、虾类）产生的残饵、粪便、营养盐等有机或无机物质成为其他类型养殖单元（如滤食性贝类、大型藻类、腐食性生物）的食物或营养物质来源，并将生态系统内多余的物质转换到养殖生物体内，可实现养殖系统内物质的有效循环利用（蒋增杰和方建光，2017）。IMTA 不仅可以改善水质、增加优质动物蛋白，还可以通过“碳汇”作用减少气候变化的影响，具有很高的生态效率（蒋增杰和方建光，2017；Sherman and McGovern，2012）。本研究为探究桑沟湾 IMTA 养殖生态系统的食物网结构和生态系统特征，采用以质量平衡为基础的 Ecopath 模型开展研究，分析桑沟湾 IMTA 养殖生态系统中物种间的相互作用，为海水养殖生态系统结构分析、养殖容量估算提供参考。

（一）食物网模型构建

1. 模型方程和数据

Ecopath 模型是 Ecopath with Ecosim（EwE）模型的重要组成部分。该模型是由国际水生资源管理中心（International Center for Living Aquatic Resources

① 本节内容改写自 Sun 等（2020）

Management，ICLARM）开发，最初由美国夏威夷海洋研究所Polovina在1984年提出，用于评估稳定状态的水生生态系统生物种群的生物量和食物消耗（Polovina，1984a，1984b）。后来结合Ulanowicz（1986）的能量分析生态学理论，将模型应用于研究能量在食物网中的流动及各营养级的生物量，将一个原本很难量化的概念，通过营养动力学原理，用线性齐次方程组的形式来描述生态系统中物种组成及其能量在各生物体之间的流动情况。Ecopath模型定义的生态系统是由一系列生态关联的功能群（functional group）构成，全部功能群能够基本覆盖生态系统中物质和能量流动的全过程（Pauly and Christensen，1993）。Ecopath模型注重生态相互作用的研究，能够较清楚地反映重要生物种类间的营养关系、能量流动的过程，定量描述生态系统的规模、稳定性和成熟度，以及各营养级间能量流动的效率，并能够比较同一时期的不同生态系统，也能够比较不同时期的同一生态系统（孙龙启等，2016；张朝晖等，2007；Pauly and Christensen，1993）。Ecopath模型中各功能群的输入与输出需要相等，即生产量与产出量、捕食量与死亡量、其他死亡等累加输出之和保持平衡（Christensen and Pauly，1993）。

$$B_i \cdot (P/B)_i - \sum_{j=1}^{n} B_j \cdot (Q/B)_j \cdot DC_{ji} - (P/B)_i \cdot B_i \cdot (1-EE_i) - Y_i - E_i - BA_i = 0$$

式中，B_i为功能群i的生物量；$(P/B)_i$是功能群i的生产量与功能群i生物量的比值；$(Q/B)_j$是功能群j的摄食量与功能群j生物量的比值；DC_{ji}是被捕食生物i在捕食生物j的食物组成中所占的比例；EE_i为功能群i的生态营养效率（ecotrophic efficiency）；$(1-EE_i)$为其他死亡率；Y_i为功能群i的总捕捞率；E_i为功能群i的净迁移率；BA_i为功能群i的生物积累率。

模型的基本参数有生物量B_i、生产量与生物量比值$(P/B)_i$、摄食量与生物量比值$(Q/B)_j$、生态营养效率EE_i、食物组成矩阵DC_{ji}。前4个参数中只需输入其中3个就可通过模型求出另一参数，食物组成矩阵参数DC_{ji}为模型必须输入参数（林群等，2009；Christensen and Pauly，1993）。

2. 参数和功能群划分

Ecopath模型功能群的划分主要根据生物种类间的栖息地特征、生态学特征、简化食物网的研究策略等（林群等，2018；唐启升，1999），同时，每个Ecopath模型至少包括一个碎屑功能群，从而形成一个相对完整的生态系统（Cheung and Sadovy，2004；Christensen and Pauly，1993）。

根据上述原则，本研究将桑沟湾养殖生态系统划分为16个功能群，鱼类按照食性划分为杂食性鱼类（omnivorous fish）、游泳动物食性鱼类（piscivorous fish）、底栖动物食性鱼类（benthic feeding fish）和浮游生物食性鱼类（planktivorous fish）。桑沟湾主要养殖品种牡蛎（oyster）、扇贝（scallop）、鲍（abalone）和海带

（kelp）作为功能群单列。底栖生物划分为棘皮动物（Echinodermata）、甲壳动物（Crustacea）、软体动物（Mollusca）和其他底栖动物（other benthos），浮游动物（zooplankton）、细菌（bacteria）、浮游植物（phytoplankton）和碎屑（detritus）也被划分为功能群。该划分基本涵盖桑沟湾养殖生态系统的结构和能量流动过程。生物量以湿重（t/km^2）为单位，P/B 和 Q/B 以 a^{-1} 为单位。桑沟湾养殖生态系统各功能群种类组成如表 3.8 所示。

表 3.8　桑沟湾养殖生态系统各功能群种类组成

功能群		种类组成
1	游泳动物食性鱼类	鲬科鱼类、鲛鱇鱼等
2	底栖动物食性鱼类	斑尾复鰕虎鱼、矛尾复鰕虎鱼、皮氏叫姑鱼、星康吉鳗、牙鲆、梭鱼等
3	浮游生物食性鱼类	赤鼻棱鳀、黄鲫、前颌间银鱼等
4	杂食性鱼类	大头鳕、鲻鱼、细纹狮子鱼、人泷六线鱼等
5	养殖牡蛎	长牡蛎等
6	养殖扇贝	虾夷扇贝等
7	养殖鲍	皱纹盘鲍
8	棘皮动物	日本倍棘蛇尾等
9	甲壳动物	日本鼓虾、博氏双眼钩虾、日本浪漂水虱、细螯虾等
10	软体动物	彩虹明樱蛤、光滑河篮蛤、薄荚蛏等
11	其他底栖动物	纽虫、小头虫、多毛类等
12	浮游动物	桡足类动物、刺胞动物、磷虾、涟虫、端足类动物、被囊动物、十足目动物、毛颚类动物、浮游动物幼体等
13	细菌	异养细菌
14	养殖海带	日本真海带等
15	浮游植物	硅藻、甲藻等
16	碎屑	碎屑

碎屑、浮游植物、浮游动物、棘皮动物、甲壳动物、软体动物和其他底栖动物等功能群的数据来源于 2017 年 4 月、7 月、11 月和 2018 年 1 月在桑沟湾海域进行的 4 航次调查；养殖的牡蛎、扇贝、鲍和海带的功能群数据来自桑沟湾已有的统计数据（毛玉泽等，2018；蒋增杰和方建光，2017；刘红梅等，2013；张明亮等，2011）；鱼类各功能群和细菌的生物量的参数借鉴了邻近或相似海域的数据（Wu et al.，2016；于海婷等，2013），各功能群 P/B 和 Q/B 借鉴了邻近海域（毛玉泽等，2018；马孟磊等，2018a，2018b；蒋增杰和方建光，2017；Wu et al.，2016；任黎华，2014；吴忠鑫等，2013；张继红等，2013；张明亮等，2011）或经验公式换

算得来（Holme and Mclntyre，1984；Ikeda，1985；Brey，1990；Omori and Ikeda，1994）。桑沟湾各功能群的食性组成则借鉴已发表的相关研究成果（毛玉泽等，2018；马孟磊等，2018a，2018b；蒋增杰和方建光，2017；Wu et al.，2016；任黎华，2014；于海婷等，2013；张继红等，2013；吴忠鑫等，2013；刘红梅等，2013；张明亮等，2011；Omori and Ikeda，1994；Brey，1990；Ikeda，1985；Holme and Mclntyre，1984），各功能群食性组成详见表 3.9。

表 3.9　桑沟湾养殖生态系统各功能群食性组成

	被捕食者 / 捕食者	游泳动物食性鱼类	底栖动物食性鱼类	浮游生物食性鱼类	杂食性鱼类	养殖牡蛎	养殖扇贝	养殖鲍	棘皮动物	甲壳动物	软体动物	其他底栖动物	浮游动物	细菌
1	游泳动物食性鱼类	0.010			0.020									
2	底栖动物食性鱼类	0.250			0.110									
3	浮游生物食性鱼类	0.289			0.115									
4	杂食性鱼类	0.300			0.125									
5	养殖牡蛎													
6	养殖扇贝													
7	养殖鲍													
8	棘皮动物		0.100		0.004					0.020				
9	甲壳动物	0.151	0.120		0.250					0.100				
10	软体动物				0.020									
11	其他底栖动物		0.780		0.157				0.145	0.160		0.050		
12	浮游动物			0.400	0.023	0.060	0.060		0.008	0.080	0.100	0.010		
13	细菌								0.005	0.001	0.010	0.070		0.001
14	养殖海带			0.250	0.135			0.700	0.050	0.060	0.301		0.150	
15	浮游植物			0.350		0.780	0.780	0.300				0.020	0.100	0.050
16	碎屑				0.041	0.160	0.160		0.792	0.579	0.589	0.850	0.750	0.950

3. 模型调平

模型调平过程中借鉴了唐启升等（2016）对中国水产养殖品种营养级的分析结果，通过 Pedigree 对模型进行调整和优化，构建了桑沟湾养殖生态系统的食物网络结构。其中，为了满足质量守恒，需要保证 $EE_i < 1$ 和各功能群的生产量 / 摄食量（P/Q 值）在合理范围内（0.1 ～ 0.35）（Tuda and Wolff，2018），不满足质

量平衡约束的参数，按照 Christensen 等（2004）提出的方法进行调整，首先调整可信度最低的参数，然后重新运行模型，直到模型平衡（Tuda and Wolff，2018）。本研究的置信区间为 0.60，具有较高的可信度（Morissett，2007）。桑沟湾养殖生态系统中所有消费者的 EE_i 值均 < 1.0，P/Q 值均在合理范围内（Christensen et al.，2004）。

（二）食物网结构与生态系统特征

1. 桑沟湾养殖生态系统食物网结构

本研究中功能群的营养级为有效营养级（effective trophic level，ETL），采用的是 Odum 和 Heald（1975）提出的分数营养级（fractional trophic level，FTL）的概念，通常假定初级生产者和碎屑的营养级为 1，每一种生物根据其饵料所处的营养级及其在食物组成中的比例加权得到自身的营养级（刘其根，2005）。为便于分析营养级的能量流动和转换效率，Ecopath 模型结合了 Ulanowicz（1995）提出的营养级聚合（trophic aggregation）的理论，计算生态系统中每个功能群所处不同营养级的比例，再将同一营养级的不同功能群整合，提出生态系统的整合营养级，来简化食物网结构。

桑沟湾养殖生态系统食物网结构如图 3.18 所示，整个生态系统营养级介于 1.00 ～ 3.89，营养级最高的为游泳动物食性鱼类（3.89）。桑沟湾养殖生态系统生物量主要以第Ⅰ整合营养级和第Ⅱ整合营养级（简称 TLⅠ和 TLⅡ）为主。其中，

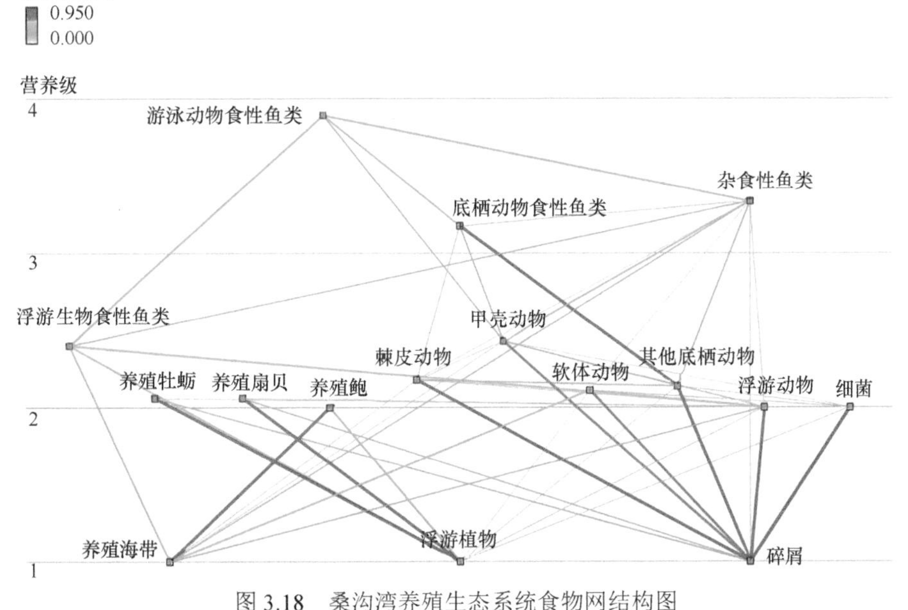

图 3.18　桑沟湾养殖生态系统食物网结构图

第Ⅰ整合营养级的生物量为4295.270t/km²，包括了碎屑、浮游植物和养殖海带；第Ⅱ整合营养级的生物量为840.233t/km²，包括了细菌、浮游动物、养殖牡蛎、养殖扇贝、养殖鲍、棘皮动物、甲壳动物、软体动物和其他底栖动物。水产养殖物种（牡蛎、扇贝、鲍和海带）贡献了大部分的生物量（占所有功能群生物量的97.30%）。鱼类、牡蛎、鲍和甲壳类的生态营养效率高于其他功能群，详见表3.10。

表3.10　桑沟湾养殖生态系统 Ecopath 模型基本输出结果（标黑字体为模型计算结果）

	功能群	营养级	生物量（t/km²）	生产量/生物量（a⁻¹）	摄食量/生物量（a⁻¹）	生态营养效率	捕捞量（t/km²）	生产量/摄食量
1	游泳动物食性鱼类	**3.89**	0.004	1.61	8.43	**0.84**	—	**0.19**
2	底栖动物食性鱼类	**3.18**	0.035	1.55	5.17	**0.67**	—	**0.30**
3	浮游生物食性鱼类	**2.40**	0.033	2.92	10.41	**0.40**	—	**0.28**
4	杂食性鱼类	**3.34**	0.048	1.43	5.27	**0.61**	—	**0.27**
5	养殖牡蛎	**2.06**	542.000	1.13	4.76	**0.71**	433.60	**0.24**
6	养殖扇贝	**2.06**	147.570	1.42	6.35	**0.56**	118.06	**0.22**
7	养殖鲍	**2.00**	141.350	0.87	4.97	**0.92**	113.00	**0.18**
8	棘皮动物	**2.18**	0.700	0.34	1.16	**0.14**	—	**0.29**
9	甲壳动物	**2.43**	0.470	0.48	1.63	**0.74**	—	**0.29**
10	软体动物	**2.11**	0.140	0.49	1.67	**0.07**	—	**0.29**
11	其他底栖动物	**2.14**	4.810	0.53	1.83	**0.34**	—	**0.29**
12	浮游动物	**2.00**	1.900	322.78	1291.12	**0.34**	—	**0.25**
13	细菌	**2.00**	1.260	50.46	171.60	**0.01**	—	**0.29**
14	养殖海带	**1.00**	4166.000	1.95	—	**0.57**	3750.00	—
15	浮游植物	**1.00**	27.580	210.00	—	**0.55**	—	—
16	碎屑	**1.00**	101.690	—	—	**0.32**	—	—

注：“—”表述无数据

2. 桑沟湾养殖生态系统总体特征

系统总流量（total system throughput，TST）是表征生态系统规模的指标，它是总摄食、总输出、总呼吸及流入碎屑的能量的总和。桑沟湾养殖生态系统总流量为29 038.02t/(km²·a)，其中28.32%流入碎屑，13.41%在呼吸过程中消耗掉。

系统总初级生产力与总呼吸量之比（TPP/TR）是描述生态系统成熟度的重要指标（Odum，1969）。在已发育成熟的生态系统中，该值趋于1左右，在发展中的生态系统中，该值大于1，大多数功能群的生产量大于其呼吸量（林群，

2012）。一个发展阶段的生态系统意味着生态系统仍然有潜力实现更多的生产，在桑沟湾生态系统中，其 TPP/TR=3.57（表 3.11）。

表 3.11　桑沟湾养殖生态系统总体特征参数

参数	值	单位
总摄食量	6 900.27	$t/(km^2 \cdot a)$
总输出量	10 020.33	$t/(km^2 \cdot a)$
总呼吸量	3 895.06	$t/(km^2 \cdot a)$
流向碎屑总量	8 222.36	$t/(km^2 \cdot a)$
系统总流量	29 038.02	$t/(km^2 \cdot a)$
总生产量	15 540.65	$t/(km^2 \cdot a)$
总初级生产力 / 总呼吸（TPP/TR）	3.57	—
总生物量 / 总流量	0.17	a^{-1}
连接指数（CI）	0.26	—
系统杂食性指数（SOI）	0.08	—
Ecopath 置信区间	0.60	—

注："—" 表示数值无单位

连接指数（connectance index，CI）和系统杂食性指数（system omnivory index，SOI）也是反映生态系统内部复杂性程度的指标（Ren et al.，2012）。连接指数 CI 是指对于特定的生态系统，食物网实际链数与可能链数之比（Bueno-Pardo et al.，2018），该值介于 0 ～ 1，因为当生态系统趋于成熟时，功能群之间的连接会从线性关系向网状关系转变（Odum，1971）。SOI 是生态系统中食物链间的相互作用效果（system-level food chain interaction），SOI 数值是通过对食物摄入量（consumer's food intake）对数为权重加权计算得出，即先对生态系统中各个功能群自身的 SOI 值先做加和，再求均值，便可得到生态系统水平上的 SOI，并可反映生态系统内各营养级在摄食相互作用（feeding interaction）方面的强弱，也代表了生态系统的复杂程度（Libralato，2019）。该值介于 0 ～ 1，0 为摄食高度专一化，仅摄食某一营养级；1 表示在多个营养级间摄食。生态系统越成熟，功能群之间的关系越复杂，CI 和 SOI 越接近 1（Li et al.，2019；李云凯等，2010）。在桑沟湾生态系统中，CI=0.26、SOI=0.08。桑沟湾养殖生态系统总体特征参数如表 3.10 所示。

（三）小结

根据模型结果，桑沟湾养殖生态系统主要以低营养层级养殖物种为主（如牡蛎、扇贝、鲍和海带等），它们贡献了桑沟湾养殖生态系统中的大部分生物量，且均位于第Ⅰ整合营养级（海带）和第Ⅱ整合营养级（牡蛎、扇贝、鲍）。其中，海带作为生态系统中的优势种，生物量占整个生态系统生物量的81.12%，鱼类功能群（游泳动物食性鱼类、底栖动物食性鱼类、浮游生物食性鱼类和杂食性鱼类）作为生态系统中的重要组成部分，在桑沟湾养殖生态系统中只占了0.002%的生物量。

从生态系统总体特征指数看，在桑沟湾养殖生态系统中，由于占主导的养殖品种多缺乏捕食者，生态系统的CI=0.26，远远小于1（成熟度），并且由于受到人类干预，生态系统中物种间的相互作用降低，桑沟湾养殖生态系统的SOI值为0.08，远低于自然生态系统（SOI值范围为0.17～0.32）（Karim et al.，2018；Rehren et al.，2018；Díaz-Uribe et al.，2012；Cruz-Escalona et al.，2007）或其他有水产养殖活动的生态系统（SOI从0.12到0.29）（马孟磊等，2018a；许祯行等，2016；张明亮等，2013）。究其原因，在于和桑沟湾养殖生态系统相比，这些海域开发程度低于桑沟湾，受人类活动影响较桑沟湾低，而在自然或准自然环境下的生态系统食物网通常更为复杂。但需要强调的是，水产养殖活动只是影响海洋生态系统的压力之一，具体评价时还应考虑其他人类活动产生的影响（如陆源污染排放、围填海等）（Black，2002）。

在桑沟湾养殖生态系统中，TPP/TR=3.57，说明桑沟湾养殖生态系统仍是一个发展中的生态系统。与莱州湾（2.08）（张明亮等，2013）、胶州湾（2.52）（马孟磊等，2018a）和獐子岛（2.16）（许祯行等，2016）相比，桑沟湾TPP/TR值更高，虽然以上生态系统都受到诸如水产养殖等人类活动的影响，但只有桑沟湾应用IMTA模式，表明桑沟湾生态系统有更高的单位水产养殖产量潜力，而其中大部分产量将被收获，只有一部分用于生态系统的循环利用。与没有大范围水产养殖活动的自然海域生态系统（TPP/TR范围为1.22～2.65）（Karim et al.，2018；Rehren et al.，2018；Tecchio et al.，2015；Díaz-Uribe et al.，2012；Cruz-Escalona et al.，2007）相比（表3.12），桑沟湾TPP/TR显著高于上述自然系统，表明桑沟湾养殖生态系统与自然生态系统存在显著差异。

表3.12　不同生态系统中关键生态系统特征参数比较分析

海区	CI	SOI	TPP/TR
桑沟湾	0.26	0.08	3.57
莱州湾（张明亮等，2013）	0.32	0.14	2.08
胶州湾（马孟磊等，2018a）	0.25	0.12	2.52
獐子岛（许祯行等，2016）	0.23	0.17	2.16
孟加拉湾（Karim et al.，2018）	3.33	0.29	2.65

续表

海区	CI	SOI	TPP/TR
加利福尼亚北部和中部海湾（Díaz-Uribe et al.，2012）	0.13	0.32	2.5
楚瓦卡湾（Rehren et al.，2018）	0.32	0.17	2.55
阿尔瓦拉多湖（Cruz-Escalona et al.，2007）	0.3	0.25	1.3
塞纳河口（Tecchio et al.，2015）	—	0.19	1.22

注："—" 表示无数据

从桑沟湾生态系统特征指数（CI、SOI、TPP/TP）的分析对比可以看出，桑沟湾受到人类活动（以水产养殖为代表）的显著影响（CI=0.26、SOI=0.08），但桑沟湾养殖生态系统通过 IMTA 模式，立体化利用水产养殖空间，将水产养殖的人为干扰降到最低（TPP/TR=3.57）（Fang et al.，2016），实现了在养殖容量范围内的养殖产量的提升。

考虑到近海生态系统的健康是海水养殖产业发展的重要保障，要实现水产养殖业绿色发展，必须要了解水产养殖活动和自然生态系统之间的相互关系（Fang et al.，2016）。IMTA 作为一种减少水产养殖对环境影响的方法（Chopin et al.，2012），可以帮助解决日益增长的水产品需求和生态环境问题之间的矛盾（van Osch et al.，2017）。本研究结果表明，桑沟湾养殖生态系统以低营养级养殖物种为主，有较高的能量转换效率，IMTA 养殖模式的应用不仅减少了人类活动对桑沟湾生态系统的干扰，也提高了养殖业的经济效益和生态效益。

二、基于食物网结构的桑沟湾牡蛎养殖生态容量估算①

基于生态系统的水产养殖（ecosystem approach to aquaculture，EAA）是维持水产养殖和生态系统之间平衡的方法（Soto，2010；Soto et al.，2008），旨在促进社会-生态复合系统的可持续发展。EAA 中使用容量（carrying capacity）概念，表示养殖生物种群规模与其所依赖的资源变化之间的关系（Byron et al.，2011a）。前期研究通过模型估算双壳贝类养殖对食物供应的影响（Dame and Prins，1997）、以个体生长率（Carver and Mallet，1990）或可同化的物质量（Weise et al.，2009）来计算养殖容量，但以上研究多是从生产系统若干个方面开展研究，因此计算的对象是生产容量。而只有在考虑养殖扩大是否会对其他物种带来不可接受的影响并影响生态系统功能的可持续性时，关注的才是生态容量（Kluger et al.，2016a；Jiang and Gibbs，2005）。因此，本研究选取了基于生态系统食物网结构和功能的 Ecopath 模型来估算生态容量。

① 本标题内容改写自 Gao 等（2020）

在Ecopath模型中，若某一功能群的生物量持续增加，达到一定阈值，则生态系统的能量流动势必失去平衡，该阈值即该功能群的生态容量。该方法已被用于纳拉甘西特湾、黄金湾和塔期曼湾的双壳贝类生态容量估算（Byron et al.，2011b；Jiang et al.，2005）。但是，Ecopath模型作为静态模型，生态系统的所有组成部分在模拟过程中都保持不变，所以这种方法不能动态地反映生态系统的变化。为此，需要引入Ecosim模型来克服这一缺点，Ecosim模型是在Ecopath模型的基础上开发的（Christense et al.，2004；Walters et al.，2000，1997），Ecosim模型中对强制函数输入的响应模拟和渔业政策优化模拟的动态建模能力，使其广泛应用于预测渔业对水生生态系统的生态效应，为渔业管理和决策提供了定量工具和科学依据（Geers et al.，2016；Wang et al.，2012；Frisk et al.，2011；Walters et al.，2002）。Ecosim模型可以模拟物种间的动态相互作用，揭示养殖活动的潜在影响，并用于生态容量的估算（Kluger et al.，2016a）。水产养殖生态容量估算是基于"不可接受的"生态影响的一种假设，即一个物种数量降低到其原始存量的10%时，其种群补充将受到严重限制，可能无法发挥其生态作用（Worm et al.，2009）。

本研究利用Ecopath with Ecosim（EwE）模型估算牡蛎养殖的进一步扩大对其他生物种群及生态系统的影响，旨在估算桑沟湾养殖牡蛎的生态容量。目前牡蛎养殖区中，浮游植物种类及浮游动物的生物量在牡蛎规模化养殖过程中发生了较大变化（李超伦等，2010），因此推测目前牡蛎养殖已经在一定程度上影响了生态系统中的其他生物，需要充分估算进一步扩大养殖规模对生态系统的影响，以确保其在可接受范围内。

（一）生态容量模型构建

为估算牡蛎养殖的生态容量，依据桑沟湾的养殖生物种类及其他生物种类间所具有的食性特征、栖息地特征、生态学特征等，将桑沟湾海域生态系统重新细划为24个功能群。包括该海域的重要养殖群体，也包括有机碎屑、浮游植物、浮游动物、底栖肉食性动物、底栖植食性动物等，基本覆盖了该生态系统能量流动的全过程，功能群如表3.13所示。

表3.13 桑沟湾养殖生态系统各功能群种类组成

功能群		功能群	
1	肉食性鱼类	5	大型游泳型甲壳类
2	底栖食性鱼类	6	大型爬行型甲壳类
3	浮游动物食性鱼类	7	其他甲壳类
4	碎屑食性鱼类	8	多毛类

续表

功能群		功能群	
9	棘皮类	17	大型和中型浮游动物
10	腹足类	18	异养微型浮游动物
11	头足类	19	自养微型浮游动物
12	非养殖小型底栖双壳类	20	小型和微型浮游植物
13	养殖牡蛎	21	微微型浮游植物
14	养殖扇贝	22	底栖微藻
15	养殖海带	23	细菌
16	海草和大型海藻	24	碎屑

Ecosim 模型中的脆弱性（V）可以模拟不同情境下，功能群生物量的变化所引起的生态系统的变化情况。脆弱性被设定为与功能群的营养级成正比（Kluger et al.，2016a；Buchary et al.，2003；Cheung et al.，2002）。

$$V_i=0.1515\times TL_i+0.0485$$

式中，TL_i 代表功能群营养级；脆弱性设置范围为 0 ～ 1，0.0 代表下行控制，0.3 代表混合效应，1.0 代表上行控制（Christensen et al.，2004）。因此，应用线性转换，得出 V 的值从 1 ～ Inf：

$$\mathrm{Log}(V_{\mathrm{new}})=2.301\,985\times V_i+0.001\,051$$

模拟情景：第 2 年至第 11 年期间逐步增加牡蛎生物量，然后在其余年份保持不变，对牡蛎养殖规模扩大进行了为期 30 年的模拟。由于养殖户认为增加养殖密度无助于产量的提高，故会采用扩大养殖面积的方式，我们的假设便是养殖面积扩大。我们遵循了渔业科学中对濒危种群的定义，即如果种群生物量低于开始捕捞之前（亦即“原始”）生物量的 10%，则该种群处于濒危状态（Worm et al.，2009）。在这样的低丰度下，种群补充可能会受到严重限制（Worm et al.，2009）。在本研究中，通过逐步增加牡蛎生物量（以目前的生物量 542t/km^2 为基础）进行模拟，直到任一功能群的生物量下降到其原始值的 10% 以下，将被视为超过生态容量（Kluger et al.，2016a）。图 3.19 只显示了轻微、中等、接近和超过生态容量的结果，即当前生物量的 1.1 倍、1.5 倍、1.8 倍和 2.0 倍，对应养殖密度为 596t/km^2、813t/km^2、976t/km^2 和 1084t/km^2。情景模拟的生物量和系统总流量（TST）（Ulanowicz，1986）、生物量、初级生产力、呼吸作用、转换效率（transfer efficiency，TE）（Christensen et al.，2004）、Finn 循环指数（Finn’s cycling index，FCI）（Finn，1976）、平均信息交换（average mutual information，AMI）（衡量各组成之间的交换）（Mageau et al.，1998）和 Kempton’s Q 指数（衡量生物量多样性）（Kempton and Taylor，1976）的结果是从 Ecopath 模型中的网络分析得到。牡蛎

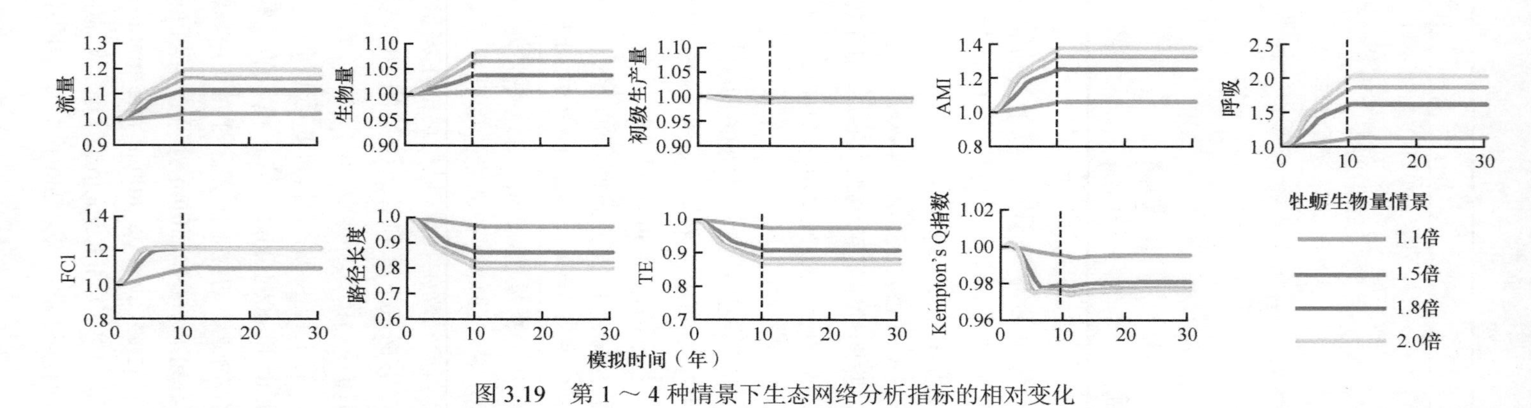

图 3.19　第 1 ～ 4 种情景下生态网络分析指标的相对变化

养殖牡蛎的生物量分别增加到目前的 1.1 倍（情景 1）、1.5 倍（情景 2）、1.8 倍（情景 3）和 2.0 倍（情景 4），分别用蓝色、橘红、灰色和黄色实线代表。垂直虚线表示牡蛎生物量从不断增加到稳定不变的转折时间点生物量增加对其他功能群的影响，通过与每个情景的模型初始稳定状态的比较来评价。

（二）牡蛎养殖的生态容量

1. 牡蛎养殖扩大对生态系统整体的影响

生物量增加引起的生态系统变化在 4 种情景下是一致的（图 3.19）。牡蛎养殖的扩大增加了生态系统的规模（如系统总流量所示）。生态系统流量的循环部分也增加了（如 FCI 所示），反映出与主要生产者以海带为主的初始状态相比，更多的流量因牡蛎养殖扩大而再次循环。然而牡蛎生物量的增加对生物多样性和均匀度产生了负面影响，Kempton's Q 指数的下降和其他功能群的生物量减少就表明了这一点。随着牡蛎养殖规模的扩大，能量流动路径的长度缩短，反映了系统内能量流向多样性的降低。4 种情景下，系统初级生产力变低，系统总转换效率（total transfer efficiency，TTE）也降低。

2. 牡蛎养殖规模扩大对其他功能群和生态容量的影响

在 4 种情境下，牡蛎生物量的增加对其他功能群的影响也是一致的（图 3.20），由于上行控制和下行控制的影响，大多数功能群生物量普遍下降。牡蛎减少了其直接摄食的物种的生物量，即微型和微微型浮游植物、异养微型浮游动物和自养微型浮游动物。牡蛎竞争者（如大型和中型浮游动物、其他底栖甲壳类和多毛类）的生物量也因食物枯竭而减少，进而导致较高营养级捕食者（如肉食性鱼类、底栖性鱼类、浮游性鱼类和头足类）的生物量进一步减少。在所有功能群中，大型和中型浮游动物及较高营养级鱼类、肉食性鱼类和头足类动物的生物量下降最为剧烈。例如，在第 2 ～ 4 种情境下，大型浮游动物和中型浮游动物减少到 30.4% ～ 42.4%，肉食性鱼类和头足类动物减少到目前生物量的一半以下。特别是当牡蛎生物量增加到 1.5 倍和 1.8 倍时，在 30 年尺度的模拟过程中，浮游动物食性鱼类的生物量分别减少到当前水平的 18.9% 和 12.0%，而在 2.0 倍时，生物量减少到当前水平的 8.5%，低于 10% 的临界值。因此目前水平的 1.8 倍为牡蛎的生态容量。然而，与普遍减少的功能群相比，细菌和浮游生物由于捕食者的生物量减少而增加（图 3.20）。

（三）小结

1. 桑沟湾生态系统基本结构及牡蛎养殖对其的影响

桑沟湾的水产养殖已有几十年的历史，以贝类和海带为主要养殖品种。因此，与其他贝类养殖区相比，桑沟湾的系统总流量（TST）和初级生产力要高得

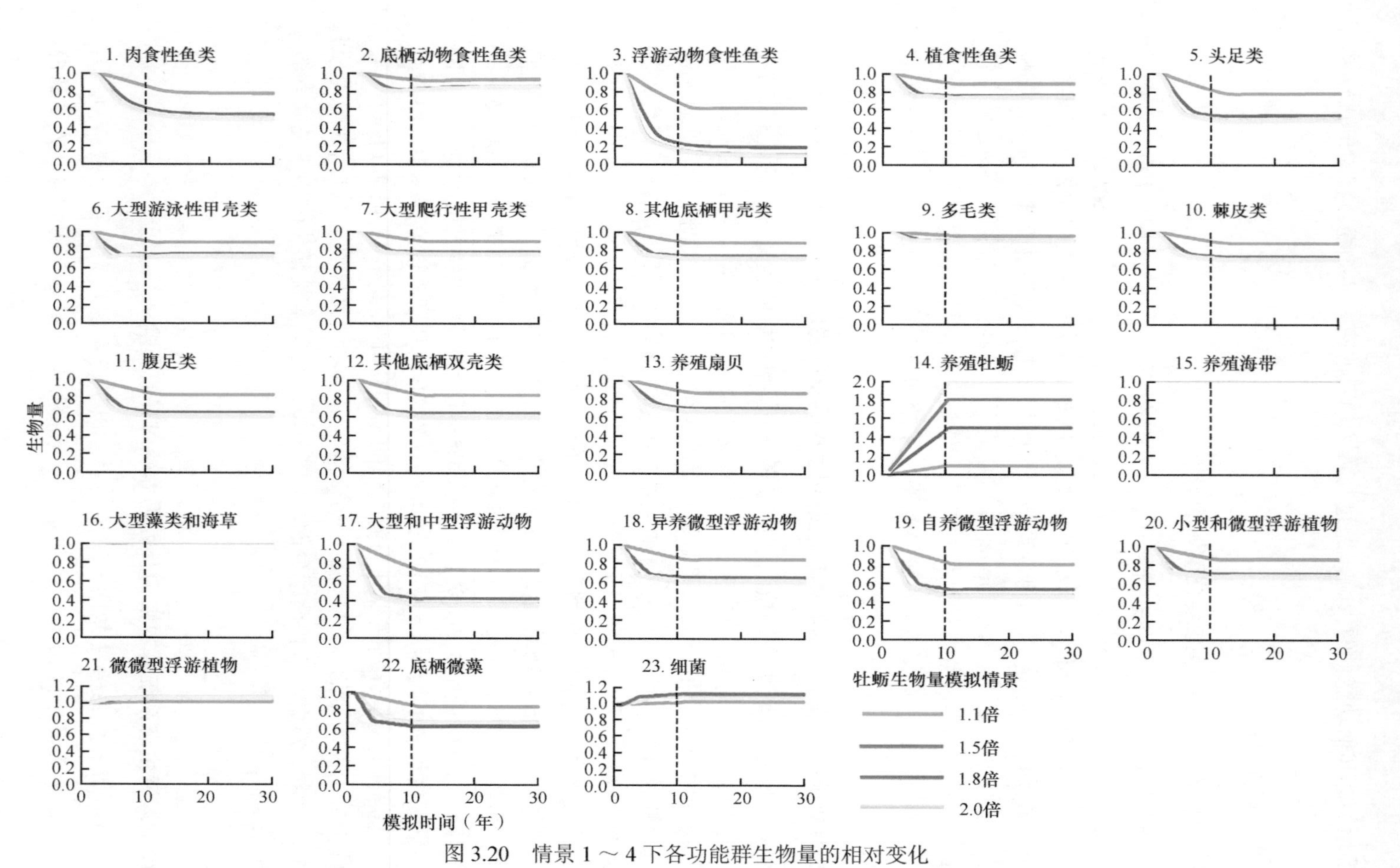

图 3.20　情景 1 ～ 4 下各功能群生物量的相对变化

养殖牡蛎的生物量分别增加到目前的 1.1 倍（情景 1）、1.5 倍（情景 2）、1.8 倍（情景 3）和 2.0 倍（情景 4），分别用蓝色、橘红、灰色和黄色实线代表。垂直虚线表示牡蛎生物量从不断增加到稳定不变的转折时间点。水平虚线表示 10% 的生物量阈值

多。例如，Outeiro 等（2018）总结的 TST 达到其他养殖贝类生态系统的 3 ～ 10 倍。与养殖双壳类相比，高营养级消费者的生物量较低（表 3.10），分别由连接指数（CI）和系统杂食性指数（SOI）表示。养殖海带的初级生产力和对总流量的贡献率较高，而消费者的消耗量有限，所以以 FCI 表示的生态系统总流量的平均循环部分较低。

本节通过对食物网结构指标的探讨，揭示了牡蛎养殖规模扩大对生态系统的整体影响。牡蛎的养殖面积扩大增加了生态系统的 TST，因为牡蛎消耗了更多的食物，包括初级生产者和碎屑。生态系统中能量的循环主要是食碎屑的函数，浮游动物摄食碎屑的增加引起循环部分的增加（Christensen and Pauly，1993）。由于更多的能量从碎屑流经牡蛎，因此如 FCI 所指示的，整个系统中的再循环部分增加。然而，由于呼吸作用的大幅升高（不可利用的流量），能量流入或流出所通过的平均组数（路径长度）（Finn，1980）减少。同时由于生态系统中流量集中在牡蛎，因此系统平均相互联系增加，这与 Kluger 等（2016b）的扇贝养殖扩张模拟结果一致。然而，本研究结果中系统总转换效率（TTE）降低，这与 Kluger 等（2016b）的模拟结果相反，其研究结果显示 TTE 随着扇贝底播量增加而升高。TTE 降低的原因可能是其他低营养级功能群，如底栖双壳类、底栖甲壳类和植食性微浮游动物的生物量减少，从而在一定程度上阻断了能量从低营养级向高营养级的传输。

2. 牡蛎养殖规模扩大对其他类群的影响

4 种模拟情境都显示，随着牡蛎生物量的增加，大量功能群的生物量减少。在桑沟湾，牡蛎以浮游植物、微型浮游动物、碎屑和底栖微藻为食。牡蛎生物量的增加直接影响它所摄食的上述种群，并减少了牡蛎食物竞争者的食物供给（图 3.20）。这些中等营养级竞争者的减少，会造成高营养级生物生物量的减少。大量功能群的消耗，反映出牡蛎养殖规模较大，已经成为生态系统的负担。在这种情况下，鉴于上述牡蛎养殖规模扩大的直接和间接影响，即生态系统的营养结构发生重大变化，因此牡蛎的生态容量不能超过目前养殖量的 1.8 倍，以避免浮游动物食性鱼类的生物量下降到原种群生物量的 10% 以下。

在本研究中，浮游动物食性鱼类是对牡蛎养殖规模扩大最敏感的类群。浮游动物食性鱼类的减少与浮游动物的生物量减少有关，滤食性双壳贝类与浮游动物争夺食物。事实上，牡蛎对浮游动物的竞争也是以往研究中定义生态容量的关键点。对浮游动物和牡蛎次级生产力的调查显示，在日本广岛湾高密度养殖牡蛎的地区，浮游动物和牡蛎之间存在食物竞争（Umehara et al.，2018）；在地中海北部沿海潟湖中也发现，浮游动物是滤食性生物的食物竞争者（Lam-Hoai and Rougier，2001）。经过近几十年的水产养殖，桑沟湾浮游动物群落生物量的季节性变化发生了改变。20 世纪 80 年代，浮游动物的生物量在夏季最高，冬季最低；而目前浮游动物的生物量在冬季最高、夏季最低。分析认为，目前桑沟湾夏季浮游动物生物量低是与贝类摄食活动频繁导致的食物竞争有关。在高密度贝类养殖区，养殖规模的进一步扩大会影响浮游动物生物量，进而对生态系统中其他相关类群产生影响。

本研究证实了双壳贝类养殖对生态系统中其他类群可能产生的影响。桑沟湾的牡蛎养殖容量为 976t/km^2，超过该密度，将对系统内的其他海洋生物类群造成不可逆的影响。

3. 适当控制桑沟湾牡蛎养殖密度

从基于生态系统的估算结果看，桑沟湾牡蛎平均养殖密度不应超过 976t/km^2。但是，目前牡蛎养殖集中在海湾内部约 30km^2 的区域，养殖密度高达 2943t/km^2，即平均生态承载力（976t/km^2）的 3.0 倍。目前桑沟湾养殖的牡蛎肥满度指数较低（任黎华，2014），而且收获的牡蛎必须转移到其他海域进一步育肥才能上市，也说明了目前该区域的养殖密度大。过度养殖造成的饵料限制应该是桑沟湾牡蛎消瘦的根本原因。

此外，与历史数据相比，经过 30 多年的养殖活动，桑沟湾浮游植物种类数量减少，优势种有所改变（李超伦等，2010）。最近调查也发现贝类养殖区的微微型浮游植物生物量有所增加（李凤雪等，2020），这与牡蛎对微微型浮游植物的捕获效率相对较低（Palmer and Williams，1980）有关，该趋势也在本次 Ecosim 模型的模拟结果中得到印证（图 3.20）。与此同时，与 20 世纪 80 年代初相比，桑沟湾目前浮游动物生物量的季节性变化已有较大不同（刘萍等，2015），从另外的角度证明牡蛎养殖已经超过了其生态容量。为得到更好的养殖效果，需要将牡蛎养殖密度降低到目前水平的 1/3，即由目前的 157ind./m^2 降低到 52ind./m^2。

4. 生态系统模型在养殖空间管理中的应用

以 EwE 模型模拟自然生态系统存在一定的局限性（Plagányi and Butterworth，2004），无法模拟牡蛎养殖规模扩大引起的物理过程和营养物质的变化。而在桑沟湾双壳类和海带混养的情况下，牡蛎养殖规模的扩大会改变牡蛎与浮游植物、营养物质与浮游植物、海带与营养物质之间的相互作用（Grant and Bacher，2001）。同时，海带和牡蛎养殖所使用的设施也影响了水动力和水交换，使彼此之间的营养物质交换更加复杂（史洁和魏皓，2009）。虽然从物理-生物耦合的生态系统模型来看，目前海带与浮游植物之间的营养竞争并不强烈，但有必要对牡蛎养殖扩大带来的环境影响和相应的营养效应开展研究，并以此来综合估算其养殖容量。

EwE 模型共包含 3 个模块，分别是 Ecopath 模型、Ecosim 模型和 Ecospace 模型。其中，Ecopath 模型作为描述生态系统静态特征的模型，可以描述生态系统整体特征和食物网结构；Ecosim 模型作为动态模型可以模拟生态系统的动态变化情况，为水产养殖空间规划和管理提供动态模拟和预测。不过，真实的养殖生态系统往往比简化食物网所能刻画的情况更为复杂，所以有必要引入空间模型，即 Ecospace 模型。Ecospace 模型作为 Ecopath 模型的动态空间版本，融合了 Ecosim 模型的所有关键元素（Christensen et al.，2008；Walters et al.，1999），同时更加突出研究对象的空间分布特征，可以更加全面地动态模拟养殖生态系统。这也为今后开展养殖空间管理提供了更好的动态空间模拟及预测工具。

参考文献

蔡碧莹 , 朱长波 , 刘慧 , 等 . 2019. 桑沟湾养殖海带生长的模型预测 . 渔业科学进展 , 40(3): 31-41.

蔡惠文 , 任永华 , 孙英兰 , 等 . 2009. 海水养殖环境容量研究进展 . 海洋通报 , 02: 109-115.

陈朋 . 2009. 水库放养匙吻鲟的生长与负载量的研究 . 华中农业大学硕士学位论文 .

陈义煊 , 高天福 , 张凯 . 1994. 四川省水库富营养化现状和网箱养殖容量研究 . 水系污染与保护 , 1994(2): 32-41.

董双林 . 2016. 水产养殖生态学发展的回顾与展望 . 中国海洋大学学报 (自然科学版), 46(11): 16-21.

董双林 , 李德尚 , 潘克厚 . 1998. 论海水养殖的养殖容量 . 青岛海洋大学学报 , 28(2): 253-258.

董双林 , 田相利 , 高勤峰 . 2017. 水产养殖生态学 . 北京 : 科学出版社 : 125-126.

杜琦 , 张皓 . 2010. 三都湾网箱鱼类养殖容量的估算 . 福建水产 , (04): 1-6.

方建光 , 王兴章 . 1996. 桑沟湾海带养殖容量的研究 . 海洋水产研究 , 17(2): 7-17.

方建光 , 匡世焕 , 孙慧玲 , 等 . 1996. 桑沟湾栉孔扇贝养殖容量的研究 . 海洋水产研究 , 17(2): 17-30.

葛长字 , 方建光 . 2006. 夏季海水养殖区大型网箱内外沉降颗粒物通量 . 中国环境科学 , 26(S1): 106-109.

桂福坤 , 王萍 , 吴常文 . 2011. 基于氮和磷平衡的负责任养殖模式下的养殖海区规划 . 南方水产科学 , 7(4): 69-75.

国家海洋局第一海洋研究所 . 1988. 桑沟湾增养殖环境综合调查研究 . 青岛 : 青岛出版社 .

吉红 , 单世涛 , 曹福余 , 等 . 2010. 安康瀛湖库区网箱不投饵养殖匙吻鲟的周年生长 . 陕西农业科学 , 56(01): 94-96.

贾后磊 , 舒廷飞 , 温琰茂 . 2002. 水产养殖容量的研究及网箱养殖容量的扩大途径 . 水产科学 , 21(6): 26-30.

蒋增杰 , 方建光 . 2017. 桑沟湾多营养层次综合养殖 // 唐启升 . 环境友好型水产养殖发展战略 : 新思路、新任务、新途径 . 北京 : 科学出版社 .

金刚 , 李钟杰 , 谢平 . 2003. 草型湖泊河蟹养殖容量初探 . 水生生物学报 , (04): 345-351.

李超伦 , 张永山 , 孙松 , 等 . 2010. 桑沟湾浮游植物种类组成、数量分布及其季节变化 . 渔业科学进展 , 31(4): 1-8.

李德尚 , 熊邦喜 , 李琪 , 等 . 1994. 水库对投饵网箱养鱼的负荷力 . 水生生物学报 , 18(3): 223-229.

李德尚, 熊邦喜, 李琪, 等. 1989. 水库对投饵网箱养鱼负荷力问题的初步探讨. 水利渔业, (04): 8-11.

李凤雪, 蒋增杰, 高亚平, 等. 2020. 桑沟湾浮游植物粒径结构及其与环境因子的关系. 渔业科学进展, 41(1): 31-40.

李艳, 姜源庆, 杨琳, 等. 2018. 桑沟湾立体生态方建设对碳通量及来源的影响分析. 可持续发展, 8(3): 181-187.

李云凯, 禹娜, 陈立侨, 等. 2010. 东海南部海区生态系统结构与功能的模型分析. 渔业科学进展, 31(02): 30-39.

林群. 2012. 黄渤海典型水域生态系统能量传递与功能研究. 中国海洋大学博士学位论文.

林群, 单秀娟, 王俊, 等. 2018. 渤海中国对虾生态容量变化研究. 渔业科学进展, 39(4): 19-29.

林群, 金显仕, 张波, 等. 2009. 基于营养通道模型的渤海生态系统结构十年变化比较. 生态学报, 29(7): 3613-3620.

刘红梅, 齐占会, 张继红, 等. 2013. 桑沟湾不同养殖模式下生态系统服务和价值评价. 青岛: 中国海洋大学出版社.

刘慧, 苏纪兰. 2014. 基于生态系统的海洋管理理论与实践. 地球科学进展, 02: 275-284.

刘慧, 蔡碧莹. 2018. 水产养殖容量研究进展及应用. 渔业科学进展, 39(3): 158-166.

刘剑昭, 李德尚, 董双林. 2000. 养虾池半精养封闭式综合养殖的养殖容量实验研究. 海洋科学, 24(7): 6-10.

刘绿叶, 刘培廷, 汤建华, 等. 2007. 文蛤养殖密度对主要环境因子影响的模拟研究. 水产养殖, 2007(5): 8-11.

刘萍, 宋洪军, 张学雷, 等. 2015. 桑沟湾浮游动物群落时空分布及养殖活动对其影响. 海洋科学进展, (4): 501-511.

刘其根. 2005. 千岛湖保水渔业及其对湖泊生态系统的影响. 华东师范大学博士学位论文.

刘学海, 王宗灵, 张明亮, 等. 2015. 基于生态模型估算胶州湾菲律宾蛤仔养殖容量. 水产科学, 12: 733-740.

卢振彬, 方民杰, 杜琦. 2007. 厦门大嶝岛海域紫菜、海带养殖容量研究. 南方水产, 04: 52-59.

罗国芝, 陆雍森. 2007. 湖泊围栏养殖容量估算. 环境污染与防治, 12: 949-952+957.

马孟磊, 陈作志, 许友伟, 等. 2018a. 基于 Ecopath 模型的胶州湾生态系统结构和能量流动分析. 生态学杂志, 37(2): 462-470.

马孟磊, 徐姗楠, 许友伟, 等. 2018b. 基于 Ecopath 模型的胶州湾生态系统比较研究. 中国水产科学, 25(2): 413-422.

毛玉泽, 李加琦, 薛素燕, 等. 2018. 海带养殖在桑沟湾多营养层次综合养殖系统中的生态功能. 生态学报, 38(9): 3230-3237.

苗卫卫, 江敏. 2007. 我国水产养殖对环境的影响及其可持续发展. 农业环境科学学报, 26(增刊): 319-323.

农业部渔业局养殖课题组. 2006. 我国主要水产养殖方式研究. 中国水产, 02: 11-13.

任黎华. 2014. 桑沟湾筏式养殖长牡蛎及其主要滤食性附着生物固碳功能研究. 中国科学院大学博士学位论文.

史洁. 2009. 物理过程对半封闭海湾养殖容量影响的数值研究. 中国海洋大学博士学位论文: 16-17.

史洁, 魏皓. 2009. 半封闭高密度筏式养殖海域水动力场的数值模拟. 中国海洋大学学报(自然科学版), (6): 1181-1187.
史洁, 魏皓, 赵亮, 等. 2010. 桑沟湾多元养殖生态模型研究：Ⅲ 海带养殖容量的数值研究. 渔业科学进展, 04: 43-52.
孙龙启, 林元烧, 陈俐骁, 等. 2016. 北部湾北部生态系统结构与功能研究Ⅶ：基于 Ecopath 模型的营养结构构建和关键种筛选. 热带海洋学报, 35(4): 51-62.
唐启升. 1996. 关于容纳量及其研究. 海洋水产研究, 02: 1-6.
唐启升. 1999. 海洋食物网与高营养层次营养动力学研究策略. 海洋水产研究, 20(2): 1-11.
唐启升, 刘慧. 2016. 海洋渔业碳汇及其扩增战略. 中国工程科学, 18(3): 68-73.
唐启升, 韩冬, 毛玉泽, 等. 2016. 中国水产养殖种类组成、不投饵率和营养级. 中国水产科学, (4): 729-758.
唐启升, 方建光, 张继红, 等. 2013. 多重压力胁迫下近海生态系统与多营养层次综合养殖. 渔业科学进展, 01: 1-11.
王武. 2000. 鱼类增养殖学. 北京：中国农业出版社: 259-293.
王振丽, 单红云. 2003. 关于水产养殖容量的思考. 中国渔业经济, 04: 42-43.
吴荣军, 张学雷, 朱明远, 等. 2009. 养殖海带的生长模型研究. 海洋通报, 28(2): 34-40.
吴忠鑫, 张秀梅, 张磊, 等. 2013. 基于线性食物网模型估算荣成俚岛人工鱼礁区刺参和皱纹盘鲍的生态容纳量. 中国水产科学, 20(2): 327-337.
谢剑, 戴习林, 臧维玲, 等. 2010. 凡纳滨对虾幼虾低盐度粗养水体养殖容量的研究. 海洋渔业, 32(03): 303-312.
熊邦喜, 李德尚, 李琪, 等. 1993. 配养滤食性鱼对投饵网箱养鱼负荷力的影响. 水生生物学报, 02: 131-144.
徐汉祥, 王伟定, 刘士忠, 等. 2005. 舟山深水网箱拟养海区环境本底状况及养殖容量. 现代渔业信息, (01): 8-11.
许祯行, 陈勇, 田涛, 等. 2016. 基于 Ecopath 模型的獐子岛人工鱼礁海域生态系统结构和功能变化. 大连海洋大学学报, (1): 85-94.
杨红生. 2017. 海洋牧场构建理论与实践. 北京：科学出版社: 41-51.
杨红生, 张福绥. 1999. 浅海筏式养殖系统贝类养殖容量研究进展. 水产学报, 23(1): 84-90.
杨红生, 李德尚, 董双林, 等. 2000. 海水池塘混合施肥养殖台湾红罗非鱼的鱼产力和负荷力. 海洋与湖沼, 02: 117-122.
杨红生, 李德尚, 董双林, 等. 1998. 中国对虾与罗非鱼施肥混养的基础研究. 中国水产科学, (02): 36-40.
姚宏禄. 1993. 主养鲢鳙非鲫高产鱼塘的初级生产力与能量转化效率的研究. 生态学报, (03): 272-279.
尹晖, 孙耀, 徐林梅, 等. 2007. 乳山湾滩涂贝类养殖容量的估算. 水产学报, 05: 669-674.
于海婷, 丁月旻, 线薇微, 等. 2013. 荣成湾渔业资源群落结构季节变化特征. 海洋湖沼通报, (02): 69-77.
曾呈奎, 王素娟, 刘思俭, 等. 1985. 海藻栽培学. 上海：上海科学技术出版社: 1-5.
曾呈奎, 吴超元, 任国忠. 1962. 温度对海带配子体的生长发育的影响. 海洋与湖沼, 4(1-2): 103-130.

詹力扬, 郑爱榕, 陈祖峰. 2003. 厦门同安湾牡蛎养殖容量的估算. 厦门大学学报 (自然科学版), 2003(5): 644-647.
张朝晖, 吕吉斌, 叶属峰, 等. 2007. 桑沟湾海洋生态系统的服务价值. 应用生态学报, (11): 2540-2547.
张皓. 2008. 三都湾海水网箱养殖调查及养殖容量研究. 厦门大学硕士学位论文.
张继红, 方建光, 唐启升, 等. 2013. 桑沟湾不同区域养殖栉孔扇贝的固碳速率. 渔业科学进展, 34(1): 12-16.
张继红, 任黎华, 吴桃, 等. 2011. 筏式养鲍对沉积环境压力的评价 MOM-B 监测系统模型在桑沟湾的应用. 渔业现代化, 38(1): 1-6.
张继红, 方建光, 王诗欢. 2008. 大连獐子岛海域虾夷扇贝养殖容量. 水产学报, 02: 236-241.
张明亮, 冷悦山, 吕振波, 等. 2013. 莱州湾三疣梭子蟹生态容量估算. 海洋渔业, (03): 57-62.
张明亮, 邹健, 毛玉泽, 等. 2011. 养殖栉孔扇贝对桑沟湾碳循环的贡献. 渔业现代化, (004): 13-16+31.
张涛, 杨红生, 王萍, 等. 2001. 烟台四十里湾养殖海区影响栉孔扇贝肥满度和生长因素的研究. 海洋水产研究, (01): 25-31.
张宗慧, 彭强, 朱玲. 2007. 四大家鱼养殖技术之一：万峰湖不投饵式网箱养殖鲢鳙技术. 中国水产, (09): 30-31.
中国科学院. 2014. 中国海洋与海岸工程生态安全中若干科学问题及对策建议. 北京: 科学出版社.
周劲风, 温琰茂. 2004. 珠江三角洲基塘水产养殖对水环境的影响. 中山大学学报 (自然科学版), 43(5): 103-106.
周立红, 卢亚芳, 黄世玉, 等. 2007. 杏林湾水库养殖容量的研究. 福建师范大学学报 (自然科学版), 03: 53-57.
朱明远, 张学雷, 汤庭耀, 等. 2002. 应用生态模型研究近海贝类养殖的可持续发展. 海洋科学进展, 20(4): 34-42.
邹仁林. 1996. 大亚湾海洋生物资源的持续利用. 北京: 科学出版社.
Bacher C, Duarte P, Ferreira JG, et al. 1997. Assessment and comparison of the Marennes-Oléron Bay (France) and Carlingford Lough (Ireland) carrying capacity with ecosystem models. Aquatic Ecology, 31(4): 379-394.
Bacher C, Grant J, Fang J, et al. 2003. Modelling the effect of food depletion on scallop growth in Sanggou Bay (China). Aquatic Living Resources, 16(1): 10-24.
Black KD. 2002. Environmental impacts of aquaculture. Aquaculture, 203: 397-398.
Bourles Y, Alunno-Bruscia M, Pouvreau S, et al. 2009. Modelling growth and reproduction of the Pacific oyster *Crassostrea gigas*: Advances in the oyster-DEB model through application to a coastal pond. Journal of Sea Research, 62(2): 62-71.
Brey T. 1990. Estimating production of macrobenthic invertebrates from biomass and mean individual weight. Meeresforschung-Reports on Marine Research, 32: 329-343.
Buchary EA, Cheung WL, Sumaila UR, et al. 2003. Back to the future: A paradigm shift for restoring Hong Kong marine ecosystem. Am Fish Soc, 38: 727-746.
Bueno-Pardo J, García-Seoane E, Sousa AI, et al. 2018. Trophic web structure and ecosystem attributes

of a temperate coastal lagoon (Ria de Aveiro, Portugal). Ecological Modelling, 378: 13-25.

Byron C, Link J, Costa-Pierce B, et al. 2011a. Calculating ecological carrying capacity of shellfish aquaculture using mass-balance modeling: Narragansett Bay, Rhode Island. Ecological Modelling, 222(10): 1743-1755.

Byron C, Link J, Costa-Pierce B, et al. 2011b. Modeling ecological carrying capacity of shellfish aquaculture in highly flushed temperate lagoons. Aquaculture, 314: 87-99.

Caperon J, Meyer J. 1972. Nitrogen-limited growth of marine phytoplankton— Ⅰ. changes in population characteristics with steady-state growth rate. Deep Sea Research and Oceanographic Abstracts, 19 (9): 601-618.

Carver CEA, Mallet AL. 1990. Estimating the carrying capacity of a coastal inlet for mussel culture. Aquaculture, 88(1): 39-53.

Chauvaud L. 2003. Clams as CO_2 generators: The *Potamocorbula amurensis* example in San Francisco Bay. Limnology and Oceanography, 48: 2086-2092.

Cheung WL, Sadovy Y. 2004. Retrospective evaluation of data-limited fisheries: A case from Hong Kong. Reviews in Fish Biology and Fisheries, 14: 181-206.

Cheung WL, Watson R, Pitcher TJ. 2002. Policy simulation on the fisheries of Hong Kong marine ecosystem. Fish Cent Res Rep, 10: 46-53.

Chopin T, Cooper JA, Reid G, et al. 2012. Open-water integrated multi-trophic aquaculture: Environmental biomitigation and economic diversification of fed aquaculture by extractive aquaculture. Reviews in Aquaculture, 4: 209-220.

Christensen V, Pauly D. 1993. Trophic models of aquatic ecosystems. Manila: ICLARM.

Christensen V, Walters CJ, Pauly D. 2004. Ecopath With Ecosim: A User's Guide. Vancouver: University of British Columbia, Fisheries Centre, Penang: ICLARM.

Christensen V, Walters CJ, Pauly D, et al. 2008. Ecopath with Ecosim version 6: A user's guide. Vancouver: University of British Columbia, Fisheries Centre.

Colléter M, Valls A, Guitton J, et al. 2015. Global overview of the applications of the Ecopath with Ecosim modeling approach using the EcoBase models repository. Ecological Modelling, 302: 42-53.

Cruz-Escalona VH, Arreguín-Sánchez F, Zetina-Rejón M. 2007. Analysis of the ecosystem structure of Laguna alvarado, western Gulf of Mexico, by means of a mass balance model. Estuarine, Coastal and Shelf Science, 72: 155-167.

Cubillo AM, Ferreira JG, Robinson SMC, et al. 2016. Role of deposit feeders in integrated multi-trophic aquaculture—a model analysis. Aquaculture, 453: 54-66.

Dame RF, Prins TC. 1997. Bivalve carrying capacity in coastal ecosystems. Aquatic Ecology, 31: 409-421.

Díaz-Uribe JG, Arreguín-Sánchez F, Lercari-Bernier D, et al. 2012. An integrated ecosystem trophic model for the North and Central Gulf of California: An alternative view for endemic species conservation. Ecological Modelling, 230: 73-91.

Duarte P, Meneses R, Hawkins AJS, et al. 2003. Mathematical modelling to assess the carrying capacity for multi-species culture within coastal waters. Ecological Modelling, 168(1-2): 109-143.

Ervik A, Agnalt A-L, Asplin L, et al. 2008. AkvaVis—dynamisk GIS-verktøy for lokalisering av oppdrettsanlegg for nye oppdrettsarter—Miljøkrav for nye oppdrettsarter og laks. Fiskenog Havet, nr. 10/2008.

Ervik A, Hansen PK, Aure J, et al. 1997. Regulating the local environmental impact of intensive marine fish farming Ⅰ. The concept of the MOM system (Modelling-Ongrowing fish farms-Monitoring). Aquaculture, 158(1): 85-94.

Fang JG, Zhang J, Xiao T, et al. 2016. Integrated multi-trophic aquaculture (IMTA) in Sanggou Bay, China. Aquaculture Environment Interactions, 8: 201-205.

Ferreira JG, Ramos L. 1989. A model for the estimation of annual production rates of macrophyte algae. Aquatic Botany, 33: 53-70.

Ferreira JG, Hawkins AJS, Bricker SB. 2007. Management of productivity, environmental effects and profitability of shellfish aquaculture—the Farm Aquaculture Resource Management (FARM) model. Aquaculture, 264(1): 160-174.

Ferreira JG, Hawkins AJS, Monteiro P, et al. 2008. Integrated assessment of ecosystem-scale carrying capacity in shellfish growing areas. Aquaculture, 275(1): 138-151.

Filgueira R, Grant J, Strand Ø. 2014. Implementation of marine spatial planning in shellfish aquaculture management: Modeling studies in a Norwegian fjord. Ecological Applications, 24(4): 832-843.

Filgueira R, Guyondet T, Bacher C, et al. 2015. Informing Marine Spatial Planning (MSP) with numerical modelling: A case-study on shellfish aquaculture in Malpeque Bay (Eastern Canada). Marine Pollution Bulletin, 100(1): 200-216.

Finn JT. 1976. Measures of ecosystem structure and function derived from analysis of flows. J Theor Biol, 56: 363-380.

Finn JT. 1980. Flow-analysis of models of the Hubbard Brook ecosystem. Ecology, 61: 562-571.

Frisk MG, Miller TJ, Latour RJ, et al. 2011. Assessing biomass gains from marsh restoration in Delaware Bay using Ecopath with Ecosim. Ecological Modelling, 222: 190-200.

Gao Y, Fang J, Lin F, et al. 2020. Simulation of oyster ecological carrying capacity in Sanggou Bay in the ecosystem context. Aquaculture International, 28: 2059-2079.

GESAMP. 1986. Environmental capacity: An approach to marine pollution prevention. UNEP Regional Seas Reports and Studies, (80): 62.

Geers TM, Pikitch EK, Frisk MG. 2016. An original model of the northern Gulf of Mexico using Ecopath with Ecosim and its implications for the effects of fishing on ecosystem structure and maturity. Deep Sea Res PT Ⅱ, 129: 319-331.

Gimpel A, Stelzenmüller V, Grote B, et al. 2015. A GIS modelling framework to evaluate marine spatial planning scenarios: Co-location of offshore wind farms and aquaculture in the German EEZ. Marine Policy, 55: 102-115.

Grant J. 1996. The relationship of bioenergetics and the environment to the field growth of cultured bivalves. Journal of Experimental Marine Biology and Ecology, 200(1-2): 239-256.

Grant J, Bacher C. 2001. A numerical model of flow modification induced by suspended aquaculture in a Chinese bay. Journal of Fisheries and Aquatic Sciences, 58 (5): 1003-1011.

Grant J, Curran K, Guyondet T, et al. 2007. A box model of carrying capacity for suspended mussel aquaculture in Lagune de la Grande-Entrée, Iles-de-la-Madeleine, Québec. Ecological Modelling, 200(1-2): 193-206.

Grant J, Maller KL. 1988. Estimating the carrying capacity of a coastal inlet for mussel culture in eastern Canada. Journal of Shellfish Research, 7(3): 535-574.

Grant JM, Dowd K, Thompson C, et al. 1993. Perspectives on field studies and related biological models of bivalve growth//Dame R. Bivalve Filter Feeders and Marine Ecosystem Processes. New York: Springer Verlag: 371-420.

Grenz C, Masse H, Morchid AK. 1991. An estimate of energy budget between cultivated biomass and the environment around a mussel-park in the northwest Mediterranean Sea. ICES Mar Sci Symp, 192: 63-67.

Grizzle RE, Lutz RA. 1989. A statistical model relating horizontal seston fluxes and bottom sediment characteristics to growth of *Mercenaria mercenaria*. Marine Biology, 102(1): 95-105.

Guyondet T, Roy S, Koutitonsky V, et al. 2010. Integrating multiple spatial scales in the carrying capacity assessment of a coastal ecosystem for bivalve aquaculture. Journal of Sea Research, 64(3): 341-359.

Heip CHR, Goosen NK, Herman PMJ, et al. 1995. Production and consumption of biological particles in temperate tidal estuaries. Oceanography and Marine Biology: An Annual Review, 33: 1-149.

Henderson A, Gamito S, Karakassis I, et al. 2001. Use of hydrodynamic and benthic models for managing environmental impacts of marine aquaculture. Journal of Applied Ichthyology, 17(4): 163-172.

Hepher B, Pruginin Y. 1981. Commercial fish farming: With special reference to fish culture in Israel. New York: Wiley: 261.

Herman PMJ. 1993. A set of models to investigate the role of benthic suspension feeders in estuarine ecosystems//Dame R. Bivalve Filter Feeders and Marine Ecosystem Processes. New York: Springer Verlag: 421-454.

Holme NA, McIntyre AD. 1984. Methods for the Study of Marine Benthos. Oxford: Blackwell Scientific Publications.

Ibarra DA, Fennel K, Cullen JJ. 2014. Coupling 3-D Eulerian bio-physics (ROMS) with individual-based shellfish ecophysiology (SHELL-E): A hybrid model for carrying capacity and environmental impacts of bivalve aquaculture. Ecological Modelling, 273: 63-78.

Ikeda T. 1985. Metabolic rates of epipelagic marine zooplankton as a function of body mass and temperature. Marine Biology, 85: 1-11.

Inglis GJ, Gust N. 2003. Potential indirect effects of shell-fish culture on the reproductive success of benthic predators. Journal of Applied Ecology, 40: 1077-1089.

Inglis GJ, Hayden BJ, Ross AH. 2000. An overview of factors affecting the carrying capacity of coastal embayments for mussel culture. NIWA Client Report: CHC00/69: vi+31.

Jiang W, Gibbs MT. 2005. Predicting the carrying capacity of bivalve shellfish culture using a steady, linear food web model. Aquaculture, 244, 171-185.

Karim E, Liu Q, Xue Y, et al. 2018. Ecosystem modeling of the resettled maritime area of the Bay of Bengal, Bangladesh through well-adjusted ecopath approach. Applied Ecology and Environmental Research, 16: 3171-3196.

Kempton RA, Taylor LR. 1976. Models and statistics for species diversity. Nature, 262: 818-820.

Kluger LC, Taylor MH, Mendo J, et al. 2016a. Carrying capacity simulations as a tool for ecosystem-based management of a scallop aquaculture system. Ecological Modelling, 331: 44-55.

Kluger LC, Taylor MH, Rivera EB, et al. 2016b. Assessing the ecosystem impact of scallop bottom culture through a community analysis and trophic modelling approach. Marine Ecology Progress Series, 547: 121-135.

Kooijman SALM. 2010. Dynamic Energy Budget Theory for Metabolic Organisation. Cambridge: Cambridge University Press.

Lam-Hoai T, Rougier C. 2001. Zooplankton assemblages and biomass during a 4-period survey in a northern Mediterranean coastal lagoon. Water Research, 35: 271-283.

Lane CE, Mayes C, Druehl LD, et al. 2006. A multi-gene molecular investigation of the kelp (Laminariales, Phaeophyceae) supports substantial taxonomic re-organization. Journal of Phycology, 42(2): 493-512.

Leontief WW. 1951. The Structure of the U.S. Economy. New York: Oxford University Press.

Li CH, Xian Y, Ye C, et al. 2019. Wetland ecosystem status and restoration using the Ecopath with Ecosim (EWE) model. Science of The Total Environment, 658: 305-314.

Libralato S. 2019. System omnivory index//Fath B. Encyclopedia of Ecology (2nd Edition). Amsterdam: Elsevier: 481-486.

Lin F, Du MR, Liu H, et al. 2020. A physical-biological coupled ecosystem model for integrated aquaculture of bivalve and seaweed in Sanggou Bay. Ecological Modelling, 431: 109181.

Lin Q, Jin XS, Zhang B. 2013. Trophic interactions, ecosystem structure and function in the southern Yellow Sea. Chinese Journal of Oceanology and Limnology, 31: 46-58.

Mageau MT, Costanza R, Ulanowicz RE. 1998. Quantifying the trends expected in developing ecosystems. Ecological Modelling, 112: 1-22.

Mao YZ, Li JQ, Xue SY, et al. 2018. Ecological functions of the kelp *Saccharina japonica* in integrated multi-trophic aquaculture, Sanggou Bay. China Acta Ecologica Sinica, 38(9): 1-8.

Meer, J. 2006. An introduction to Dynamic Energy Budget (DEB) models with special emphasis on parameter estimation. Journal of Sea Research 56(2): 85-102.

McKindsey CW, Thetmeyer H, Landry T, et al. 2006. Review of recent carrying capacity models for bivalve culture and recommendations for research and management. Aquaculture, 261: 451-462.

Morissette L. 2007. Complexity, Cost and Quality of Ecosystem Models and Their Impact on Resilience. Vancouver: University of British Columbia, Fisheries Centre, Penang: ICLARM.

Nunes JP, Ferreira JG, Gazeau F, et al. 2003. A model for sustainable management of shellfish polyculture in coastal bays. Aquaculture, 219(1): 257-277.

Odum EP. 1969. The strategy of ecosystem development. Science, 164: 262-270.

Odum EP. 1971. Fundamentals of Ecology. Philadelphia: Saunders.

Odum EP. 1982. 生态学基础 . 孙儒泳 , 钱国桢 , 林浩然 , 等译 . 北京 : 人民教育出版社 .

Odum WE, Heald EJ. 1975. The detritus-based food web of an estuarine mangrove community. Estuarine Research, (1): 265-286.

Officer CB, Smayda TJ, Mann R. 1982. Benthic filter feeding: A natural eutrophication control. Marine Ecology Progress Series, (9): 203-210.

Omori M, Ikeda T. 1994. Methods in Marine Zooplankton Ecology. New York: John-Wiley and Sons Publication.

Outeiro L, Byron C, Angelini R. 2018. Ecosystem maturity as a proxy of mussel aquaculture carrying capacity in Ria de Arousa (NW Spain): A food web modeling perspective. Aquaculture, 496: 270-284.

Palmer RE, Williams LG. 1980. Effect of particle concentration on filtration efficiency of the bay scallop *Argopecten irradians* and the oyster *Crassostrea virginica*. Ophelia, 19: 163-174.

Parsons TR, Takahashi M, Hargrave B. 1984. Biological Oceanographic Processes (Third edition). Oxford and New York: Pergamon Press.

Pauly D, Christensen V. 1993. Stratified models of large marine ecosystems: A general approach and an application to the South China Sea//Sherman K, Alexander LM, Gold BD. Large Marine Ecosystem: Stress, Mitigation and Sustainability. Washington DC: American Association for the Advancement of Science Press: 148-174.

Pauly D, Christensen V, Walters C. 2000. Ecopath, Ecosim, and Ecospace as tools for evaluating ecosystem impact of fisheries. Ices J Mar Sci, 57: 697-706.

Plagányi ÉE, Butterworth DS. 2004. A critical look at the potential of Ecopath with Ecosim to assist in practical fisheries management. Afr J of Mar Sci, 26: 261-287.

Polovina JJ. 1984a. Model of a coral reef ecosystem Ⅰ: The ECOPATH model and its application to French Frigate Shoals. Coral Reefs, 3(1): 1-11.

Polovina JJ. 1984b. An overview of the ECOPATH model. Fishbyte, 2(2): 5-7.

Pouvreau S, Bourles Y, Lefebvre S, et al. 2006. Application of a dynamic energy budget model to the Pacific oyster, *Crassostrea gigas*, reared under various environmental conditions. Journal of Sea Research, 56(2): 156-167.

Rabassó M, Hernández JM. 2015. Bioeconomic analysis of the environmental impact of a marine fish farm. Journal of Environmental Management, 158: 24-35.

Radach G, Moll A. 1993. Estimation of the variability of production by simulating annual cycles of phytoplankton in the central North Sea. Progress In Oceanography, 31: 339-419.

Raillard O, Ménesguen A. 1994. An ecosystem box model for estimating the carrying capacity of a macrotidal shellfish system. Marine Ecology Progress Series, 115: 117-130.

Rehren J, Wolff M, Jiddawi N. 2018. Holistic assessment of Chwaka Bay's multi-gear fishery—using a trophic modeling approach. Journal of Marine Systems, 180: 265-278.

Reid G, Lefebvre S, Filgueira R, et al. 2018. Performance measures and models for open-water integrated multi-trophic aquaculture. Reviews in Aquaculture. DOI: 10.1111/raq.12304.

Ren JS, Schiel DR. 2008. A dynamic energy budget model: Parameterisation and application to the Pacific oyster *Crassostrea gigas* in New Zealand waters. Journal of Experimental Marine Biology and Ecology, 361(1): 42-48.

Ren JS, Ross AH, Hadfield MG, et al. 2010. An ecosystem model for estimating potential shellfish culture production in sheltered coastal waters. Ecological Modelling, 221 (2010): 527-539.

Ren JS, Stenton-Dozey J, Plew DR, et al. 2012. An ecosystem model for optimising production in integrated multitrophic aquaculture systems. Ecological Modelling, 246: 34-46.

Sherman K, McGovern G. 2012. Frontline Observations on Climate Change and Sustainability of Large Marine Ecosystems. New York: United Nations Development Program: 203.

Shi J, Wei H, Zhao L, et al. 2011. A physical—biological coupled aquaculture model for a suspended aquaculture area of China. Aquaculture, 318(3-4): 412-424.

Soto D. 2010. Aquaculture Development 4. Ecosystem approach to aquaculture. FAO Technical Guidelines for Responsible Fisheries, 5(Suppl. 4): 53.

Soto D, Aguilar-Manjarrez J, Hishamunda N. 2008. Building an ecosystem approach to aquaculture. FAO/Universitat de les Illes Balears Expert Workshop, May 7-11, 2007, Palma de Mallorca, Spain. FAO Fisheries and Aquaculture Proceedings. No.14. Rome: FAO: 221.

Steele JH. 1962. Environmental control of photosynthesis in the sea. Limnology and Oceanography, 7 (2): 137-150.

Stigebrandt A, Aure J, Ervik A, et al. 2004. Regulating the local environmental impact of intensive marine fish farming Ⅲ. A model for estimation of the holding capacity in the Modelling-Ongrowing fish farm-Monitoring system. Aquaculture, 234(1-4): 239-261.

Sun LQ, Liu H, Gao YP, et al. 2020. Food web structure and ecosystem attributes of integrated multi-trophic aquaculture waters in Sanggou Bay. Aquaculture Reports, 16: 100279.

Tecchio S, Rius AT, Dauvin JC, et al. 2015. The mosaic of habitats of the Seine estuary: Insights from food-web modelling and network analysis. Ecological Modelling, 312: 91-101.

Tuda PM, Wolff M. 2018. Comparing an ecosystem approach to single-species stock assessment: The case of Gazi Bay. Kenya. Journal of Marine Systems, 184: 1-14.

Ulanowicz RE. 1986. Growth and development: Ecosystems phenomenology. New York: Springer-Verlag.

Ulanowicz RE. 1995. Ecosystem trophic foundations: Lindeman exonerata//Patten BC, Jørgensen SE. Complex Ecology: The Part-Whole Relation in Ecosystems. Englewood Cliffs: Prentice Hall: 549-550.

Ulanowicz RE, Puccia CJ. 1990. Mixed trophic impacts in ecosystems. Coenoses, 5(1): 7-16.

Umehara A, Asaoka S, Fujii N, et al. 2018. Biological productivity evaluation at lower trophic levels with intensive Pacific oyster farming of *Crassostrea gigas* in Hiroshima Bay, Japan. Aquaculture, 495: 311-319.

van der Veer H, Cardoso JFMF, van der Meer J. 2006. The estimation of DEB parameters for various Northeast Atlantic bivalve species. Journal of Sea Research, 56(2): 107-124.

van Osch S, Hynes S, O'Higgins T, et al. 2017. Estimating the Irish public's willingness to pay for more sustainable salmon produced by integrated multi-trophic aquaculture. Marine Policy, 84: 220-227.

Verhagen JHG. 1986. Tidal Motion, and the Seston Supply to the Benthic Macrofauna in the Oosterschelde. Delft: Deltares (WL).

Walters C, Christensen V, Pauly D. 1997. Structuring dynamic models of exploited ecosystems from trophic mass-balance assessments. Reviews in Fish Biology and Fisheries, 7: 139-172.

Walters C, Pauly D, Christensen V. 1999. Ecospace: Prediction of mesoscale spatial patterns in trophic relationships of exploited ecosystems, with emphasis on the impacts of marine protected areas. Ecosystems, 2: 539-554.

Walters C, Pauly D, Christensen V, et al. 2000. Representing density dependent consequences of life history strategies in aquatic ecosystems: EcoSim Ⅱ. Ecosystems, 3: 70-83.

Walters CJ, Christensen V, Pauly D. 2002. Searching for optimum fishing strategies for fishery development, recovery and sustainability. The use of Ecosystem Models to Investigate Multispecies Management Strategies for Capture Fisheries. FAO Fish Cent Res Rep, 10: 1-15.

Wang Y, Li SY, Duan LJ, et al. 2012. Fishery policy exploration in the Pearl River Estuary based on an Ecosim model. Ecological Modelling, 230: 34-43.

Weise AM, Cromey CJ, Callier MD, et al. 2009. Shellfish-DEPOMOD: Modelling the biodeposition from suspended shellfish aquaculture and assessing benthic effects. Aquaculture, 288: 239-253.

Wildish D, Kristmanson D. 1997. Benthic suspension feeders and flow. Cambridge: Cambridge University Press: 409.

Worm B, Hilborn R, Baum JK. et al. 2009. Rebuilding global fisheries. Science, 325(5940): 578-585.

Wu ZX, Zhang XM, Lozano-Montes HM, et al. 2016. Trophic flows, kelp culture and fisheries in the marine ecosystem of an artificial reef zone in the Yellow Sea. Estuarine Coastal and Shelf Science, 182: 86-97.

Xuan J, He Y, Zhou F, et al. 2019. Aquaculture induced boundary circulation and its impact on coastal frontal circulation. Environmental Research Communications, 1(5): 051001.

Zhang J, Wu W, Ren JS, et al. 2016. A model for the growth of mariculture kelp *Saccharina japonica* in Sanggou Bay, China. Aquaculture Environment Interactions, 8: 273-283.

Zhao Y, Zhang J, Lin F, et al. 2019. An eco-system model for estimating shellfish production carrying capacity in bottom culture systems. Ecological Modelling, 393: 1-11.

第四章

海水养殖空间管理技术：环境影响评价[①]

① 本章主要作者：蒋增杰、宣基亮、刘慧、杜美荣、何宇晴、袁伟、朱建新、周锋

海洋环境动力性强，具有动态性和连通性的特点；海洋生态系统迥异于陆地生态系统。海水养殖与外部海洋生态环境的交互影响，是其空间管理中需要重点考虑的因素。管理好海水养殖的环境影响，是维护生态系统平衡、推进养殖业持续健康发展的基础。根据环境影响研究的介质和层次，海水养殖环境影响评价主要有四大类：海洋水文动力影响（史洁和魏皓，2009；赵俊等，1996）、海水水质评价（李斌等，2018；周细平等，2016）、沉积环境质量评价（丁敬坤等，2020；Borja et al.，2000；Ervik et al.，1997）和生态系统健康综合评价（傅明珠等，2013；李纯厚等，2013；蒲新明等，2012；郑伟等，2012）。随着人们对海水养殖活动与环境相互作用认识需求的不断提高和研究的不断深入，单一的海水水质评价和沉积环境评价已经难以满足人们系统认识海水养殖活动资源环境效应的需求，急需从生态系统层面对海水养殖生态系统的健康状况进行科学和综合评价。本章介绍了养殖生态系统健康综合评价指标体系及方法，以桑沟湾为例，综合评价了养殖生态系统的健康状态，深入探讨了海水养殖活动对水动力过程的影响，以期为海水养殖空间管理提供科学依据。

第一节 养殖生态系统健康综合评价

一、养殖生态系统健康综合评价指标体系与评价方法

（一）指标体系

基于联合国经济合作与发展组织提出的压力-状态-响应模型（pressure-state-response，PSR），从压力指标、结构响应指标、功能响应指标三个方面构建养殖生态系统健康综合评价指标体系（表 4.1）。

表 4.1 养殖生态系统健康综合评价指标体系

指标			相对健康状况	
目标层（A 层）	准则层（B 层）	指标层（C 层）	好	坏
养殖生态系统健康综合指数	压力指标	C1 有机污染指数	低	高
		C2 营养水平指数	低	高
	结构响应指标	C3 浮游植物丰度	低	高
		C4 浮游动物生物量	高	低
		C5 底栖生物生物量	高	低
		C6 浮游植物多样性指数	高	低
	功能响应指标	C7 初级生产力	高	低

各指标计算公式如下：

C1 有机污染指数指标层：指水域遭受有机污染的程度：

$$A=C_{COD}/C'_{COD}+C_{IN}/C'_{IN}+C_{IP}/C'_{IP}-C_{DO}/C'_{DO}$$

式中，A 为有机污染指数；C_{COD} 为化学耗氧量实测值；C_{IN} 为溶解无机氮浓度实测值；C_{IP} 为总无机磷浓度实测值，对应的 C' 代表各因子相应的一类海水水质标准值（GB 3097—1997）。

C2 营养水平指数指标层：反映总体营养水平：

$$E=C_{COD}\times C_{IN}\times C_{IP}/1500$$

式中，E 代表营养水平指数；C_{COD} 为化学耗氧量实测值；C_{IN} 为溶解无机氮浓度实测值；C_{IP} 为总无机磷浓度实测值。

C3 浮游植物丰度指标层：参照《海洋调查规范 第 6 部分：海洋生物调查》（GB/T 12763.6—2007），单位为 ind./m^3。

C4 浮游动物生物量指标层：参照《海洋调查规范 第 6 部分：海洋生物调查》（GB/T 12763.6—2007），单位为 mg/m^3。

C5 底栖生物生物量指标层：参照《海洋调查规范 第 6 部分：海洋生物调查》（GB/T 12763.6—2007），单位为 g/m^2。

C6 浮游植物多样性指数指标层：表征生态系统的稳定性和复杂性，以 Shannon-Wiener 多样性指数计算，其公式为：

$$H=-\sum_{i=1}^{s}\left(\frac{n_i}{N}\right)\log_2\left(\frac{n_i}{N}\right)$$

分别计数不同的浮游生物的丰度（ind./m^3）。n_i 为 i 种生物的丰度；N 为总丰度；s 为物种数量。

C7 初级生产力指标层：采用叶绿素 a（Chla）进行估算，$P=P_s\cdot E\cdot D/2$，$P_s=C_a\cdot Q$，其中 P 为初级生产力 [mgC/(m^2·d)]，P_s 为表层水中浮游植物的潜在生产力，E 为真光层的深度（m）（取透明度的 3 倍），D 为日照时数（h），C_a 为表层 Chla 浓度（μg/L），Q 为同化系数，使用经验值 3.7。

（二）评价方法

1. 评价标准

主要参考我国现行的《海水水质标准》《渔业水质标准》《海洋沉积物质量》《海洋生物质量》等相关标准。对于标准中不包含的指标，参考已有的文献报道，具体评价标准见表 4.2。

表 4.2 养殖生态系统健康评价标准

	指标	评价标准	参考文献
压力指标	C1 有机污染指数	≤1	贾晓平等，2002 《海水水质标准》GB 3097—1997
	C2 营养水平指数	≤0.5	贾晓平等，2002 《海水水质标准》GB 3097—1997
结构响应指标	C3 浮游植物丰度（$\times10^4$ind./m^3）	≤500	贾晓平等，2002
	C4 浮游动物生物量（mg/m^3）	≥100	蔡文贵等，2004；贾晓平等，2005
	C5 底栖生物生物量（g/m^2）	≥100	贾晓平等，2002
	C6 浮游植物多样性指数	≥3.5	蔡文贵等，2004
功能响应指标	C7 初级生产力 [mgC/(m^2·d)]	≥600	贾晓平等，2005

2. 分指数的计算和因子权重的确定

评价指标分指数的计算方法如下：

$$P_i=1\ (I_i \geq I_{oi}),\ P_i=I_i/I_{oi}\ (I_i < I_{oi})\ (\text{C1} \sim \text{C3})$$

$$P_i=1\ (I_i < I_{oi}),\ P_i=I_i/I_{oi}\ (I_i \geq I_{oi})\ (\text{C4} \sim \text{C7})$$

式中，P 为第 i 项指标的环境分指数；I 为第 i 项指标的实测数据；I_{oi} 为第 i 项指标的管理目标值。P 的数值反映了各单项指标与管理目标之间的距离。越接近 1 环境状态越好，反之亦然。

依据层次分析法的理论，邀请海洋生态学、水产养殖生态学的相关专家进行咨询，确定两两指标的重要程度并进行分级，指标的重要程度分为同等重要、稍微重要、明显重要、非常重要和绝对重要，建立成对比较矩阵进行权重计算。采用加权平均型综合指数法进行生态系统健康状况分级，计算得到海湾生态系统健康综合指数与分指数，都位于 0 ～ 1 区间内。指数值为 1 说明已达到或优于管理目标，越接近 1，表示越接近管理目标，越接近 0，表示距离管理目标越远。根据生态系统健康综合指数的数值大小，将养殖生态系统的健康状态划分为 6 个等级（表 4.3）。

表 4.3 养殖生态系统健康状况分级评价标准

生态系统健康评价指数	0 ～ 0.2	0.2 ～ 0.4	0.4 ～ 0.6	0.6 ～ 0.8	0.8 ～ 1	1
状态	很差	较差	临界	较好	很好	最好

二、养殖生态系统健康综合评价——以桑沟湾为例

（一）桑沟湾海水养殖现状

桑沟湾位于山东半岛东部沿海（37°01′ ～ 37°09′N，122°24′ ～ 122°35′E），为

“C”状半封闭海湾，北、西、南三面为陆地环抱，湾口朝东（图 3.6）。湾口门北起青鱼嘴，南至楮岛，口门宽 11.5km，海湾面积 144km^2，海岸线长 90km，湾内平均水深 7 ～ 8m，最大水深 15m，滩涂面积约 20km^2（国家海洋局第一海洋研究所，1988）。湾内底质分布大致为：西北岸段的近岸为细砂质粉砂，北部岸段以细砂为主，在楮岛附近有砾砂，湾的中部以黏土质粉砂为主。入湾河流有桑干河、崖头河、沽河、小落河，年总径流量为 1.68×10^8 ～ $2.64\times10^8 m^3$。桑沟湾内水域广阔，水流畅通，水质肥沃，自然资源丰富，是中国北方典型的规模化养殖海湾。桑沟湾的海水养殖以 20 世纪 50 年代试养海带为起点，随着养殖品种的多样化，养殖模式由海带、扇贝等品种的单养模式逐步发展成混养、多元养殖模式，并在近些年发展成为以贝-藻、贝-藻-参等为主的多营养层次综合水产养殖（IMTA）。

（二）养殖生态系统健康综合评价关键指标监测

2017 年 4 月、7 月、11 月和 2018 年 1 月在桑沟湾内设置 21 个站位（图 3.6）进行了 4 个航次季节性大面调查，调查参数包括水温、盐度、透明度、叶绿素 a（Chla）、溶解态氮磷营养盐浓度、生化需氧量（COD）、浮游植物、浮游动物、底栖生物丰度和生物量等。

1. 桑沟湾表层水体溶解态氮磷营养盐时空变化特征

桑沟湾不同季节 NO_3^--N、NO_2^--N、NH_4^+-N、DIN（NO_3^--N+NO_2^--N+NH_4^+-N）和 PO_4^{3-}-P 浓度如图 4.1 所示。春季 NO_3^--N、NO_2^--N、NH_4^+-N、DIN 平均浓度分别为 2.34μmol/L、0.28μmol/L、1.73μmol/L、4.35μmol/L；PO_4^{3-}-P 浓度平均值为 0.26μmol/L。平面分布来看，湾内 DIN、PO_4^{3-}-P 的分布趋势非常相似，都是从西南部向东北方向呈舌状递增趋势。夏季 NO_3^--N、NO_2^--N、NH_4^+-N、DIN 平均浓度分别为 5.64μmol/L、0.35μmol/L、3.14μmol/L、8.80μmol/L；PO_4^{3-}-P 浓度平均值为 0.13μmol/L。DIN 的高值区出现在东北部区域，全湾 DIN 的平均浓度是春季的 2 倍。全湾的 PO_4^{3-}-P 浓度很低，均值为 0.13μmol/L，已经低于浮游植物生长所需浓度的下限（0.2μmol/L）。秋季 NO_3^--N、NO_2^--N、NH_4^+-N、DIN 平均浓度分别为 7.92μmol/L、1.86μmol/L、3.81μmol/L、13.59μmol/L；PO_4^{3-}-P 浓度平均值为 0.21μmol/L。DIN 有两个高值区，分别出现在湾中和湾口北部区域，PO_4^{3-}-P 低值区出现在湾口南部区域。冬季 NO_3^--N、NO_2^--N、NH_4^+-N、DIN 平均浓度分别为 7.63μmol/L、0.86μmol/L、3.02μmol/L、11.52μmol/L；PO_4^{3-}-P 浓度平均值为 0.38μmol/L。DIN、PO_4^{3-}-P 的分布趋势一致，均呈现由湾外向湾内递减趋势。

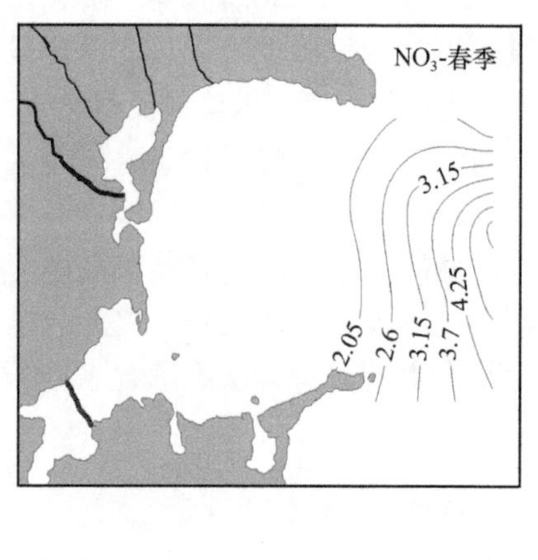
NO_3^--春季
3.15
2.05
2.6
3.15
3.7
4.25

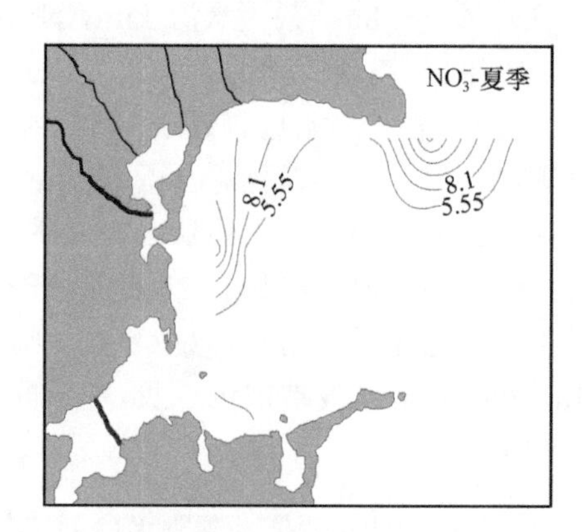
NO_3^--夏季
8.1
5.55
8.1
5.55

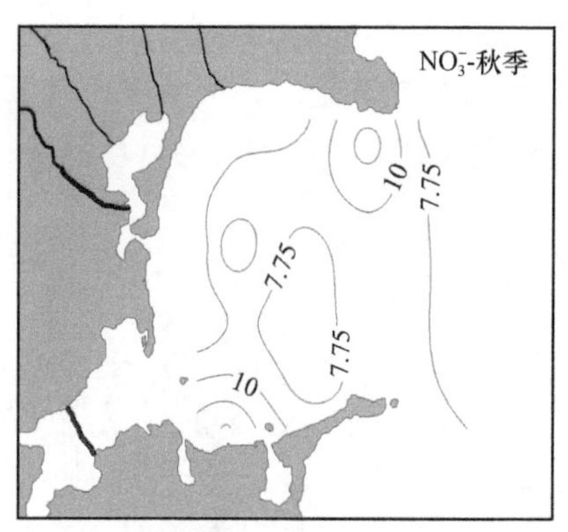
NO_3^--秋季
10
7.75
7.75
7.75
10

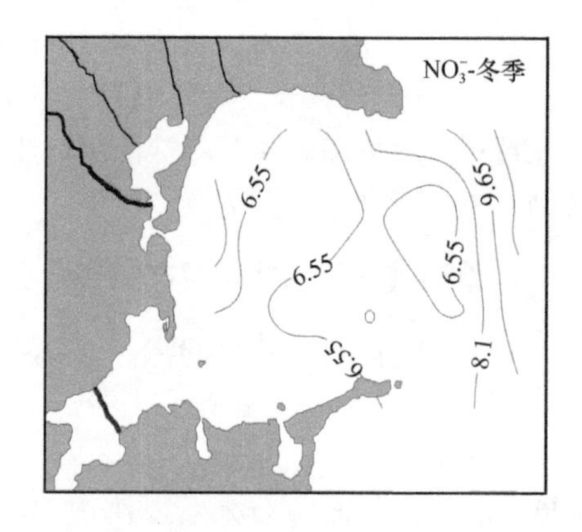
NO_3^--冬季
6.55
9.65
6.55
6.55
6.55
8.1

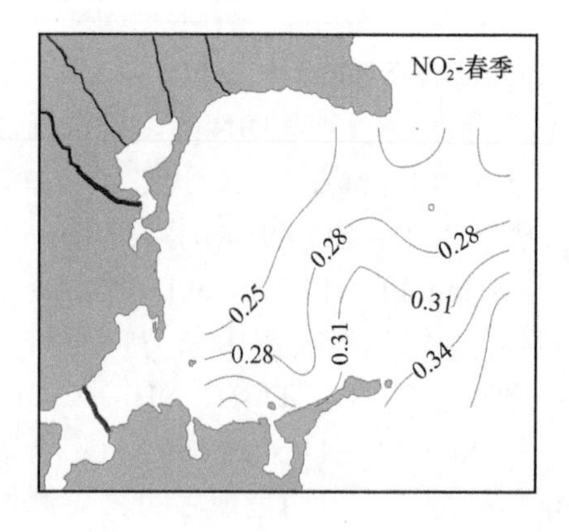
NO_2^--春季
0.28
0.28
0.25
0.31
0.28
0.31
0.34

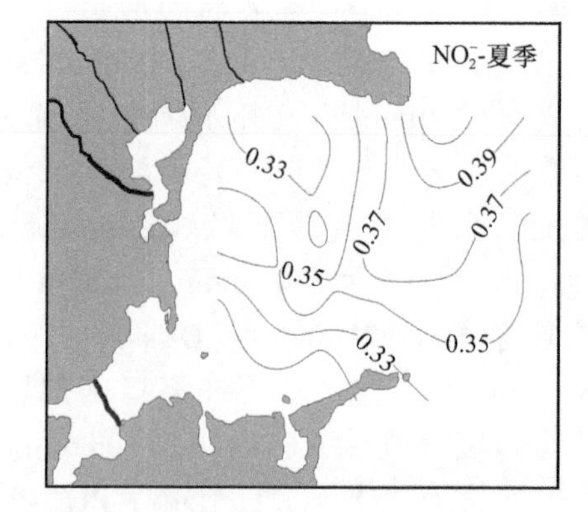
NO_2^--夏季
0.33
0.39
0.37
0.37
0.35
0.33
0.35

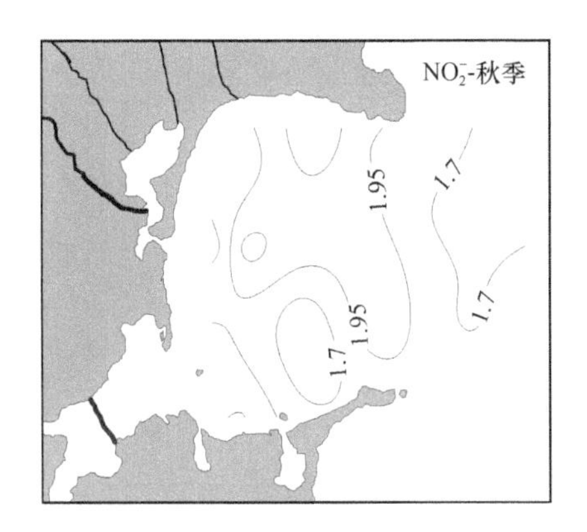

NO_2^--秋季
1.95
1.7
1.7
1.95
1.7

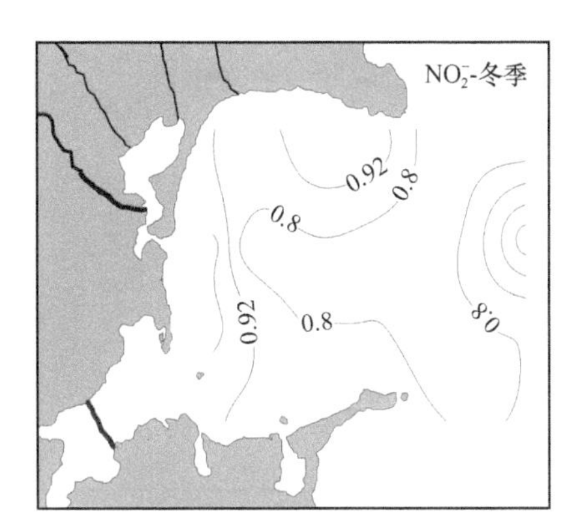

NO_2^--冬季
0.92
0.8
0.8
0.92
0.8
0.8

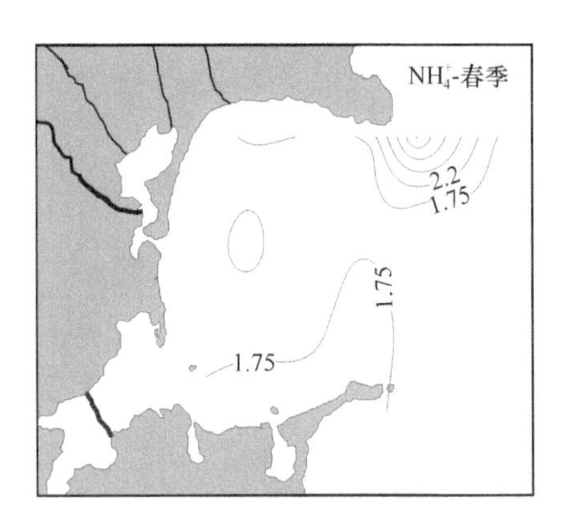

NH_4^+-春季
2.2
1.75
1.75
1.75

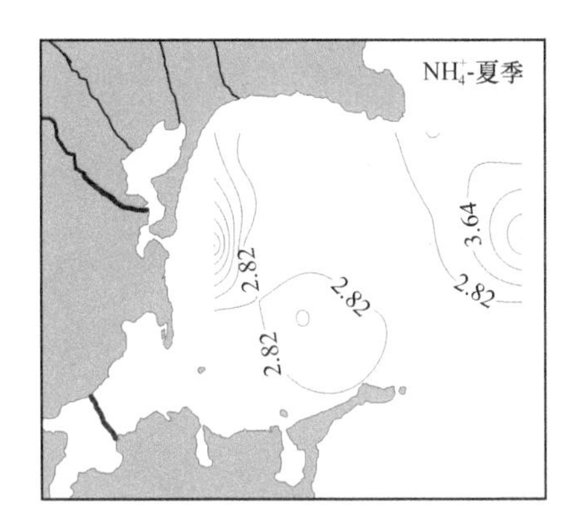

NH_4^+-夏季
3.64
2.82
2.82
2.82
2.82

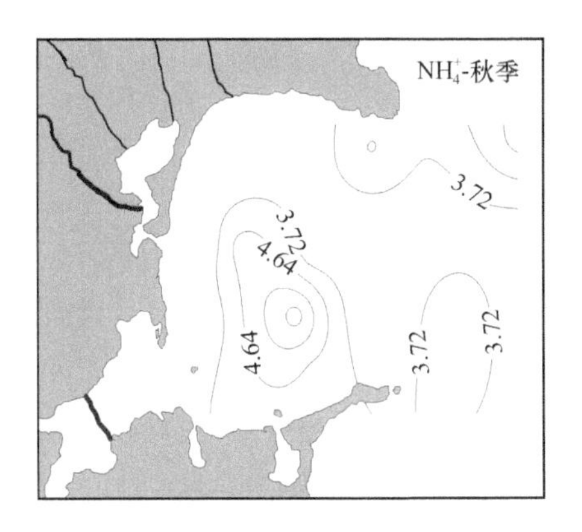

NH_4^+-秋季
3.72
3.72
4.64
4.64
3.72
3.72

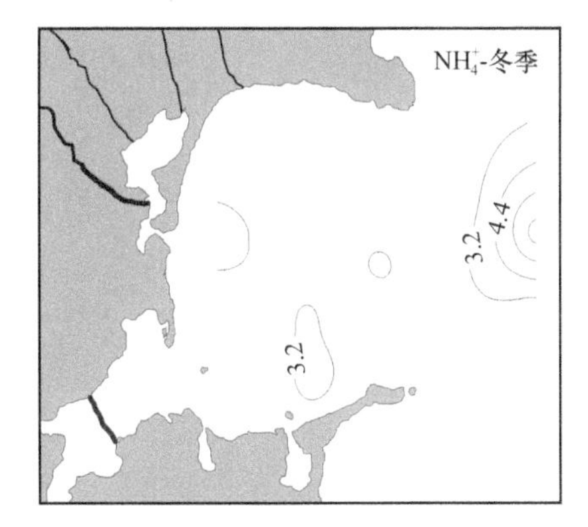

NH_4^+-冬季
4.4
3.2
3.2

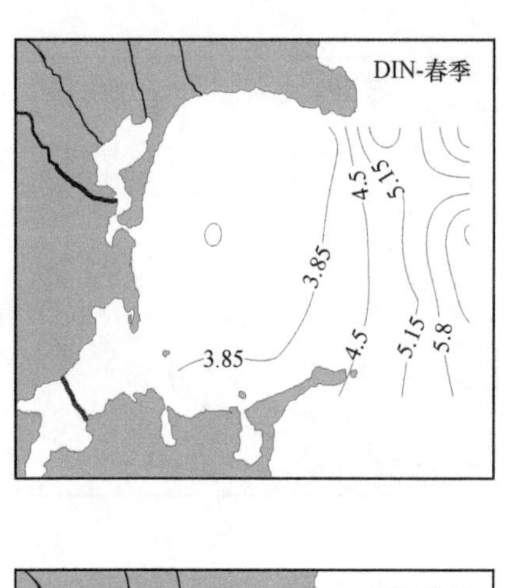
DIN-春季
4.5
5.15
3.85
3.85
4.5
5.15
5.8

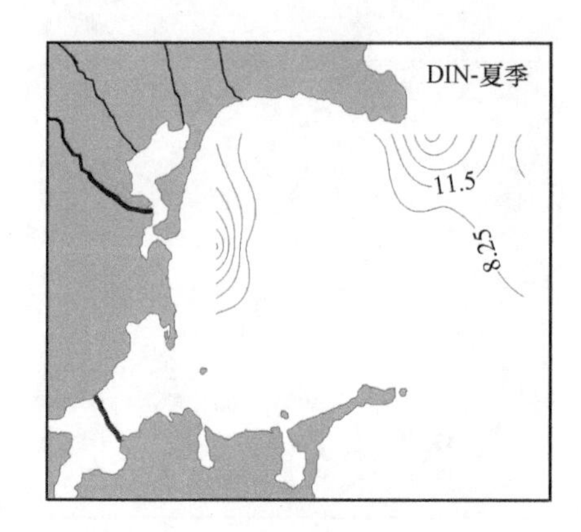
DIN-夏季
11.5
8.25

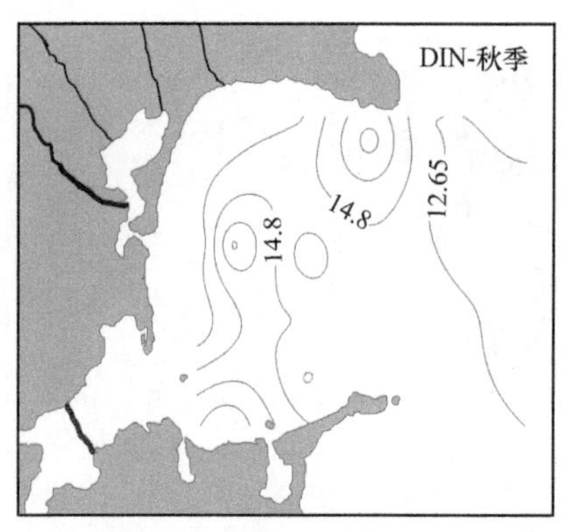
DIN-秋季
14.8
12.65
14.8

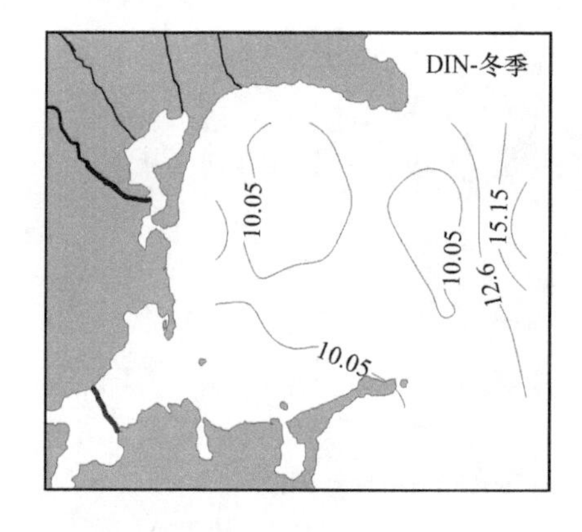
DIN-冬季
10.05
10.05
15.15
12.6
10.05

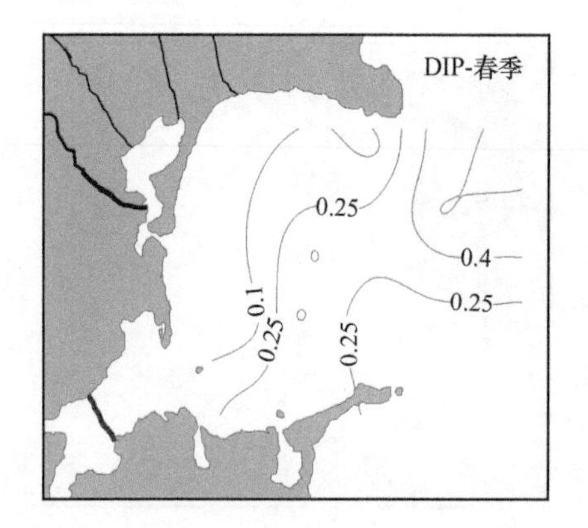
DIP-春季
0.25
0.4
0.25
0.1
0.25
0.25

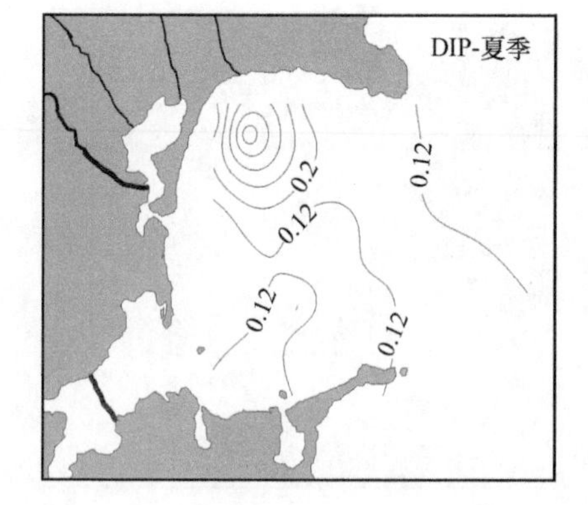
DIP-夏季
0.12
0.2
0.12
0.12
0.12

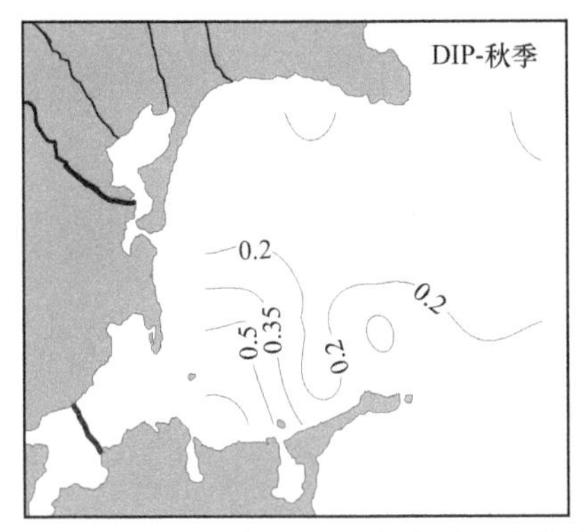

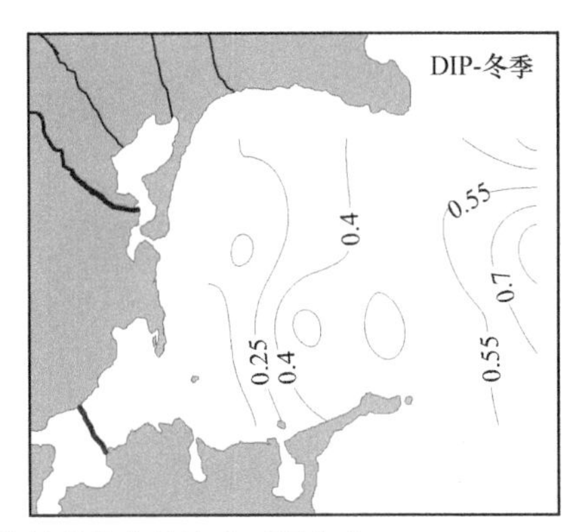

图 4.1　桑沟湾不同季节表层水体氮磷营养盐浓度平面分布

从年平均值来看，与其他养殖海湾相比，桑沟湾的营养水平仍然处于较低水平（表 4.4），2017 ～ 2018 年溶解无机氮（DIN）、溶解无机磷（DIP）的年平均值分别为 9.57μmol/L 和 0.25μmol/L，均符合国家一类海水水质标准。从长期观测结果来看（表 4.5），经过 30 多年的规模化养殖，桑沟湾的氮磷浓度和结构均发生了一定程度的改变。20 世纪 80 年代，桑沟湾溶解无机氮营养盐较为匮乏，表、底层水体中溶解无机氮浓度分别为 1.05μmol/L 和 0.82μmol/L（国家海洋局第一海洋研究所，1988），平均值 0.94μmol/L，低于浮游植物生长的理论阈值（DIN 1μmol/L）。进入 21 世纪以来，桑沟湾水体中营养盐浓度和结构变动明显，以 2017 年的春、夏、秋、冬季为例，与 1983 年相同季节相比，DIN 浓度分别升高了 2.88 倍、22.16 倍、16.20 倍、5.55 倍，基于多个年份的季节性航次调查（2003 ～ 2004 年、2013 ～ 2014 年、2017 ～ 2018 年）得到的 DIN 浓度年平均值分别比 1983 年升高了 11.14 倍、6.29 倍、8.11 倍，而 DIP 浓度变化相对比较稳定。

表 4.4　桑沟湾与其他养殖海湾营养盐含量（μmol/L）对比

海区	时间	DIN	DIP	数据来源
莱州湾	2013	32.86	0.19	赵玉庭等，2016
胶州湾	2014.03 ～ 10	22.1	0.29	高磊等，2016
四十里湾	2010	18.21	0.30	孙珊等，2012
荣成湾	2009	5.92	0.31	谢琳萍等，2013
桑沟湾	2017 ～ 2018	9.57	0.25	侯兴等，2021

表 4.5　桑沟湾氮磷浓度及氮磷比的长期变化趋势

调查时间	DIN（μmol/L）					DIP（μmol/L）					氮磷比（N/P）					参考文献
	春	夏	秋	冬	年平均	春	夏	秋	冬	年平均	春	夏	秋	冬	年平均	
1983～1984	1.13	0.38	0.79	1.76	1.05	0.47	0.25	0.37	0.37	0.36	2.43	1.53	2.12	4.73	2.88	国家海洋局第一海洋研究所，1988
1994	3.39	5.87	20.48	2.81	8.14	0.24	0.19	0.54	0.48	0.36	14.10	30.90	37.90	5.90	22.2	宋云利等，1996
2003～2004	4.85	16.83	22.59	6.73	12.75	0.11	0.24	0.31	0.26	0.23	44.1	70.1	72.90	26.90	53.5	孙丕喜等，2007
2013～2014	5.57	3.19	13.8	8.02	7.65	0.31	0.13	0.58	0.33	0.34	19	32	24	33	27	李瑞环，2014
2017～2018	4.38	8.80	13.59	11.52	9.57	0.26	0.13	0.21	0.38	0.25	19.66	75.36	87.34	47.93	47.93	侯兴等，2021

营养盐水平发生变化的同时，导致了营养盐比值也发生相应改变，由于DIN浓度的大幅增加，使得水体氮磷比明显升高，在2003～2004年和2017～2018年分别达到53.5和47.93，营养盐结构发生改变。对氮磷收支的模型分析结果显示，冬、春季节桑沟湾是DIP的源、DIN的汇，约9.96×10^6mol的DIP由湾内输出，养殖海带的吸收、收获是桑沟湾内氮、磷的主要移除方式；夏、秋季节则为DIN、DIP的汇，营养盐主要通过贝类养殖及与外海水交换的方式移除；全年来看，地下水输入、河流输入和沉积物-水界面交换是DIN和DIP的主要来源（李瑞环，2014）。

2. 桑沟湾养殖水域浮游植物的种类组成及多样性

（1）浮游植物种类组成

21个采样站位鉴定出的浮游植物包括硅藻门、蓝藻门、绿藻门、甲藻门、金藻门等5个门类，共计31属52种。硅藻类24属43种，其中圆筛藻属和角毛藻属种类最多，都各为6种，甲藻3属4种、绿藻2属2种、金藻1属2种、蓝藻1属1种（表4.6）。

表4.6 桑沟湾浮游植物优势种组成

季节	优势种		优势度	平均密度（$\times10^3$个/L）	数量百分比（%）	
					单种	合计
春季	具槽帕拉藻	*Paralia sulcata*	0.679	3.77	84.9	89.5
	圆筛藻	*Coscinodiscus* sp.	0.037	0.21	4.6	
夏季	旋链角毛藻	*Chaetoceros curvisetus*	0.192	0.66	38.5	69.3
	扭链角毛藻	*Chaetoceros tortissimus*	0.050	0.28	16.7	
	具槽帕拉藻	*Paralia sulcata*	0.042	0.24	14.1	
秋季	具槽帕拉藻	*Paralia sulcata*	0.335	1.62	41.9	77.3
	奇异菱形藻	*Nitzschia paradoxa*	0.147	0.63	16.3	
	柔弱几内亚藻	*Guinardia delicatula*	0.060	0.58	15.0	
	小环藻	*Cyclotella* sp.	0.029	0.16	4.1	
冬季	具槽帕拉藻	*Paralia sulcata*	0.363	3.89	58.1	77.4
	小环藻	*Cyclotella* sp.	0.047	0.36	5.4	
	曲舟藻	*Pleurosigma* sp.	0.036	0.65	9.7	
	奇异菱形藻	*Nitzschia paradoxa*	0.032	0.29	4.2	

桑沟湾浮游植物优势种明显，优势种在各个季节中既有交叉又有演替，从每个季节来看，通常有2～4种优势种，而且皆为硅藻类，从全年来看，优势种占据了全部浮游植物69.3%～89.5%。其中，具槽帕拉藻在4个季节中均为优势种，

其平均密度在 0.24×10^3 ～ 3.89×10^3 个 /L，各站位数量百分比在 14.1% ～ 84.9%，特别是春季，具槽帕拉藻占据绝对的优势。夏季角毛藻属优势种较多，数量百分比也是达到了 55.2%。另外，奇异菱形藻、小环藻在秋季和冬季都是优势种。

桑沟湾出现的甲藻为大角角藻、三角角藻、夜光藻、透明原多甲藻，各季节平均浓度在 0 ～ 0.02×10^3 个 /L，金藻为球等鞭金藻、小等刺硅鞭藻，各站季节平均浓度在 0 ～ 0.13×10^3 个 /L 之间，绿藻为单角盘星藻、二形栅藻，各季节平均浓度在 0 ～ 0.13×10^3 个 /L，蓝藻为卷曲鱼腥藻，各季节平均浓度在 0 ～ 0.48×10^3 个 /L。与往年的优势种相比发现，中肋骨条藻、针杆藻、丹麦细柱藻等往年出现的优势种在本年度只是少量出现，而具槽帕拉藻、角毛藻、菱形藻、圆筛藻是常年出现的优势种。

（2）浮游植物丰度及多样性

春季浮游植物细胞丰度范围在 0.28×10^3 ～ 10.48×10^3 个 /L（图 4.2），平均值为 4.44×10^3 个 /L，共发现 22 种藻类，其中硅藻类占 99.7%，甲藻类占 0.3%，具槽帕拉藻是主要优势种，占据 84.9% 的数量。春季的浮游植物高值区出现在湾内东南区，丰度以该区域为中心向湾内及湾外递减；夏季浮游植物细胞丰度范围在 0.16×10^3 ～ 6.6×10^3 个 /L，平均值为 1.70×10^3 个 /L，共发现 20 种藻类，其中硅藻类占 99.8%，蓝藻类占 0.2%，旋链角毛藻是主要优势种，占据 38.5% 的数量。夏季出现两个浮游植物高值区，其中一个与春季位置相似，出现在湾内东南区，另一个出现在湾西北区，丰度从这两个区域向湾中部和湾外递减；秋季浮游植物细胞丰度范围在 1.5×10^3 ～ 9.8×10^3 个 /L，平均值为 3.87×10^3 个 /L，共发现 29 种藻类，硅藻类占 96.9%，蓝藻类占 2.7%，具槽帕拉藻是主要优势种，占据 41.9% 的数量。秋季丰度高值区在湾外海区，丰度自东向西逐渐递减；冬季浮游植物细胞丰度范围在 2.8×10^3 ～ 12.2×10^3 个 /L，平均值为 6.69×10^3 个 /L，共发现 29 种藻类，其中硅藻类占 89.0%，蓝藻类占 7.1%，绿藻类占 3.7%，具槽帕拉藻是主要优势种，占据 58.1% 的数量，除去具槽帕拉藻的浮游植物丰度在

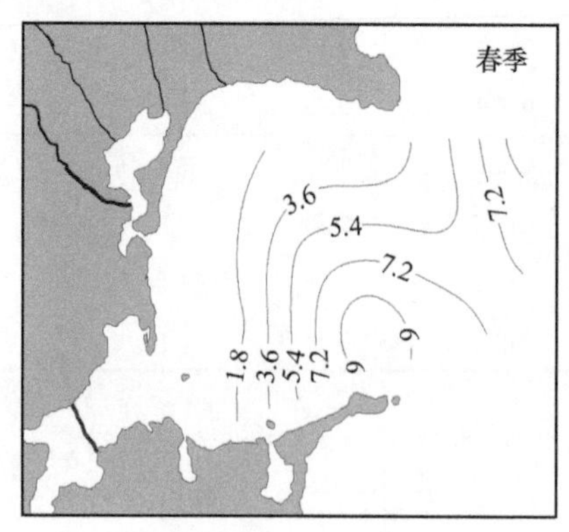

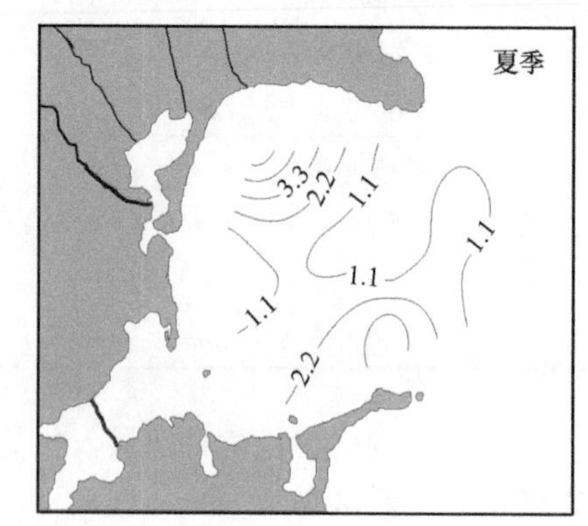

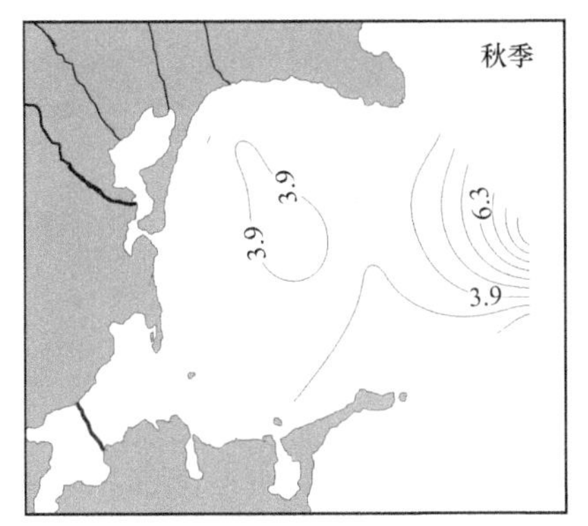

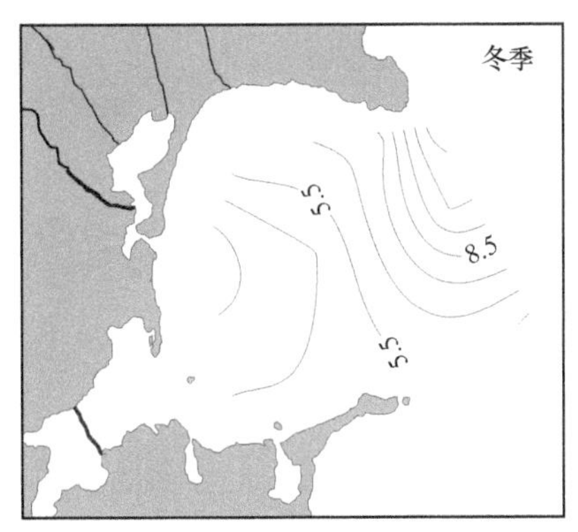

图 4.2　桑沟湾浮游植物细胞数量丰度（$\times10^3$ 个 /L）分布的季节变化

0.7×10^3 ～ 6.4×10^3 个 /L。冬季丰度高值区出现在湾外东北侧外海区，丰度向湾内逐渐递减。

桑沟湾水域年平均浮游植物多样性指数为 1.01（图 4.3）。春季多样性指数在 0.29 ～ 1.55，平均值为 0.69，自西北向东南方向递减；夏季多样性指数在 0.35 ～ 1.48，平均值为 1.03，自西向东递减；秋季多样性指数在 0.89 ～ 1.9，平均值为 1.35，自西南向东北递减；冬季多样性指数在 0.47 ～ 1.53，平均值为 0.96，自西南向东北递减。

均匀度指数（J）范围为 0 ～ 1 时，J 值大时，体现种间个体数分布较均匀；反之，J 值小反映种间个体数分布欠均匀。如果采样站位种间个体数分布差别大，则 J 值偏低。桑沟湾海域浮游植物年平均均匀度指数为 0.59。春季均匀度指数在 0.19 ～ 0.68，平均值为 0.42；自西北向东南递减；夏季均匀度指数在 0.44 ～ 1，平均值为 0.70，自西向东递减；秋季均匀度指数在 0.41 ～ 0.87，平均值为 0.71，自湾西部、南部向东部、北部递减；冬季均匀度指数在 0.27 ～ 0.86，平均值为 0.53，西南向东北递减（图 4.4）。

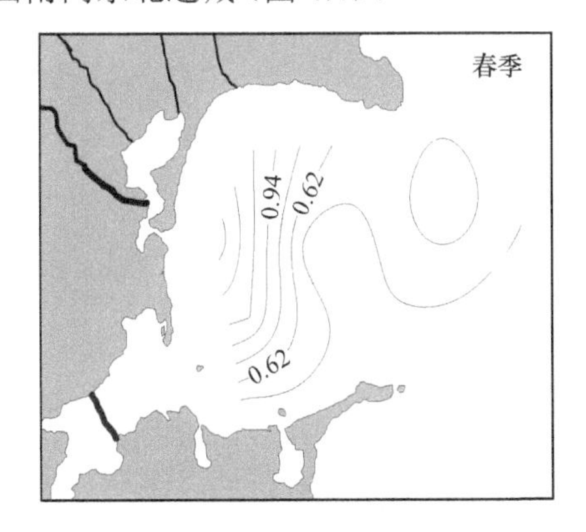

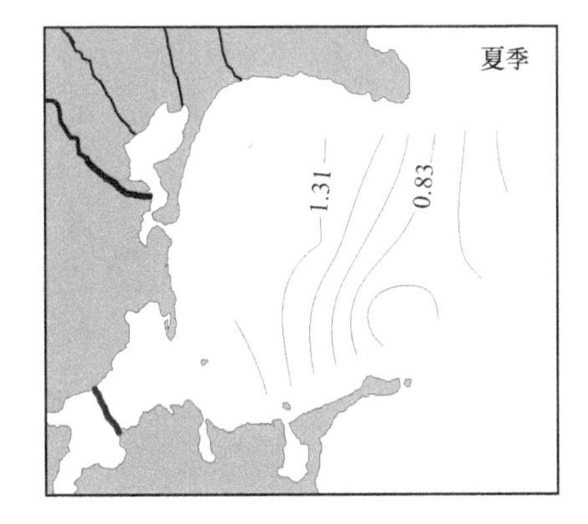

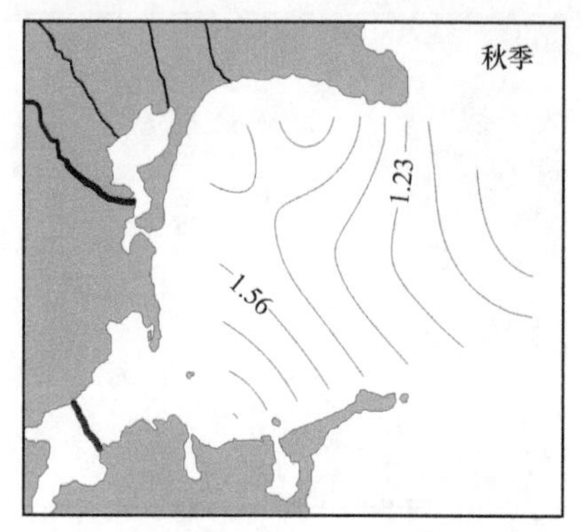

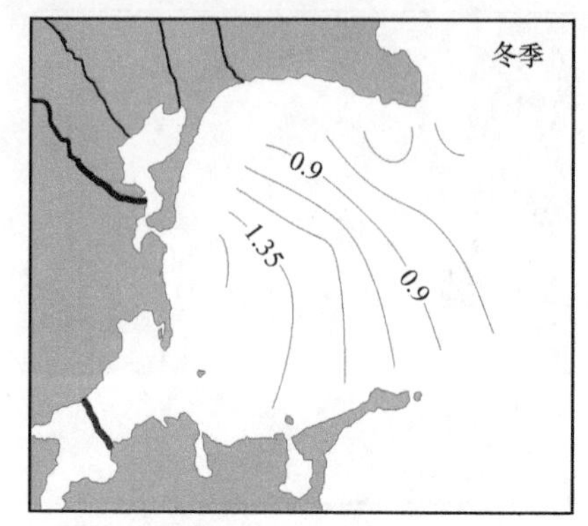

图 4.3　桑沟湾浮游植物 Shannon-Wiener 多样性指数季节分布

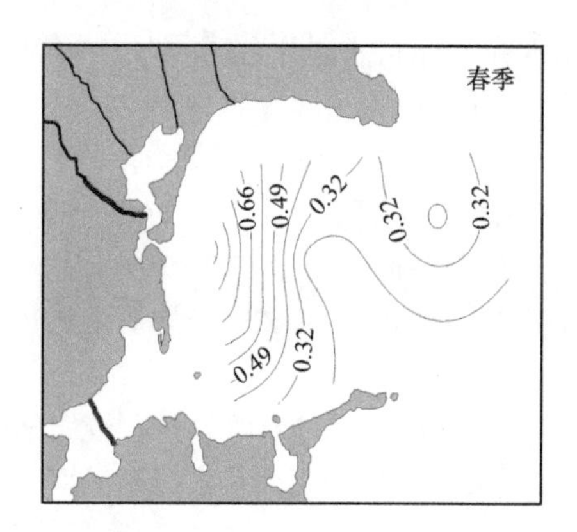

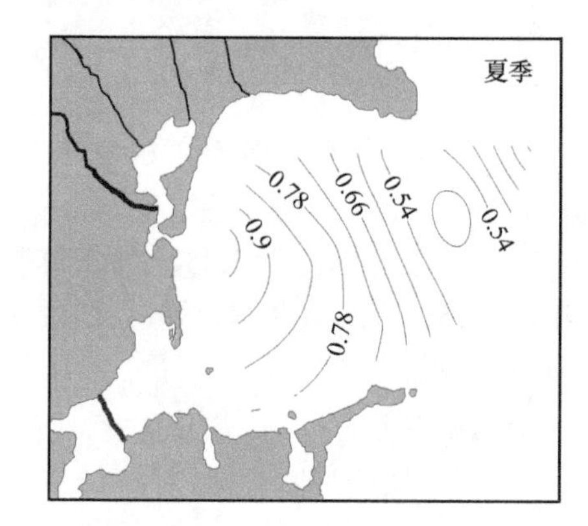

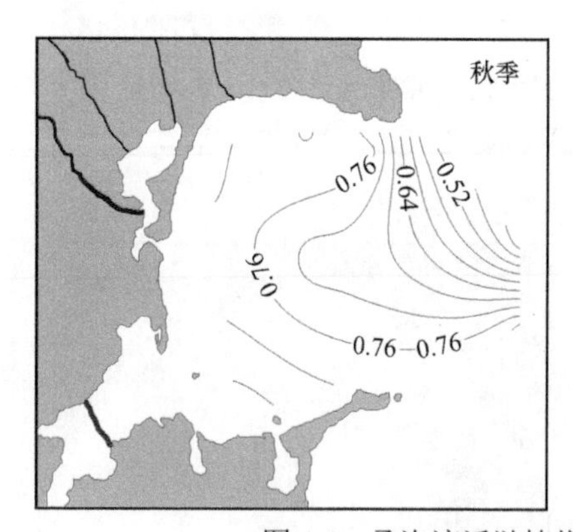

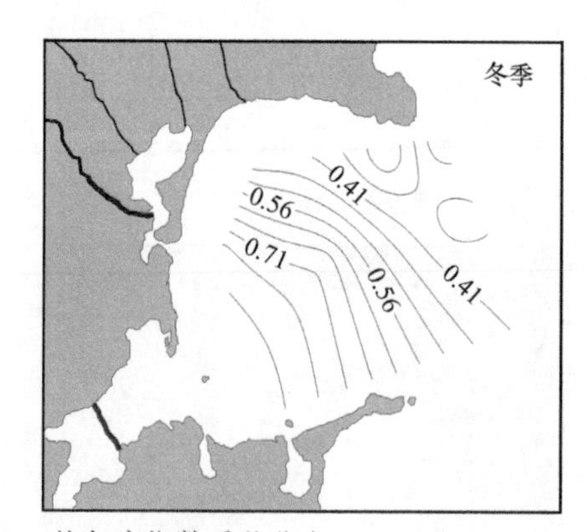

图 4.4　桑沟湾浮游植物 Pielou 均匀度指数季节分布

3. 桑沟湾浮游动物种类组成及生物量

桑沟湾海域浮游动物的调查结果表明，在调查期间，共获得浮游动物 6 门 33 种。节肢动物门是该海域的主要优势类群，有 26 种，占总种数的 78.79%，主要优势种为中华哲水蚤，优势度为0.286；其次是猛水蚤（0.276）和墨氏胸刺水蚤（0.236）。优势度超过0.050的种类依次为：强壮箭虫（0.401）、长尾类幼体（0.355）、太平洋纺锤水蚤（0.106）、短尾类蚤状幼体（0.073）、钩虾（0.066）（表4.7）。

表4.7 优势种及其优势度

	2017年4月	2017年7月	2017年11月	2018年1月
中华哲水蚤	0.256	0.153	0.265	0.286
墨氏胸刺水蚤	0.236	/	/	/
猛水蚤一种	0.276	/	/	0.094
钩虾	0.058	/	0.066	/
强壮箭虫	0.059	/	/	0.401
太平洋纺锤水蚤	/	0.106	/	/
长尾类幼体	/	0.355	/	/
短尾类蚤状幼体	/	0.073	/	/

注：“/”表示该航次水样中没有该种生物

桑沟湾海域浮游动物生物量平面分布图如图4.5所示，春季分布较均匀，在湾的东南侧形成一个高值区；夏季的分布呈现南高北低，西高东低，从湾内向湾外逐渐递减的趋势；秋季浮游动物生物量较低，东南侧较高，向北逐渐递减；冬季呈现东西两侧高，中间略低的分布趋势。浮游动物生物量的季节变化如图4.6所示，平均值分别为春季401.68mg/m^3、夏季124.51mg/m^3、秋季21.73mg/m^3、冬季31.75mg/m^3，呈现春、夏季高，秋、冬季低的趋势，这可能与浮游植物的生物量及浮游动物的繁殖等活动密切相关。

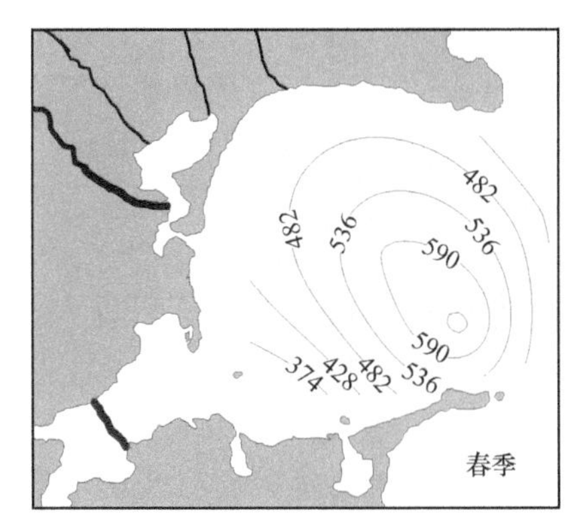

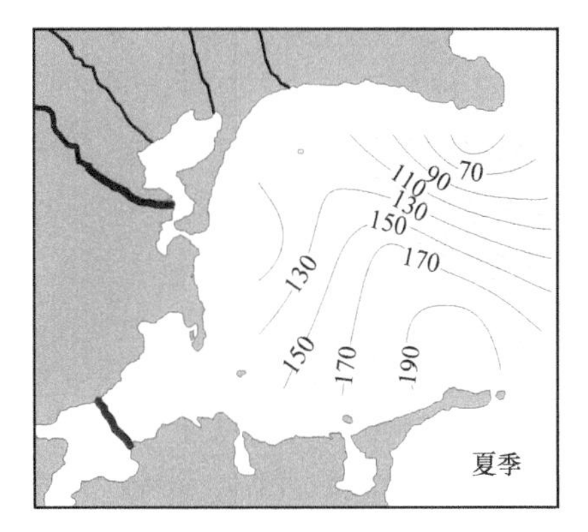

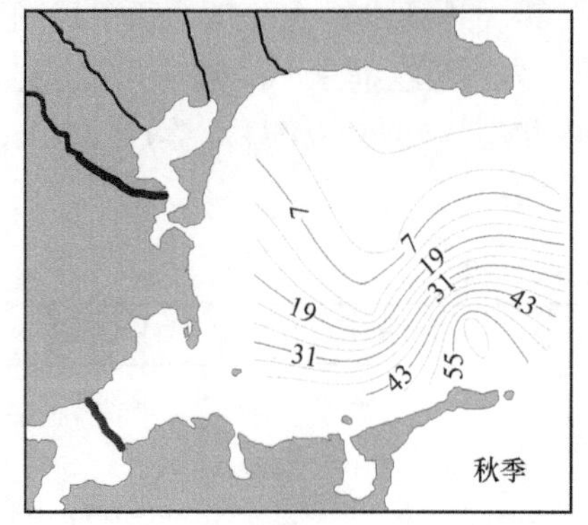

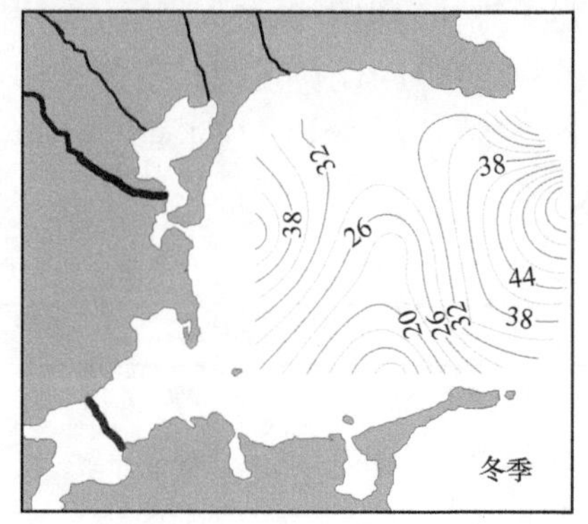

图 4.5　桑沟湾浮游动物生物量的平面分布（mg/m³）

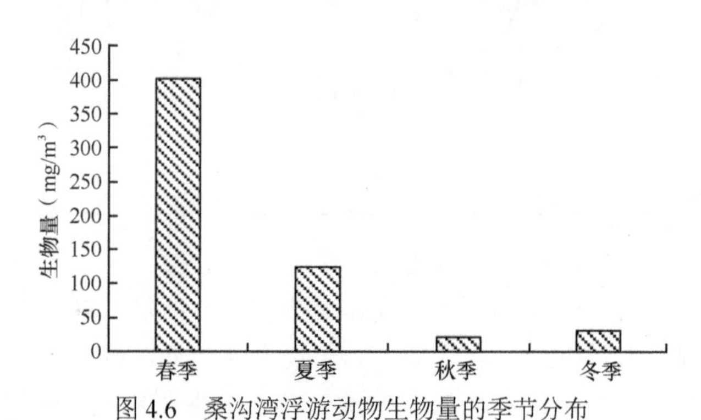

图 4.6　桑沟湾浮游动物生物量的季节分布

4. 桑沟湾大型底栖生物种类组成及生物量

（1）种类组成及优势种

4 月调查区域内共有大型底栖生物 4 门 31 种，多毛类是该海域的主要优势类群，有 23 种，占总种数的 74.19%；另有甲壳类 4 种，占总种数的 12.90%；软体动物 2 种和棘皮动物 2 种，各占总种数的 6.45%。根据物种优势度的计算方法算得优势度超过 0.02 的有 5 种（表 4.8），分别为小头虫（*Capitella capitata*）、短叶索沙蚕（*Lumbrinereis latreilli*）、长叶索沙蚕（*Lumbrineris longifolia*）、中蚓虫（*Mediomastus* sp.）和多丝独毛虫（*Tharyx multifilis*），其中短叶索沙蚕优势度最高，为 0.217；7 月份调查区域内共有大型底栖生物 5 门 32 种，多毛类同样是该海域的主要优势种群，有 22 种，占总种数的 68.75%；另有甲壳类 5 种，占总种数的 15.63%；软体动物 2 种和棘皮动物 2 种，各占总种数的 6.25%；纽形动物 1 种，占总种数的 3.13%。根据物种优势度的计算方法算得优势度超过 0.02 的有 4 种，分别为多丝独毛虫、短叶索沙蚕、中蚓虫和刚鳃虫（*Chaetozone setosa*），其中多丝独毛虫优势度最高，为 0.214。

表 4.8　优势种及其优势度

优势种	4 月优势度	7 月优势度
小头虫	0.036	/
短叶索沙蚕	0.217	0.164
长叶索沙蚕	0.021	/
中蚓虫	0.082	0.032
多丝独毛虫	0.055	0.214
刚鳃虫	/	0.021

注："/" 表示该航次水样中没有该种生物

（2）大型底栖生物密度和生物量及空间分布

4 月调查区域内各站位大型底栖生物密度在 40 ～ 160ind./m^2，总平均密度为 114.12ind./m^2。其中多毛类是主要密度优势类群，其平均密度为 103.53ind./m^2，占总平均密度的 90.72%（图 4.7）。密度较高的站位有 5 号、7 号、8 号、11 号、17 号和 18 号站，密度在 140 ～ 160ind./m^2；1 号站密度最低，仅为 40ind./m^2（图 4.8a）。7 月调查区域内各站位大型底栖生物密度在 30 ～ 1101ind./m^2，总平均

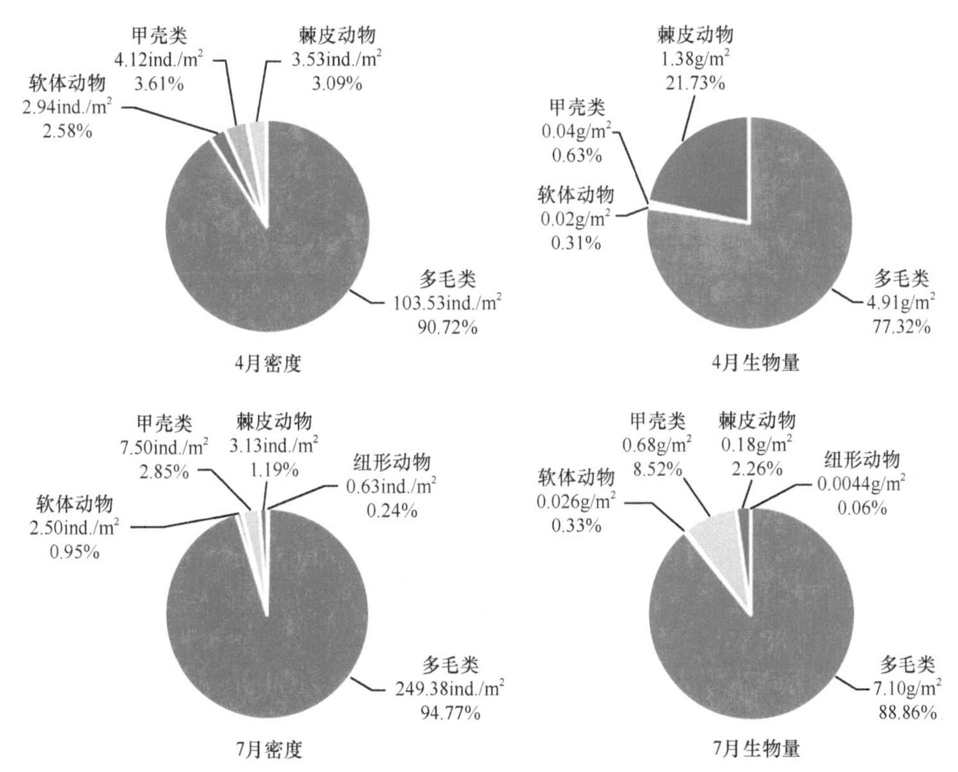

图 4.7　大型底栖生物主要类群生物密度和生物量组成

密度为 263.14ind./m^2。其中多毛类是主要优势类群，其平均密度为 249.38ind./m^2，占总平均密度的 94.77%。13 号站密度最高，密度是 1101ind./m^2；其次为 12 号、18 号和 19 号站，密度在 350 ～ 420ind./m^2（图 4.8c）。

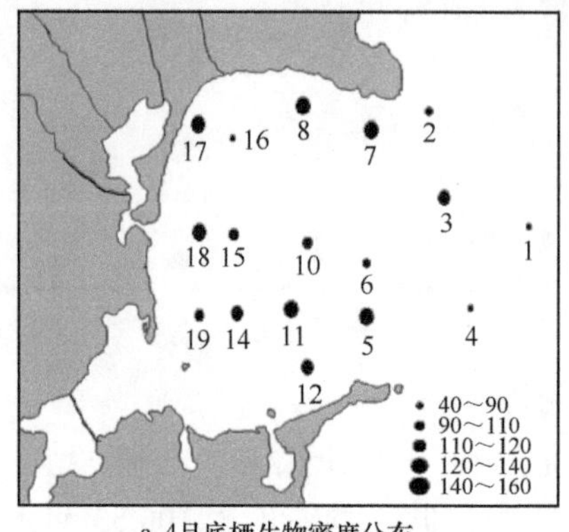

a. 4月底栖生物密度分布

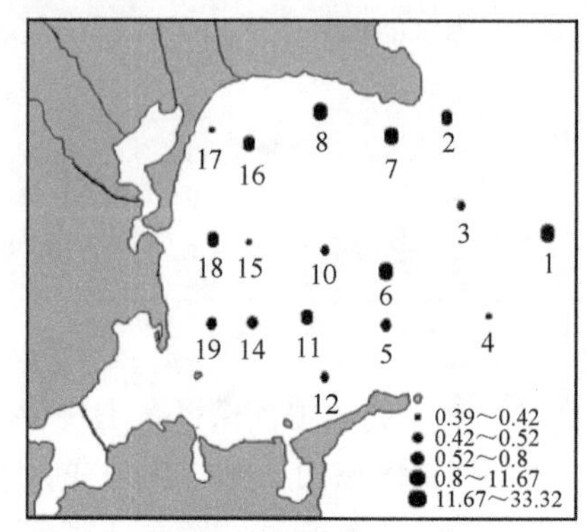

b. 4月生物量分布

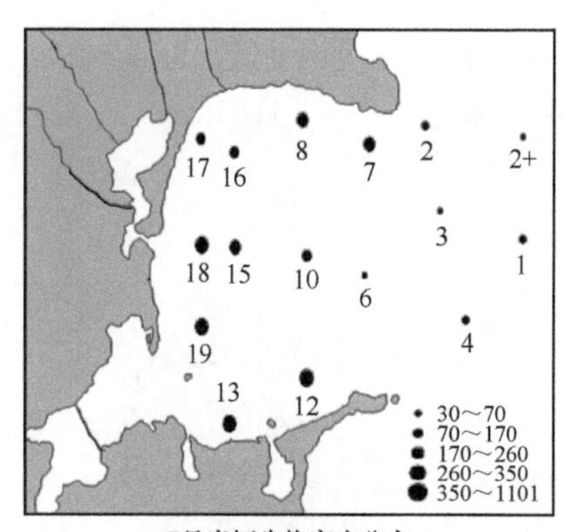

c. 7月底栖生物密度分布

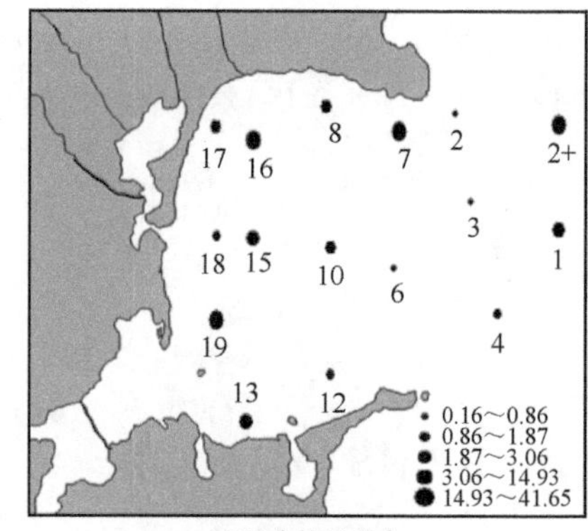

d. 7月生物量分布

图 4.8 大型底栖动物生物密度（ind./m^2）和生物量（g/m^2）平面分布

4 月调查区域内生物量为 0.39 ～ 33.32g/m^2，总平均生物量为 6.35g/m^2（图 4.7）。多毛类为主要的生物量贡献者，其平均生物量为 4.91g/m^2，占总平均生物量的 77.32%。生物量最高的站位为 6 号站，生物量为 33.32g/m^2；其次为 1 号站，生物量为 30.61g/m^2，1 号站有岩虫的存在，个体较大，密度最小但是生物量较高（图 4.8b）。7 月调查区域内生物量在 0.16 ～ 41.65g/m^2，总平均生物量为 7.99g/m^2。同样多毛类是主要的生物量贡献者，其平均生物量为 7.10g/m^2，占总平均生物量的 88.86%。生物量最高的站位是 2+号站，其生物量为 41.65g/m^2；其次分别是 19 号和 7 号站，生物量分别为 22.79g/m^2 和 21.71g/m^2（图 4.8d）。

5. 桑沟湾水体 Chla 浓度和初级生产力时空变化特征

桑沟湾海域表、底层 Chla 浓度的时空变化特征见图 4.9。从季节变化来看，桑沟湾海域表、底层 Chla 浓度的年变化范围分别为 0.74 ～ 3.27μg/L 和 0.81 ～ 3.66μg/L，均值分别为 1.90μg/L±1.28μg/L 和 2.01μg/L±1.29μg/L，季节差异极显著（$P < 0.01$）。从平面分布来看，春季表层 Chla 浓度高值区出现在湾口的东北部和东部，形成一大一小两个高值区；夏季表层高值区出现在湾口北部靠近蔡家庄村附近；秋、冬季的高值区均出现在近岸海域。春季底层 Chla 主要分布于湾外北部海域；夏季和秋季浮游植物主要分布于近岸海域，呈现从湾内向湾外递减的趋势；冬季底层 Chla 高值区出现在桑沟湾东部偏北海域。从垂直分布来看，春季表层 Chla 浓度低于底层，差异显著（$P < 0.05$）；夏季表层 Chla 浓度虽高于底层但差异不显著（$P > 0.05$）；秋季和冬季表、底层 Chla 浓度相近。

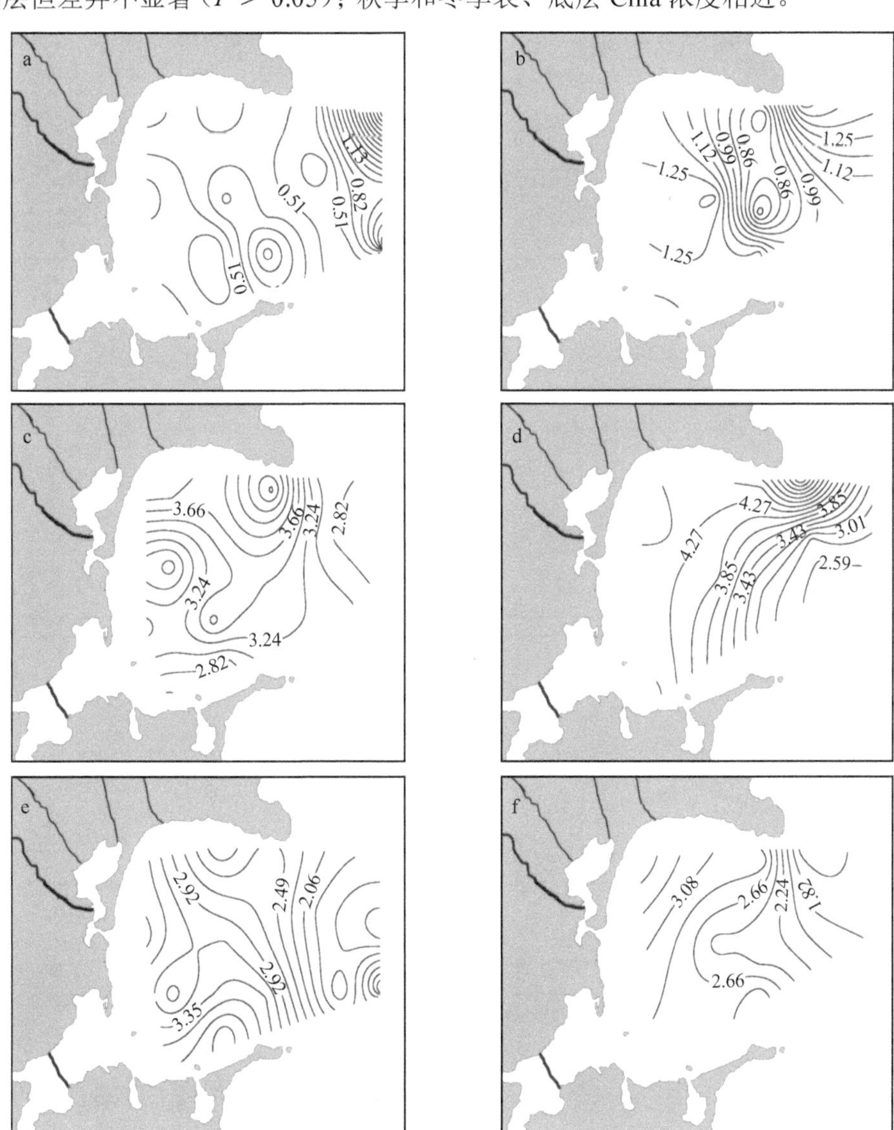

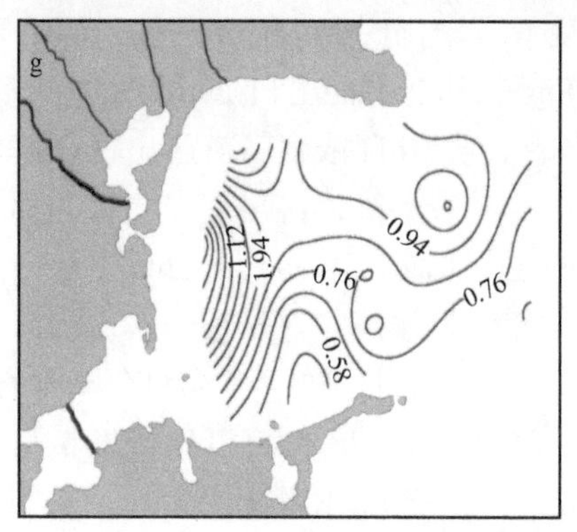

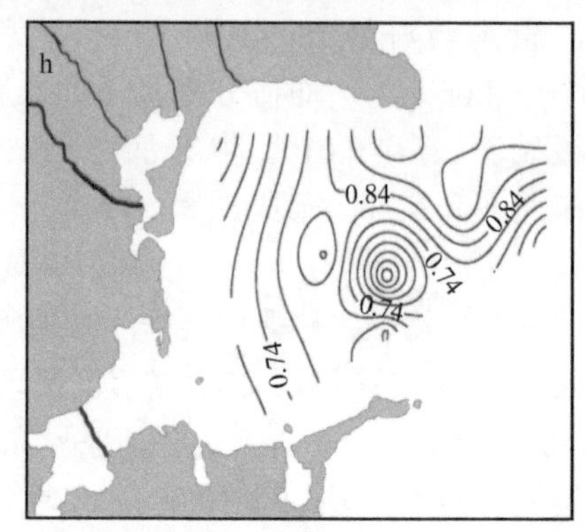

图 4.9　桑沟湾海域表、底层 Chla 浓度的平面分布特征

表层：a. 春季，c. 夏季，e. 秋季，g. 冬季；底层：b. 春季，d. 夏季，f. 秋季，h. 冬季

桑沟湾海域初级生产力的时空变化如图 4.10 所示。从平面分布来看，春季全湾分布较为均匀，湾底部稍高，湾外稍低。夏季整体初级生产力偏高，呈现近岸高，外海低的趋势。秋季的平面分布显示在湾底部和北部形成两个高值区。

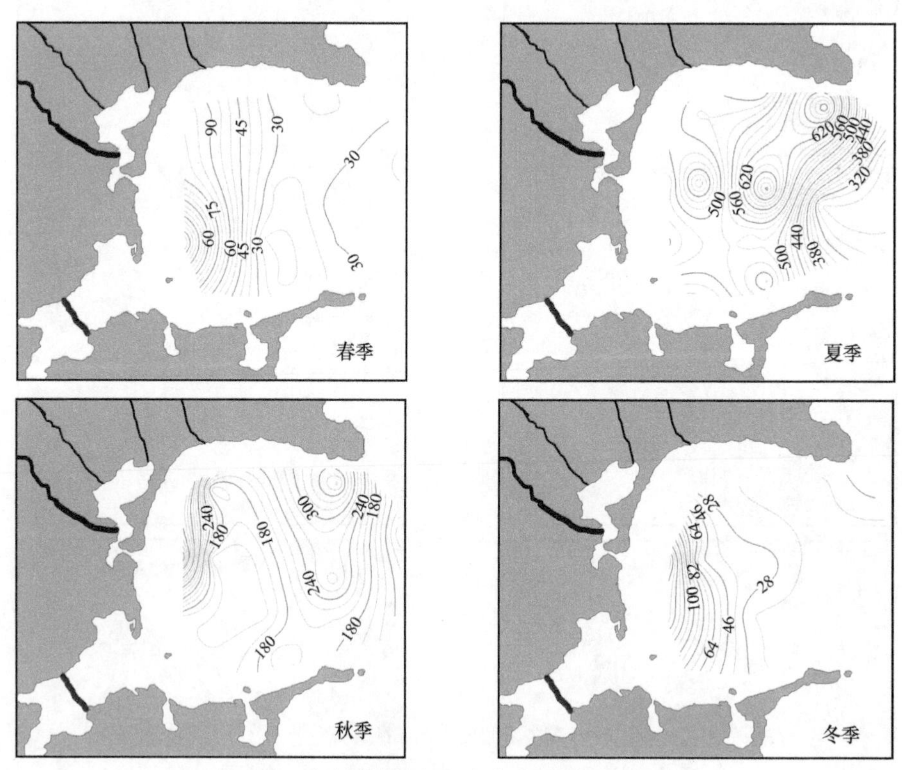

图 4.10　桑沟湾海域初级生产力的平面分布特征

冬季初级生产力偏低，湾底部稍高，向湾外呈现逐渐递减的趋势。年度初级生产力的变化如图 4.11 所示，范围为 40.91 ～ 453.29mgC/(m^2·d)，其中夏季最高，为 453.29mgC/(m^2·d)，秋季次之，为 200.11mgC/(m^2·d)，冬、春季较低，分别为 40.91mgC/(m^2·d) 和 44.66mgC/(m^2·d)，季节差异极显著（$P<0.01$）。

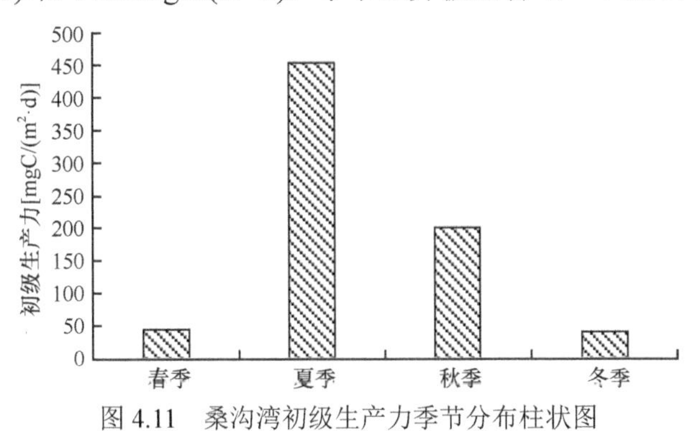

图 4.11　桑沟湾初级生产力季节分布柱状图

（三）桑沟湾养殖生态系统健康综合评价

1. 健康评价分指数及其平面分布

（1）有机污染分指数

桑沟湾有机污染健康分指数为 1，整体处于“最好”级别。

（2）营养水平分指数

桑沟湾航次调查中（图 4.12a），营养水平分指数介于 0.46 ～ 0.81，平均值 0.63，整体属于“较好”级别。营养水平分指数呈现湾内、近岸低，湾外高，由湾内向湾外逐渐递增的趋势。指数的平面分布呈现从湾中心部向周边逐级递增的趋势。湾底区域数值范围介于 0.4 ～ 0.6，属于临界区域。

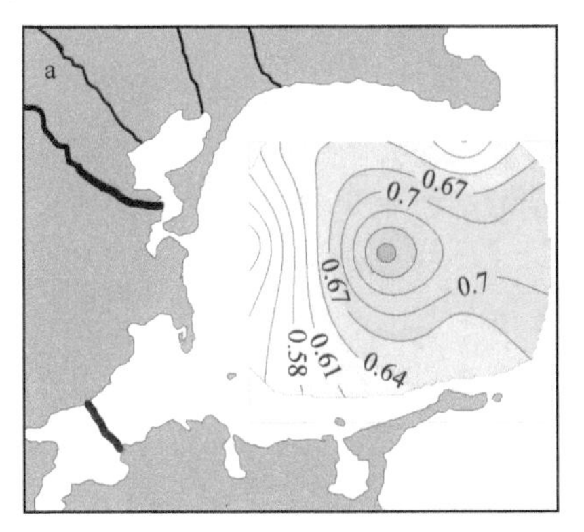

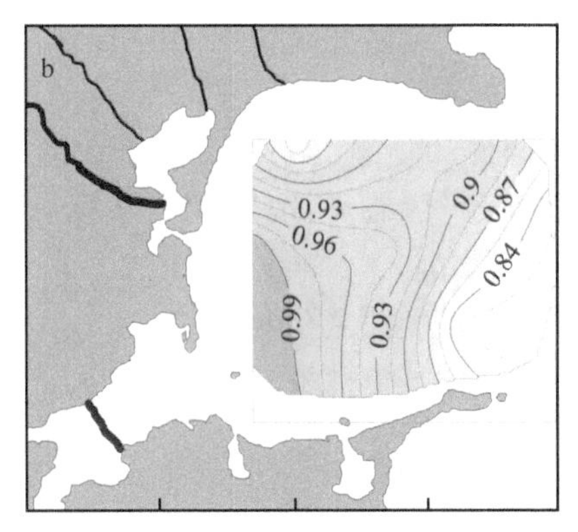

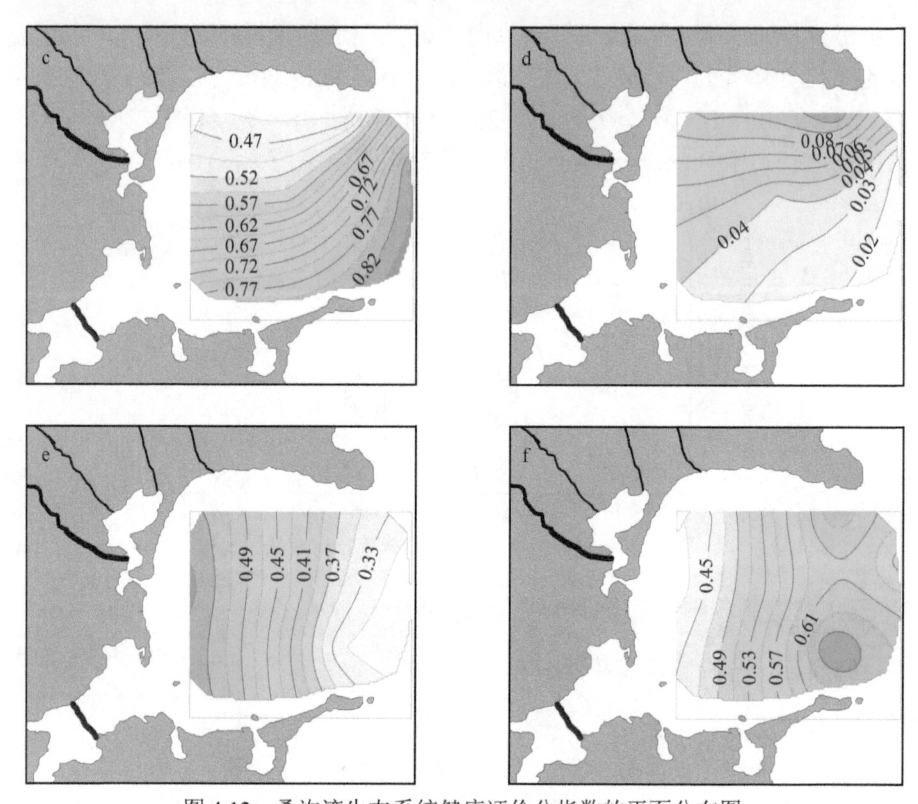

图 4.12 桑沟湾生态系统健康评价分指数的平面分布图

a. 营养水平指数；b. 浮游植物丰度；c. 浮游动物生物量；d. 底栖动物生物量；e. 浮游植物多样性指数；f. 初级生产力

（3）浮游植物丰度

浮游植物丰度指数范围介于 0.82 ～ 1.00（图 4.12b），平均值为 0.91，属于“很好”级别。总体呈现湾内、近岸高，湾外低的趋势。

（4）浮游动物生物量

浮游动物健康分指数介于 0.44 ～ 0.86（图 4.12c），平均为 0.63，整体的健康状况处于“临界-很好-较好”等级。总体分布呈现北部低、南部高，湾内低、湾外高的趋势。

（5）底栖生物生物量

桑沟湾全湾底栖生物分指数范围为 0.01 ～ 0.54（图 4.12d），平均为 0.05，整体的健康状况处于“很差”级别。整体平面分布情况为湾北高、湾南低的趋势。

（6）浮游植物多样性指数

浮游植物多样性指数偏低，数据范围为0.30～0.56（图4.12e），平均为0.43，整体的健康状况处于“较差-临界”级别。整体平面分布呈现湾内高、湾外低的趋势，由湾内向湾外逐渐递减。

（7）初级生产力

健康分指数位于0.26～0.76（图4.12f），平均为0.57，全湾平均处于“较差-临界”水平。初级生产力分指数呈现从湾内向湾外，从近岸到远岸的逐渐递增趋势。

（8）桑沟湾生态系统各项指标分指数

根据分指数的级别划分原则，如果健康分指数平均数低于0.4，则它对应的健康等级将低于“临界水平”，会对生态系统的健康造成直接的负面影响，所以将健康分指数平均数低于0.4的指标，确定为影响生态系统健康的主要负面因子。同理，如果健康分指数平均数高于0.6，则它对应的健康等级将高于“临界水平”，会对生态系统的健康产生正面影响，所以将健康分指数平均数高于0.6的指标，确定为影响生态系统健康的主要正面因子。由图4.13可见，分指数平均数介于0.4～0.6的只有底栖生物生物量度（C3），该指标是影响桑沟湾年度生态系统健康状况的主要负面因子。其余各项指标均为影响桑沟湾整体生态系统健康状况的正面因子。

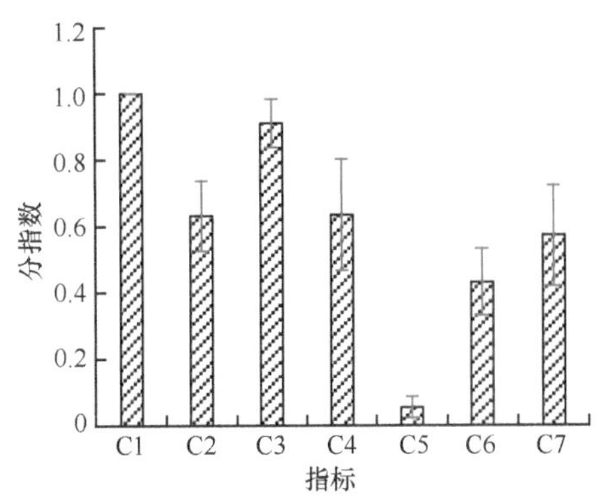

图4.13　桑沟湾生态系统健康评价分指数比较

2. 桑沟湾生态系统健康综合评价

桑沟湾海域生态系统健康综合指数评价结果见图4.14，总体呈现湾内低、湾外高的趋势，数值介于0.4～0.6的“临界”级别海域面积占比65.0%，数值介于0.6～0.8的“较好”级别海域面积占比35.0%。

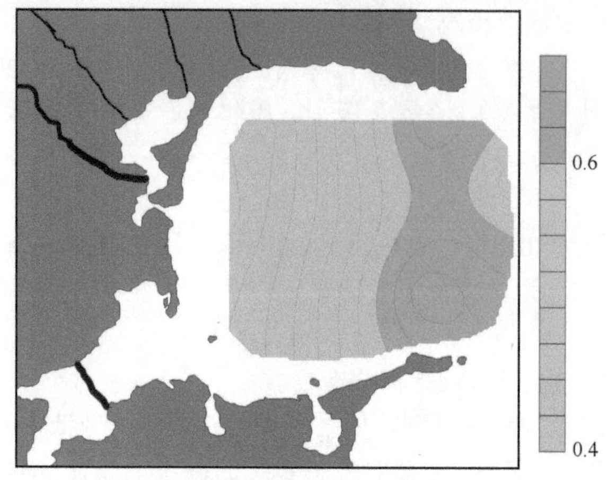

图 4.14　桑沟湾生态系统健康综合评价

第二节　桑沟湾水产养殖与物理海洋环境变化

桑沟湾一般在秋季（11 月）进行海带分苗，而在翌年夏季（5 ～ 6 月）收获海带。本节主要根据 2011 年秋季和 2012 年夏季长时间序列的水动力数据，分别分析研究了海带分苗期和海带收获期的潮汐、潮流和余流的分布特征。通过建立一个三维高分辨率的桑沟湾水动力模型，模拟了桑沟湾海域的关键水环境动力参数。基于温度、盐度、海流等模拟结果对桑沟湾海域进行分区，为该湾综合养殖试验提供了海洋水文环境方面的科学依据。同时，通过对比有养殖、无养殖条件下的模拟结果，进一步研究了养殖对桑沟湾水交换和湾外上升流的影响。

一、水动力基本特征

自然资源部第二海洋研究所于 2011 年秋季和 2012 年夏季在桑沟湾布放了 5 个观测锚系（图 4.15），分别获取了海带分苗期和海带收获期长时间序列的水动力数据。海带分苗期和海带收获期观测站的布设相同，空间上覆盖了海带-贝类混养区（SM1 ～ SM4 站）和贝类养殖区（SM5 站）。具体站位信息如表 4.9 所示。观测采用防渔网底拖锚系平台搭载 RBRXR420 多功能水质仪和声学多普勒流速剖面仪（ADCP），既保证了仪器的安全，又获得了长时间序列的水位和海流数据。RBRXR420 用于测量水位，测量范围为 200m，测量准确度为±0.1m；ADCP 用于测量海流剖面。2011 年海带分苗期使用的 ADCP 有 2 种型号，其中 2 台是 RDI-WHS600kHz（布放在 SM1 和 SM3 站），另外 3 台是 RDI-WHS1200kHz。而 2012 年海带收获期各站均使用 RDI-WHS1200kHz 海流计。ADCP 换能器位于底上 0.8m，采取“仰视”的工作方式，盲区设置为 1.05m，采样层厚 0.5m。水位和海流的采样时间间隔在海带分苗期和海带收获期分别为20min和10min。水位和海流的有效观测时间如表4.10所示。

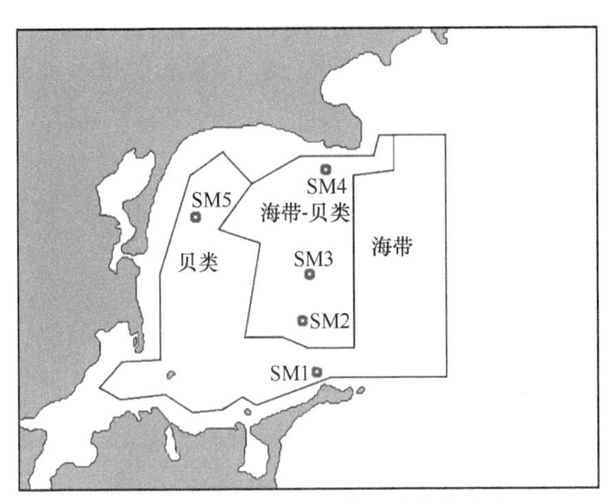

图4.15　桑沟湾的锚系观测站位分布

表4.9　锚系观测站位的经纬度和水深

站名	纬度（°）	经度（°）	水深（m）
SM1	37.051	122.555	7.3
SM2	37.073	122.551	9.0
SM3	37.095	122.555	10.3
SM4	37.139	122.560	11.7
SM5	37.119	122.492	6.0

表4.10　有效观测时间

站名	海带分苗期/2011年（月-日）		海带收获期/2012年（月-日）	
	水位观测	海流观测	水位观测	海流观测
SM1	10-26～11-15	—	6-8～6-20	6-8～6-20
SM2	10-28～11-15	10-28～11-15	6-8～6-20	6-8～6-20
SM3	10-28～11-15	—	6-8～6-20	6-8～6-20
SM4	10-25～11-15	10-25～11-15	6-11～6-21	6-11～6-21
SM5	10-27～11-15	10-27～11-15	6-12～6-21	6-12～6-21

注："—"表示本次调查海流缺测

（一）潮汐特征

1. 2011年10～11月海带分苗期潮汐特征

相对于黄海的潮波，桑沟湾是一块小海域，因此各站的水位变化和水位能量谱都比较类似。图 4.16 所示为 2011 年 10 ～ 11 月桑沟湾 SM1 站位 RBR 水质仪观测到的水位变化。水位变化呈现出显著的半日周期变化，且一天之中两个高潮（低潮）的高度不等，表明潮汐类型为不正规半日潮。由于两相邻低潮位差大于两相邻高潮位差，低潮日不等现象较高潮日不等现象明显。观测期间 SM1 ～ SM5 站的水位变化幅度分别为 2.34m、2.05m、2.07m、2.02m 和 2.23m，可见位于近岸且水深较浅处的 SM1 和 SM5 的水位变化幅度较其他站位要大些。水位能量谱也显示最显著的是半日分潮，其次是全日分潮，浅水分潮也比较显著（图 4.17）。

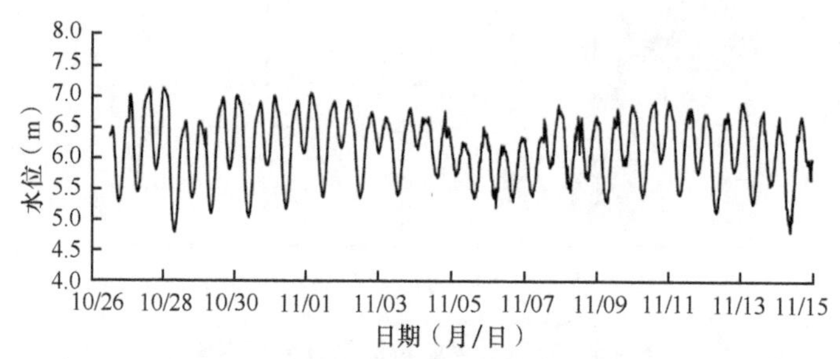

图 4.16　2011 年 10 ～ 11 月海带分苗期 SM1 站位水位的变化

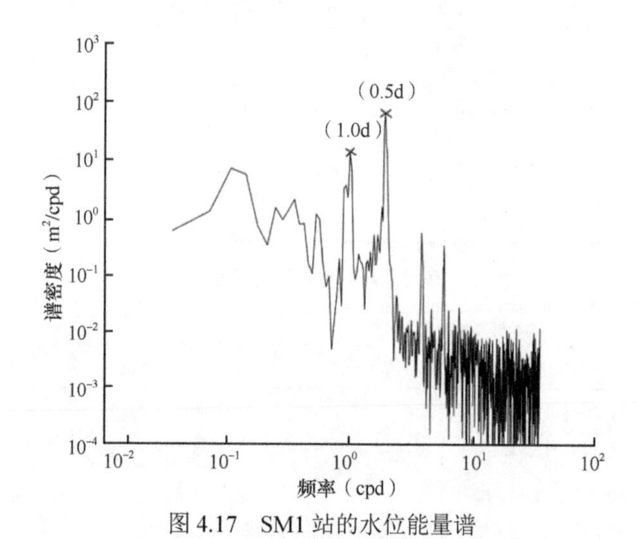

图 4.17　SM1 站的水位能量谱

用 Pawlowicz 等（2002）提供的 T_TIDE 程序对各站位的水位资料做调和分析，共得到 17 个分潮的调和常数。表 4.11 按频率从小到大的顺序列出了所有通过 95% 置信度的分潮的振幅和迟角（相对于格林威治时间）。如所预料的，各站位半日分潮（M_2 和 S_2）和全日分潮（K_1 和 O_1）的振幅基本相同，迟角上的差异也不大。

表 4.11　2011 年 10 ～ 11 月海带分苗期各站主要分潮振幅（m）和迟角（°）

站位	分潮	O_1	K_1	M_2	S_2	M_4	M_6	$2MS_6$
SM1	振幅	0.145	0.229	0.536	0.186	0.054	0.027	0.034
	迟角	270.3	296.4	33.6	58.2	245.7	277.0	310.7
SM2	振幅	0.165	0.234	0.535	0.182	0.047	0.028	0.031
	迟角	268.6	297.0	34.1	59.5	247.7	277.0	316
SM3	振幅	0.162	0.238	0.525	0.179	0.049	0.029	0.032
	迟角	268.5	297.6	33.8	58.8	244.6	276.5	319.7
SM4	振幅	0.175	0.231	0.524	0.173	0.049	0.032	0.031
	迟角	263.7	297.2	29.9	52.2	235.1	267.8	311.0
SM5	振幅	0.166	0.238	0.531	0.182	0.055	0.031	0.035
	迟角	271.2	297.8	32.6	58.4	242.6	279.7	316.1

潮汐的类型通常是以主要分潮振幅的比值 $F=(H_{O_1}+H_{K_1})/H_{M_2}$ 的大小来判断，$F \leqslant 0.5$ 为正规半日潮，$0.5 < F \leqslant 2.0$ 为非正规半日潮，$2.0 < F \leqslant 4.0$ 为非正规日潮，$F > 4.0$ 为正规日潮（陈宗镛，1980）。潮汐的日不等现象，包括潮高日不等和涨、落潮历时日不等。潮高日不等现象与月赤纬变化相关，当 H_{S_2}/H_{M_2} 大于 0.40 时，潮高日不等现象明显，半日分潮和全日分潮迟角差值 $g_{M_2}-(g_{K_1}+g_{O_1})$ 的大小可以判断潮高日不等现象，当此差值为 0°（或 360°）、180°、270° 左右时，该处潮位呈现出高潮日不等、低潮日不等、高潮和低潮均日不等的现象（陈倩等，2003）。

潮波进入浅海，当潮差和深度相比不能忽略时，高潮与低潮时刻的水深 h 不同。根据长波波速公式可知，高潮时刻传播速度比低潮时刻来得快，因此潮波将发生变形，也导致日不等现象。在 M_2 分潮占主导的半日潮海区，M_2 分潮在传播过程中产生的 M_4 浅水分潮直接反映潮波的变形，变形程度与 $G=H_{M_4}/H_{M_2}$ 相关，$G > 0.04$ 视为浅水分潮显著，G 值越大，日不等现象越显著。潮波进入海湾，由于水深、地形和工程建设等因素的影响，潮汐不对称作用增强，形态发生改变，涨落潮历时出现不对称。潮汐不对称强度可由偏度来衡量，在半日潮为主的海域，由以下公式近似计算：

$$\gamma=\frac{\frac{3}{4}H_{M_2}^2\omega_{M_4}^2H_{M_4}\omega_{M_2}\sin\left(2g_{M_2}-g_{M_4}\right)}{\left[\frac{1}{2}\left(H_{M_2}^2\omega_{M_2}^2+H_{M_4}^2\omega_{M_4}^2\right)\right]^{\frac{3}{2}}}$$

式中，γ 为无量纲潮汐不对称指数；H 代表分潮振幅；ω 为分潮频率；g 为分潮迟角。γ 的绝对值越大，潮汐不对称性越强，当 $\gamma < 0$，涨潮历时大于落潮历时，当 $\gamma > 0$，落潮历时长于涨潮历时。

从表 4.12 可知，各站位 F 值 0.7 和 0.8 之间，桑沟湾的潮汐属于不正规半日潮。各站的 M_4 浅水分潮振幅约 0.05m，各站 G 值均在 0.09 附近，浅水分潮的影响也不可忽视。各站 H_{S_2}/H_{M_2} 值均＜0.40，说明湾内没有明显潮高日不等现象，但由于半日分潮和全日分潮的相位差 $g_{M_2}-(g_{K_1}+g_{O_1})$ 均接近 180°，因此桑沟湾内低潮日不等现象较高潮日不等现象明显。换句话说，两相邻低潮位差大于两相邻高潮位差，从图 4.16 所示的水位变化曲线图中也可以看出低潮日不等现象。各站 γ 的绝对值较小，说明桑沟湾潮汐不对称性较弱，此外除 SM1 站的落潮历时长于涨潮历时外，其他站位均为涨潮历时大于落潮历时。

表 4.12　2011 年 10 ～ 11 月海带分苗前各站位潮汐特征值

站位	F 值	G 值	H_{S_2}/H_{M_2} 值	$g_{M_2}-(g_{K_1}+g_{O_1})$ 值（°）	γ 值
SM1	0.70	0.101	0.34	187.1	0.034
SM2	0.75	0.087	0.34	188.5	−0.012
SM3	0.76	0.094	0.34	187.7	−0.037
SM4	0.79	0.093	0.34	189.0	−0.010
SM5	0.76	0.097	0.34	185.1	−0.017

2. 2012 年 6 月海带收获期潮汐特征

海带收获期各站的水位变化和水位能量谱（水位能量谱图略）与海带分苗期较为类似，各站均呈现出显著的半日周期变化，且一天之中两个高潮（低潮）的高度不等，潮汐类型为不正规半日潮。图 4.18 所示为 2012 年 6 月桑沟湾 SM1 站位 RBR 水质仪观测到的水位变化。SM1 ～ SM5 站的水位变化幅度分别为 1.82m、1.81m、1.91m、1.79m 和 1.79m。由于海带成熟期水位资料的有效观测时间较短，T_TIDE 程序调和分析出 9 个分潮，表 4.13 按频率从小到大的顺序列出了所有通

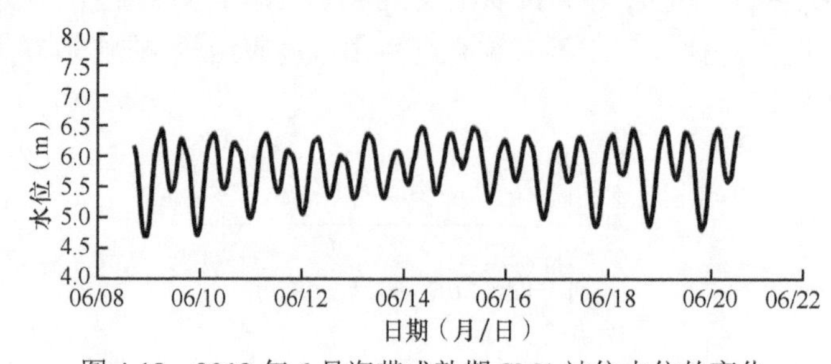

图 4.18　2012 年 6 月海带成熟期 SM1 站位水位的变化

过 95% 置信度的分潮的振幅和迟角。可以看出，最显著的分潮为 M_2 分潮，其次是 K_1 分潮。由南向北 M_2 分潮的振幅逐渐减小，其中 SM1 站 M_2 分潮的迟角最大，其他站位在迟角上的差异不大。各站 G 值在 0.07 ～ 0.09，说明浅水分潮的影响不可忽视。除 SM4 站 γ 的绝对值较小，其他各站的潮汐不对称性较强。此外，除 SM4 站的落潮历时长于涨潮历时外，其他各站均为涨潮历时大于落潮历时。

表 4.13　2012 年 6 月各站位主要分潮振幅（m）、迟角（°）、G 值和γ值

站位	分潮	K_1	M_2	M_4	M_6	G 值	γ 值
SM1	振幅	0.504	0.287	0.046	0.026	0.091	−0.119
	迟角	37.3	302.0	245.3	279.3		
SM2	振幅	0.496	0.291	0.045	0.025	0.091	−0.118
	迟角	37.5	302.2	245.7	290.8		
SM3	振幅	0.488	0.287	0.041	0.030	0.082	−0.154
	迟角	36.1	302.8	239.1	296.8		
SM4	振幅	0.440	0.319	0.061	0.037	0.088	0.005
	迟角	33.8	289.7	282.4	357.9		
SM5	振幅	0.485	0.310	0.036	0.025	0.075	−0.077
	迟角	40.1	290.3	253.0	292.7		

与海带分苗期相比，虽然各站的水位变化幅度有所减小，但各站水位变化仍呈现出显著的半日周期变化，且一天之中两个高潮（低潮）的高度不等，表明不正规半日潮的潮汐类型受海带养殖影响较小。对比海带分苗期各分潮的调和常数，发现海带养殖后各站 M_2、M_4、M_6 分潮的振幅减小，K_1 分潮的振幅增大，其中在 SM4 站各分潮振幅的变化最明显。海带养殖后 SM1、SM2 和 SM3 站的 M_4 分潮的迟角减小，其他分潮的迟角增大；SM4 和 SM5 站的 K_1 分潮的迟角减小，其他分潮的迟角增大。虽然桑沟湾海带分苗期和海带成熟期间分潮的振幅和迟角的具体数值虽略有不同，但由于相对于黄海的潮波，桑沟湾是一块小海域，海带养殖对湾内的潮汐的影响并不大。即使桑沟湾海带养殖规模大养殖密度高，潮汐类型仍为不正规半日潮，低潮不等现象较高潮不等现象明显，半日分潮以 M_2 分潮为主，全日分潮以 K_1 分潮为主，浅水分潮显著。

（二）潮流特征

在桑沟湾内，虽然潮汐特征的空间变化不大，但是与地形关联密切的潮流特征就不同，其空间变化较为显著。同理，桑沟湾内的养殖情况对湾内潮流的分布也会有较大的影响。

1. 2011 年 10 ～ 11 月海带分苗期潮流特征

潮流特征分析包括整体特征和垂向结构两个方面。对 2011 年 10 ～ 11 月海带分苗期的海流资料做垂向平均来分析潮流的整体特征，即对流速先做垂向平均，对平均后的流速做能量谱分析。图 4.19 给出了 SM2、SM4 站垂向平均流速的能量谱，可以看出各站半日分潮的能量均为最大，其次为全日分潮流和浅水分潮流。

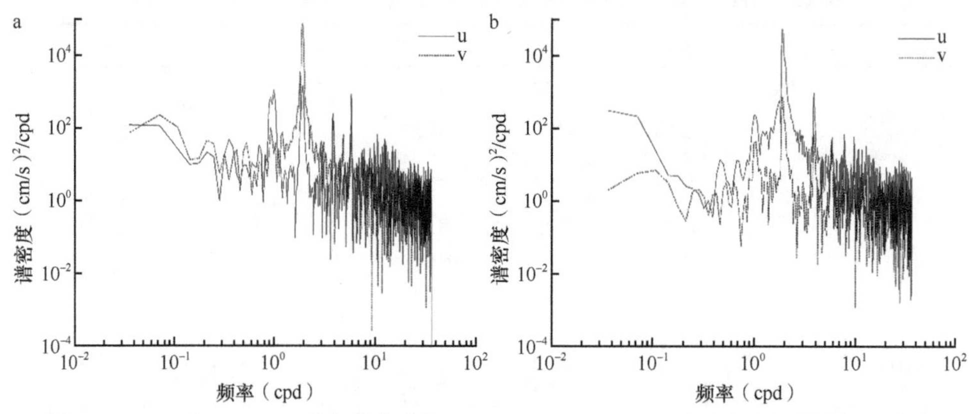

图 4.19　2011 年 10 ～ 11 月海带分苗期（a）SM2 和（b）SM4 站垂向平均流速的能量谱

u 为东西分量；v 为南北分量

采用 T_TIDE 程序对 2011 年 10 ～ 11 月海带分苗期的垂向平均海流做调和分析，得到 17 个分潮流的椭圆要素。各站最显著的半日分潮流为 M_2 分潮流，最大流速为 7.0 ～ 22.7cm/s；最显著的全日分潮流为 K_1 分潮流，最大流速小于 2.5cm/s，比 M_2 分潮流弱得多。潮流的类型通常是用全日、半日分潮流振幅的相对比率 $F=(W_{O_1}+W_{K_1})/W_{M_2}$ 值作为判别指标（陈宗镛，1980）。$F \leqslant 0.5$ 为正规半日潮流，$0.5 < F \leqslant 2.0$ 为不正规半日潮流，$2.0 < F \leqslant 4.0$ 为不正规全日潮流，$F > 4.0$ 为正规全日潮流。此外用 $G=(W_{M_4}+W_{MS_4})/W_{M_2}$ 的大小可以衡量浅水分潮的影响，当 $G > 0.04$ 时认为浅水分潮比较显著。SM2、SM4 和 SM5 三站的 F 值均小于 2.0，表明桑沟湾潮流类型为正规半日潮流。3 个站的 G 值均大于 0.1，表明浅水分潮流比较显著，其中离岸最近的 SM4 站 G 值最大。

潮流垂直结构的描述通常以分潮流椭圆要素的角度来表达（方国洪，1984；Soulsby，1983；Prandle，1982）。潮流椭圆要素包括椭圆半长轴、椭圆半短轴、椭圆倾角和椭圆迟角。它们分别代表分潮流的最大流速、最小流速、最大流速方向及最大流速出现时间。此外，将半短轴和半长轴的比值定义为椭圆率，潮流椭圆以逆（顺）时针方向旋转时椭圆率取正（负）值。椭圆率的大小可以用来判别流向类别：当椭圆率小于 0.2 时，潮流为往复流，当椭圆率介于 0.2 和 1.0 之间时，潮流为旋转流（陈则实，1998）。在自然海区，潮流椭圆要素的垂向变化规律主要有：当趋向海底时，潮流椭圆半长轴减小、椭圆率增加、椭圆倾角增大及椭圆迟角减小。由于海带分苗期桑沟湾最显著的半日分潮流为 M_2 分潮流，因此下文以 M_2 作为分潮流的代表来讨论该海域的潮流垂直结构特征。

图 4.20 中左图为海带分苗期各站 M_2 分潮流最大流速的垂直分布，其中 SM4 站 M_2 分潮流最强，其次为 SM2 站，SM5 站最弱。在 SM4 和 SM5 站，M_2 分潮流最大流速的最大值均出现在中下层，大小分别为 25.8cm/s 和 8.4cm/s，向海面最大流速逐渐减小，表层最大流速较垂向最大值分别减小了 30% 和 40%。SM4 站的垂向分布特征与樊星等（2009）于 2006 年 7 月在桑沟湾寻山站（37.142°N，122.561°E）观测的流速剖面特征相一致。在 SM2 站，M_2 分潮流最大流速的最大值出现在中上层（z/H=0.61，z 为深度，H 为水深），大小为 19.9cm/s，向海面和海底最大流速略有减小，表、底层的最大流速值分别为 18.2cm/s 和 19.0cm/s。各站表层流速比其下层小，是由海面养殖设施阻力造成的，底层流速越靠近海底越小，其原因是海底的摩擦作用造成的。图 4.20 中右图为海带分苗期各站 M_2 分潮流椭圆率的垂直分布。各站 M_2 分潮流椭圆率相近，其中 SM5 站 M_2 分潮流椭圆率最大，其次是 SM4 站，SM2 站的最小。各站椭圆率在整个深度上均为负值，垂向变化不大，在 −0.1 附近，表明 M_2 分潮流椭圆在整个深度上以顺时针方向旋转，但椭圆狭长，往复流特征明显。

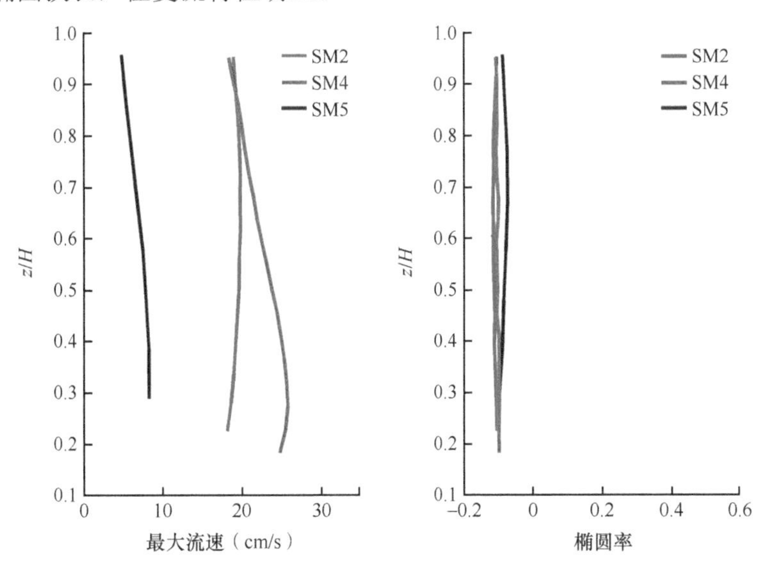

图 4.20　2011 年海带分苗期各站 M_2 分潮流的最大流速和椭圆率

图 4.21 显示，海带分苗期各站 M_2 分潮流最大流速方向在垂向上变化不大。在 SM2 站，M_2 分潮流的最大流速方向为南北方向，越靠近海底椭圆倾角越大，表、底层的椭圆倾角相差 3° 左右；在 SM4 站，M_2 分潮流的最大流速方向为东西方

向，椭圆倾角在垂向上的变化不超过 1°。在 SM5 站，M_2 分潮流的最大流速方向为东北—西南方向，越靠近海面椭圆倾角越大，表、底层的椭圆倾角相差 7° 左右。叶安乐（1984）指出在水深较浅的海域，当分潮频率大于柯氏参数时，最大流速方向随深度的变化很小，反之则最大流速方向随深度的增加左偏转但变化并不大。在桑沟湾（37°N）M_2 分潮流的频率大于科氏参数，M_2 分潮流最大流速方向的垂向分布变化不大，基本符合以上的结论。

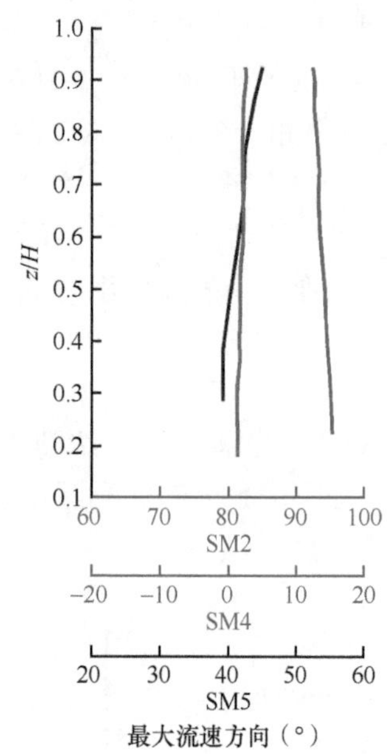

图 4.21　2011 年海带分苗期各站 M_2 分潮流的最大流速方向

2. 2012 年 6 月海带收获期潮流特征

从 2012 年 6 月海带收获期垂向平均流速的能量谱（略）可以看出，与 2011 年秋季相同，各站半日分潮的能量均为最大，其次为全日分潮流和浅水分潮流。用 T_TIDE 程序对 2012 年海带收获期各站的垂向平均流速资料做调和分析，得到 9 个分潮流的椭圆要素。最显著的半日分潮流为 M_2 分潮流，最大流速为 8.5 ～ 24.1cm/s；最显著的全日分潮流为 K_1 分潮流，最大流速小于 2.5cm/s，比 M_2 分潮小一个量级。由于海带成熟期的观测时间较短，调和分析未能得出 O_1 或 MS_4 分潮流，无法计算各站的 F 值和 G 值。樊星（2008）对桑沟湾海带生长鼎盛期 5 个站位的海流资料进行准调和分析，获得了各主要分潮流的椭圆要素，各站 F 值介于 0.1 ～ 0.4，可见海带养殖并没有改变桑沟湾的潮流类型。

图 4.22 中左图为海带成熟期各站 M_2 分潮流最大流速的垂直分布。各站最大流速的垂向分布特征较一致，最大流速的最大值出现在中层，向海面和海底，最大流速迅速减小，接近海面时最大流速的减小速率有所减缓，具体数值参见

表 4.14。与自然海区相比，海带成熟期的桑沟湾筏架海域多了一个海面边界，这是因为固定在筏架上的海带已充分成长，阻力比分苗期大大增强，可以将这部分的海面视为一个流速为零的边界。在靠近这部分海面和海底边界，M_2 分潮流最大流速逐渐减小的变化规律基本符合潮流边界层理论。在此期间，由于受密集海带所阻挡，这里的上层潮流无法进入湾内，质量守恒要求从中、底层进出海湾的潮流必需增大。因此，与海带分苗期相比，海带成熟期的表层 M_2 分潮流最大流速显著减小，中、底层最大流速显著增大。图 4.22 中右图为海带成熟期各站 M_2 分潮流椭圆率的垂直分布。除 SM1 站外，其他站位的 M_2 分潮流椭圆率在整个深度上有正有负，分潮流的旋转方向不再单一。SM2、SM4 和 SM5 站椭圆率的垂向分布较为相似：椭圆率的最小值出现在中层（$z/H \approx 0.5$），向海面和海底椭圆率迅速增大，表层潮流为旋转流。在中层潮流的旋转方向为顺时针方向，而在海面潮流的旋转方向转变顺时针方向了。在 SM3 站，上层椭圆率接近 0，下层椭圆率随接近海底边界有所减小。由自然海区潮流边界层理论可知，越靠近海底边界

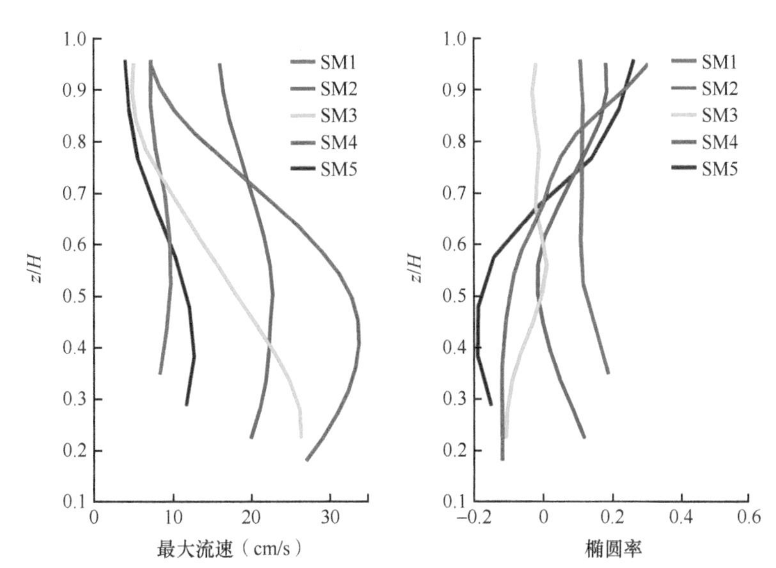

图 4.22　2012 年海带收获期各站 M_2 分潮流的最大流速和椭圆率

表 4.14　2012 年海带收获期各站 M_2 分潮流最大流速值

站位	表层流速（cm/s）	流速最大值（cm/s）	最大值出现的相对深度	表层流速衰减率（%）
SM1	7.3	9.8	0.5	26
SM2	16.0	22.7	0.5	30
SM3	5.0	26.4	0.3	81
SM4	7.3	33.7	0.5	78
SM5	4.0	12.7	0.4	69

椭圆率越大。海带成熟期 M_2 分潮流椭圆率随靠近海面和海底边界逐渐增大的变化规律符合潮流边界层理论。

如图 4.23 所示，在海带成熟期，除 SM5 站外，其他站位的 M_2 分潮流最大流速方向在垂直方向上的变化不明显。在 SM1 站，M_2 分潮流的最大流速方向基本为南北方向，随着靠近海表，椭圆倾角略有减小，表、底层的椭圆倾角相差 5° 左右；在 SM2 站，M_2 分潮流最大流速方向为西北—东南方向，上层（$z/H > 0.7$）的椭圆倾角约 135°，而中下层的椭圆倾角随着靠近海底边界有所增大，表、底层的椭圆倾角相差 5° 左右；在 SM3 站，M_2 分潮流最大流速方向为东北偏北方向，上层（$z/H > 0.5$）的椭圆倾角约为 70°，而下层的椭圆倾角随着靠近海底边界略有减小，表、底层的椭圆倾角相差 3° 左右；在 SM4 站，M_2 分潮流最大流速方向为东西方向，中下层（$z/H < 0.7$）椭圆倾角约为 170°，而上层的椭圆倾角随着靠近海面略有增大，表、底层的椭圆倾角相差 9° 左右；在 SM5 站，随着靠近海面，椭圆倾角显著增大，表、底层的椭圆倾角相差 30° 左右。海带成熟期，除个别站外，M_2 分潮流最大流速方向的垂向变化幅度较小，符合潮流边界层理论。

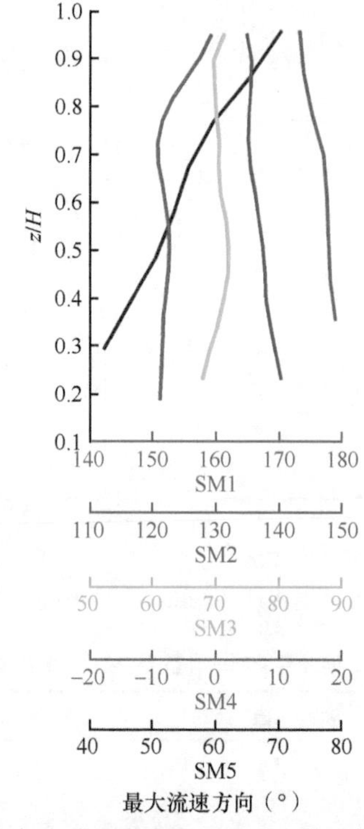

图 4.23　2012 年海带分苗期各站 M_2 分潮流的最大流速方向

（三）余流特征

1. 2011 年 10 ～ 11 月海带分苗期余流特征

各站的余流是从其流速数据滤去潮流和周期短于一天的高频变化部分后得到。图 4.24 所示为 2011 年 10 ～ 11 月海带分苗期桑沟湾的平均余流分布图。与图 4.20 相比可见，桑沟湾余流远小于潮流，湾口各站位平均余流均小于 5cm/s，并且大部分站位表、底层余流方向基本一致。海带分苗期各站表底层余流大小和方向见表 4.15。湾口南部余流偏东，这与前人研究结果一致，但余流底层大于表层。海湾中部偏南位置存在较强的西南方向流，可能是黄海沿岸流的影响（苏纪兰，2001）。另外，国家海洋局第一海洋研究所（1988）对桑沟湾的观测表明，秋、冬季节湾口北部余流偏西，指向湾内；湾口南部余流偏东，指向湾外。而根据本文分析结果，在海带分苗期湾口北部余流为东北向，指向湾外，可能是具体观测站位、风向和养殖格局有所不同等引起的差异。

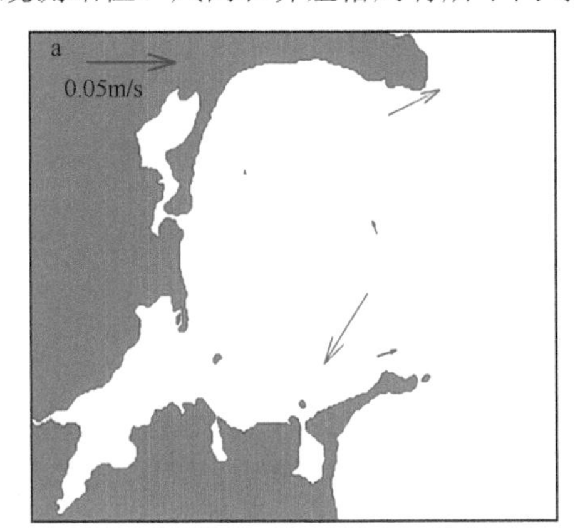

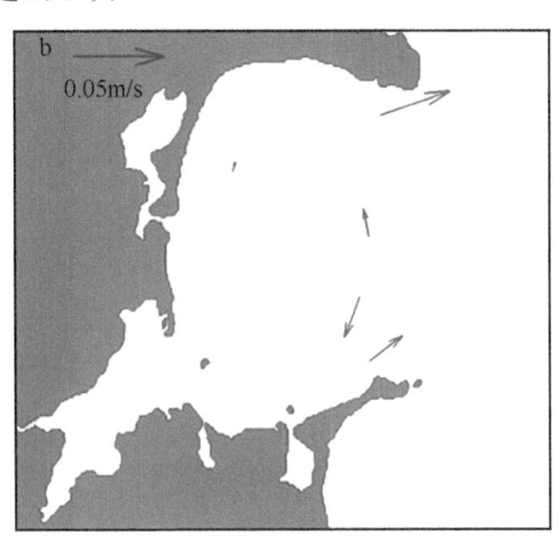

图 4.24 2011 年海带分苗期余流分布表层（a）、底层（b）

表 4.15 海带分苗期和海带收获期各站余流情况

站位	海带分苗期				海带收获期			
	表层余流（cm/s）	表层方向	底层余流（cm/s）	底层方向	表层余流（cm/s）	表层方向	底层余流（cm/s）	底层方向
SM1	1.1	东北	1.7	东北	4.4	东北	0.7	东南
SM2	4.4	西南	2.2	西南	5.4	东南	1.9	西南
SM3	0.7	西北	1.5	西北	1.4	南	4.3	西北
SM4	3.1	东北	3.9	东北	2.9	东南	2.9	东北
SM5	0.2	南	0.5	东北	0.7	东南	0.4	西北

2. 2012 年 6 月海带收获期余流特征

图 4.25 为 2012 年 6 月海带收获期的平均余流分布图。由于表层水流更受密集的海带所阻碍，可见各站表、底层余流方向差别较大。2012 年海带收获期观测时间为 6 月份，夏季盛行偏南风，根据风生艾克曼输运理论，表层海水产生离岸输运，而底层海水向岸流动（湾口北部底层仍朝湾外输运），以保持湾内水量的平衡。而黄海沿岸流势力减弱，对桑沟湾的影响消失（国家海洋局第一海洋研究所，1988）。海带收获期各站表底层余流大小和方向见表。

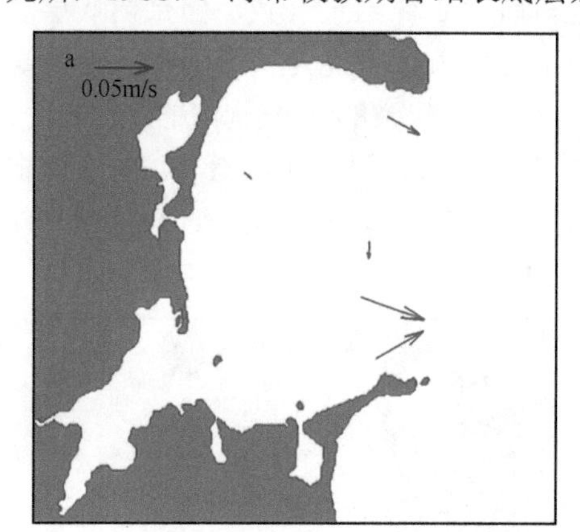

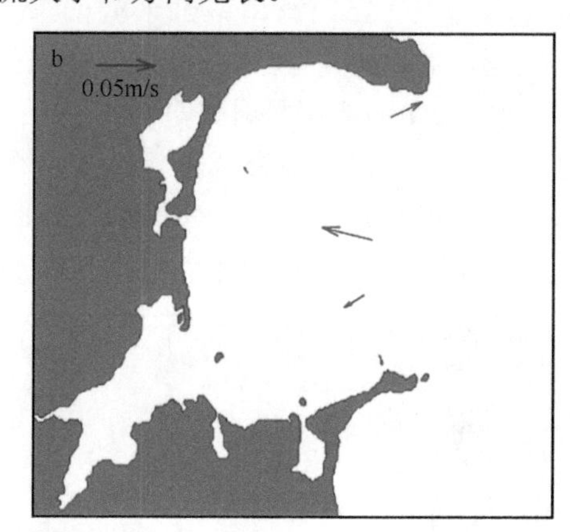

图 4.25　海带收获期余流分布表层（a）、底层（b）

（四）桑沟湾附近岬角潮余流特征

余流是海流过滤掉周期性的潮流后剩下的部分，包括风海流、密度流、径流和潮余流等。在余流的组成中，潮余流与其他成分有明显不同，它是由潮流和地形（海底地形和海岸边界）非线性相互作用，将能量从潮流场传输到余流场而产生的。因此潮余流基本不随长时间尺度变化，始终对余流有所贡献，其对海水中物质的远距离输运起着重要作用，如热量、溶解盐、污染物和营养盐等。

基于多年、多站位、长时间的锚系海流观测数据，我们得到了桑沟湾及其邻近海域潮余流的整体分布特征。如图 4.26 所示，22 个观测站位中 2 个测站位于俚岛东北，20 个测站位于在桑沟湾内（17 个测站位于寻山和楮山之间的湾口附近，3 个测站位于湾内的西北部）。锚系海流观测资料集中在以下几个时间段内（表 4.16）：2011 年 4 ～ 6 月，2011 年 10 ～ 12 月，2012 年 6 月，2015 年 4 ～ 6 月，以及 2017 年 4 ～ 5 月。除 5 个测站的观测时间小于 10d 外，其他 17 个测站的持续工作时间都大于 10d，最长观测时间为 70d。

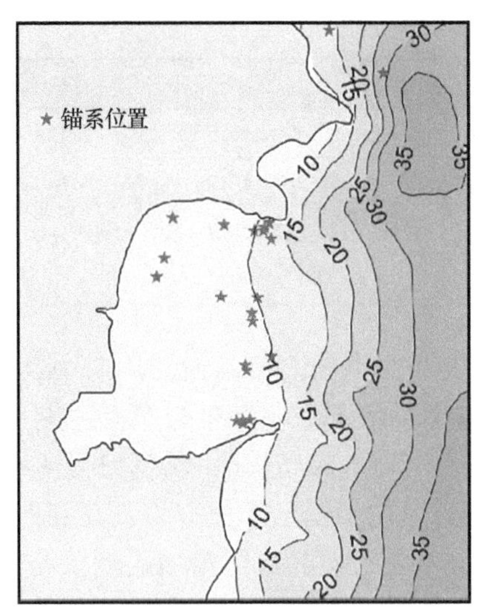

图 4.26　锚系位置

由北至南岬角分别为俚岛、寻山和楮山，红色五角星为 22 个锚系观测站点，等值线代表水深

表 4.16　22 个锚系站点位置和获得有效数据的持续时间

站位	东经（°）	北纬（°）	年份	持续时间（月-日）（有效天数）
1	122.60	37.25	2011	4-20 ～ 5-10（21d）
2	122.64	37.22	2011	4-23 ～ 4-24（2d）
3	122.53	37.11	2011	4-22 ～ 5-6（15d）
4	122.55	37.05	2011	5-11 ～ 5-21，6-26 ～ 7-8（24d）
5	122.57	37.08	2011	6-1 ～ 6-2（2d）
6	122.56	37.11	2011	5-13 ～ 5-17（5d）
7	122.57	37.14	2011	4-24 ～ 5-31（38d）
8	122.50	37.13	2011	10-27 ～ 12-12（47d）
9	122.55	37.04	2011	11-14 ～ 11-21（8d）
10	122.55	37.07	2011	10-28 ～ 12-9（43d）
11	122.56	37.10	2011	12-8 ～ 12-13（6d）
12	122.56	37.14	2011	10-25 ～ 11-12，11-17 ～ 12-11（34d）
13	122.49	37.12	2012	6-12 ～ 6-21（10d）
14	122.55	37.05	2012	6-8 ～ 6-20（13d）
15	122.57	37.06	2012	6-8 ～ 6-20（13d）
16	122.56	37.10	2012	6-8 ～ 6-20（13d）
17	122.57	37.15	2012	6-11 ～ 6-21（11d）
18	122.54	37.04	2015	4-18 ～ 6-27（70d）

续表

站位	东经（°）	北纬（°）	年份	持续时间（月-日）（有效天数）
19	122.56	37.14	2015	4-18 ～ 6-27（70d）
20	122.56	37.14	2015	4/18-5/3，5/16-6/4（38d）
21	122.54	37.15	2017	4/14-5/18（35d）
22	122.50	37.15	2017	4/15-5/18（35d）

2011 年的观测数据表明在桑沟湾口附近，湾口中部的潮余流流向湾内，湾口两侧靠近岸边的潮余流流向湾外；在海带分苗期，潮余流垂向分布较为均匀；而在海带收获期，潮余流在湾口南部局部地区底层流进海湾，表层流出海湾（Zeng et al.，2015）。锚系观测结果初步揭示了桑沟湾及其邻近海域局部区域潮余流的分布状况，俚岛、寻山和楮山三个岬角邻近海域的潮余流普遍较强，大于 1.0cm/s，而离三个岬角较远的桑沟湾西北海域潮余流较弱，小于 1.0cm/s。如图 4.27 所示，三个岬角邻近海域的较强潮余流分布特征分别为：

1）俚岛岬角海域：靠近岬角站（15m 等深线附近）潮余流大小约 3.3cm/s，方向指向西南，远离岬角站（30m 等深线附近）潮余流大小为 4.3cm/s，方向指向西北。

2）寻山岬角海域：紧挨岬角的潮余流大小接近 5.0cm/s，呈向东方向；随着调查位置往南，潮余流大小逐渐减弱至小于 1.3cm/s，方向转为向西。

3）楮山岬角海域：紧挨岬角的潮余流较大，为 3.0 ～ 6.0cm/s，主要呈向

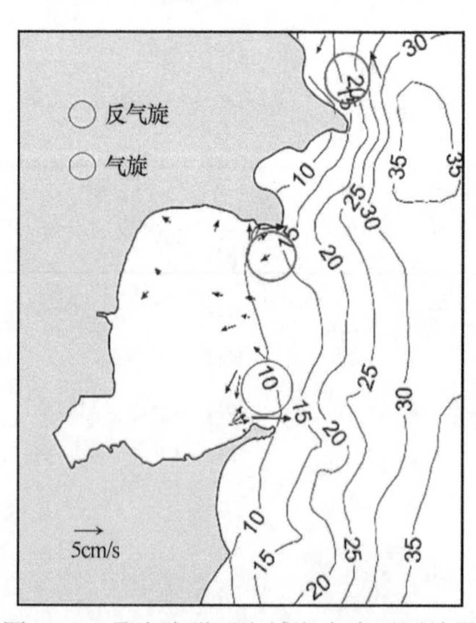

图 4.27　桑沟湾附近海域潮余流观测结果

箭头表示潮余流，红色圆圈代表反气旋式（即顺时针方向）分布潮余流，蓝色圆圈代表气旋式（即逆时针方向）分布潮余流

东方向；岬角西部潮余流大小约 4.0cm/s，指向西南；岬角北部潮余流大小约为 2.8cm/s。

此外，锚系观测资料显示岬角附近的潮余流呈现旋涡结构，在岬角北部，如俚岛和楮山北部，潮余流旋涡呈气旋式（即逆时针方向）；而在岬角南部，如寻山南部，潮余流旋涡呈反气旋式（即顺时针方向）。在上述 3 个潮余流旋涡中，寻山南部的潮余流旋涡处潮余流流速弱于其他两个岬角附件旋涡处的潮余流。前人的研究（Yang and Wang，2013；Robinson，1981；Zimmerman，1981；Pingree and Maddock，1980）表明，岬角岸线附近潮余流旋涡的产生，可以归因于三种机制：一是海底地形变化引起的底摩擦应力旋度，二是侧边界摩擦引起的水平剪切，三是位涡守恒。

（五）桑沟湾外海的环流特征

在浅海水域，潮流流速往往较大，底层潮混合强烈，在与上层风、浪混合的共同作用下，表、底层海水温度基本一致；而在外海区，由于升温季节海水上层迅速增温，促使跃层出现并逐渐增强。因而，在陆坡上近岸混合区与外海层化区之间的交界处，会出现浅水陆架锋，因其生成与潮混合密切有关，亦称之为潮汐锋，这是黄海中一个显著的水文现象。潮汐锋作为两种不同性质的水团和流系的分界及流体的内边界，在动力海洋学上具有重要的意义，其锋面结构可直接影响陆坡附近锋面的稳定性；同时锋面上的环流对水体中物质在锋区的富集及锋面两侧水体的交换还起着重要作用，所以研究锋区的流场结构，无论在理论上还是在实际应用中都显得十分重要。锋面环流通常由两部分组成（图 4.28）：上层沿锋面方向流动的急流和下层跨越锋面的次级垂向环流（在底层环流穿过层化区流向混合区）（Dong et al.，2004）。图 4.28 也显示了锋面环流的形成过程：狭窄的锋区将近岸

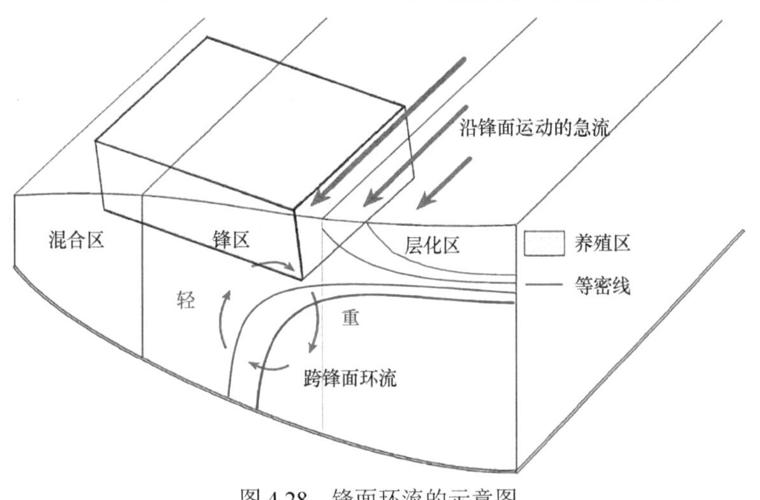

图 4.28　锋面环流的示意图

的混合区和离岸的层化区分隔开来，在热成风关系下，表层出现沿锋面方向的急流。锋区还出现一个次级垂向环流。靠近浅水区一侧为上升流，靠近深水分层区为下降流。底层环流就这样将层化区下层的冷水携带出锋区，成为混合区的上升流。由于层化区下层冷水的营养盐较高，这个环流对补充混合区的营养盐有积极的意义。

卫星遥感图像资料和数值模型（Lü et al.，2010；周锋等，2008；Liu et al.，2003；Lie，1986）均表明在黄海沿岸 20 ～ 50m 等水深处存在明显的潮汐锋。由于桑沟湾的水产养殖区域已扩展至外海水深 30m 处，养殖活动很可能对潮汐锋的环流结构产生影响。

二、海水养殖对桑沟湾水交换的影响

（一）桑沟湾水动力模型构建

历史调查资料的缺乏限制了我们对桑沟湾水动力特征的全面认识，因此建立一个三维高分辨率的桑沟湾水动力模型对深入研究是十分必要的。我们以 FVCOM 模式为基础，基于高分辨率准确地形和岸线，构建了桑沟湾水动力模型，并模拟了桑沟湾海域的关键水环境动力参数。与前人的模型研究不同，该桑沟湾水动力模型采用了网格嵌套的方法，模型大区域覆盖了渤海、黄海、东海及部分东海和太平洋，小区域为桑沟湾海域（图 4.29）。模型设置包括地形、河流、潮流、风场、开边界条件和养殖模块。大区域的海岸线和水深数据来自大洋地势图

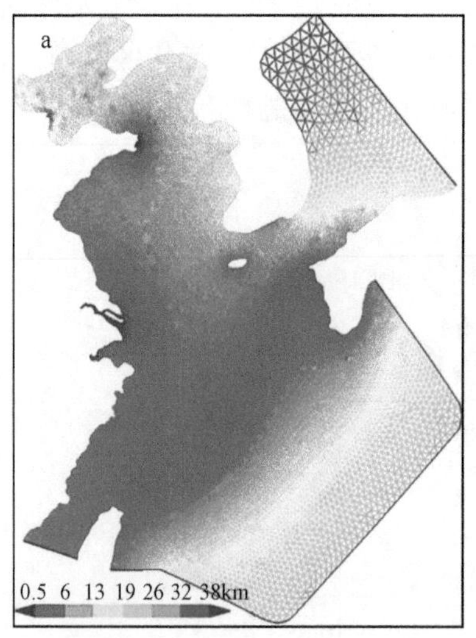

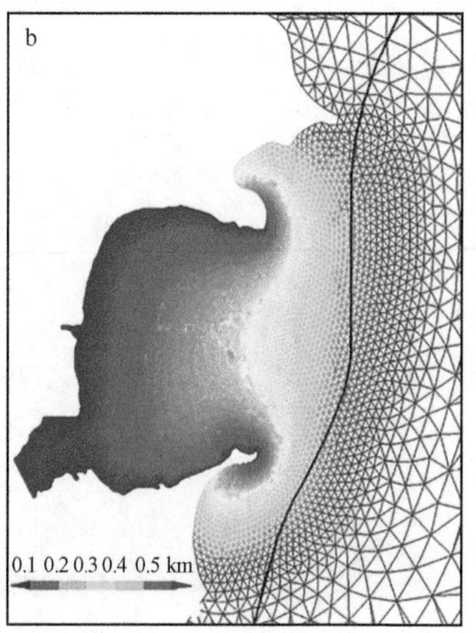

图 4.29　模型区域的网格（a）大区域；（b）桑沟湾区域

粗线为养殖边界

（general bathymetric chart of the oceans，GEBCO），分辨率为0.5′×0.5′。桑沟湾海域的水深数据来自中国科学院烟台海岸带研究所的海图，海图的分辨率为100m。河流资料来自当地水文站的长期观测资料。潮流采用OSU再分析数据，包含11种主要潮汐成分（M_2、S_2、N_2、K_2、K_1、O_1、P_1、Q_1、M_4、MS_4和MN_4）。风场结合美国国家航空航天局（National Aeronautics and Space Administration，NASA）的快速散射计（quick scatterometer，QuikScat）遥感资料和当地水文站的观测资料。如图4.29a所示，模型有三个开放的边界，开边界条件采用了自然资源部第二海洋研究所卫星海洋环境动力学实验室的模拟资料。考虑到模型的运算效率，水平方向上大区域使用粗网格，分辨率约9km，小区域使用精细网格，分辨率50～500m（图4.29）。垂向上采用sigma坐标系，总共20层。

根据2015年最新的养殖规划，我们在FVCOM中添加了养殖条件模块。桑沟湾养殖阻力包括养殖设施引起的表面设施阻力和成熟海带阻力。表面设施阻力用$\tau=\rho C_{ds}\left|\overrightarrow{U_s}\right|\overrightarrow{U_s}$进行参数化，该方法已在前人的研究中被广泛使用（Lin et al.，2016; Shi et al.，2011; 樊星等，2009）。其中ρ是水的密度，C_{ds}是平均阻力系数，$\left|\overrightarrow{U_s}\right|$是海表流速。模型中$C_{ds}$取值为0.0954（樊星等，2009）。根据Jackson和Winant（1983）的研究，每颗海带的阻力计算方法为$D_0=C_d\rho\mu^2dl$，其中C_d是阻力系数（垂直于圆柱体的流量约为0.5）（Batchelor，2000），μ是流速，l是海带长度，d是海带直径。由于l随着海带的生长而变化，我们假设它从0～5m线性增加。贝类养殖阻力的参数化方法与海带相同。根据实际养殖情况，整个养殖区全年都施加表面设施阻力，11月至6月增加了养殖生物的阻力。

基于遥感资料和历史调查资料，Xuan等（2016）验证了大区域的潮汐、潮流、环流、温度、盐度等关键水文要素。而对于桑沟湾海域，我们重点验证了水平流和上升流的模拟结果。

海带收获期的潮流特征显示在养殖摩擦阻力作用下潮流呈现明显的双层结构（Zeng et al.，2015）。因此，我们以SM1和SM4站采集的海流数据验证了模拟的2m层和6m层的水平流速。如图4.30所示，模拟结果很好地捕捉到了水平流速的双层结构：6m层的水平流速（图4.30b和d）远大于2m层的水平流速（图4.30a和c）。上层水平流速的减小由于海带的摩擦消耗部分动能。此外，均方根误差表明，水平流的模拟结果在量级上与观测值有很好的一致性。在SM1站，2m层和6m层的水平流速的均方根误差分别为1.7cm/s和3.1cm/s。相应地，SM4站的均方根误差分别为2.0 cm/s和1.6cm/s。由于SM1站水深较浅，较大的非线性作用使6m层的水平流速的均方根误差较大，大于3cm/s。

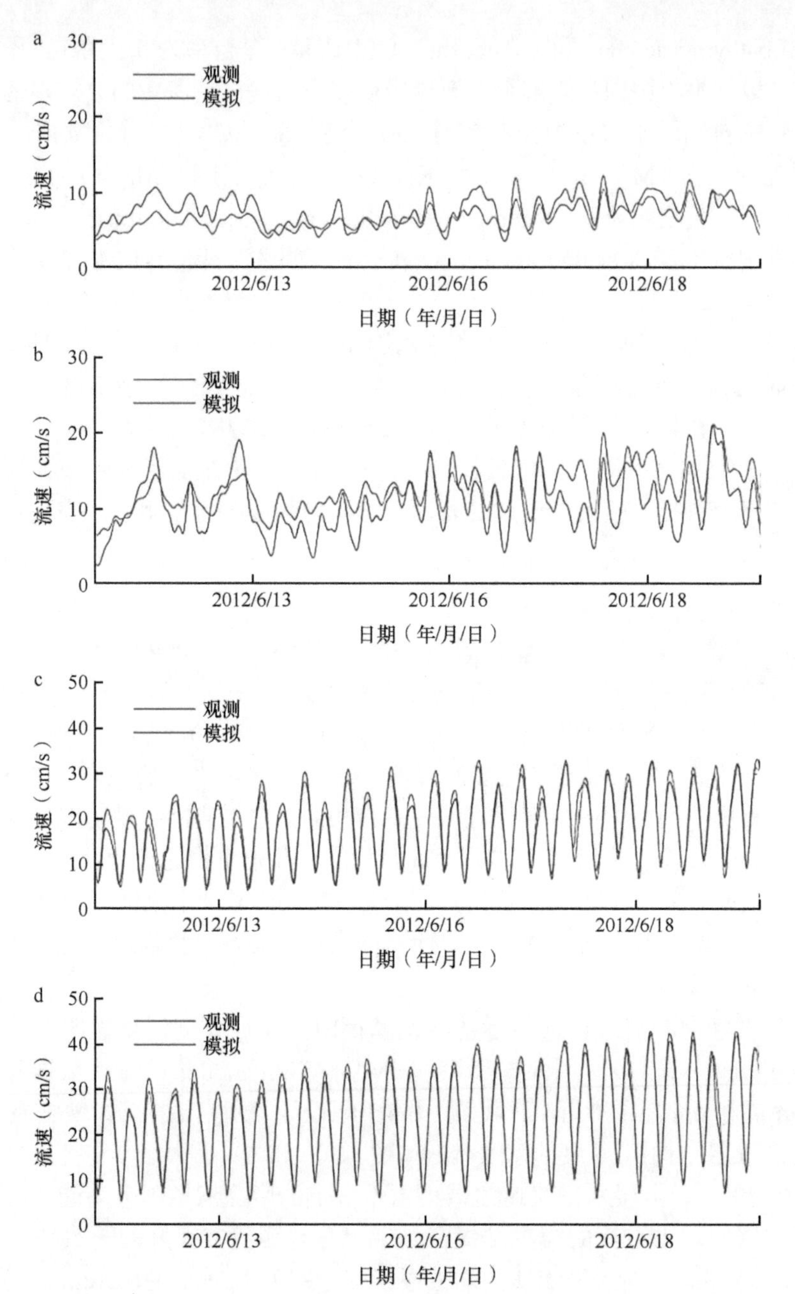

图 4.30　水平流速的验证（a）SM1 站 2m 层；（b）SM1 站 6m 层；（c）SM4 站 2m 层；（d）SM4 站 6m 层

如前所述，桑沟湾外的潮汐锋会伴随有上升流的存在。从黄海沿岸卫星遥感影像中也常常可以观察到上升流的存在。日本气象厅提供的春季平均海温产品，验证了桑沟湾外部上升流的模拟结果。如图4.31a所示，遥感海表温度（SST）图像显示表层低温斑块（＜10℃）位于湾口外侧，冷中心（＜9℃）位于湾外北部近岸区域。模型成功地模拟了同一区域的低温斑块。证实这个孤立的低温斑块很可能是由伴随潮汐锋的上升流所形成的。但是，模拟的小于9℃低温斑块（图4.31b）的面积略大于遥感影响所显示的面积，这可能是由于卫星SST数据不完整造成的。

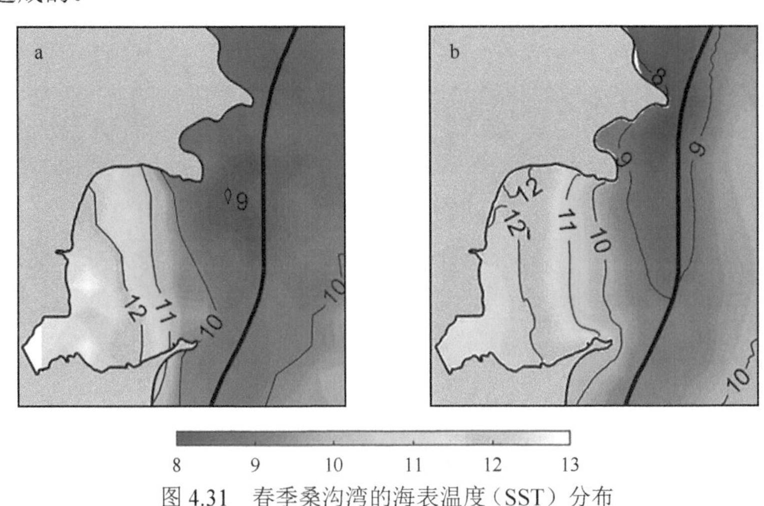

图4.31　春季桑沟湾的海表温度（SST）分布

a. 遥感数据（日本气象厅提供的春季平均海温产品）；b. 模拟结果。图中粗线为养殖边界

（二）桑沟湾湾口的潮进通量

基于高分辨率水动力模型的模拟结果，参照Zeng等（2015）的研究方法，分别计算了有无养殖情况下的6月平均半日潮周期内通过湾口断面（122.56°E）进入桑沟湾的潮通量，下文简称为潮进通量。6月份潮进通量在湾口断面的分布如图所示，该结果与Zeng等（2015）的观测结果一致。无养殖时，整个断面的潮进通量随深度增加而减小（图4.32a）。而有养殖时，潮进通量的最大值出现在海面以下6～8m处，并从中层向海面和海底递减（图4.32b）。通过对比发现养殖活动虽然使海带覆盖层的潮进通量显著减小，但是海带下方的潮进通量明显增加，该变化特征在湾口南北部高流速区域尤为明显（图4.32c）。与无养殖情况相比，上层（0～4m）潮进通量显著降低了60%，而下层（6～8m）的潮进通量则增加了60%（图4.32c）。上层减少的潮进通量是由海带养殖的阻碍作用所致。但在湾外水位压力的调制下，为了保持湾内外整体水位的平衡，很大一部分水体从下层进入桑沟湾，因此下层潮进通量有显著的增加。

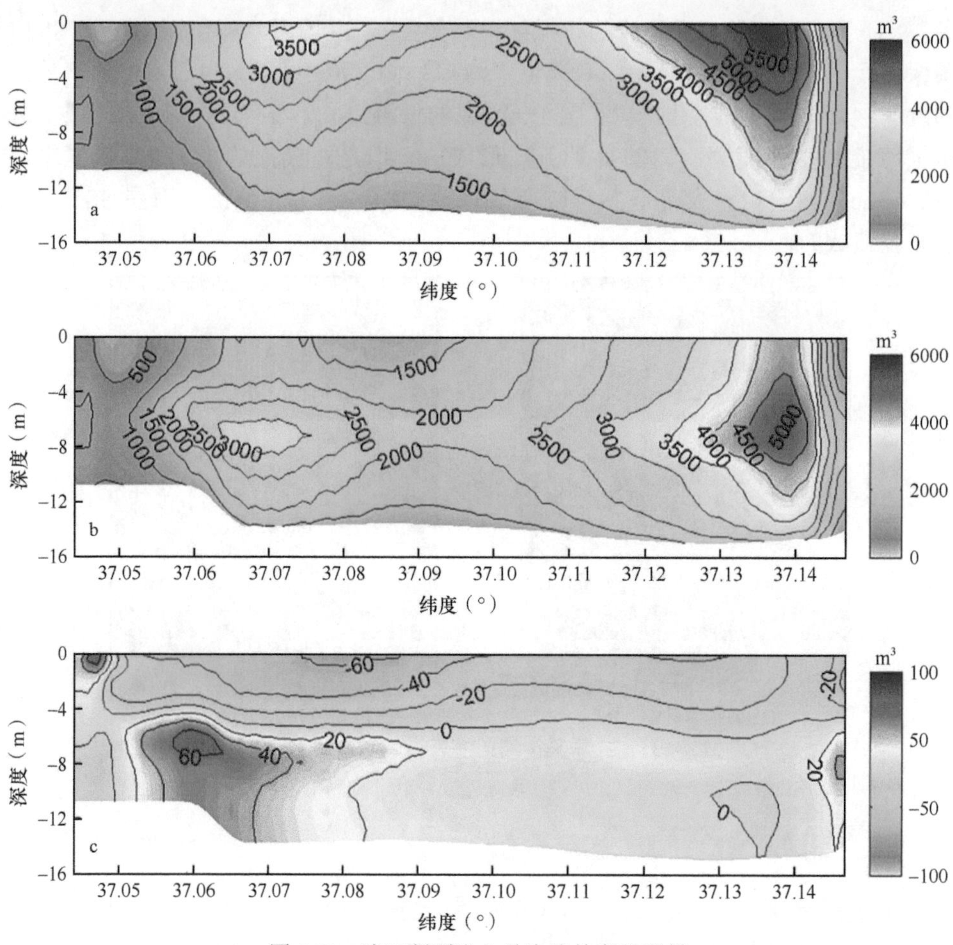

图 4.32　湾口断面进入桑沟湾的潮进通量

a. 无养殖；b. 有养殖；c. 有无养殖的相对变化。流场数据来自 6 月平均半日潮周期内的模式计算

（三）湾内半交换时间

半交换时间指海水中某保守物质稀释到原浓度一半时所需经历的时间，可用来评估水交换的强度和海域的物理自净能力。其计算的方式可以基于桑沟湾模型将湾内保守物质的初始浓度设定为 1 单位，而将外海的浓度设定为零单位。根据定义，当湾中某一点的保守物质的浓度达到 0.5 单位时，将该时间计为该点的半交换时间。初始时间设定为 2012 年 6 月 1 日 1 点，整个追踪期为 720h（30d）。

图 4.33 给出了桑沟湾有无养殖情况下表层海水半交换时间的分布，可以看出，从湾口到湾顶，海水半交换时间逐渐增加。无养殖情况下，湾内大部分区域的半

交换时间为 100 ～ 300h，湾口海带养殖区域的水交换状况半交换时间较短，在 100h 以内（图 4.33a）。养殖后，虽然湾口区域的半交换时间变化不大，但在靠近湾顶的地方海水的半交换时间延长了 100h 左右（图 4.33b）。结果表明，筏架养殖对桑沟湾的口门附近及湾内南侧的大部分区域的水交换影响很小，但对湾内西侧的水交换影响较大，特别是湾内的西北侧。

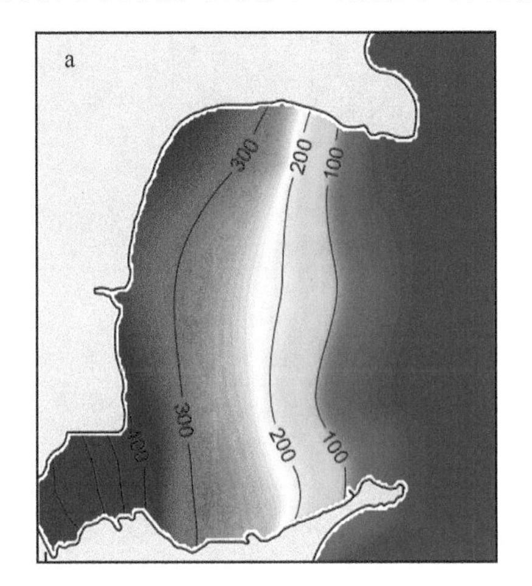

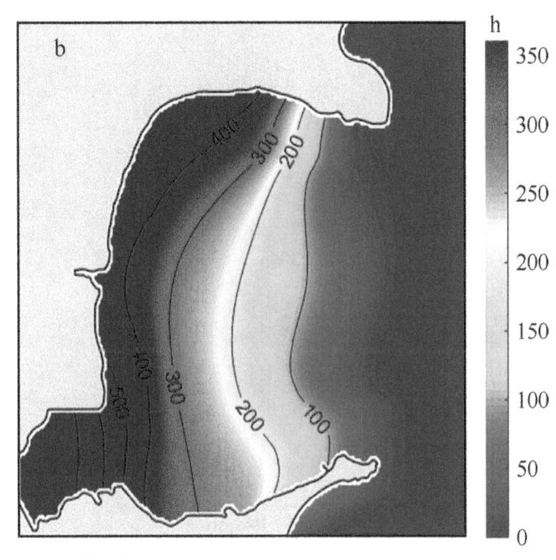

图 4.33 表层海水半交换时间的分布

a. 无养殖；b. 有养殖

（四）筏架养殖对桑沟湾外锋区环流的作用

无养殖条件下，锋区环流结构主要由两个组成部分：沿锋面方向上的急流（图 4.34a）和穿越锋面的次级垂向环流（图 4.35a，矢量），这与前人研究结果相一致（Dong et al.，2004；Van Heijst，1986）。上层沿锋面方向上的急流和下层穿越锋面的次级垂向环流都位于 10 ～ 50m 等深线，并且注意到在桑沟湾的养殖布局中，养殖区的边界恰好位于次级垂向环流中间。沿锋面方向上的急流始终向南，其强度（图 4.35a，蓝色）从表层的 5cm/s 迅速减弱到底部的 1cm/s。上升流出现在锋区的向岸侧，较大的 2×10^{-3}cm/s（图 4.35b，红色曲线）从 30m 等深线的底部延伸到近 10m 等深线的顶部。Van Heijst（1986）指出沿锋面方向上的急流主要受地转效应的影响，并受热风关系的制约。由于强烈的潮汐混合作用，浅水中的温度垂直混合均匀，并且高于深水分层区的温度（图 4.35b，颜色）。近岸侧的表层等静压面升高，热风效应激发了沿锋面方向向南流动的急流。如图 4.35b 所示，锋区不稳定的温度结构会导致强烈的上升流（> 2×10^{-3}cm/s）出现在 10m 和 30m 等深线之间。

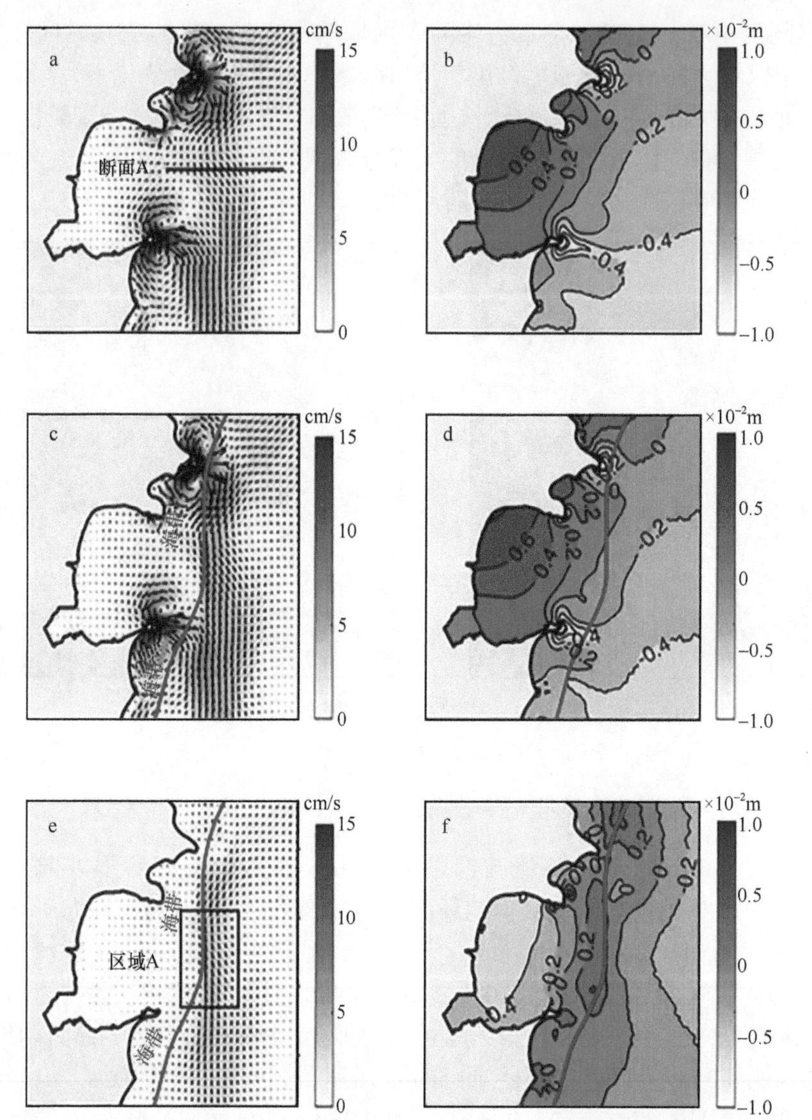

图 4.34　无养殖条件下海表流速（a）和海面高度异常（b）；有养殖条件下海表流速（c）和海面高度异常（d）；养殖前后的差异海表流速（e）和海面高度异常（f）

所有数据均为 6 月平均值。蓝色曲线为水产养殖边界。区域 A 是受水产养殖影响的代表性地区

有养殖条件下，海带养殖对锋区环流（图 4.34c 和图 4.35c）和温度结构（图 4.35d）具有显著影响。首先，养殖前后的差异（图 4.34e 和图 4.35e）表明水产养殖边界附近的南向流增强了，平均增幅为 3 ～ 6cm/s。其次，在紧靠水产养殖边界的向湾侧出现了另一个次级垂向环流，其环流方向与跨锋区的次级垂向环流相反，位置偏上层，但强度较大（图 4.35c，矢量）。由于养殖区的边界恰好

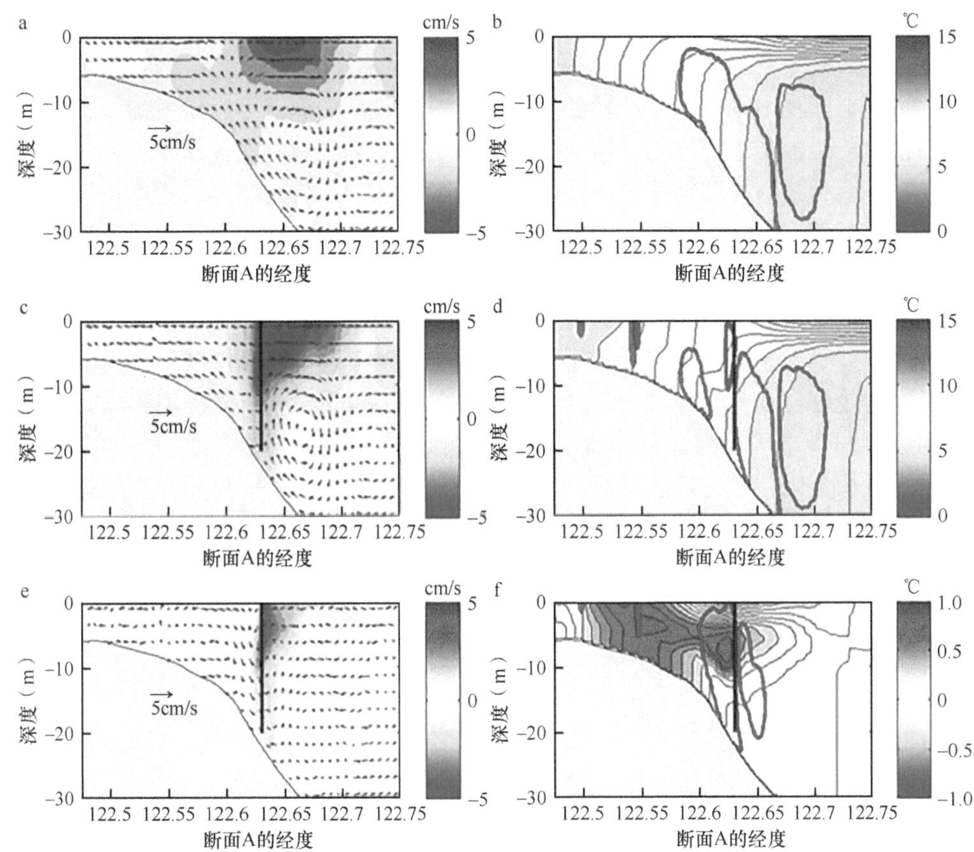

图 4.35　无养殖条件下断面 A 上的锋区环流（a）和温度结构（b）；养殖条件下断面 A 上的锋区环流（c）和温度结构（d）；养殖前后的差异锋区环流（e）和温度结构（f）

所有数据均为 6 月平均值。a、c、e 图中蓝色表示流速向南，线上箭头代表环流方向，黑色直线为水产养殖边界；b、d、f 图中红色和蓝色曲线均代表垂向速度为 2×10^{-3}cm/s，红色和蓝色曲线包络的分别为上升流和下降流区

位于无养殖时次级垂向环流的中间，因此，水产养殖边界内侧出现的反向次级垂向环流阻断了无养殖条件下的上升流结构（图 4.35b，红色曲线）。第三，湾内温度（图 4.35f，浅水一侧 10m 等深线）由于上升流带来的冷水供应受到限制而变高。由于受到水产养殖边界周围逆时针方向的次级垂向环流的影响，湾外温跃层以上的温度变低，而温跃层以下的温度变高（图 4.35f，在水产养殖边界附近）。

由于海带养殖主要影响水产养殖边界附近的锋面环流，因此我们将锋区环流的变化（图 4.34e 和图 4.35e）称为水产养殖引起的边界环流。水产养殖引起的边界环流是由一个加强的沿锋面南向流和一个与原有上升流相反的次级垂向环流组成。从 A 断面看，水产养殖的布局导致原本进入桑沟湾的上升流冷水被阻挡了，但对整个桑沟湾的影响如何，尚有待探讨。

（五）桑沟湾分区

多年来，我国水产养殖产业的发展都是凭经验，如何继续往前发展，急需系统的科学规划，要走智能化、精准化发展的道路。为实现桑沟湾水产养殖业的可持续发展，对桑沟湾划定养殖区、限养区和禁养区的工作是不容忽视的，而这些工作需要有基于生态系统理论的研究结果来指导。国内外养殖海湾区采用的划分方法多为根据水质、行政功能规划、水动力状况进行人为划分。桑沟湾作为一个复杂的养殖海湾，在划分方法上需要进行更科学的改进，一方面要综合考虑多要素，另一方面为建立养殖规划系统，划分方法需要实现计算机自动划分功能。

水团是性质相近的水型的集合（李凤岐等，1986）。水团分析的实质，就是水团边界的确定，因为只有明确了各水团的边界，才能定量地讨论水团在空间范围的消长变化，才有可能计算水团的各种统计指标（李凤岐和苏育嵩，2000）。在浅海水团分析中，系统聚类法是一种很有效的方法。该方法的基本思想是：先将 n 个样本各自看成一类，并规定样本与样本之间的距离和类与类之间的距离。开始时，因为每个样本自成一类，所以类之间的距离和样本之间距离是相同的。随后，在所有的类中选出距离最小的两个进行合并，组成一个新的类，并计算新类与其他各类的距离。接着再将距离最近的两类合并，这样每次合并两类直至将所有的样本都合并成一类为止。关于类与类之间的距离，有多种定义方法，从而也派生出多种系统聚类法，方开泰（1978）一共总结出 8 种方法。

对桑沟湾养殖区的划分采用了模拟的水动力资料，该数据包含 291 个站位，观测要素包括温度、盐度、pH 和溶解氧。对桑沟湾及其邻近海域的区域划分采用了系统聚类法中的重心法。重心系统聚类法借用了物理学中的重心概念，将两类重心点之间的距离，定义为类间距离。该划分方法的具体实施步骤为：

设 p 类和 q 类的重心复数形式为 $\overrightarrow{x_p}$ 和 $\overrightarrow{x_q}$，聚合为新类 r 后重心为 $\overrightarrow{x_r}$，则 p 类和 q 类之间距离为：

$$d_{pq}^2 = (\overrightarrow{x_p} - \overrightarrow{x_q})(\overrightarrow{x_p} - \overrightarrow{x_p})' \tag{4.1}$$

新类 r 与其余任一类 i 之间距离为：

$$d_{ir}^2 = (\overrightarrow{x_i} - \overrightarrow{x_r})(\overrightarrow{x_i} - \overrightarrow{x_r})' \tag{4.2}$$

如果 p、q 类内原有样本 n_p 和 n_q，则根据物理学中重心的概念有：

$$\overrightarrow{x_r} = \frac{1}{n_p + n_q}(n_p \overrightarrow{x_p} + n_q \overrightarrow{x_q}) \tag{4.3}$$

最后通过以上各式可以推得：

$$d_{\mathrm{ir}}^2=\frac{n_{\mathrm{p}}}{n_{\mathrm{p}}+n_{\mathrm{q}}}d_{\mathrm{ip}}^2+\frac{n_{\mathrm{q}}}{n_{\mathrm{p}}+n_{\mathrm{q}}}d_{\mathrm{iq}}^2-\frac{n_{\mathrm{p}}n_{\mathrm{q}}}{(n_{\mathrm{p}}+n_{\mathrm{q}})^2}d_{\mathrm{pq}}^2 \tag{4.4}$$

通过聚合所给出的系统树，我们得到每个类聚合的先后顺序及其相应的距离，接下来根据聚合树来进行区域划分，具体划分方法见图4.36：首先，定义所有样本为系统第一层，在本研究海域包含291个样本；其次，挑选上一层样本中距离最小的两个样本进行合并，得出系统下一层，依次得到每一层的样本分布，直至将所有样本合并为1个集合；最后，计算每一个分层样本的统计量 F 数，根据 F 数分布曲线选择合理的区域划分个数。

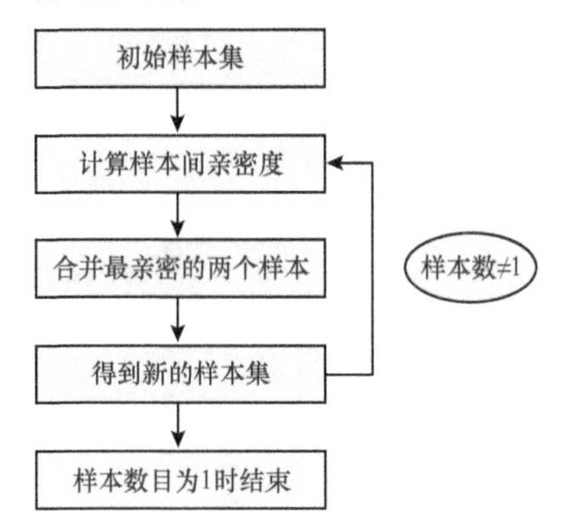

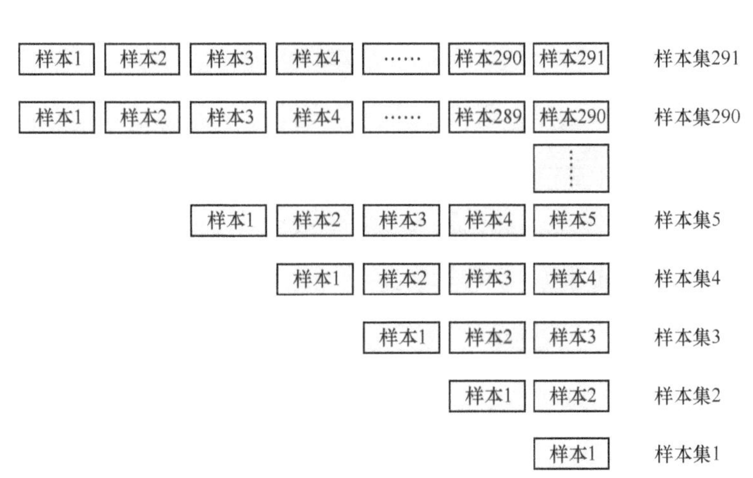

图4.36　实施步骤示意图

为保证水团划分的显著性，可以援引 F 检验，计算方法为：

$$F_k=\frac{\dfrac{1}{k-1}\sum_{j=1}^{k}n_j[A(j)-\bar{A}]^2}{\dfrac{1}{n-k}V_n(k)} \tag{4.5}$$

式中，k 表示划分后的区域个数；n 表示原始水团个数；$A(j)$ 表示第 j 个水团的距离均值；n_j 表示该组内原始水团个数；$\overline{A}$表示所有水团的距离均值；$V_n(k)$ 表示该层划分的距离值。将计算得到的 F_k 值依相应的自由度查表检验，以便保证划出的水团满足统计学上要求的差异显著性。

按照上述区域划分方法，F 数分布曲线的结果如图 4.37 所示。当区域数为 4 个时，F 值最小，说明将桑沟湾海域划分为 4 个区域时最为合理。按照每个区域的温度和流速特征，我们将区域命名为：区域 1，低温强流区域；区域 2，中温中流区域；区域 3，低温中流区域；区域 4，高温弱流区域。

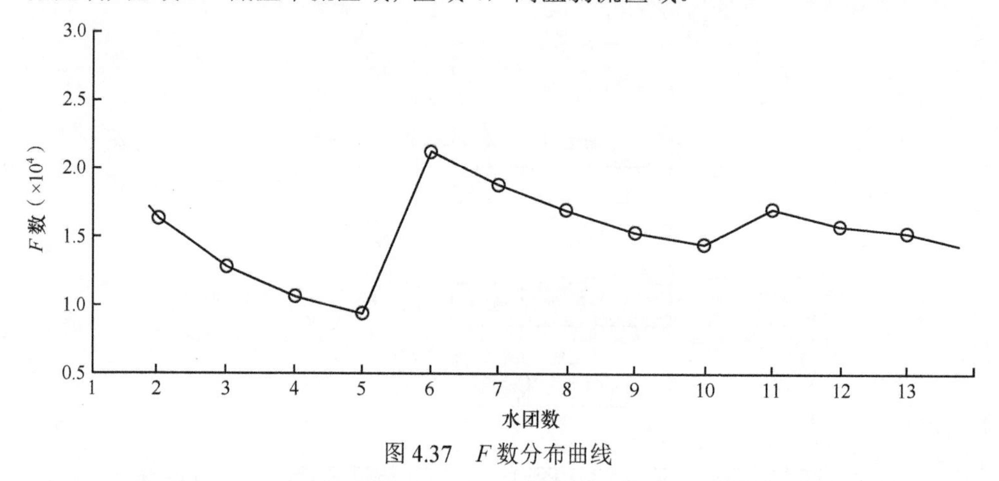

图 4.37　F 数分布曲线

四个区域的分布位置如图 4.38 所示。区域 1 位于俚岛和楮岛外部，受到上升流影响，温度较低，春季平均约 7.5℃，而流动为研究区域最强，平均流速为

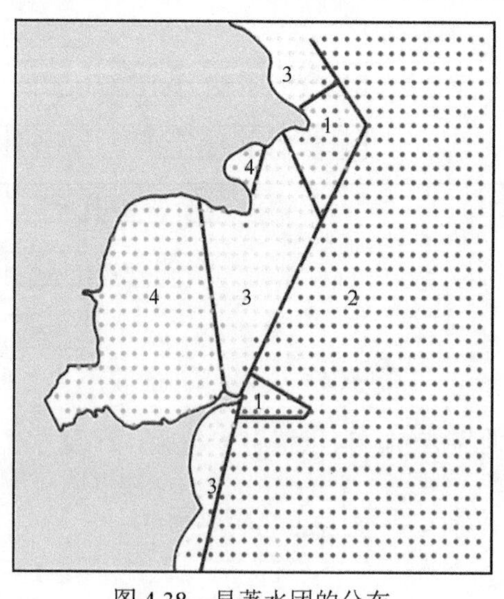

图 4.38　显著水团的分布

0.5m/s，主要受到岬角地形的作用。区域 2 主要为水深约超过 30m 的外海区域，春季平均温度为 8.5℃，平均流速为 0.3m/s。区域 3 主要位于桑沟湾湾口附近，是上升流作用最强区域，春季平均温度为 7.5℃，平均流速为 0.25m/s。区域 4 主要位于桑沟湾内，水深普遍浅于 10m，受到春季升温作用，春季平均温度高达 9.6℃，水体交换整体较弱，平均流速为 0.1m/s（表 4.17）。

表 4.17　各区域的温度和流速特征

区域	温度（℃）	流速（m/s）	水交换时间（h）
1	7.5	0.5	12
2	8.5	0.3	12
3	7.5	0.25	60
4	9.6	0.1	360

第三节　桑沟湾水产养殖与生物生态变化

荣成近海渔业资源丰富，捕捞渔业历史悠久。虽然在 1957 年推广了海带养殖，但规模有限。经过 20 世纪 50 ～ 70 年代一段时期的酷渔滥捕，部分经济价值较高的渔业种群数量和生物量显著下降，致使多种鱼类及仿刺参、扇贝等底栖生物资源严重衰退。从 20 世纪 70 年代开始，响应国家“以养为主，养捕结合”的方针路线，开展了多种增养殖活动。到 1982 年，养殖品种已经包括了海带、裙带菜、紫菜、江蓠、石花菜、扇贝、贻贝、牡蛎、仿刺参、对虾等 10 多个品种。每年的海洋捕捞和养殖水产品总量达到 17.6 万吨，产值 9303 万元。

历史上，荣成曾经拥有丰富的鳗草（*Zostera marina*）资源。鳗草为海草的一种，是生长在海洋中的显花植物，我国又称其为大叶藻（黄小平等，2016），其中大叶藻和丛生大叶藻在黄渤海区分布最广。20 世纪 80 年代荣成的鳗草床面积约 3.5 万亩，总生物量约 13 000t。鳗草床是仿刺参、扇贝、牡蛎、魁蚶、毛蚶、海胆和栉江珧的重要栖息地，也是当地渔村民居海草房的主要建筑材料。

除了过度捕捞以外，大规模围海造田和围海养殖等导致大面积滨海湿地及海草床破坏，关键栖息地的丧失使滩涂和浅海生物资源进一步受损。对此，《荣成县渔业资源调查与渔业区划研究报告》有详细记载。截止到 1983 年，荣成一共围海 10 万多亩，将其改造成芦苇田 2.03 万亩、水库 3.82 万亩、盐田 1.5 万亩、粮田近 1 万亩、建筑及其他面积 1.7 万亩。在荣成诸多围填海工程中，以八河港（现为八河水库）和马山港（现为天鹅湖）的事例最具代表性。马山港在围海以前，仿刺参分布面积高达 3500 亩，最大密度 20 ～ 30 个 /m^2，总生物量高达 21 万千克，平均年产量 1150kg（干重），此外还年产贝类 60 多吨、鳗草 75t（干重），每年可创造经济效益 10 万多元。1979 年在口门处筑坝 400m，严重影响了水流速度和流量，港内外的水体得不到充分交换，导致盐度偏低、水温波动大、流速减小、淤积严重，造成仿刺参和鳗草大量死亡，分布面积不断萎缩，大多数贝类绝迹。1982 ～ 1983 年，仿刺参分布面积仅 1500 亩，年产量仅 150kg（干重），贝类产量 10t，鳗草 25t，浅海捕捞几乎绝收，总产值只有 1 万元。

导致桑沟湾的生物和生态变化的因数众多，除过度捕捞、大规模围海造田、大规模养殖等重要因素外，自然环境的长周期变化也是关键原因。因此，要单独评估养殖对生态环境的影响很难做到。尽管如此，以下我们对有限的桑沟湾调查结果进行讨论，对养殖与生物生态变化的关联进行有限度的评估。

一、2007 年渔业和生态综合调查

2007 年，在联合国“黄海大海洋生态系”项目的资助下，荣成市水产研究所等单位针对荣成浅海渔业资源和滨海湿地开展了综合调查，发现主要渔业经济种类的资源量下降明显，重要底栖经济种类的分布面积和资源量更是双双大幅度下降（张新军等，2010）。昔日著名的烟威渔场、石岛渔场、连青渔场本是鲐鱼、真鲷、太平洋鲱、海鳝等大型鱼类的集聚区，但这些资源已经明显衰退，其中一些甚至绝产。而魁蚶、仿刺参、羊栖菜和鳗草等荣成本地种，也显著减少（张新军等，2010）。

这次调查发现，荣成全市 26 条入海主干河流中，16 条已经被不同程度污染，其中 9 条河流污染较严重，排放的主要污染物 COD 超标 1.3 倍以上、氨氮超标 3.3 倍以上。与此同时，荣成滩涂湿地面积大幅度萎缩，从 1982 年的 24 578hm^2 减少到 2007 年的 10 597hm^2，减少了 57%。

过度捕捞导致资源衰退，无疑是荣成近海经济物种大幅度减少的主要原因。但是，滨海湿地严重萎缩，加上水质污染，必然加剧了生境破坏，导致渔业种群补充量不足。还有一个不容忽视的现象，就是水产养殖与野生渔业资源“恶性竞争”的问题（Liu and Su，2017）。近年来，桑沟湾海带养殖面积已经达到 2667hm^2，产量高达 5 万多吨（干重）；海带养殖消耗了湾内的营养盐，使水质长期处于贫营养状态，浮游植物产量显著降低，导致湾内养殖的牡蛎壳大肉瘦，上市销售之前还需要转运到外地育肥。这与 20 世纪 80 年代之前，桑沟湾内盛产各种野生贝类的情况迥异。此外，长期的筏式养殖会形成遮蔽效应，可能会影响海底的光照强度，降低底栖生产力，进而造成各种底栖资源生物的显著减少。

二、2015年桑沟湾养殖区渔业资源调查

2015年5月21～25日，我们对桑沟湾海域野生渔业资源也曾有过一次调查。由于该水域海带养殖较多，拖网采样受到限制，因此采用地笼网、流刺网对湾内渔业资源状况进行调查。在湾外，由于定置网较多，也无法使用拖网调查，只能通过收集生产渔船渔获物获取数据。此外，还在湾内鳗草保护区进行了为期两天的流刺网调查。

与20世纪80年代桑沟湾游泳生物底拖网调查（国家海洋局第一海洋研究所，1988）结果相比，近期桑沟湾渔获物种类下降十分明显。20世纪80年代调查共捕获鱼类41科76种；2015年调查捕获18科25种，其中大银鱼、大菱鲆、玉筋鱼未曾在20世纪80年代调查中发现，大菱鲆应为养殖逃逸物种。此外，小型、浮游生物食性鱼类比例在2015年明显上升。

底栖生物组成变化同样显著。2015年调查共采集到大型底栖动物68种，底栖动物平均生物量为59.61g/m^2，平均丰度为1993ind./m^2，其中多毛类丰度居首位（1843ind./m^2），占总丰度的92.50%；甲壳类次之（105ind./m^2），占5.25%；软体类丰度为35ind./m^2，占1.77%。20世纪80年代调查共发现潮间带生物254种，平均生物量446.41g/m^2，平均丰度仅66.8ind./m^2。其中，藻类214.68g/m^2，占48.09%。在动物种类中，双壳贝类生物量最大，为149.69g/m^2，占33.53%；单壳类14.23g/m^2，占3.2%；甲壳类65.78 g/m^2，占14.74%；棘皮动物0.93 g/m^2，占0.21%；多毛类0.74g/m^2，占0.17%。

这次调查还发现，桑沟湾近岸鳗草保护区资源情况远好于其他区域，渔获量最高。在湾内邻近鳗草保护区的站位渔获较多，靠近湾口北部海参养殖区也有较高的渔获量。湾内西部水道渔获物较低。而湾外底层鱼类资源匮乏，5月份主要以长蛸为主要捕捞对象，但产量很低。从收集的定置张网渔获物来看，桑沟湾小型中上层鱼类仍然有一定生物量。由于使用网具和调查方法不同，2015年的养殖区渔业资源调查与20世纪80年代调查结果的可比性不高。不过，通过比较海带养殖区和鳗草床内流刺网渔获物数量的差异，我们仍然可以确定海水养殖活动对于野生渔业资源的影响非常显著。例如，海草床中的流刺网单产30kg左右，远远高于一般养殖区的产量（平均只有0.33kg）。

总之，20世纪80年代至今，桑沟湾养殖区及其附近海域的野生渔业资源退化明显，其种类数量、个体大小、生物量、经济价值等多项指标都有大幅度下降，个别指标减少近一个数量级。从海草床与养殖区数据对比来看，这些特殊生态群落无疑是近海人类活动严重扰动之下所剩无几的重要庇护所。因此，无论是在海水养殖空间规划中，还是在海洋功能区划中，都应该充分体现对这些区域的珍视和保护。

管理好海水养殖的环境影响，是维护海洋生态系统平衡、推进养殖业持续健康发展的基础。因此，以生态环境连续观测为基础，积极开展海洋生境制图（marine habitat mapping）研究和生态系统数值模拟研究，将有助于解决目前我国海洋功能区划中“重开发、轻保护”的问题，在海洋治理，尤其是海水养殖管理中，更好地体现生态优先的原则。

参考文献

蔡文贵, 李纯厚, 林钦, 等. 2004. 粤西海域饵料生物水平及多样性研究. 中国水产科学, (5): 440-447.

陈倩, 黄大吉, 章本照, 等. 2003. 浙江近海潮流和余流的特征. 东海海洋, 21(4): 1-14.

陈则实. 1998. 中国海湾志. 北京: 海洋出版社.

陈宗镛. 1980. 潮汐学. 北京: 科学出版社.

丁敬坤, 张雯雯, 李阳, 等. 2020. 胶州湾底栖生态系统健康评价——基于大型底栖动物生态学特征. 渔业科学进展, 2: 20-26.

樊星. 2008. 典型养殖海区潮动力结构特征的初步研究——观测与数值模拟. 中国海洋大学博士学位论文.

樊星, 魏皓, 原野, 等. 2009. 近岸典型养殖海区的潮流垂直结构特征. 中国海洋大学学报 (自然科学版), 39(2): 181-186.

方国洪. 1984. 潮流垂直结构的基本特征——理论和观测的比较. 海洋科学, 3: 1-11.

方开泰. 1978. 聚类分析 (Ⅰ). 数学的实践与认识, (1): 55-63.

傅明珠, 蒲新明, 王宗灵, 等. 2013. 桑沟湾养殖生态系统健康综合评价. 生态学报, 33(1): 238-248.

高磊, 曹婧, 张蒙蒙, 等. 2016. 2014 年胶州湾营养盐结构特征变化及富营养化评价. 海洋技术学报, 35(04): 66-73.

国家海洋局第一海洋研究所. 1988. 桑沟湾增养殖环境综合调查研究. 青岛: 青岛出版社.

侯兴, 高亚平, 杜美荣, 等. 2021. 桑沟湾浮游植物群落结构时空变化特征及影响因素. 渔业科学进展, 42(02): 18-27.

黄小平, 江志坚, 范航清, 等. 2016. 中国海草的“藻”名更改. 海洋与湖沼, 47(1): 290-294.

贾晓平, 李纯厚, 甘居利, 等. 2005. 南海北部海域渔业生态环境健康状况诊断与质量评价. 中国水产科学, 12 (6): 757-765.

贾晓平, 林钦, 甘居利, 等. 2002. 红海湾水产养殖示范区水质综合评价. 湛江海洋大学学报, 22 (4): 37-43.

李斌, 衣秋蔚, 邓雪. 2018. 2017 年夏季莱州湾及其邻近海区水质分析与评价. 海岸工程, 37(4): 44-52.

李纯厚, 林琳, 徐姗楠, 等. 2013. 海湾生态系统健康评价方法构建及在大亚湾的应用. 生态学报, (6): 1798-1810.

李凤岐, 苏育嵩. 2000. 海洋水团分析. 青岛: 中国海洋大学出版社.

李凤岐，苏育嵩，王凤钦，等. 1986. 用模糊集合观点讨论水团的有关概念. 海洋与湖沼，17(2): 102-110.

李瑞环. 2014. 生态养殖活动下营养盐动力学研究——以桑沟湾为例. 中国海洋大学博士学位论文.

蒲新明，傅明珠，王宗灵，等. 2012. 海水养殖生态系统健康综合评价：方法与模式. 生态学报，32(19): 6210-6222.

史洁，魏皓. 2009. 半封闭高密度筏式养殖海域水动力场的数值模拟. 中国海洋大学学报(自然科学版), 39 (6): 1181-1187

宋云利，崔毅，孙耀，等. 1996. 桑沟湾养殖海域营养状况及其影响因素分析. 海洋水产研究，(02): 41-51.

苏纪兰. 2001. 中国近海的环流动力机制研究. 海洋学报，23(4): 1-16.

孙丕喜，张朝晖，郝林华，等. 2007. 桑沟湾海水中营养盐分布及潜在性富营养化分析. 海洋科学进展，(04): 436-445.

孙珊，李佳蕙，靳洋，等. 2012. 烟台四十里湾海域营养盐和沉积物——水界面交换通量. 海洋环境科学，31(02): 195-200.

谢琳萍，蒲新明，孙霞，等. 2013. 荣成湾营养盐的时空分布特征及其影响因素分析. 海洋通报，32(01): 19-27.

叶安乐. 1984. 潮流椭圆长轴方向随深度变化的特征. 海洋湖沼通报，2: 3-8.

张新军，刘新杰，代欣欣，等. 2010. 荣成市海洋渔业生态系统的调查及其保护的研究. 齐鲁渔业，27(5): 1-3.

赵俊，周诗赉，孙耀，等. 1996. 桑沟湾增养殖水文环境研究. 海洋水产研究，2: 68-79.

赵玉庭，苏博，李佳蕙，等. 2016. 2013年春季莱州湾海域理化环境及水质状况分析. 渔业科学进展，37(04): 74-80.

郑伟，石洪华，王宗灵，等. 2012. 海水养殖区生态系统健康评价指标体系与模型研究. 海洋开发与管理，11: 76-79.

周锋，黄大吉，万瑞景，等. 2008. 南黄海西北部夏季潮锋的观测和分析. 海洋学报，30(3): 9-15.

周细平，沈露，吴培芳. 2016. 福建海门岛海水养殖区池塘水质分析与评价. 泉州师范学院学报，34(6): 31-35.

Batchelor GK. 2000. An introduction to fluid dynamics. New York: Cambridge University Press.

Borja A, Franco J, Perez V. 2000. A marine biotic index to establish the ecological quality of soft-bottom benthos within European estuarine and coastal environments. Marine Pollution Bulletin, 40(12): 1100-1114.

Dong C, Hsien-Wang OU, Chen D, et al. 2004. Tidally induced cross-frontal mean circulation: Analytical study. Journal of Physical Oceanography, 34(1): 293-305.

Ervik A, Hansen PK, Aure J, et al. 1997. Regulating the local environmental impact of intensive marine fish farming Ⅰ. The concept of the MOM system (Modelling-Ongrowing fish farms-Monitoring) . Aquaculture, 158(1): 85-94.

Jackson GA, Winant CD. 1983. Effect of a kelp forest on coastal currents. Continental Shelf Research, 2: 75-80.

Lie HJ. 1986. Summertime hydrographic features in the southeastern Hwanghae. Progress in Oceanography,17: 229-242.

Lin J, Li CY, Zhang SY. 2016. Hydrodynamic effect of a large offshore mussel suspended aquaculture farm. Aquaculture, 451: 147-155.

Liu G, Wang H, Sun S, et al. 2003. Numerical study on the velocity structure around tidal fronts in the Yellow Sea. Advances in Atmospheric Sciences, 20(3): 453-460.

Liu H, Su JL. 2017. Vulnerability of China's nearshore ecosystems under intensive mariculture development. Environmental Science and Pollution Research, 24: 8957-8966.

Lü X, Qiao F, Xia C, et al. 2010. Upwelling and surface cold patches in the Yellow Sea in summer: Effects of tidal mixing on the vertical circulation. Continental Shelf Research, 30(6): 620-632.

Pawlowicz R, Beardsley B, Lentz S. 2002. Classical tidal harmonic analysis including error estimates in MATLAB using T_TIDE. Computers and Geosciences, 28: 929-937.

Pingree RD, Maddock L. 1980. Tidally induced residual flows around an island due to both frictional and rotational effects. Geophysical Journal International, 63(2): 533-546.

Prandle D. 1982. The vertical structure of tidal currents and other oscillatory flows. Continental Shelf Research, 1(2): 191-207.

Robinson IS. 1981. Tidal vorticity and residual circulation. Deep Sea Research Part A. Oceanographic Research Papers, 28(3): 195-212.

Shi J, Wei H, Zhang L, et al. 2011. A physical-biological coupled aquaculture model for a suspended aquaculture area of China. Aquaculture, 318: 412-424.

Soulsby RL. 1983. The bottom boundary layer of shelf seas. Elsevier Oceanography Series, 35: 189-266.

Van Heijst GJF. 1986. On the dynamics of a tidal mixing front. Elsevier Oceanography, 42: 165-194.

Xuan JL, He YQ, Zhou F, et al. 2019. Aquaculture-induced boundary circulation and its impact on coastal frontal circulation. Environ Res Commun, 1: 051001.

Xuan J, Yang Z, Huang D, et al. 2016. Tidal residual current and its role in the mean flow on the Changjiang Bank. Journal of Marine Systems, 154: 66-81.

Yang ZQ, Wang TP. 2013. Tidal residual eddies and their effect on water exchange in Puget Sound. Ocean Dynamics, 63(8): 995-1009.

Zeng DY, Huang DJ, Qiao XD, et al. 2015. Effect of suspended kelp culture on water exchange as estimated by in situ current measurement in Sanggou Bay, China. J Mar Syst, 149: 14-24.

Zimmerman JTF. 1981. Dynamics, diffusion and geomorphological significance of tidal residual eddies. Nature, 290(5807): 549-555.

第五章

海水养殖空间管理技术：空间规划[①]

① 本章主要作者：于良巨、孙倩雯、尚伟涛、姜晓鹏、朱建新、宣基亮、刘慧

从第三、四章的讨论来看，海水养殖空间的布局与养殖场所处的理化环境及周边环境中的野生生物群落有着复杂的相互关系，并且存在一定程度的相互影响。因此，如何管理海水养殖的空间，对于养殖产业来说是一个很实际的系统性问题，也是一个需要多学科交叉来认识并解决的复杂科学问题。这往往需要全面考虑理化生地各种因素，通过物理和生物地球化学模型的耦合运算，并且依据一定的标准，通过多元要素的综合比较和分析来做出最终判断。例如目前研究比较多的养殖容量问题，既可以利用箱式模型，在充分考虑水交换的基础上，通过研究营养盐或者饵料生物供给来描述一个特定水体可以承载的养殖生物总量；也可以通过研究溶解有机物和颗粒物的分布与衰减来刻画养殖活动对于养殖生态系统及周边海域环境的可能影响。

我们这里所讨论的海水养殖水域的空间规划，在一定程度上契合了目前中国沿海省市正在开展的水域滩涂规划和海水养殖分区管理，其实质是为了解决“在哪养？如何养？养多少？”的问题。而要回答这些问题，进而对海水养殖区进行划分，首先需要考虑的是要在全国和地方海洋功能区划及所有与养殖空间管理有关的法律法规框架下开展养殖活动，也就要保证养殖的合规性；其次要进行环境适宜性分析，亦即在了解环境条件是否适合开展养殖活动的前提下，挑选最合适的水域设立养殖场。在确定目标水域以后，则需要根据不同品种的养殖容量和个体生长情况，来选择合理的养殖布局与养殖密度；在调查数据充分、技术条件允许的情况下，还可以开展养殖环境影响预测和评价，以避免养殖活动对周边生物与生态系统造成显著影响，从而实现全方位的海水养殖空间管理。

本章以桑沟湾为例介绍了海水养殖空间分析与规划方法、合规性分析与适宜性评价方法，并从数据采集与编辑、空间数据库设计与管理、数据查询与展示等方面，介绍了在空间规划中地理信息数据的处理和使用方法。

第一节　海水养殖空间规划及分析方法

一、海水养殖空间规划

海水养殖空间规划类似于区域规划，是为实现海水养殖空间的开发和持续利用目标而进行的总体部署，也是为海域使用和海域生态规划提供有关发展方向和空间布局的重要依据。海水养殖空间规划的主要任务就是合理有效地利用海域资源，合理配置养殖设施和养殖结构，使养殖业和其他行业在海域分布上综合协调，既能提高社会经济效益，又能保持良好的生态环境，进行可持续性的海水养殖活动。

海水养殖空间规划通常包括三个步骤：①海水养殖分区；②适宜性评价与养

殖场选址；③设置水产养殖管理区（aquaculture management area，AMA）。

从更大范围来说，水产养殖区域规划不仅要包括从河流源头到河口的部分或整个流域范围，还应包括水体（池塘）及用于海水养殖的近海和离岸区域。就海水养殖来说，一个养殖区通常由适合海水养殖活动的一套水文系统构成，有特定的海流、潮汐、水深和水交换，以及水温、盐度等要素。海水养殖区域的选择，除了要符合特定海水养殖活动的经济社会需求，同时还需要考虑当地环境和养殖系统的物理条件。场地的选择取决于养殖种类、养殖技术、养殖模式、养殖地点、各系统之间的交互作用及周围环境等因素。

海水养殖区的划定有利于将海水养殖活动整合到包含其他生产活动的更大区域内。养殖分区能方便负责养殖证颁发和监管的政府部门规范地开展工作，也有助于政府部门之间更加有效地协调。同时，也有利于促成邻近区域的生产者之间的集体行动和联合管理，防控集中和高密度养殖引起的疾病传播和环境污染。

海水养殖的地理信息可以用来评估地理区块对于某一养殖品种的适宜性，或者调查一个物种对一块区域的适宜性。近几年逐渐开展起来的水产养殖适宜性评价，通常包括经济适宜性、生态适宜性和环境适宜性等多方面的评价；评价水产养殖与功能区划、渔业法等国家相关政策法规的协调性与契合性，即水产养殖的合规性评价，理论上也应属于适宜性评价的一种。我国目前管理海域使用的政策法规包括《中华人民共和国海域使用管理法》《中华人民共和国海洋环境保护法》《中华人民共和国渔业法》等，而涉海的空间规划包括海洋功能区划、海域使用规划、生态红线规划等，但在海水养殖空间管理中还缺少基于生态系统的规划，也就是综合考虑养殖的外溢效应和生态影响，在政策合规性和环境适宜性的大框架下进行养殖布局规划。海水养殖区划、养殖场选址和海水养殖场内部的空间划分，都应统筹社会、经济、环境和管理等可持续发展目标。应该把共用一个水源或水域的水产养殖园区、片区或其他形式的养殖区域作为一个水产养殖管理区（AMA）（FAO，2017），进行一体化管理，注重其区域与规模效应，以减少环境、社会和食品安全风险。

二、空间分析与规划方法

地理信息系统（GIS）空间分析指利用相关分析方法、模型和空间操作对空间数据库中的数据进行加工，从而产生新的信息和知识。目前常用的空间分析方法有综合属性数据分析、拓扑分析、缓冲区分析、密度分析、距离分析、叠置分析、趋势面分析、预测分析等。

海水养殖受多种因素的影响，海流速度、水交换率、溶解氧、营养盐和浮游植物的生物量是决定养殖能否成功的重要因素。养殖选址需要考虑的因素主要包括与具体养殖品种的生理生态学特征相关联的环境条件适宜性评价、与海洋功能区划相联系的海水养殖分区等。实现这些基本的功能所需要的基本步骤如下。

（一）叠加分析、缓冲区分析与选址

叠加分析是将同一坐标系统下不同信息表达的两组或多组专题要素的图层进行叠加，如海洋功能分区与其他管理图层之间的叠加。

缓冲区分析，根据分析对象的点、线、面实体，自动建立其周围一定距离的带状区，用以识别这些实体或者主体对邻近对象的辐射范围或者影响程度。

评价海水养殖对海域环境的影响，需要通过用海规划、海水理化参数、生态环境对养殖活动的影响逐一进行多准则分析（图 5.1），分析结果可以在 GIS 中展示。这里列出一部分多准则的判断标准：

• 是否符合海洋功能区划（是否与特定规划区域相冲突）

• 是否符合渔业水质标准

• 是否远离一切污染源

• 环境影响：养殖有可能导致的水质变差、底质污染、溶氧下降、病害传播等

• 预期养殖产量、收获时间、产品价值

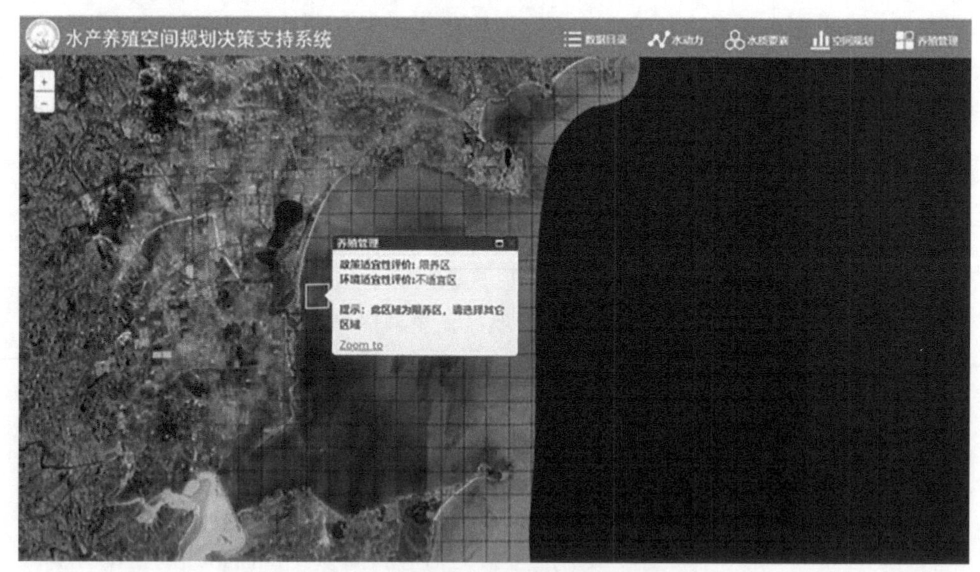

图 5.1　利用多准则判断管理养殖空间

评价结果可以包括适宜养殖和不适宜养殖两类：

○ 适宜养殖：适养品种、与其他用海无冲突、不超出区域总量（与养殖证审批密切相关）。

○ 不适宜养殖：原因可能包括水质不达标、不符合海洋功能区划、与其他用海相冲突、环境风险较高（容易受到水质污染、风暴潮、气温异常等影响）等。

（二）相似性分区、统计

海带、牡蛎、扇贝等养殖品种对海水环境参数的需求都有一定的阈值范围，根据环境因子相似性对不同的海水养殖空间进行分区，是进行养殖空间划分及科学开展渔业生产、选址与管理的依据。目前主要有 2 种方法：聚类和分类。

聚类是按一定的距离或相似性系数将数据分成一系列相互区分的组，其具体方法可以分为四类：基于层次的聚类方法，分区聚类算法，基于密度的聚类算法，以及基于网格的聚类算法。常用的经典聚类方法有 K-mean、K-medoids、ISODATA 等。

分类就是假定数据库中的每个对象（在关系数据库中对象是元组）属于一个预先给定的类，从而将数据库中的数据分配到给定的类中，简单地讲就是 f:D→L，其中 f 的域 D 是属性数据的空间，L 是标号的集合。

分类和聚类都是对目标进行空间划分，划分的标准是类内差别最小而类间差别最大。分类和聚类的区别在于分类事先知道类别数和各类的典型特征，而聚类则事先不知道。

（三）空间优化和规划

对养殖空间进行调整或优化，是指各种空间优化方案的技术经济论证与比较，选择经济上合理、技术上先进、建设上可行的最佳方案，以求达到最大的经济效益、社会效益和生态效益。如养殖种类的调整，减少海域养殖面积，选择不同的种类进行管理，合理安排，对影响旅游、生态保护限制的区域进行合理规划。在桑沟湾的优化方案中，重点考虑了以下三个方面：

• 通过空间分析，揭示现有水产养殖布局与海洋功能区划等政策的冲突，对调整养殖区提出建议。

• 现有规划布局基础上，进行适当调整（如降低密度、适度向深水区转移、加宽潮流通道等），以获得更好的养殖效果。

• 根据“养殖区适宜性评估”各项原则，进行优化，对选址、布局等提出建议。

在此基础上，用户和决策者可以根据系统提供的信息进行空间数据分析、管理和提出相关意见。

第二节　海水养殖合规性与多规合一管理

海水养殖的政策适宜性评价是以国家海洋功能区划为总体政策框架，以《中华人民共和国渔业法》《中华人民共和国海域使用管理法》《中华人民共和国海洋环境保护法》等法律规定为依据，并具体遵循地方海洋功能区划方案和海洋生态红线划定方案，对海水养殖的空间利用情况进行合规性判断。从政策合规性的角度来看，海水养殖的空间管理的目的就是要避免养殖与其他海域使用方式发生矛盾与冲突，使海水养殖符合国家已经颁布实施的所有相关法律和规定。所以，海水养殖的空间管理是一种多规合一的管理。

一、海水养殖分区的原则

中国秉承“在发展中保护、在保护中发展的原则”，出于合理配置海域资源，优化海洋空间开发布局，促进经济平稳较快发展和社会和谐稳定的目的，在2002年编制的《全国海洋功能区划》基础上，制定了《全国海洋功能区划（2011—2020年）》。海洋功能区划制度是海域法三大基本制度之一，是我国海域管理工作的基础。根据规定，我国的海域使用必须符合全国海洋功能区划，包括国家级和省级规划；其中国家级规划为宏观指导性规划，省级规划为执行规划。因此，划定海水养殖分区方案也应以海洋功能区划为基本依据，并综合考虑相关的政策法规。在对特定海域的水产养殖进行政策适宜性评价的同时，也要统筹考虑水产养殖所涉及的社会、经济、环境等多方面因素，发展基于生态系统的海水养殖，实行科学的空间规划管理。考虑到海水养殖分区是一个多元管控的过程，可以参考国际上在海洋功能区划评估中普遍采用的逻辑框架法（logic framework approach，LFA）（陈培雄等，2018），通过对不同的政策要求设定评估指标和标准，来开展综合评估。

国家在政策法规层面已经通过《全国海洋功能区划》对海域使用做出了规定，其对应的省、市一级“区划”是水产养殖分区必须遵循的规划框架。而对于养殖生物适宜环境条件的选择，养殖区与其他用海区域之间适当设置缓冲区以避免相互之间的负面影响，养殖区应避免触碰生态红线，尤其是规划养殖区应适当避让本地野生生物资源的栖息地，包括海洋生物（尤其是渔业生物）的产卵场、育幼场、索饵场和洄游通道等关键栖息地，这诸多问题都是地方政府和渔业管理部门需要重点关注的，也是在海水养殖分区管理中需要设定的评估指标。

通过上述讨论，我们可以认为：所谓海域使用的政策适宜性评价，就是从政策法规的合规性上来检视海域使用的合理性。那么，合规性检验及根据合规性检验来划定水产养殖区、限养区和禁养区，在技术上如何实现呢？

一种做法是利用GIS的地图工具，根据海洋功能区划的分区标准，可视化呈现市县一级的海洋功能区划方案，并同时生成海域功能区划和政策适宜性两个图层；将海洋功能区划和政策适宜性图层与现有海域使用情况作对比，即可判断现有海域使用是否符合海洋功能区划，以及海域使用冲突程度。针对海水养殖的合规性评价，就是要检查现有养殖海域区块是否符合政策规定，其他用海区是否兼容水产养殖，是否还有已经划定的农渔业区（为可以发展海水养殖的水域，也是未来新建养殖场的备选水域）尚未利用等。

通过水产养殖政策适宜性评价，可判断海域各区块是否允许发展水产养殖。若现有的养殖活动与海域使用区划发生冲突，则需要参考环境适宜性评价对养殖场进行重新选址，或者对功能区进行适当调整；若区块可以发展水产养殖，则应合理布局不同的养殖模式和养殖品种，高效利用养殖水域。在此，我们以桑沟湾为例，尝试进行海水养殖适宜性评价，并以此为基础给出养殖分区方案，对桑沟湾哪些区域适合或者不适合开展养殖活动提出建议。

二、海水养殖分区的方法

中国的海域使用必须遵照全国海洋功能区划，包括国家级和省级规划；其中国家级规划为宏观指导性规划，省级规划为执行规划。所谓海域使用的政策适宜性评价，就是从政策法规的合规性上来检视海域使用的合理性。

2016年，农业部印发《养殖水域滩涂规划编制工作规范》和《养殖水域滩涂规划编制大纲》，随后开展了禁养区、限养区和养殖区“三区”划定工作。2019年开始全面实施新一轮养殖水域滩涂规划，将可以用于水产养殖业的水域滩涂划分出来，统筹发展水产养殖生产。《养殖水域滩涂规划编制工作规范》不仅对养殖区、限养区和禁养区做出明确规定，而且要求设定养殖密度上限，逐步调减重点公共自然水域网箱养殖。同时，要按照不同养殖模式分区，并标明各区域四至范围。

上述规定再次表明了国家强化水产养殖治理的坚定决心。为了使水产养殖分区与现存政策法规相协调，并且以可视化的形式呈现给管理部门和养殖企业，可以利用GIS设计规划和分区方案。目前，国际上普遍采用逻辑框架法规划、策划和评估海洋功能区划方案（陈培雄等，2018）。在GIS系统中，首先生成市县一级功能区划图层，再根据水产养殖与不同用海区的协调性画出政策适宜性图层。将海域功能区划和政策适宜性图层与现有养殖用海情况作对比，通过其空间叠加程度和相对距离来判断养殖区的分布是否合理，以及其与各功能区之间使用冲突程度。例如：现有的海域区块是否可以发展水产养殖，水产养殖区是否会对海洋保护区构成侵占和潜在影响。此外，在遵循国家政策法规前提下，还可以统筹考虑水产养殖所涉及的社会、经济、环境等多方面因素，发展基于生态系统的水产养殖，实行科学的规划管理。若现有的养殖活动与海洋功能区划或者其他海域使用发生冲突，则需要参考环境适宜性评价对养殖布局和功能区进行调整。

（一）技术路线

政策适宜性评价主要包括两个步骤：一是根据与水产养殖的兼容性将不同的海洋功能区分类；二是在地理信息系统中用图层展示一个水（区）域的水产养殖政策适宜性，并通过与现有水产养殖格局相对照来判断其合规性。如果现有养殖布局不合理，则需要在适当考虑环境适宜性的前提下，对养殖布局做出调整（图 5.2）。

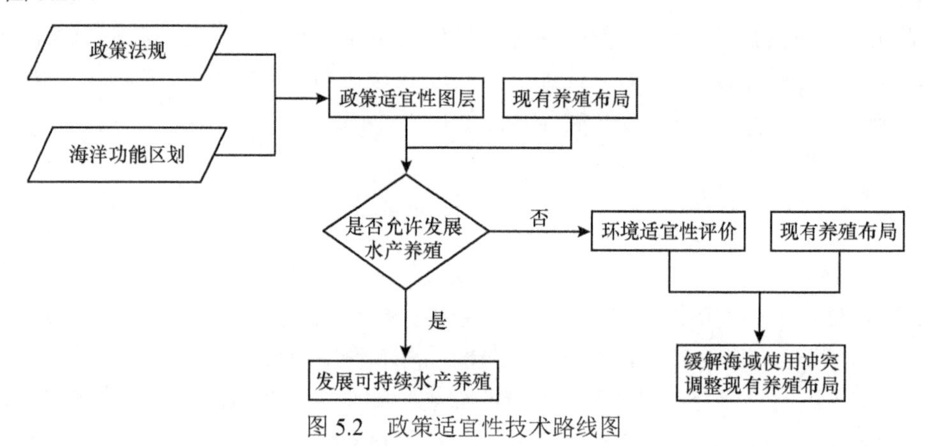

图 5.2　政策适宜性技术路线图

（二）分区依据

我们以桑沟湾为例，进行了水产养殖分区的初步尝试。桑沟湾现有养殖筏架空间布局数据来源于遥感数据（哥白尼开放存取中心，Copernicus Open Access Hub，https://scihub.copernicus.eu/）及 2016 ～ 2017 年对桑沟湾养殖海区的航次调查和养殖企业生产经营调查；海洋功能区划数据来源于威海市海洋与渔业局网站及《中华人民共和国海域使用管理法》（2002 年）、《中华人民共和国海洋环境保护法》（2000 年）、《全国海洋功能区划（2011—2020 年）》（2012 年）、《威海市海洋功能区划（2013—2020 年）》（2015 年）、《关于规范威海市区养殖用海秩序推动养殖产业持续健康发展的意见》（简称《发展意见》）（2017 年）等相关国家法律法规和政府文件。水产养殖空间规划方案的划定以上述文件为依据，以《山东省黄海海洋生态红线划定方案（2016—2020 年）》（2016 年）作为参考。

通过文献检索和野外调查获得桑沟湾及其周边海域地理信息数据，汇总整个海域功能区类别和对应的地理坐标信息，将地理坐标添加到 ArcGIS 图层上，以此来确定各功能区的地理位置。再通过添加要素功能，围绕已定位的地理坐标点将各个功能区用多边形要素表示，对每个区块的多边形要素赋予相应的属性值，不同属性值的多边形要素设置不同表现形式，最后调用合并处理工具，将所有功能区划数据进行合并，形成功能区划专题图层。

将功能区划图层作为基础图层，以威海市政府最新办公文件要求作为划分依据，重新定义各区块的属性值。对已有的功能区划图层的各个区块进行重分类，将属性值一致的区块设定同一种表现形式（颜色）呈现。威海市《发展意见》（威海市人民政府办公室，2017）中对用海类型的划分提出了分类依据：将宜养海域划为养殖区，部分离岸较近、对生态环境和城市建设有影响的海域划为限养区，法律法规规章规定的禁止用于养殖、水体环境受到污染的海域以及旅游岸线近岸海域划为禁养区。按照此分类依据，对功能区划各区块属性值重新定义。

为充分发挥桑沟湾及其周围海域的生态系统服务价值，同时减少海岸线周边对人居环境和滨海旅游业养殖和其他用海活动造成的影响，根据《威海市海洋功能区划（2013—2020年）》（2015年），荣成市提出“近岸以旅游业为主导，离岸1km以外海域以设施养殖为主导”的规划原则。因此，采用缓冲区分析工具，以桑沟湾海岸线为缓冲边界，建立面向湾外1km的缓冲带。将缓冲区域与功能区划要素进行联合处理。其中，缓冲区与养殖区、限养区、禁养区重叠区域的数据，需要进行重新设定属性值。缓冲区与养殖区有交集的区域设定为限养区；缓冲区与禁养区有交集的区域设为禁养区。最后用海分区图层将以养殖区、限养区、禁养区三种不同的区块类型呈现。最后，采用ArcGIS数据统计工具，计算各功能区面积和用海活动的冲突面积。

（三）划分步骤

按照政策的总体定位，“优先发展旅游用海，加强建设用海，保障保护区用海，维护保留区用海，合理利用养殖用海”，对海 区做出规划方案。以威海市现有《威海市海洋功能区划（2013—2020年）》（表5.1）为划分依据，将桑沟湾及其周边海域海洋功能区划分为7个一级类、19个二级类（图5.3、图5.4）。其中，农渔业区所占面积最大，其次是保留区（图5.5）。

表5.1　桑沟湾及周围海域海洋功能区划分类体系

功能区Ⅱ级类	功能区Ⅰ级类
石岛湾增殖区	农渔业区
黑泥湾工业与城镇用海区	工业与城镇用海区
宁津工业与城镇用海区	工业与城镇用海区
荣成东锚地区	港口航运区
石岛南海村文体休闲娱乐区	旅游休闲娱乐区

续表

功能区Ⅱ级类	功能区Ⅰ级类
镆铘岛保留区	保留区
宁津保留区	保留区
荣成东近海保留区	保留区
桑沟湾文体休闲娱乐区	旅游休闲娱乐区
桑沟湾滨海风景旅游区	旅游休闲娱乐区
荣成港港口区	港口航运区
荣成港航道区	港口航运区
楮岛周边藻类水产种质资源保护区	海洋保护区
荣成湾水产种质资源保护区	海洋保护区
荣成湾养殖区	农渔业区
荣成八河港水库特殊利用区	特殊利用区
桑沟湾-镆铘岛养殖区	农渔业区
桑沟湾增殖区	农渔业区
桑沟湾魁蚶种质资源保护区	海洋保护区

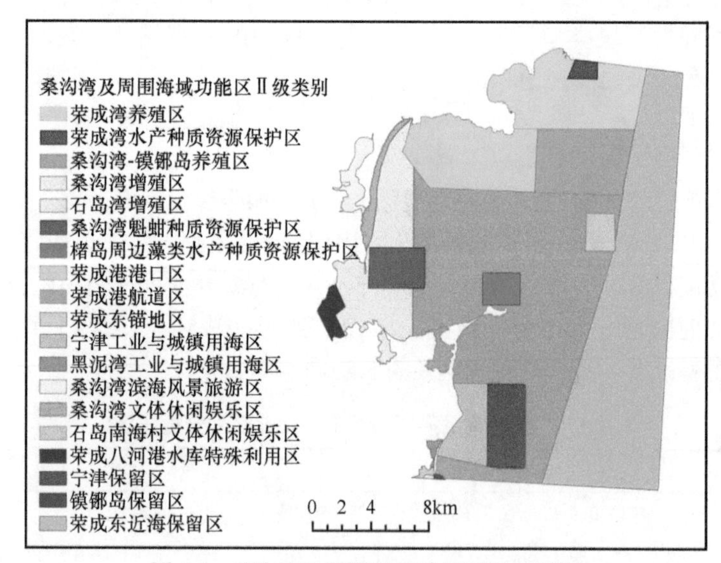

图 5.3　桑沟湾及周围海域功能区Ⅱ级类别

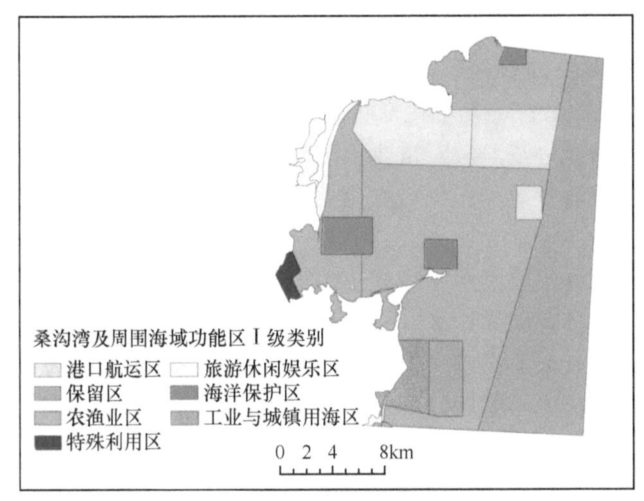

图 5.4　桑沟湾及周围海域功能区Ⅰ级类别

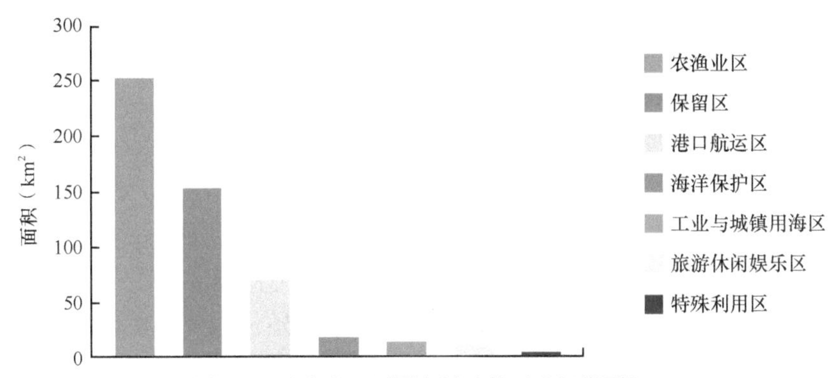

图 5.5　桑沟湾及周围海域功能区Ⅰ级类面积

根据《威海市海洋功能区划（2013—2020年）》，桑沟湾增殖区、石岛湾增殖区、桑沟湾养殖区和桑沟湾-镆铘岛养殖区作为重点养殖区，从属于农渔业区。农渔业区面积约251.9km^2，占各功能区总面积的47%。其中，增殖区位于桑沟湾内近岸，旅游业兼顾底播养殖，面积为38.4km^2；养殖区主要分布在湾内，面积为214.5km^2。

建设用海包括港口航运区、工业城镇用海区2类功能区。其中，规划的荣成港港口区、荣成港航道区和荣成东锚地区作为港口建设重点开发的海域，面积约70.6km^2，占各功能区总面积的8%，主要用于港口能源物资输送，船舶停靠，海关边防检查，从属于港口航运区。黑泥湾和宁津工业城镇用海区是临海工业开发海域，位于距离城镇较近的区域，面积约13.7km^2，占各功能区总面积的4%，主要负责船舶造修、海上装备制造，从属于工业与城镇用海区。

楮岛和荣成湾水产种质资源保护区主要负责水产优质种质资源保护，是我国重要水产养殖对象的原种和苗种生长繁育区域，从属于海洋保护区。海洋保护区面积约 18.3km^2，占各功能区总面积的 1%。农业部 2011 年发布《水产种质资源保护区管理暂行办法》针对重要水产种质资源，对其生存环境依法予以特殊保护，根据种质资源状况和保护需要设立保护区，开展保护区环境监测和生态修复工作。

旅游休闲娱乐区主要沿海岸线分布，面积约 10.7km^2，占各功能区总面积 1%，包括石岛南海村文体休闲娱乐区、桑沟湾文体休闲娱乐区和桑沟湾海滨风景旅游区。镆铘岛保留区、荣成东近海保留区及荣成宁津保留区由于海区技术经济条件尚不成熟，主要功能尚不明确，处于待定开发状态，均划定为保留区。保留区面积约 153.1km^2，占各功能区总面积的 38%。荣成八河港水库面积约 4km^2，占各功能区总面积 1%，从属于特殊利用区。

三、桑沟湾养殖分区方案

（一）养殖用海分区

按功能区划重新定义属性值后，将原有的七类功能区划分为养殖区、禁养区、限养区三类用海分区（图 5.6）。其中，农渔业区归为养殖区；海洋保护区、港口航运区、特殊利用区、工业与城镇用海区及旅游休闲娱乐区归为禁养区；保留区及离岸 1km 缓冲区归为限养区。按照（表 5.2）分类标准，利用 ArcGIS 处理得到桑沟湾及周围海域的用海分区（图 5.7）。水产养殖作为荣成市最重要的产业，养殖区在三类用海分区中面积最大，其规划面积约 205.4km^2，占用海规划总面

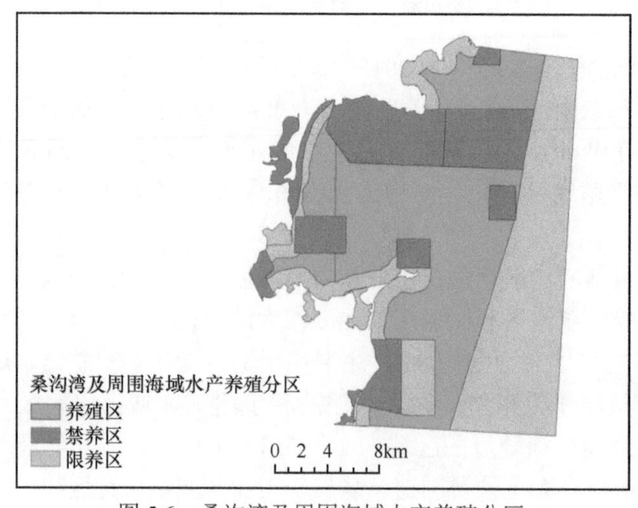

图 5.6　桑沟湾及周围海域水产养殖分区

积的 39%。禁养区面积约 117.3km^2，占用海规划总面积的 23%，限养区面积约 199.5km^2，占用海规划总面积的 38%（图 5.8）。

表 5.2 海域功能区分类

功能区类型	用海类型
农渔业区	养殖区
工业与城镇用海区	禁养区
港口航运区	禁养区
旅游休闲娱乐区	禁养区
保留区	限养区
海洋保护区	禁养区
特殊利用区	禁养区

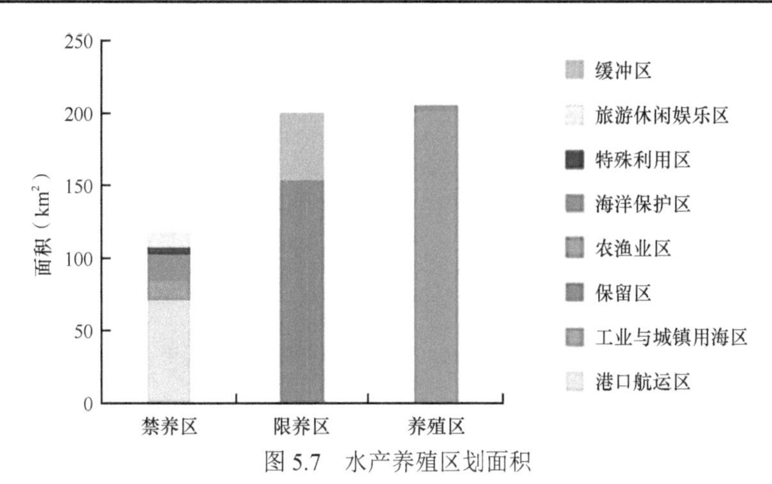

图 5.7 水产养殖区划面积

旅游休闲娱乐区、特殊利用区、保护区、工业城镇用海区及港口航道区属于禁养区；缓冲区和保留区属于限养区

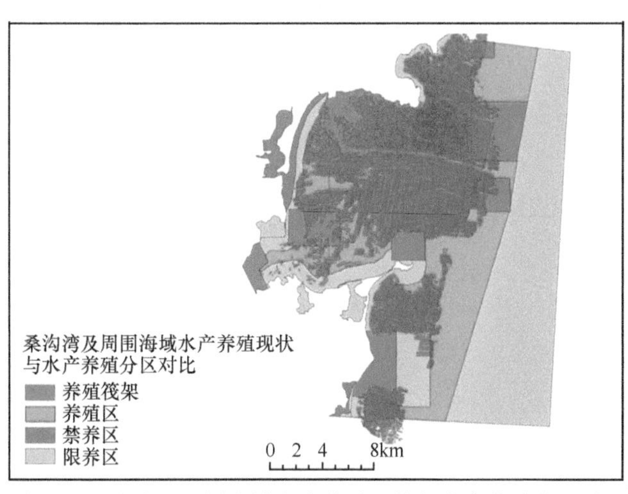

图 5.8 桑沟湾及周围海域水产养殖现状与水产养殖分区对比

（二）用海冲突分析

将现有养殖情况与用海规划进行比较（图 5.8），主要的冲突存在于水产养殖活动与规划的港口航运区所在的禁养区，养殖筏架占用了大面积的港口、航道、锚地，冲突面积约 30km²。水产养殖活动与海洋保护区、工业与城镇用海区和部分保留区（限养区）冲突面积相对较小，其中，与工业城镇用海冲突面积约 3km²，占用限养区面积约 8km²，占据了水产种质资源保护区的部分生境，冲突面积约 4km²。综上所述，桑沟湾及其周围海域水产养殖与其他功能区的总冲突面积约 45km²，占海区总面积的 9%（图 5.9）。

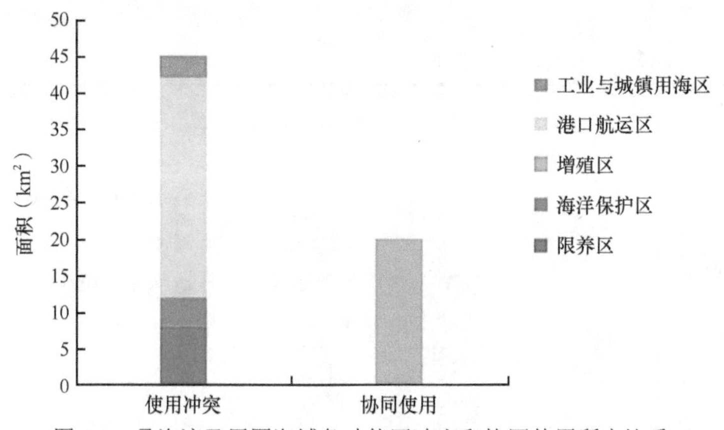

图 5.9　桑沟湾及周围海域各功能区冲突和协同使用所占比重

用海规划中养殖区面积约 205.4km²，约占海区总面积的 39%；该水域现有养殖面积 110.6km²，约为海区总面积的 21%，约占用海规划养殖区面积的 54%。虽然现有养殖面积没有超过规划的总养殖面积，但已规划为养殖区的部分区域并未开展养殖活动。相对地，位于养殖区近岸的部分海区规划为增殖区。底播增殖区是与水产养殖具有协同效应的功能区，因此也划分为可养区；规划的养殖区中增殖区面积约 20km²，约占海区总面积的 4%（图 5.9）。

第三节　海水养殖环境适宜性评价

一、养殖环境适宜性评价方法[①]

养殖容量的基础是水域承载力的计算，传统的养殖容量估算一般是基于营养盐的供应或初级生产力水平，来估算水域可以养殖的藻类或者贝类的生物量。但

① 本节内容根据孙倩雯等（2019）改写

养殖容量并未考虑养殖生物的其他生理需求，如光照、温度、盐度等，而这些条件对于养殖生物是否能够健康快速生长同样重要。养殖适宜性评价通过全面评估生物的环境适应性，来选择最适合养殖的水域，与养殖容量估算互为补充，可以更好地指导养殖规划。本节以海带为例具体介绍水产养殖适宜性评价的方法与研究结果。

水产养殖品种的存活和生长很大程度上依靠水域自然环境，水文、气候、水化学要素及初级生产力等自然环境因子是影响养殖品种生长的主要因素。因此，水产养殖适宜性评价以国家政策法规、海洋功能区划和水环境标准为依据，通过养殖生物的生理生态特性、生长所需的环境条件和养殖水域的环境要素进行分析比较，选择适合养殖生物生长的水域，为进行科学的养殖布局提供参考。由于养殖适宜性评价涉及的数据量大，故普遍采用 GIS 的逻辑判断、评价分析和可视化展示功能，进行空间插值和专题图层叠加，对水产养殖区进行适宜性评价分析。在适宜性评价的基础上，通过进一步整合模型运算和环境参数，还可以对特定水域的水产养殖现状及发展前景做出科学合理的评价与预测。

（一）技术路线

水产养殖环境适宜性评价的主要步骤包括：选取适宜的养殖生物作为评价对象，再针对该物种特定的生理生态学指标设定评分标准，并以此为基础对养殖水域的环境适宜性进行评分，进而将养殖水域划分为适宜与不适宜等级。具体实施方法如图 5.10 所示。

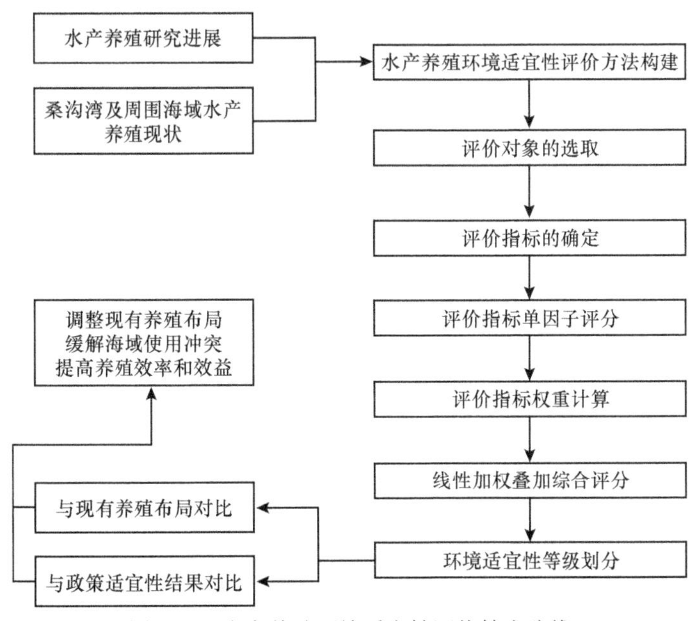

图 5.10　水产养殖环境适宜性评价技术路线

（二）环境适宜性评价数据来源

根据海带生长发育的生理需求，选取光照、温度、流速、无机氮、盐度、深度 6 个环境参数用于养殖适宜性评价。其中，桑沟湾及周围海域地理信息数据由遥感获取（哥白尼开放存取中心，Copernicus Open Access Hub，https://scihub.copernicus.eu/）；流速和水温数据来源于 FVCOM，基于动力方程对桑沟湾模拟得到（Xuan et al.，2016）；光照数据来源于 2010 ～ 2011 年中国气象局荣成市天气预报，通过获取晴雨天数及每月的日照时长，计算养殖海区的平均海表光照强度；无机氮和盐度数据来源于对桑沟湾及周围海域 2011 年春、夏、秋、冬四个季度（4 月、8 月、10 月、2012 年 1 月）的大面调查。

（三）评价指标的选择

适宜性评价指标根据海带生理生态学特征，并结合桑沟湾养殖区地理和水环境特点，筛选影响海带生长的主要因素，包括光照、温度、流速、无机氮、盐度、深度等。这些环境因子的变化对海带生长产生重要的影响，因此将其作为环境因素的评价指标。通过文献检索，获取并汇总各评价指标的参数值范围（详见表 2.4）。

1. 光照强度及深度参数选取

光照对海带生长有重要的影响，光照强弱影响海带光合作用，且光能够刺激大型海藻对营养盐的吸收（Lobban and Harrison，1996）。海带光合作用最适光照强度 350μmol/(m^2·s)，在高强度的光照下海带光合作用受到抑制。深度通过影响海带接受光照进而影响海带生长，而且海带是吊养在筏架上，最大长度可达 4 ～ 5m，因此过浅的水深会限制海带长度的生长（Duarte et al.，2003；张起信，1994）。根据实际养殖经验，水深小于 5m 和大于 30m 的水深都视为不适宜海带养殖。

光照参数的选取目前尚缺乏统一的标准和参照。由于光照随时都在变化，不能局限于某一天中某一时刻的光照实测值，而应参考养殖海区白天的平均光照情况，同时需要结合海带生长期内每月的晴日天数、阴雨天数、当月的日照时长情况。查询中国气象局荣成市 2010 ～ 2011 年的天气预报，汇总每月晴日天数、阴雨天数和当月的日照时长（表 5.3），并结合实测的桑沟湾海域晴日天［550μmol/(m^2·s)］及阴雨天光照强度［385μmol/(m^2·s)］，利用公式计算出平均海表光照强度，并得到全年平均海表光照强度曲线（图 5.11）（蔡碧莹等，2019）。

$$平均海表光照强度公式\ I_0=\frac{日照时长\times（晴日天\times550+阴雨天\times385）}{总天数\times24}$$

表 5.3　2010～2011 荣成市晴日天与阴雨天情况表（蔡碧莹，2018）

年月份	晴日天数（d）	阴雨天数（d）	总天数（d）	日照时长（h）	平均海表光照强度［μmol/(m²·s)］
2010.11	8	22	30	10	179
2010.12	11	20	31	9.5	176
2011.1	13	18	31	10	189
2011.2	14	14	28	10.5	205
2011.3	20	11	31	12	246
2011.4	17	13	30	12.5	249
2011.5	13	18	31	14	265
2011.6	15	15	30	14.5	282
2011.7	6	25	31	14.5	252
2011.8	12	19	30	14	262

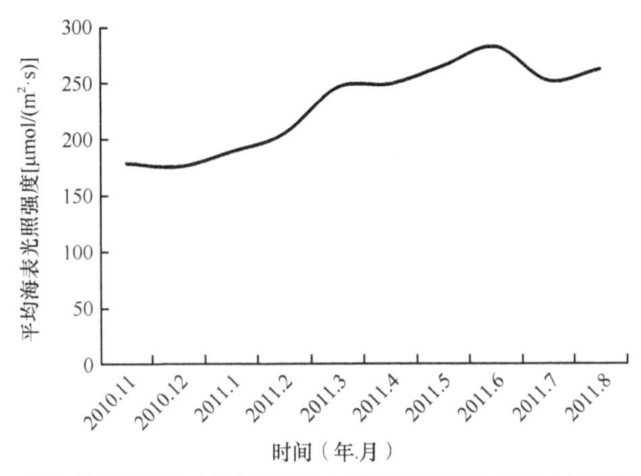

图 5.11　桑沟湾及周围海域平均海表光照强度年变化曲线（蔡碧莹，2018）

2. 温盐参数选取

海带生长受温度影响明显，温度超过 17.5℃，海带叶片末梢枯烂率就已超过其生长率，当温度降低时，长叶海带（*Laminaria longicruris*）对 NO_3^- 吸收速率降低（Suzuki et al.，2008；Harlin，1978）。海带作为冷水性藻类，最适宜的温度范围 5～10℃，在该温度范围内海带生长可维持在最大生长率；同时根据养殖经验，海带生存的最低温度为 0.5℃，且超过 20℃海带基本不再生长（吴荣军等，2009；陈达义和汪进兴，1964）。因此，将 5～10℃设定为最适宜海带生长的温度，将 0.5℃和 20℃分别设定为海带生长温度生态幅的下限及上限。通过 FVCOM（Xuan et al.，2016）基于动力方程对桑沟湾及周围海域模拟得到 2011 年海水月平均温度变化（图 5.12）。

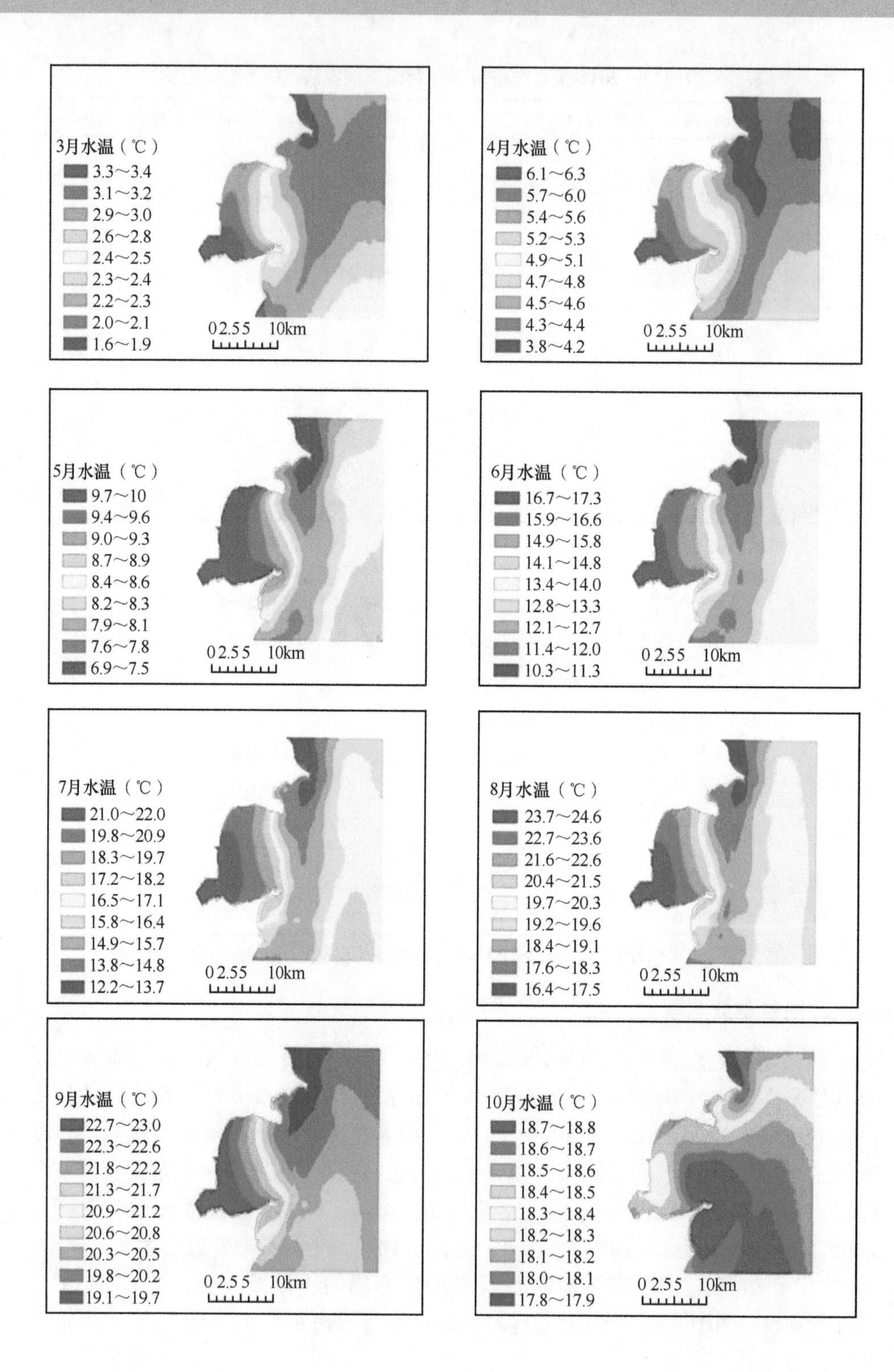
3月水温（℃）
3.3～3.4
3.1～3.2
2.9～3.0
2.6～2.8
2.4～2.5
2.3～2.4
2.2～2.3
2.0～2.1
1.6～1.9
0 2.5 5 10km
4月水温（℃）
6.1～6.3
5.7～6.0
5.4～5.6
5.2～5.3
4.9～5.1
4.7～4.8
4.5～4.6
4.3～4.4
3.8～4.2
0 2.5 5 10km
5月水温（℃）
9.7～10
9.4～9.6
9.0～9.3
8.7～8.9
8.4～8.6
8.2～8.3
7.9～8.1
7.6～7.8
6.9～7.5
0 2.5 5 10km
6月水温（℃）
16.7～17.3
15.9～16.6
14.9～15.8
14.1～14.8
13.4～14.0
12.8～13.3
12.1～12.7
11.4～12.0
10.3～11.3
0 2.5 5 10km
7月水温（℃）
21.0～22.0
19.8～20.9
18.3～19.7
17.2～18.2
16.5～17.1
15.8～16.4
14.9～15.7
13.8～14.8
12.2～13.7
0 2.5 5 10km
8月水温（℃）
23.7～24.6
22.7～23.6
21.6～22.6
20.4～21.5
19.7～20.3
19.2～19.6
18.4～19.1
17.6～18.3
16.4～17.5
0 2.5 5 10km
9月水温（℃）
22.7～23.0
22.3～22.6
21.8～22.2
21.3～21.7
20.9～21.2
20.6～20.8
20.3～20.5
19.8～20.2
19.1～19.7
0 2.5 5 10km
10月水温（℃）
18.7～18.8
18.6～18.7
18.5～18.6
18.4～18.5
18.3～18.4
18.2～18.3
18.1～18.2
18.0～18.1
17.8～17.9
0 2.5 5 10km

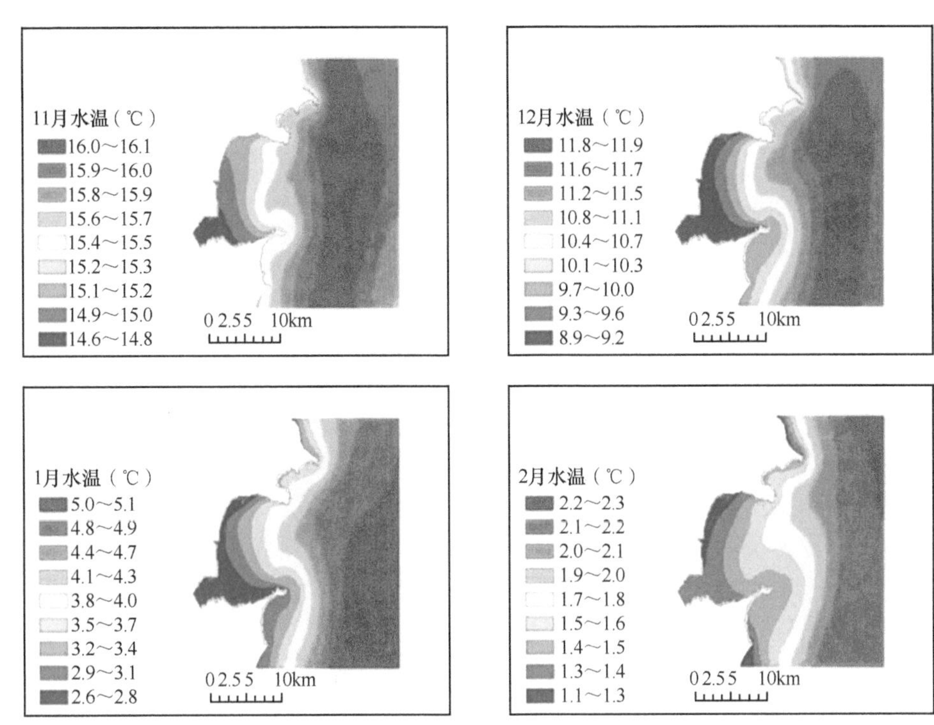

图 5.12　桑沟湾及周围海域 2011 年海水温度变化

盐度变化影响海水藻类光合作用同化率，同时盐度影响海带对营养盐的吸收。不同盐度下海带对 N、P 营养盐吸收效率的研究表明，在盐度 30 ～ 40 范围内，海带对 N、P 吸收效率差别不大，N 的吸收效率达 89% ～ 90%，P 的吸收效率为 81% ～ 84%，但是当盐度下降时，海带对营养盐的吸收受到影响，尤其当盐度降到 3 ～ 10 时。其中，在盐度为 3 时，磷的吸收甚至出现了负吸收现象，当盐度处于 29 ～ 32 时，最适宜海带生长（王宪和李文权，1991；张定民等，1982；陈根禄和王东室，1958）。通过桑沟湾及周围海域大面调查获得盐度数据，将数据处理后得到 2011 年四个季度盐度变化（图 5.13）。

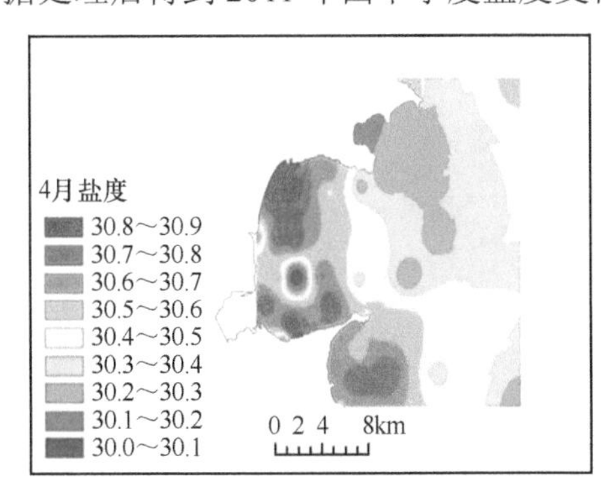

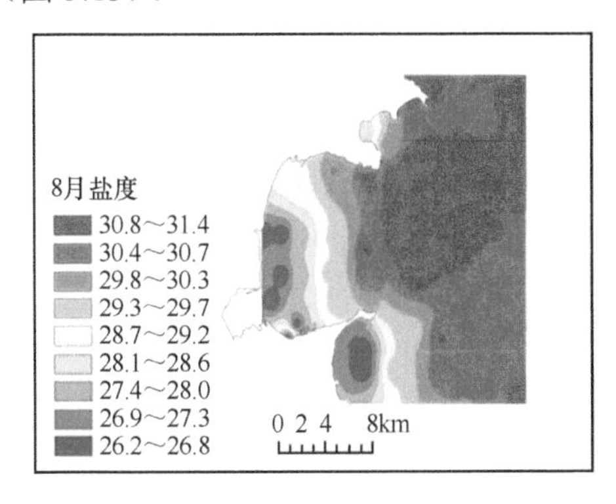

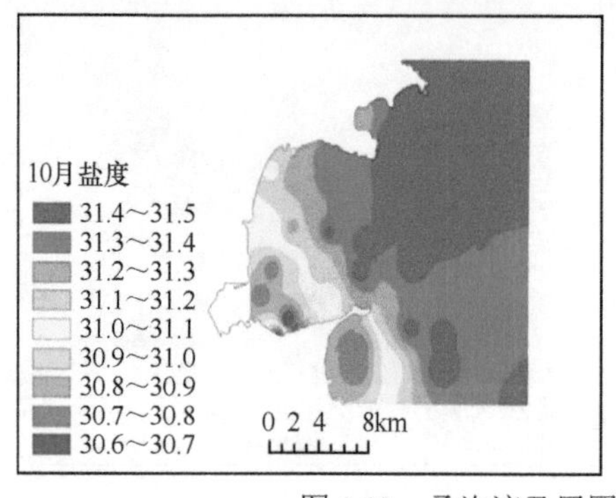

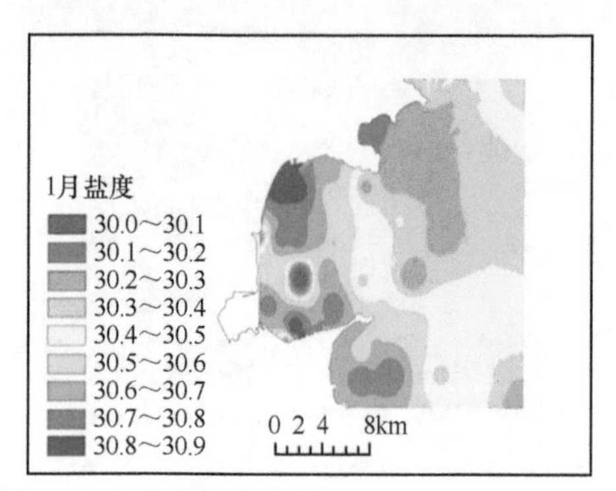

图 5.13 桑沟湾及周围海域 2011 年海水盐度变化

3. 流速参数选取

水动力是大型藻类生产的一个关键因素，较弱的水动力影响营养盐的补充。其他环境因素不受限时，在光合作用和营养盐吸收达到饱和前，随海水主流流速增加，大型藻类的光合速率和营养盐吸收速率增加，若主流速度持续低于饱和水平，藻类生产率会降低（Leigh et al.，1987；Wheeler，1980）。流速、风浪过大能导致底层沉积物发生再悬浮使水体浑浊，影响海带对于光的吸收（Ferreira and Ramos，1989）。张定民等（1982）通过流速对海带生长的影响研究表明，50cm/s 为海带生长最适流速，0 ～ 83cm/s 的流速为海带的生存范围。Wheeler（1980）研究表明，2 ～ 6cm/s 流速为大型藻类生长阈值下限。参考桑沟湾实际养殖情况，由于风浪较大，位于最外侧的养殖筏架不足以固定，导致无法进行海带养殖，因此将养殖区最外侧流速 80cm/s 设定为海带养殖流速的上限值，海带最适宜的流速范围设定为 50cm/s，海带生长流速的阈值范围设置为 2 ～ 80cm/s。通过 FVCOM（Xuan et al.，2016）基于动力方程对桑沟湾及周围海域模拟得到 2011 年海水月平均流速变化（图 5.14）。

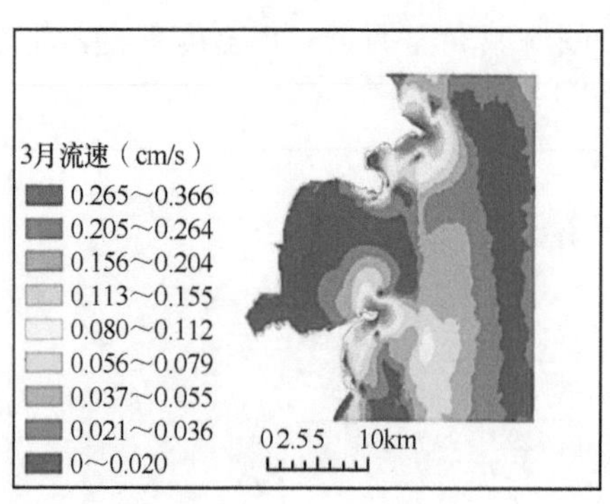

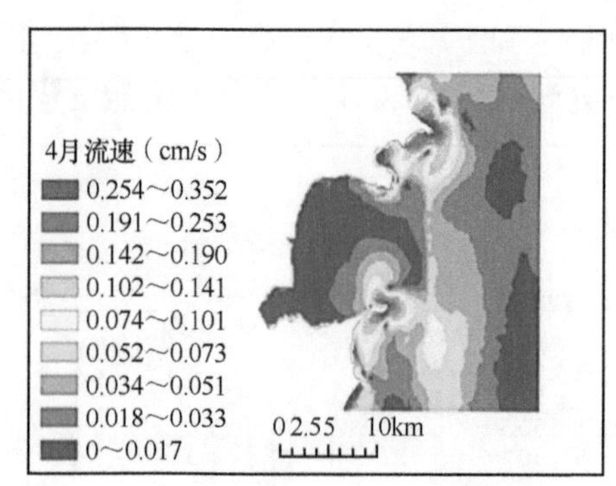

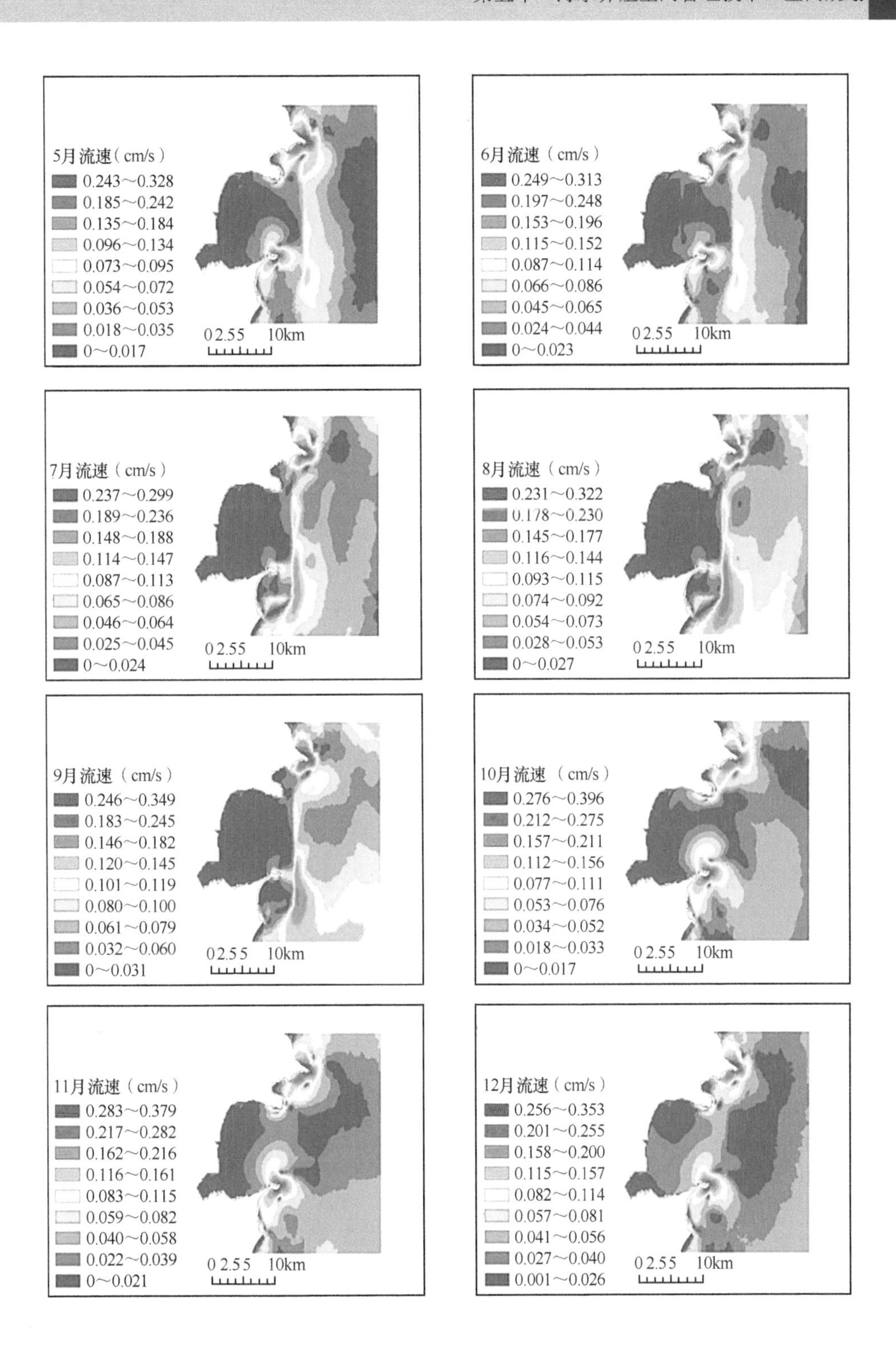
5月流速（cm/s）
0.243～0.328
0.185～0.242
0.135～0.184
0.096～0.134
0.073～0.095
0.054～0.072
0.036～0.053
0.018～0.035
0～0.017
0 2.5 5 10km
6月流速（cm/s）
0.249～0.313
0.197～0.248
0.153～0.196
0.115～0.152
0.087～0.114
0.066～0.086
0.045～0.065
0.024～0.044
0～0.023
0 2.5 5 10km
7月流速（cm/s）
0.237～0.299
0.189～0.236
0.148～0.188
0.114～0.147
0.087～0.113
0.065～0.086
0.046～0.064
0.025～0.045
0～0.024
0 2.5 5 10km
8月流速（cm/s）
0.231～0.322
0.178～0.230
0.145～0.177
0.116～0.144
0.093～0.115
0.074～0.092
0.054～0.073
0.028～0.053
0～0.027
0 2.5 5 10km
9月流速（cm/s）
0.246～0.349
0.183～0.245
0.146～0.182
0.120～0.145
0.101～0.119
0.080～0.100
0.061～0.079
0.032～0.060
0～0.031
0 2.5 5 10km
10月流速（cm/s）
0.276～0.396
0.212～0.275
0.157～0.211
0.112～0.156
0.077～0.111
0.053～0.076
0.034～0.052
0.018～0.033
0～0.017
0 2.5 5 10km
11月流速（cm/s）
0.283～0.379
0.217～0.282
0.162～0.216
0.116～0.161
0.083～0.115
0.059～0.082
0.040～0.058
0.022～0.039
0～0.021
0 2.5 5 10km
12月流速（cm/s）
0.256～0.353
0.201～0.255
0.158～0.200
0.115～0.157
0.082～0.114
0.057～0.081
0.041～0.056
0.027～0.040
0.001～0.026
0 2.5 5 10km

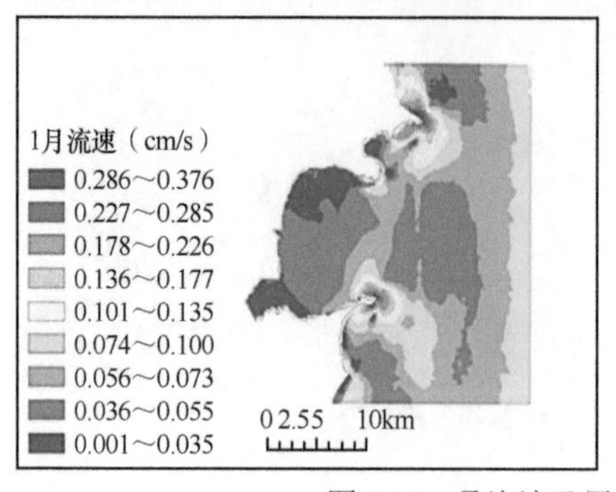

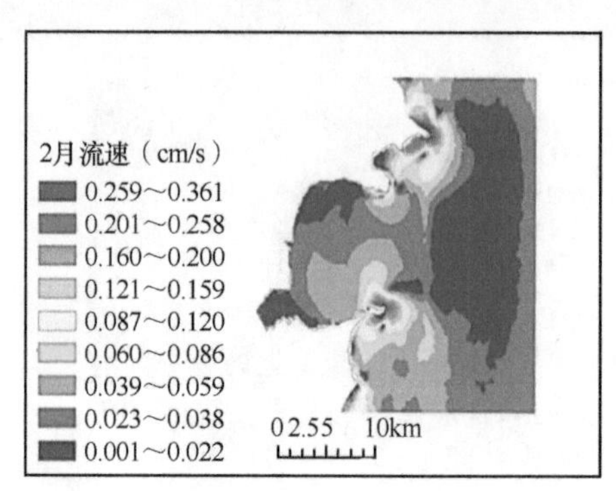

图 5.14 桑沟湾及周围海域 2011 年流速变化

4. 无机氮参数选取

无机氮是海带生长所需的主要营养盐，藻类通过光合作用利用氮元素合成自身生长的蛋白质，无机氮营养盐浓度过低限制海带生长，造成藻体枯烂（Lobban and Harrison，1996）。藻类对营养盐具有一定的储存功能，在营养盐充足的水域，藻类在吸收营养盐的过程存在奢侈吸收现象（Caperon and Meyer，1972）。无机氮营养盐存在明显的季节性变化：春季，藻类和浮游植物繁殖，大量吸收水体中无机氮营养盐，加之水交换和温盐跃层的限制，导致营养盐匮乏；冬季，风浪的混合加强了水交换，无机氮营养盐得以补充，且藻类和浮游植物死亡使其对无机氮营养盐吸收减弱，海水中无机氮相对充足。根据文献确定海带生长最适宜无机氮浓度为 0.15 ～ 0.25mg/L，通过桑沟湾及周围海域大面调查获得无机氮数据，通过数据处理得到 2011 年四个季度无机氮变化（图 5.15）。

（四）权重计算

不同的环境因子对海带生长的影响程度不同，需要根据各评价指标的重要性程度赋予相应的权重。深度作为限制因素，不赋予权重；光照、温度、流速、无机氮、盐度的权重采用层次分析法（AHP）进行计算。层次结构模型采用 AHP 软件构

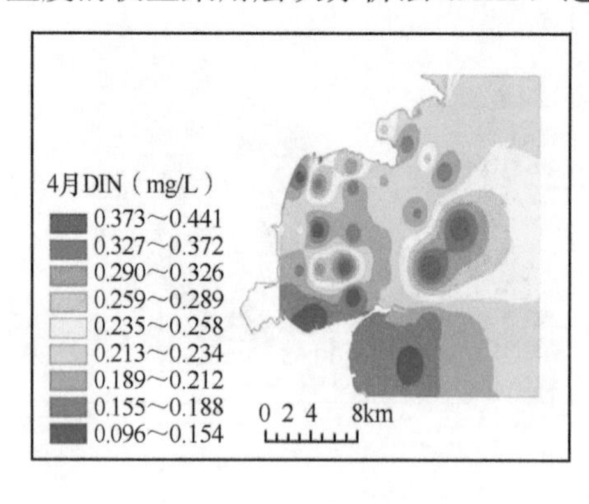

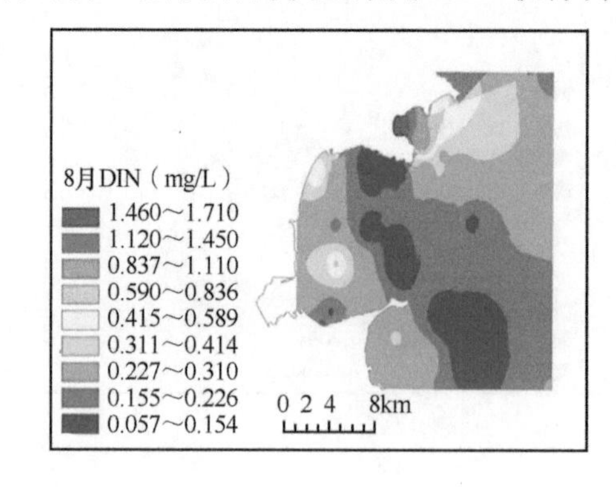

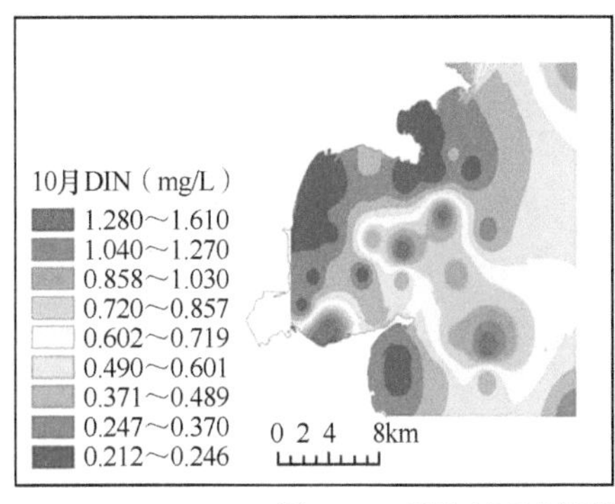

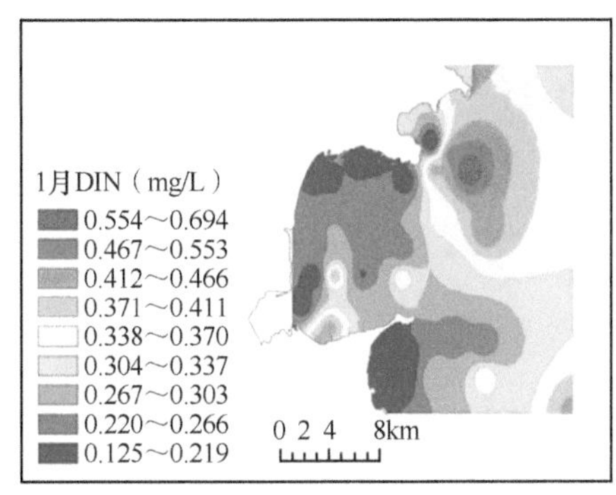

图 5.15　桑沟湾及周围海域 2011 年无机氮营养盐变化

建（图 5.16），判断矩阵中各评价指标对比依据参考海带生长 Stella 模型敏感性分析结果（表 5.4），该模型可较好地反演海带生长及与各环境参数的关系，通过模型敏感性分析计算海带对各环境参数的敏感度，敏感度值表示海带生物量变化率与环境参数变化率的比值，敏感度值大表示海带生长受该环境因素影响较大（史洁，2009）。以敏感度值作为依据得到各环境因素对海带生长的影响程度排序（评价指标重要性排序），将环境指标两两对比进行重要性判断来构建判断矩阵。最后，将判断矩阵输入 AHP 模型，计算特征向量最大特征值即为各环境评价指标权重（表 5.5）。计算结果显示，CR ＜ 0.1，证明判断矩阵一致性可接受，各评价指标权重较为科学。

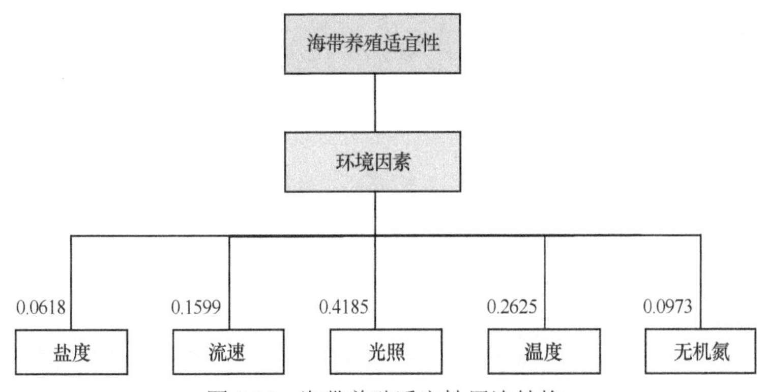

图 5.16　海带养殖适宜性层次结构

图中数字代表各环境参数的敏感度

表 5.4　海带对各环境参数变化的敏感度（蔡碧莹，2018）

参数	定义	参数变化率（%）	敏感度
I_{opt}	光合作用最适光强	+20	1.33
		−20	2.51

续表

参数	定义	参数变化率（%）	敏感度
S_{opt}	最适生长盐度	+20	0.51
		−20	1.96
T_{opt}	最适生长温度	+50	0.39
		−50	0.78
N_{imax}	维持最大生长率所需的海带体内游离 N 含量	+50	0.30
		−50	0.73

表 5.5　海带养殖环境适宜性评价指标权重

指标	光照	温度	流速	DIN	盐度	权重
光照	1	2	3	4	5	0.4185
温度	1/2	1	2	3	4	0.2625
流速	1/3	1/2	1	2	3	0.1599
无机氮	1/4	1/3	1/2	1	2	0.0973
盐度	1/5	1/4	1/3	1/2	1	0.0618

注：上述指标权重的 λ_{max}=5.0681；一致性比率（CR）=0.0152 < 0.1

（五）单因子评分

影响海带生长的环境因素评分采用 8 分制，1 ～ 8 分表示环境条件对海带养殖适宜程度由低到高。采用海带生长相关环境参数的约束函数来拟合评分曲线。约束函数表示不同环境因子对海带生长速率的影响，每个环境参数的约束函数均来自经验公式[式(5.1）～（5.5)]。将（表 2.4）中的参数值代入对应的经验公式中得到单因子评分曲线（图 5.17)，根据曲线得到 1 ～ 8 分中每个分数段对应的参数范围，以此作为海带养殖适宜性评分的依据。深度作为限制因素，深度小于 5m，分值设置为 0；深度大于 5m，分值设置为 1。

温度评分曲线采用经验公式温度方程（Bowie et al.，1985）：

$$f(T)=\exp\left[-2.3\left(\frac{T-T_{opt}}{T_x-T_{opt}}\right)^2\right] \tag{5.1}$$

式中，T_x 为温度生态幅；T_{opt} 为最适宜温度；$T < T_{opt}$ 时，T_x=T_{min}（温度生态幅下限），$T > T_{opt}$ 时，T_x=T_{max}（温度生态幅上限）。

盐度评分曲线采用盐度限制函数（Martins and Marques，2002）：

$$f(S)=\left(\frac{S-S_{opt}}{S_x-S_{opt}}\right)^m \tag{5.2}$$

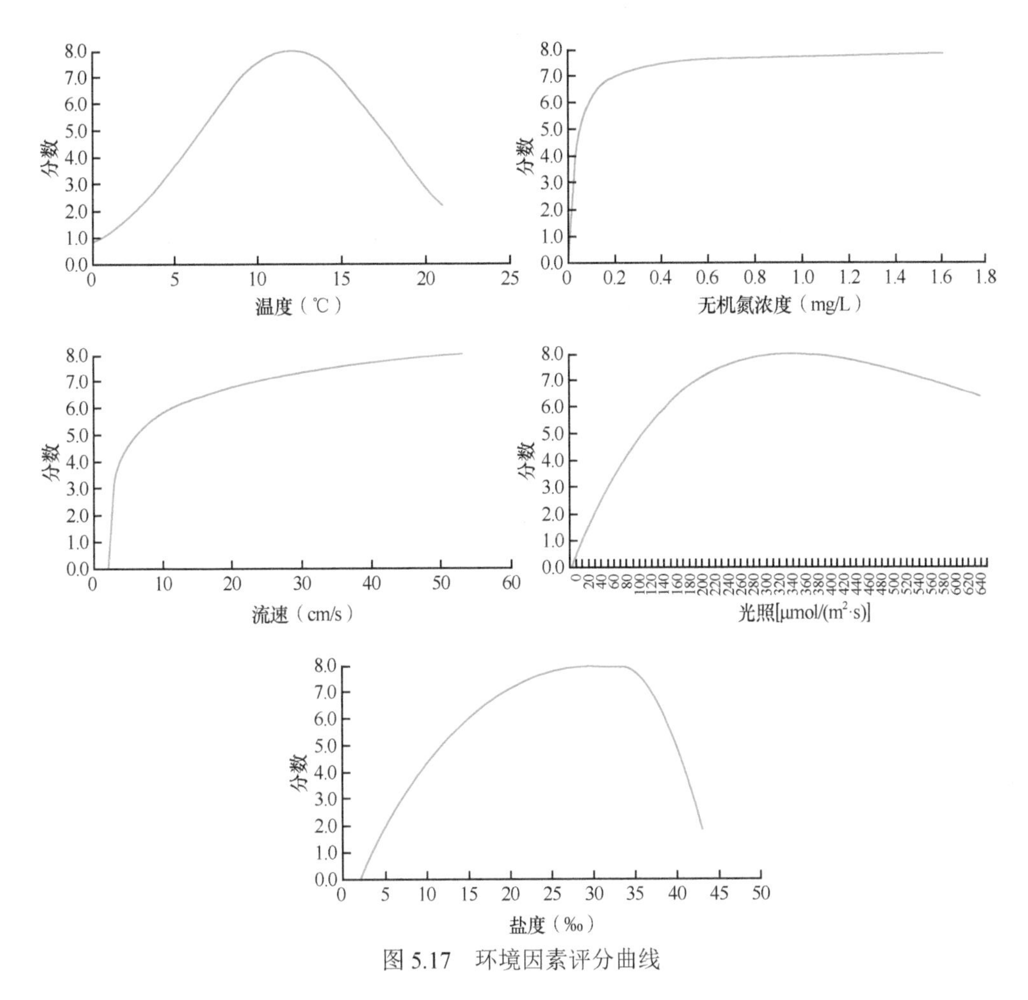

图 5.17　环境因素评分曲线

式中，S_{opt} 为最适盐度；$S < S_{opt}$，$S_x=S_{min}$，$m=2.5$；$S \geqslant S_{opt}$，$S_x=S_{max}$，$m=2$。

流速评分方程采用藻类生长模型和水动力模型相耦合的流速曲线（Barr et al.，2008）：

$$f(v)=20.55+7.33\ln v \quad (5.3)$$

式中，v 为流速。

海带对氮的吸收特征符合饱和吸收动力学，因此无机氮方程采用模拟 Monod 方程或 Michaelis-Menten 动力学方程（Kitadai and Kadowaki，2003）：

$$f(C_N)=\frac{C_N}{k_c+C_N} \quad (5.4)$$

式中，C_N 为总无机氮浓度；k_c 为 N 的半饱和同化系数。

光照评分采用光照限制函数（Steele，1962）：

$$f(I)=\frac{I}{I_{opt}}\times e^{(1-\frac{I}{I_{opt}})} \tag{5.5}$$

式中，I 为海带表面光照强度；I_{opt} 为海带光合作用最适光强。

将桑沟湾及周围海域光照、温度、流速、无机氮、盐度、深度的实测和模拟数据导入 ArcGIS，采用空间插值方法生成各环境参数对应的专题图层。按照评分依据，对各个环境参数的专题图层进行重分类处理，每幅专题图层中，按照评分标准赋予各参数范围对应的分值，生成光照、温度、流速、无机氮、盐度 5 幅单因子评分图层。深度作为限制因子，采用两端元打分，以 5m 作为适宜与不适宜的标准，小于 5 为 0，大于 5 为 1，深度图层仅为 ArcGIS 叠加计算过程中一步计算。

（六）多指标综合评分

水产养殖适宜性评价涉及多种因素，由于这些因素的重要程度不同，因而不能将指标图层简单地进行叠加。采用线性加权叠加分析（Malczewski，2000）计算综合适宜性评分，计算公式如下：

$$A_i=\sum_j w_j x_{ij}$$

式中，A_i 为评价对象像元的适宜性分数；w_j 为指标的权重；x_{ij} 为像元指标 j 的分数。

从原始数据处理到图层叠加，以及输出最终适宜性等级划分结果，整个适宜性评价过程均以 ArcGIS 软件作为技术支持，ArcGIS 技术路线见（图 5.18）。将光照、温度、流速、无机氮、盐度、深度数据进行预处理，采用反距离权重插值方法（IDW）（牟乃夏等，2012）将矢量数据转为栅格图层，根据环境因素单因子评分对各环境因素图层进行重分类，将重分类的栅格图层进行重采样统一分辨率，最后利用 ArcGIS 栅格计算功能将重采样栅格图层进行叠加，输出 4 个季度的适宜性评分图层，图层显示综合各因素后每个季度的适宜性评分（1 ～ 8）。以四个季度综合适宜性评分图层为基础，对每个季度的适宜性评分进行重分类处理，划分为最适宜、中等适宜、一般适宜和不适宜四个等级（表 5.6），不同的适宜性等级表示环境条件对海带养殖不同的适宜程度。最后综合四个季度的适宜性评分，进行栅格图层叠加，生成最终适宜性评分图层和适宜性等级图层。

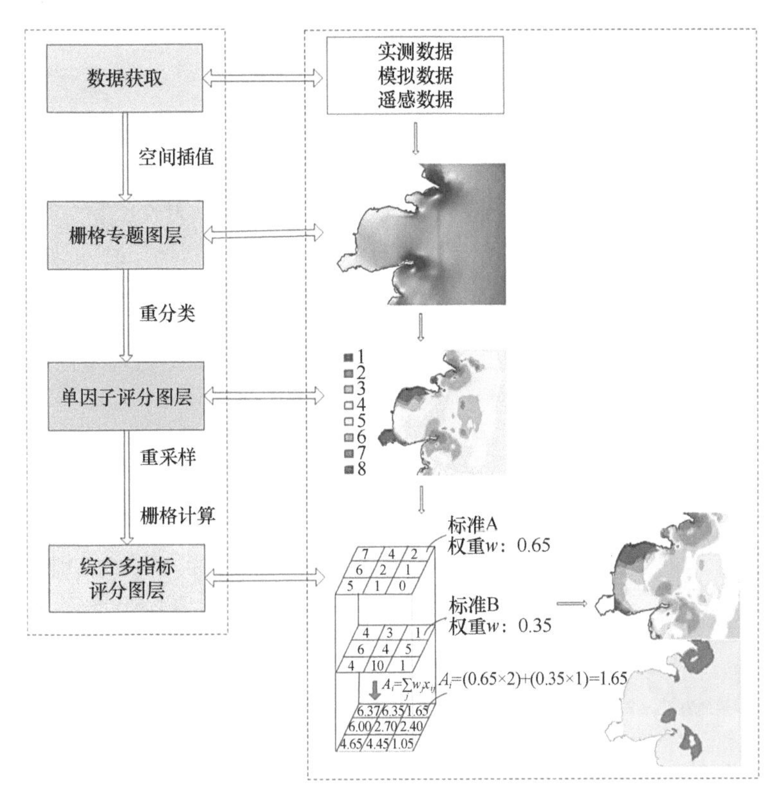

图 5.18 基于 ArcGIS 水产养殖适宜性评价技术路线

表 5.6 海带养殖的环境适宜性等级划分

适宜性评分	适宜性等级
0 ～ 2	不适宜
2 ～ 4	一般适宜
4 ～ 6	中等适宜
6 ～ 8	最适宜

二、桑沟湾环境适宜性评价结果

根据海带生长月份周期内环境适宜性评价结果，在桑沟湾及其周围海域适宜性分数分布在 0 ～ 6.7 范围，由桑沟湾近岸到离岸较远海域，适宜性分值逐渐增大后减小，评分较高的区域主要分布在北部爱伦湾和楮岛东部海域周围，适宜性评分较低的区域主要位于近岸海域。适宜性分值主要集中在 4 ～ 6 分，属于中等适宜（298.9km^2），占研究区总面积 67%，最适宜（103.7km^2）和不适宜（45.4km^2）分别占研究区总面积的 23% 和 10%，没有分值分布在一般适宜程度（图 5.19，图 5.20）。

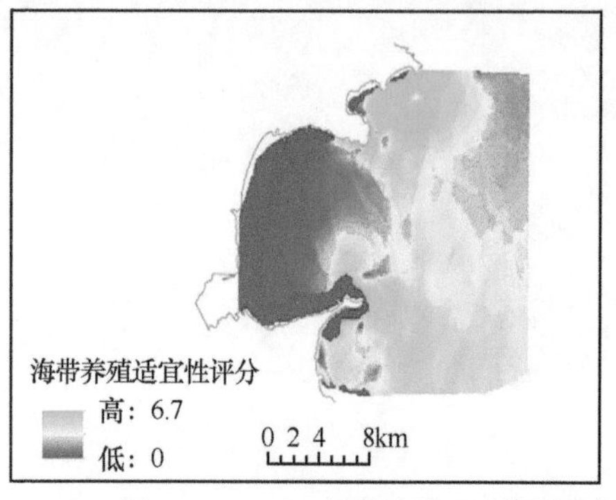

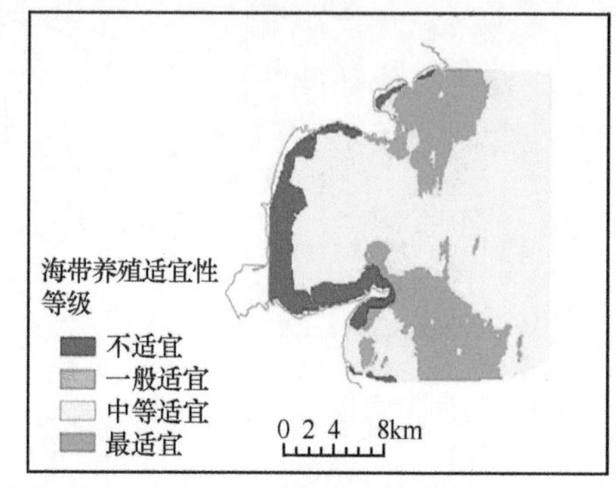

图 5.19 2011 年桑沟湾及周围海域海带养殖适宜性综合评分和适宜性等级

a

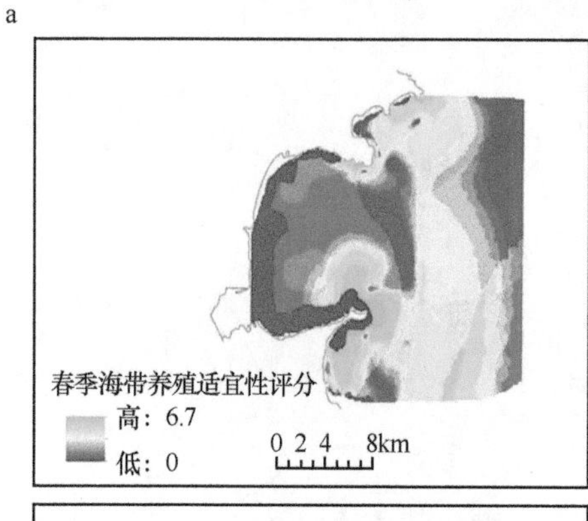

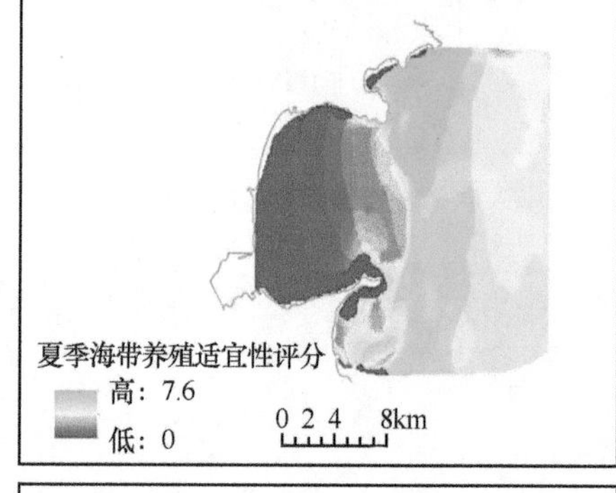

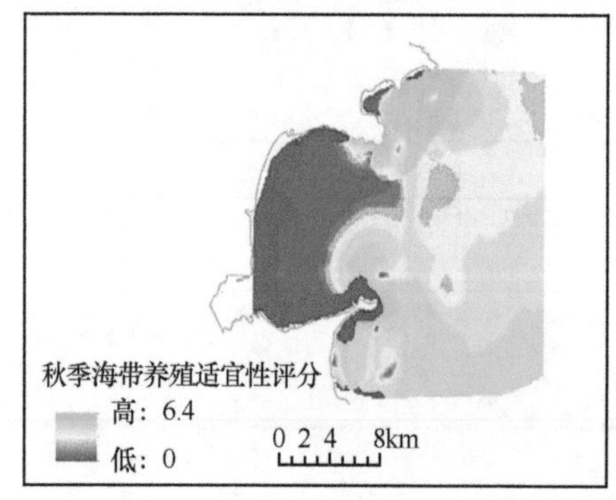

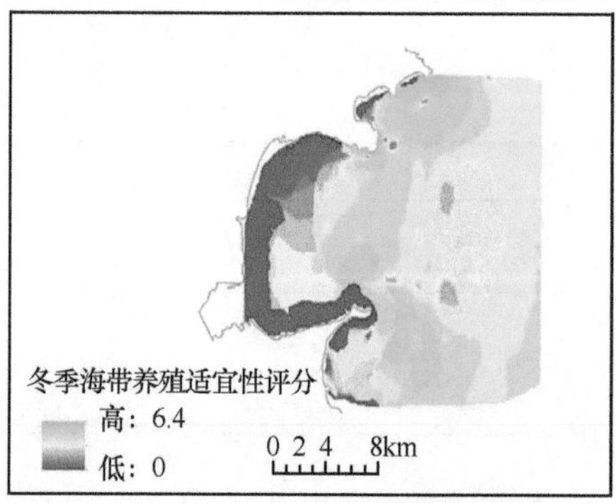

b

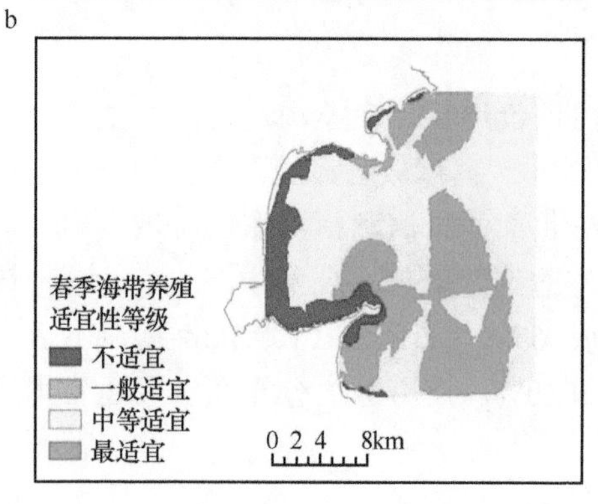

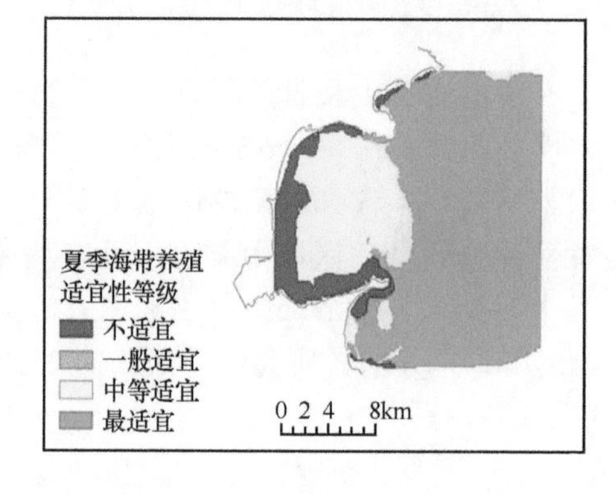

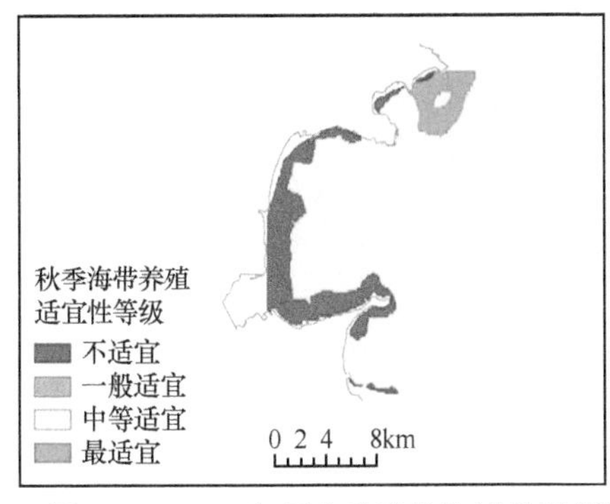

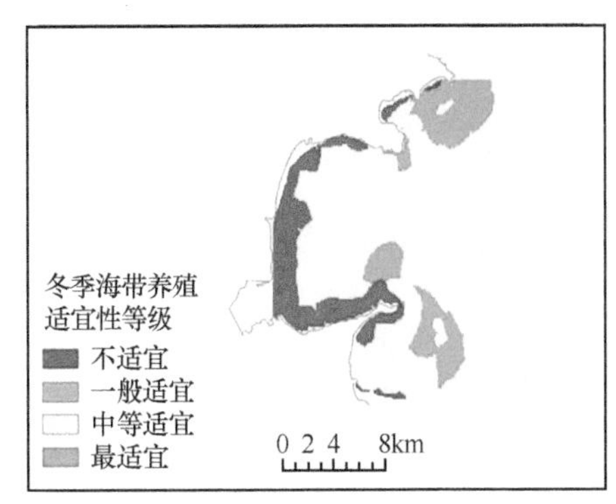

图 5.20　2011 年四个季度桑沟湾及周围海带养殖适宜性评分（a）和适宜性等级（b）

2011 年 4 个季度适宜性评价结果显示，春季适宜性分值较高的区域呈块状分布，夏季适宜性评分呈现阶梯状，评分分值由桑沟湾内向湾外方向递增且分值差距最大，秋季适宜性高分值区主要分布在爱伦湾和楮岛东部海域附近，冬季相较春、夏、秋季，高分值区向桑沟湾内迁移（图 5.20a）。春季、秋季和冬季中等适宜海区面积占比重最大，分别占研究区总面积的 56%、86%、78%。夏季最适宜海区面积最大，高分值区位于湾外约占研究区总面积 65%。海带养殖期间，四个季节不适宜养殖区面积均为 45.4km^2，占研究区总面积 10%（图 5.20b，图 5.21）。

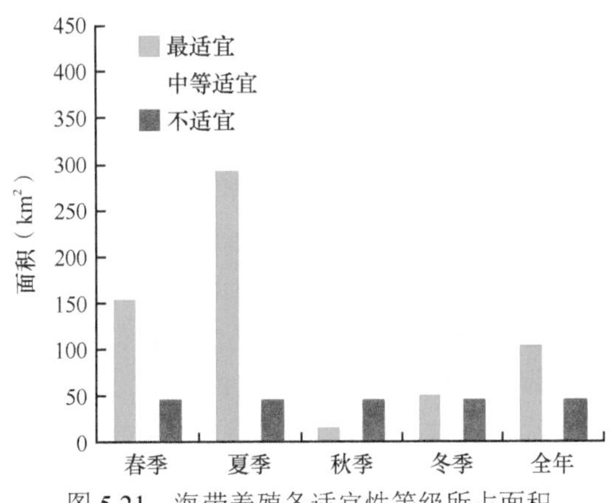

图 5.21　海带养殖各适宜性等级所占面积

适宜性评价结果与现有养殖布局对比显示，养殖区分布密集，养殖筏架主要分布在中等适宜区域，约 6km^2 的筏架处于不适宜区，19.8km^2 的筏架处于最适区。遥感影像显示，约 62.7km^2 的最适宜区域并未安置养殖筏架（图 5.22）。实际养殖中，楮岛东部海域最适宜区域海带长度约 4m，而楮岛近岸不适宜养殖区，海带长度最多长到 3m，说明评价结果具有一定的科学性。

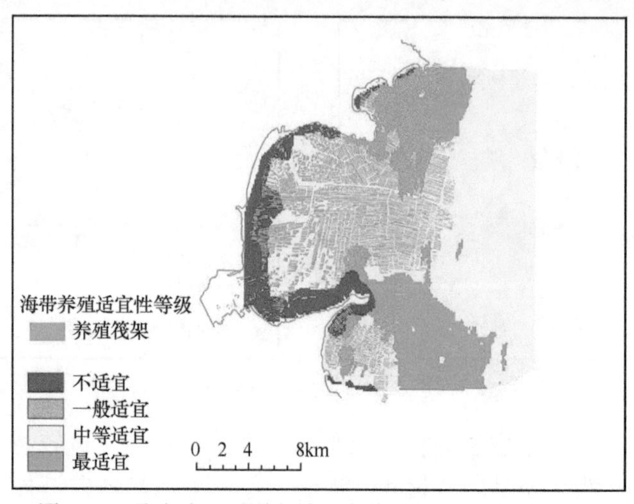

图 5.22　桑沟湾及周围海域现有养殖状况与适宜性等级

三、现有养殖区的适宜性评分

桑沟湾及其周围海域的海带养殖规模较大，总产量曾占全国 40% 左右；从现有养殖布局（图 5.22）来看，进一步扩大生产规模面临挑战。通过对海带适宜性评价，确定海带最适宜的养殖区域，通过调整海带养殖区有望获得更好的养殖效果，同时可缓解现有的养殖压力。

适宜性评价关键在于环境因素评分的设定，已有的评分方法多采用经验打分和等间距打分（Radiarta et al.，2008），使得评分结果主观性较大。Gentry 等（2017）利用生理、异速生长和生长理论的方法，以多物种生长性能指标（growth performance index，GPI）值作为一个养殖生长适宜性的评价标准，对水产养殖潜力进行了宏观的评估；其 GPI 值由 von Bertalanffy 生长方程（Froehlich et al.，2016）和具体养殖品种参数求得，高的 GPI 值视为有更好的生长条件。本研究针对桑沟湾及周围海域具体的养殖品种进行适宜性评价，采用一种创新的评分方法，即利用影响海带生长的经验公式作为评分曲线，可较好地反映出海带生长对各环境因素的需求范围，且通过评分曲线，各环境因素实测值都有与之对应的评分，评价结果较为科学。

海带养殖对季节依赖性较强，四个季节适宜性有较大的差异。在海带养殖期间，图 5.19 显示春季适宜性分值主要集中在 5.3 ～ 6.7 范围内，此范围内分值贡献主要来自流速、温度、光照和无机氮，且春季高分值区在湾外呈块状分布。因为春季海带生长较快，海区无机氮浓度处于一年中最低值，因此高分值区分散在湾外水动力较好、无机氮供应相对充足的区域。

夏季适宜性分值主要集中在 4.7 ～ 7.6 分，此分值对应贡献率较高的环境因素主要为温度、流速和光照，且夏季高分值区集中分布在湾外。由于此时部分海带已收割，海带自身的阻流作用减弱，水交换较好，湾外水温相对于近岸较低，处于比较适宜的水温状态。夏季最适宜面积大于春季、秋季和冬季，因为夏季在高分段各个环境因素的分数贡献率都比较高，说明在仍处于海带生长期的夏季，研究区湾外海域影响海带生长的各项环境因素都处于较为适宜的条件。

秋季适宜性分值集中分布在 4.7 ～ 6.4，此时对应分值贡献率较高的环境要素主要为流速、光照和温度，适宜性分布中评分较高的区域主要分布在桑沟湾湾外及爱伦湾和楮岛东部海域附近。由于此时海表面光强比较平均，相对于湾内，湾外水交换较快，无机氮可得到及时补充，且水温比较适宜，所以更适宜海带生长。

冬季适宜性分值主要为 4.8 ～ 6.4，光照和温度是对应分值的主要贡献因素，适宜性分布显示评分较高的区域逐渐向近岸处迁移，数据模拟表明（Xuan et al., 2016），由于冬季水温整体偏低，而湾内水温相对较高，更利于海带生长。且冬季湾外风浪大，风浪搅动水底泥沙，实测数据显示桑沟湾口门外侧冬季水体透明度降低，影响海带受光，不适宜海带生长（平仲良，1993）。

适宜性评价中，采用海带生长 DEB 模型——Stella 模型进行敏感性分析，结果显示盐度的敏感度大于温度和无机氮（蔡碧莹等，2019）。虽然在养殖环境中，水体盐度发生改变会对海带生长产生较大的影响，但桑沟湾没有大型河流汇入，多年平均降雨量处于中等水平，盐度的年变化较小，基本处于适宜海带生长的盐度范围，相较温度和无机氮，盐度对海带生长限制较小。敏感性分析虽未涉及流速参数，但由于水动力影响湾内外水交换和无机氮的输送，温度影响海水流动，水交换带动营养盐补充（冯士筰等，1999；史洁，2009），所以流速较无机氮对海带生长影响更大。此外，通过分析各个环境因素对分值的贡献率，证明光照、温度和流速对于海带生长影响较大，因而影响海带生长的环境因子按重要性排序依次为：光照（I）＞温度（T）＞流速（V）＞溶解无机氮（DIN）＞盐度（S）。

通过与实际生产情况对比，海带养殖适宜性评价结果得到了验证，证明该评价结果较为科学。在北部爱伦湾海域，浅水区水温在夏季升温较快，水温升高导致海带腐烂，海带长度最多长到 3m；而位于最适宜海区的海带长度一般可达 4m 左右。楮岛近岸海域周围（水深小于 5m 的红色区域），由于受到水深限制，海带长度小于 3m，达不到一般正常尺寸（4m），不适宜安排海带养殖。对于湾外水深超过 30m 的区域，虽然从适宜性评价结果上属于最适宜或中等适宜，但实际海带养殖方面，由于风浪较大，养殖设施更容易受损，从经济利益角度考虑并不适宜安排海带养殖。楮岛东部海域附近有大面积的海域属于最适宜养殖区，但该区域养殖筏架主要集中在近岸，离岸较近海域的养殖易受沿岸人类活动影响，因此可适当将海带养殖筏架向深水区布设（图 5.23）。

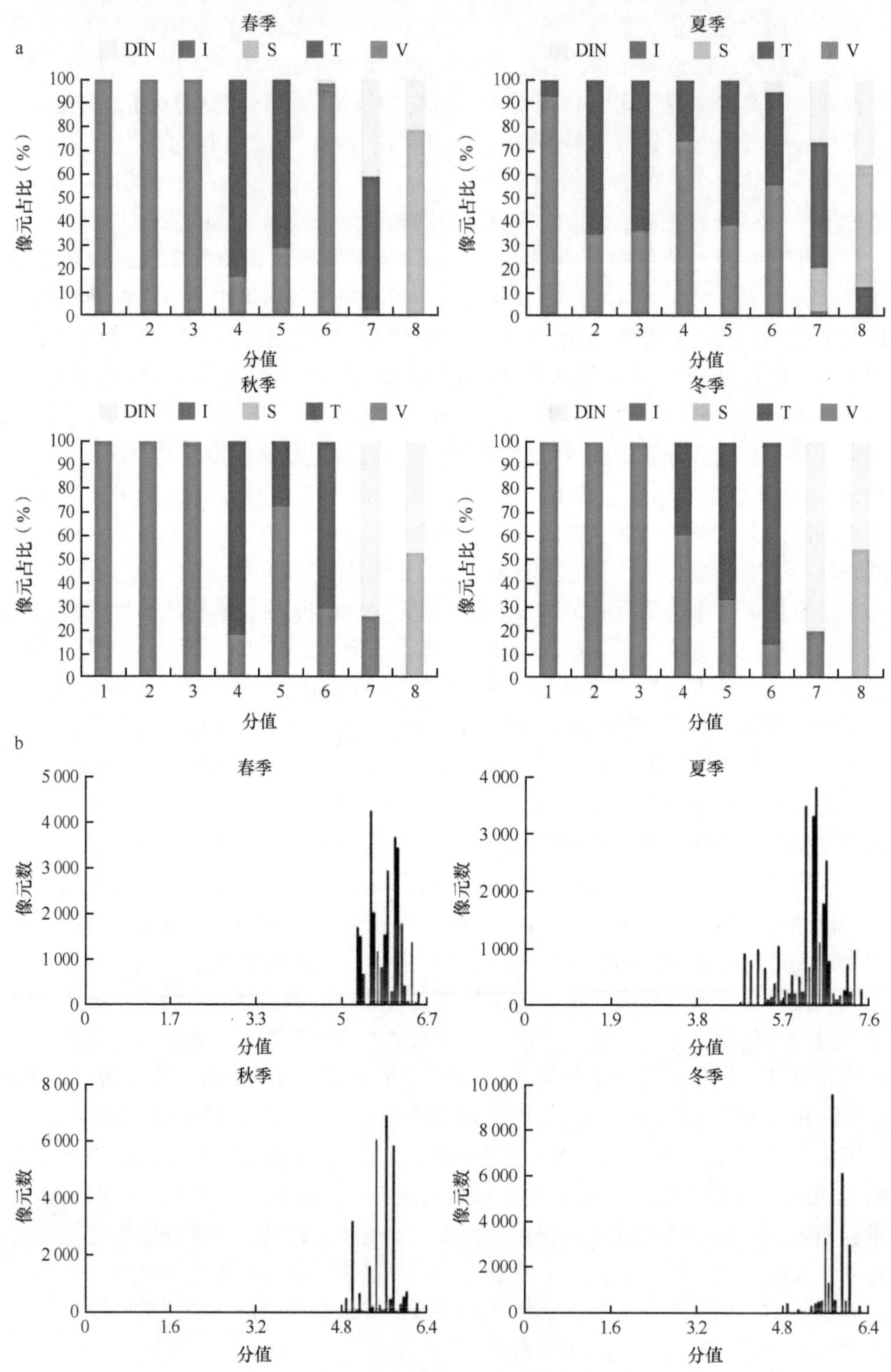

图 5.23　2011 年四个季度环境因素分值贡献率（a）和分值分布（b）

将政策适宜性（图 5.8）和环境适宜性（图 5.22）评价结果对比分析发现，已有养殖面积与规划海域功能区冲突面积约 45km^2。对于环境适宜养殖、但政策上不适宜养殖的海区，如桑沟湾种质资源保护区，应逐步移除养殖筏架，优先落实海洋生态保护。

而对于规划建设用海区块所形成的较大范围的禁养区，如荣成港港口区和荣成港航道区，则应从多种角度来考虑，协调用海冲突；尤其要考虑对现有养殖产业的影响。该区块环境条件适宜养殖，若移除现有的养殖筏架，则会减少高达 30km^2 的养殖面积，占桑沟湾总水面约 1/4，势必会对荣成市的养殖业造成比较明显的影响。为此，在未来修编功能区划的过程中，可以考虑重新调整该区域港口航道宽度，减少对现有养殖区的直接影响。

在政策适宜性（图 5.8）和环境适宜性（图 5.22）评价分析中，我们还发现较大面积的环境适宜，且政策允许发展水产养殖，但现阶段还未开展养殖的区块，如楮岛东部离岸稍远的海区。这些水域离岸较远，潮流和风浪较强，不利于养殖筏架的固定，管理成本也略高。但不能否认，这些水域的营养盐和温度、盐度等环境条件，非常适合海带养殖。相信随着技术的不断改进和养殖设施的强化，这些海区是具有发展潜力的区域，也是未来桑沟湾发展深水养殖有待开发的水域。

此外，桑沟湾中部的桑沟湾-镆铘岛养殖区是政策允许的养殖区，但环境适宜性评价结果显示为“中等适宜”，其原因可能是养殖密度偏高、营养盐较为缺乏所致。因此，我们建议此类区块在发展养殖业的过程中，应关注水产养殖的环境和生态影响，适当压减养殖密度，体现环境保护和水产养殖的可持续发展。

第四节　海水养殖地理信息数据及功能

地理信息系统是由计算机软、硬件和多种计算方法组成的系统，用来支持空间数据采集、管理、处理、分析、建模和显示。水产养殖地理信息系统则是针对水产养殖区域和产业专门开发的地理信息系统，其内容不仅包含一般意义上的数据采集、管理和展示，而且还有专门针对养殖业本身特点而开发的一些功能。例如，挪威的三文鱼养殖（空间）管理系统中，不仅包含了养殖场位置、库存量信息，而且具有环境影响评价功能，可以对新建养殖场的选址提供参考。针对海水养殖专门开发的地理信息系统，可以展示养殖活动与交通航运、城市与工业用海、捕捞渔业、旅游和自然保护区等不同行业的用海冲突，帮助我们解决特定海水养殖空间的规划和管理问题，因而正在成为解决水产养殖空间资源竞争的有力工具。

地理信息是进行空间规划的基础，可为人们提供数据、信息、科学和理论依据，辅助空间决策（崔铁军，2007）。一方面，GIS 系统本身可以提供地理空间上的查询、分析、辅助决策等功能；另一方面，GIS 作为信息技术手段，在处理生态环境调查数据、搭载和运用数值模型进行数据的分析处理等方面具有较强的优势。地理信息是对复杂地理事物和现象进行简化抽象的结果，具有空间位置、属性、时间和空间关系 4 个基本特征，以点、线、面、表面和多面体的形式存在于地理信息系统中，反映了空间实体的分布、发展变化及其相互联系。

一、水产养殖地理数据来源

地理信息数据来源，是指建立 GIS 地理数据库所需的各种数据的来源，主要包括地理数据和观测数据等。首先是地理数据，包括不同来源的各种地图、遥感影像数据、矢量数据等，它们是地理信息系统中获取基础数据的必要手段；其次是资料的收集和分类，也是获得字符串和数字等属性数据的重要方式；再次是观测数据，一般通过海上采样、遥感、无人机、定点观测、实时监测、浮标连续记录等技术手段获取。以下主要介绍海水养殖地理信息系统中第一种数据的来源，其他两种数据来源将在下一节介绍。

1）基础地理信息数据：提供基础底图服务和空间基准服务的数据，包括栅格地图、数字线划图等各类基本比例尺地图及空间基准数据等，涵盖当地海岸带社会经济、海域海岛、自然资源、海洋环境、海岸线性质形态及保护和使用现状等。同时，基础地理信息还包括自然保护区、海洋特别保护区、水产种质资源保护区的位置和分区。

2）专题地理空间数据：为满足空间规划特定需求，通过一定的技术手段而获取或形成的与地理空间位置和范围密切相关的数据。通常以基础地理信息数据为基础产生，突出表现一种或者多种自然、经济和社会要素。根据上述特性利用现场勘察、卫星遥感图像解译等技术手段实现的水深地形、海洋水文、海岸特征、海岛生态的专题信息。

3）遥感影像数据：遥感数据是 GIS 的重要数据源，含有丰富的资源与环境信息，可以提供大面积、动态和实时的数据。例如，通过光学、雷达、红外、多光谱等各种类型传感器获取的对地观测数据；对海水养殖空间规划而言，主要包括水温、流速、浪高、叶绿素浓度等数据。

4）空间基准：建立和维护统一的坐标系统、高程系统，为地理空间数据的采集和生产提供统一的起算面和参考系。

5）地理空间数据标准：与地理空间数据的类型划分、编码规则等相关的数据生产和管理的标准规范。

6）元数据：描述其他数据概要信息的数据。地理空间数据的元数据，是指数据标识、数据类型、覆盖范围、数据质量、空间和时间模式、空间参考系等描述地理空间数据概要信息的摘要型数据。

在构建基于地理信息的海水养殖空间规划过程中，海水养殖空间所涉及的GIS数据源从以下两个方面考虑：①评估海水养殖活动的环境特点和适宜性所需要的数据：水深、温度、盐度、流速、浪高、潮汐高度；②作为限制竞争性利用所关注的因素：现有海水养殖、污水排放、航线、管道和电缆、军事区、危险区、保护和保留区、生态敏感区和河口。

此外，对上述各种数据源进行加工处理所得到的数据，包括但不限于在数据处理系统中将系统外部的原始数据传输给系统内部，并将这些数据从外部格式转换为系统便于处理的内部格式。例如，将收集到的矢量数据进行数据类型和空间参考的统一，通过数据转换将数据类型统一为ArcGIS支持的格式。通过空间参考的定义与转换，本书中基础地理信息投影和遥感影像皆采用通用横墨卡托投影（universal transverse Mercator projection，UTM）。为此，我们将所有矢量数据空间参考定义为墨卡托投影坐标系，所在研究区处于“WGS_84_UTM_zone_51N”分带号；将收集到的报告、表格等资料按类型或监测区进行整理与存储。

二、数据采集与编辑

在构建桑沟湾海水养殖空间规划决策支持系统的实践工作中，我们采集的海域环境参数包括大面调查获取的物理、化学和生物实测资料等多源数据。其中，流速、水深、温度和溶解氧浓度影响海洋生物生长及其吸收利用营养物质的能力，是决定海水养殖空间利用的重要依据，一般通过水文要素调查与模拟、气象要素及生物观测手段获得。

水文要素包括水深、盐度、透明度、水色等要素，可通过生态环境现场调查和卫星遥感提取等手段获取。其中，卫星遥感可提取海表温度、叶绿素浓度、总悬浮物、养殖场位置和筏架分布等信息。

（一）遥感影像数据采集与编辑

与海水养殖空间管理有关的遥感数据主要包括浮筏信息，以及水温、透明度等参数信息。卫星遥感作为物理海洋数据的来源，可以为海水养殖设施运行管理提供环境条件的实时或接近实时的“动态”遥感监测。常用的卫星数据有美国国家航空航天局（NASA）的陆地卫星系列Landsat-5～8，中国国家航天局的高分系列GF-1、GF-2等，欧洲航天局（ESA）的哨兵系列卫星等。

哨兵-2卫星是欧洲航天局研制的“哨兵”系列卫星之一，也是欧洲哥白尼（Copernicus）计划空间部分（GSC）的专用卫星系列之一，可完成多光谱高分辨率成像任务；用于陆地监测，可提供植被、土壤和水覆盖、内陆水路及海岸区域等图像，还可用于紧急救援服务。

哨兵-2卫星是高分辨率多光谱成像卫星，主要用于包括陆地植被、土壤及水资源、内河水道和沿海区在内的全球陆地观测（图5.24）。该卫星具有高分辨率和高重访率，因此其数据的连续性比斯波特-5（Spot-5）和陆地卫星-7（Landsat-7）的更强。目前，哨兵-2A、2B卫星已分别于2015年6月23日、2017年3月7日发射。

哨兵-2A、2B卫星运行在高度为786km、倾角为98.5°的太阳同步轨道上，2颗卫星的重访周期为5天。该卫星设计寿命为7年，尺寸为3400mm×1800mm×2350mm，质量约1000kg，其中多光谱成像仪质量275kg，肼推进剂质量80kg。卫星有一副太阳电池翼，展开面积为7.1m^2，寿命初期总功率为2300W，寿命末期为1730W；锂离子蓄电池的电量为102A·h；星载2Tbit大容量固态存储器用于有效载荷数据的处理。X频段下行链路有效载荷数据传输率为450Mbit/s，测控链路采用S频段天线。

哨兵-2卫星的主要有效载荷是多光谱成像仪（MSI），工作谱段为可见光、近红外和短波红外，地面分辨率分别为10m、20m和60m，多光谱图像的幅宽为290km，每10天更新一次全球陆地表面成像数据，每个轨道周期的平均观测时间为16.3min，峰值为31min（表5.7）。

（资料来源：https://blog.csdn.net/micro_wyx/article/details/100099674）

图5.24　山东半岛东端

数据来源：哨兵-2遥感影像，2018年4月15日

表5.7　哨兵-2卫星多光谱成像仪技术参数

参数	指标
光谱范围（μm）	0.4～2.4（可见光、近红外、短波红外）
望远镜镜面尺寸（mm）	440×190（M1） 145×118（M2） 550×285（M3）

续表

参数	指标
空间分辨率（m）	10（4个谱段）、20（6个谱段）、60（3个谱段）
幅宽（km）	290
视场（°）	20.6
质量（kg）	＜275
功率（W）	266
数据传输率（Mbit/s）	450

遥感数据预处理主要包括裁剪、辐射定标、大气校正和图像增强等过程。信息提取有两种方式，一种是人机交互式解译；另一种是通过监督分类或是非监督分类提取信息。将数据经过转换处理后的矢量和栅格图层，导入海水养殖地理信息系统中。

（二）对生物采样数据的地理信息化处理

为适宜性评价和空间规划提供专题信息图层，需要使用海洋空间信息和海域水文、气象、生物、化学等参数信息，包括水质和（或）浮游植物、浮游动物、大型底栖动物的物种数和生物量数据。然而，在时间和空间尺度上连续获取这些有效信息的技术手段有限。实际工作中，由于大面调查工作实施难度大，研究区域的采样站位设置受到很多因素的限制。通常的做法是在整个调查海域合理选取均匀分布的采样站位，然后通过采样站位的测量值，使用适当的数学模型进行插值，转换为连续的数据曲面。需要注意的是，在使用插值方法时存在假设条件，即彼此接近的对象往往具有相似的特征，也就是说，空间分布对象都是空间相关的。

为了获取养殖海域环境和生物的专题信息，通常依靠船只出海开展海洋调查，实地获取采样站位各参数测量值。因此，对生物采样数据的地理信息化处理过程如下：

1. 出海调查

通常采用船只出海调查，对养殖海区进行大面采样，用GPS记录采样站位的经纬度信息。所用采样仪器主要有颠倒采水器、便携式盐度计、透明度盘、风速风向仪、空盒气压表、通风干湿表、浮游生物网具等；在所有参数中，水深、温度、盐度、透明度等水环境参数现场观测，底质、营养盐、浮游植物、浮游动物、底栖动物等通过将样品带回实验室分析获取（图5.25）。

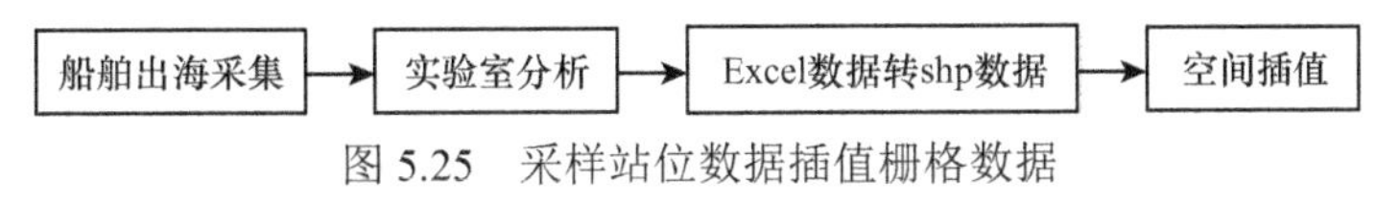

图5.25 采样站位数据插值栅格数据

2. 采样数据实验室分析

海洋生物部分主要是分类群采集样品，用相关仪器对每个采样站位的营养盐、溶解有机碳、颗粒有机碳、颗粒有机物、叶绿素、浮游植物群落结构等参数在实验室内分析测定，同时做好实验记录，最后新建 Excel 文件，按照采样站位编号将每个样点的经纬度与各参数一一对应记录。

3. Excel 采样站位数据转 shp 点要素

将包含采样站位数据经度、纬度坐标（*Y*、*X*）及该点实验室分析得到的参数的 Excel 文件生成点矢量图层，地理坐标系统选择 WGS-1984，生成点 shp 矢量图层。

4. 点要素空间插值

采样站位数据插值采取内插方法，根据区域已有的观测数据来估算研究区内未知点的数据值的过程。最常用的插值方法是反距离权重法、克里金（Kriging）插值、径向基函数插值。要注意的是，一般需要根据采样站位数据的类型选择合适的插值方法。

（三）海洋水动力数据的地理信息化处理

由于采样数据仅是数量有限的离散点，在海水表面数据和空间三维数据信息上表达不足，地理信息化往往需要通过物理海洋水动力模拟建立养殖区高分辨率水动力和水质模型。首先通过大面调查和锚系定点观测，获取有限点位的养殖区温、盐和海流等关键水文动力要素。其次，以 FVCOM 和 ROMS 模式为基础，基于高分辨率准确地形和岸线构建三维水动力数值模式，模拟养殖区长时间的关键水文动力要素。再次，利用验证的养殖海域水动力模型，预测各种养殖条件下的温、盐和海流等关键动力参数，模拟不同养殖空间规划下的水体交换状况。通过建立养殖区高分辨率水质数值模式，为整个养殖区的海水养殖容量估算及养殖生态模型提供环境参数。

1. 物理海洋水动力模拟的数据格式

养殖区的高分辨率水质数值模拟结果通常以网络公共数据格式（network common data form，NetCDF）以多维数据格式存储。NetCDF 格式是由美国大学大气研究联盟（University Corporation for Atmospheric Research，UCAR）的 Unidata 项目科学家针对科学数据的特点开发的，是一种面向数组型并适于网络共享的数据的描述和编码标准。目前，NetCDF 广泛应用于大气科学、水文、海洋学、环境模拟、地球物理等诸多领域，其文件结构类型十分丰富（表 5.8）。用户可以借助多种方式方便地管理和操作 NetCDF 数据集。NetCDF 是面向多维数组的数据集，一个 NetCDF 文件主要由 Dimensions、Variables、Attributes、Data 四个部分组成：

- Dimensions 主要是对维度的定义说明，如经度、纬度、时间等；
- Variables 是对数据表示的现象的说明，如温度、流速、盐度等；
- Attributes 是一些辅助的元信息说明，如变量的单位等；
- Data 是主要对现象的观测数据集。

表 5.8　NetCDF 文件结构类型

	名称	Nc 类型	单位
1	时间	NC_FLOAT	h
2	盐度	NC_DOUBLE	
3	温度	NC_DOUBLE	℃
4	经向流速	NC_DOUBLE	m/s
5	纬向流速	NC_DOUBLE	m/s
6	水深	NC_DOUBLE	m
7	浊度	NC_DOUBLE	JTU
8	硝氮	NC_DOUBLE	μmol/L
9	磷酸盐	NC_DOUBLE	μmol/L
10	浮游植物	NC_DOUBLE	μg/L
11	浮游动物	NC_DOUBLE	μg/L
12	碎屑	NC_DOUBLE	μg/L
13	速度	NC_DOUBLE	m/s

2. 对多维动力海洋数据的处理

第一种方法是采用 ArcGIS Desktop 的多维工具箱（图 5.26）对 nc 格式的多维数据进行降维处理，获取海域环境参数的栅格数据。此种方法需要借助 Desktop 工具，但参数查询时缺乏灵活性，且存在步骤较繁琐、处理效率低等问题。

第二种方法采用 matlab 工具箱，或将 NetCDF 库集成到 GDAL 框架下，利用其他第三方语言（C++、Python 或 C#）对 GDAL 库的接口函数编写插件，读取 NetCDF 数据文件。GDAL 库提供多种栅格数据和矢量数据的读取方法，对 NetCDF 数据信息进行提取和格式转换，利用 NetCDF 动态链接库和 GDAL 动态链接库，基于 MapControl 控件加载遥感影像，查询遥感影像空间范围的海洋环境多维数据，可在对话框中轻松查询 NetCDF 数据变量并实现变量的栅格化，或者利用遥感影像的易读性，用鼠标点击遥感影像中的海域位置，经过多次坐标转换，直接查看变量在该位置的时间序列信息，以下将重点介绍数据查询技术的实现方法。

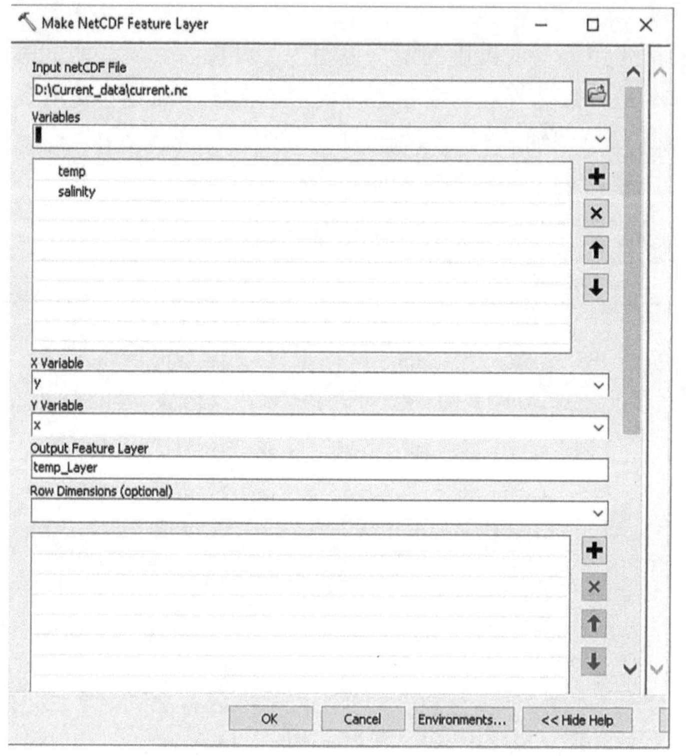

图 5.26　ArcGIS Desktop 多维工具箱

三、水动力数据查询技术

水动力数据属于多维数据，其交互式查询内容包括两个方面，一是使用者可能关注海域范围内的多维数据中的某一变量（如温度、流速或盐度）的空间分布及变化情况，即时间维度上所属变量任一时点的栅格化；二是使用者也可能更关注海域变量在某一位置随时间的变化情况，即所属任一变量在所属任一海域位置时间维度上的序列化。然而，现有软件在多维数据变量查询时功能及界面不够友好，且步骤比较复杂。遥感卫星数据记录了地物的光谱特征和空间特征，由于空间位置信息比较容易判读，高分辨率的卫星数据在表示海域空间信息上更为直观，可以利用卫星影像所代表海域的空间坐标信息作为输入参数，查询海域环境内的多维变量信息。

由于 NetCDF 动态链接库（又称组件库）缺少将提取的信息转化为栅格数据的函数和方法，无法在地理信息平台中直接显示。GDAL 能够使用抽象数据模型来解析所支持的数据格式，从而支持多维数据的处理。抽象数据模型包括数据集、坐标系统、仿射地理坐标转换、大地控制点、元数据、栅格波段、颜色表、子数据集域等。在获取到从 NetCDF 查询后变量的数据块信息后，按照 GDAL 的栅格数据存储形式进行规范存储，将经纬度信息与数据块信息进行一一映射，并给数据设置地理坐标系统参考等（邹亚未，2014）。

.NET 技术是目前二次平台开发流行的技术。在 .NET 框架下，基于 ArcEngine 构建高精度的海洋环境可视化平台，通过 MapControl 控件加载遥感影像，在引用空间中通过调用 GDAL 组件库和 NetCDF 组件库，从而实现了组件之间的互相操作，利用 NetCDF 组件库和 GDAL 组件库的函数并采用一定的流程集成后，可查询遥感影像空间范围的海洋环境多维数据。

基于上述功能的思路如图 5.27 所示。下面将详细介绍关键技术流程。

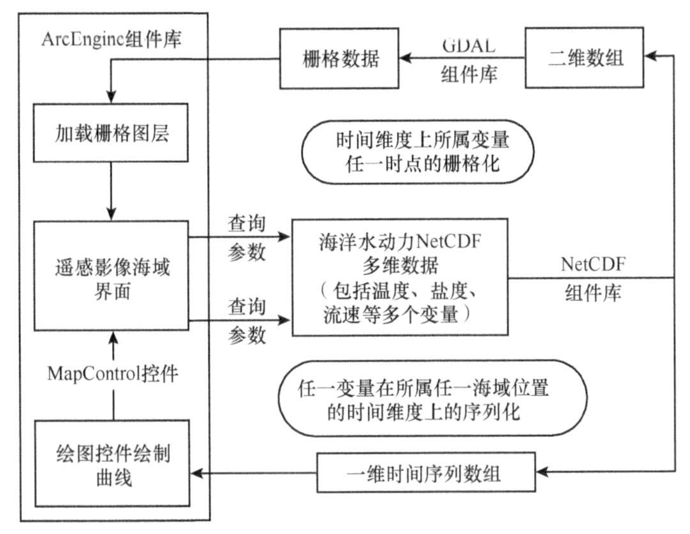

图 5.27　实现思路的示意图

（一）变量在任一时点的栅格化

利用 NetCDF 组件库和 GDAL 组件库的读取和写入方法，可以实现海洋多维数据时间维度上所属变量在任一时点的栅格化。

1. 海洋多维数据提取至二维数组

首先，利用 NetCDF 组件库的 Read 方法读取该数据到计算机内存中；其次，利用文件处理函数打开目标海域的海洋环境多维要素数据集，接着利用变量处理函数读取经度轴、纬度轴、时间轴、目标变量的 ID；再次，利用维数处理函数获取经度轴、纬度轴、时间轴长度，根据数组长度分别新建经度、纬度、时间维度的一维数组，最后利用属性处理函数分别填充各数组的值。

之后，新建二维数组，以目标变量和查询时点作为条件输入，利用 Get2DArray 方法提取多维要素数据集中的数据并填充新建的二维数组。通过新建按纬度行赋值的二维数组，按照经度长度从小到大依次循环填充至二维数组。本部分的技术流程见图 5.28。

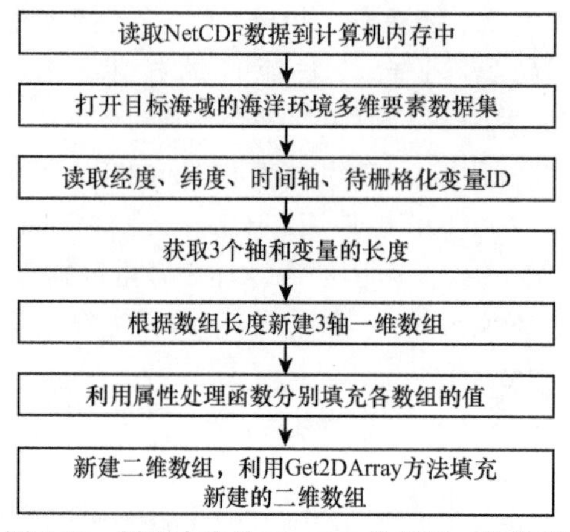

图 5.28　提取查询的 NetCDF 数据至二维数组

2. 生成目标栅格数据集

通过调用 GDAL 的 AllRegister 函数来注册所有已知的驱动，首先生成经度长度 h、纬度为 w 的栅格数据集模板，同时定义目标栅格数据集存放地址 str，用 GDAL 的 Open 函数来打开栅格数据集模板至内存中；新建一维数组 strout，利用栅格数据集模板的 GetGeoTransform 地理仿射变换方法输出仿射变换系数给 strout，同时利用 GetProjectionRef 方法获得模板的参考坐标系投影至目标栅格数据集；根据类型名获得驱动器，按照 h、w、str 等参数、利用驱动器生成目标栅格数据集，数据集为 tiff 格式。

将栅格数据集模板的四角（0,0）、（h,0）、（0,w）和（h,w）作为地面控制点元素赋值给地面控制点（ground control point，GCP）数组，使 GCP 数组包含上述坐标对，将上述获得的投影参考坐标系赋值给目标数据集的 GCP，对目标数据集设置上述的仿射变换系数，接着根据栅格数据集模板的投影设置目标数据集的投影。之后利用目标数据集的 GetRasterBand 方法获得第一波段，该波段用于存储从 NetCDF 数组提取二维数组的值。

新建长度为 w×h 双精度缓存数组（以 buffer 形式存储），将上述获得的二维数组，按照以下顺序获取临时变量：先从纬度最小值的第一行开始，每一行都按经度从小到大依次获取，之后纬度逐渐增大直至最大值，每次获取的临时变量依次填充 buffer，之后，利用波段对象的 WriteRaster 方法将 buffer 的值写入目标数据集的第一波段。

然后，依次关闭第一波段和目标数据集的缓存空间，最后在栅格数据存放地址 str 中返回目标栅格数据集（图 5.29）。

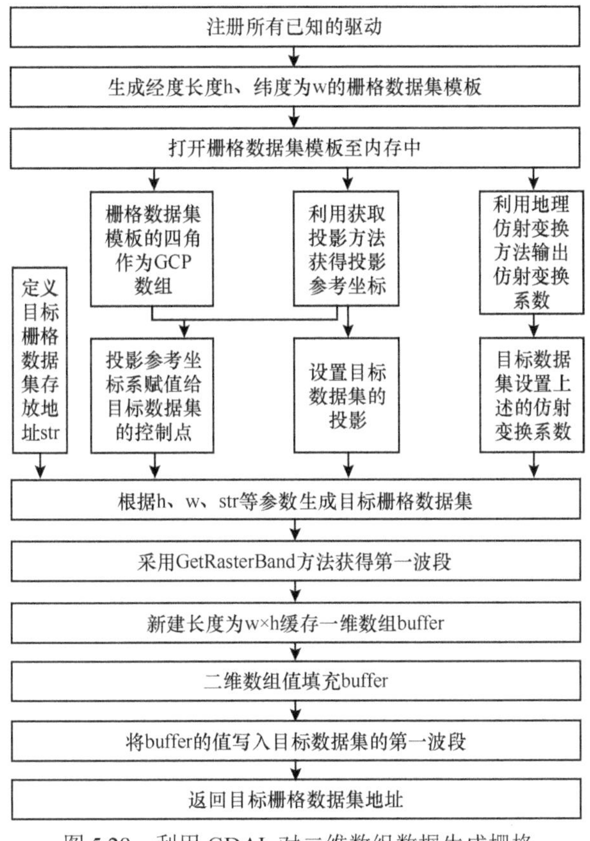

图 5.29　利用 GDAL 对二维数组数据生成栅格

3. 栅格化数据集处理后加载至开发平台

在二次开发平台中主要利用 ArcEngine 的部分类库，通过波段计算函数去除目标栅格集中的空值部分。接着，新建工作空间工厂（WorkspaceFactory 类）数据结构并按照模板开辟新的空间，将对象实例化。利用 Open From File 从该对象中打开工作空间；然后，从该工作空间跳转至栅格对象空间，利用栅格对象空间的打开栅格数据集方法打开裁切后的目标栅格数据集，从栅格数据集中创建栅格对象，之后再从栅格对象中创建栅格图层，利用自定义的栅格渲染方法渲染该栅格图层。该栅格图层跳转到图层接口，最后利用二次开发平台的主地图控件的加载图层的方法，在平台中显示结果。简言之，就是要按照模板创建栅格，并把之前读取的二维数组填充到栅格中，进行栅格化处理，生成图层对象，最后加载到系统中显示。

（二）变量在时间维度上的序列化

利用 NetCDF 组件库的函数和自定义的提取方法，即可实现所属任一变量在所属任一海域位置的时间维度上的序列化。由于高分辨率的遥感影像易于被人们识别，以遥感影像为底图表示海洋环境空间，鼠标右键选择将要查询的要素，选择查询参数，左键点击遥感影像中屏幕海域位置即可实现查询，具体步骤为（图 5.30）。

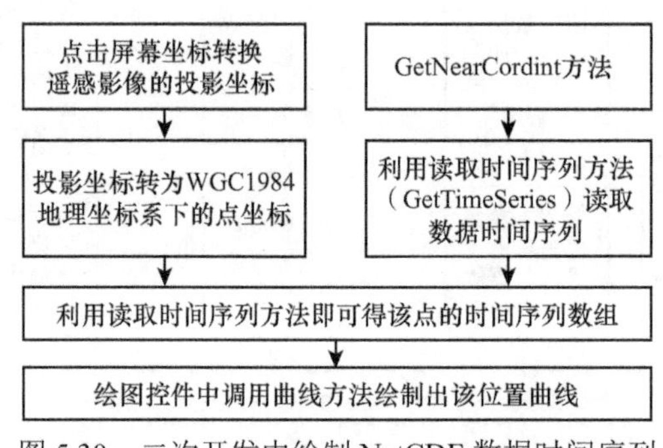

图 5.30　二次开发中绘制 NetCDF 数据时间序列

在左键点击屏幕坐标时存在着坐标转换。利用屏幕坐标函数将点的屏幕坐标转为遥感影像的投影坐标，利用编写的坐标转换方法再将该投影坐标转换为 WGC1984 地理坐标系下的点坐标数值。

将转换为地理坐标系的坐标点和查询的要素名作为输入参数，利用自定义的读取时间序列方法（GetTimeSeries）即可得该点该参数的时间序列数组。读取时间序列方法如下：根据要素名获得变量 ID，根据邻近点方法将点击的坐标经、纬度值归并到多维数据集中的经、纬度轴最近点数值 cordX、cordY，获取 cordX、cordY 在纬度轴中的序号，利用 NC 组件库获取变量方法后获得该变量在时间维度上序列。

由于高分影像的空间分辨率与水动力模拟的空间分辨率一般不匹配，鼠标点击影像时产生的点坐标与多维数据中的坐标存在误差，导致 NetCDF 组件库函数中查询不到相应空间位置的数据，因此，在获取参数时间序列方法中利用自定义的 GetNearCordint 方法将点击的坐标点经度和纬度坐标数值分别与多维中的经度和纬度坐标数值进行比较，从多维中循环经度和纬度坐标数值与鼠标点击后的点坐标误差最小的值，以此代表鼠标点击海域位置的变量值。

根据鼠标点击坐标寻找多维数据中的最近坐标方法 GetNearCordint 步骤如下，设置临时变量，循环经度轴或纬度轴长度数组，若点击坐标经度或纬度值处于数组 2 个邻近元素之间，将最近元素返给临时变量，若点击坐标经度或纬度值等于经度或纬度长度数组某一元素，点击坐标经度或纬度值赋值给临时变量。

最后，根据上述获取的时间序列数组在绘图控件中调用曲线方法绘制出该位置某一选定参数的时间序列。

四、空间数据库设计与管理

地理空间数据库是以一系列特定结构的文件形式组织在计算机物理存储介质上的与应用相关的地理空间数据的总和。

（一）空间数据库设计

根据空间数据库设计的一般原则，海水养殖地理信息空间数据库的设计包括概念模型设计和逻辑结构设计两个阶段。

1. 概念模型设计

概念模型是对复杂的现实世界的抽象。通过归纳海水养殖地理信息空间的点、线、面三方面矢量数据，对其进行抽象加工，确定实体对象、属性及它们之间的联系，形成实体关系模型（entity relationship diagram），通常简称为 E-R 模型。

2. 逻辑结构设计

逻辑结构设计是将概念模型 E-R 图转换为数据库支持的逻辑结构。由于地理信息包括要素空间位置和属性信息，海水养殖地理信息空间数据库由图形数据库和属性数据库两部分构成。

（1）图形数据库

海水养殖地理信息空间数据库以图层的方式组织，主要包含历次采样、适宜性评价和分区规划三个方面相关图层，采用 Geodatabase 地理数据库模型，以数据表的形式实现矢量图层在关系数据库中的存储。

图形库主要由采样站位图层、海域使用面图层、矢量地图和遥感地图等组成。其中点数据集包括 2017 年 2 月～ 2018 年 12 月一共 5 次大面积调查的采样数据；面数据包括生态红线图层、海域使用规划图层、功能区划图层，以及通过遥感提取的养殖筏架图层等（表 5.9）。

表 5.9　图形数据内容及表现形式

序号	类型	名称	内容	表现形式
1		大面样点调查	采样时间；生物参数；环境参数	点
2	环境和生物采样	模拟验证点	生长参数及环境参数	点
3		养殖物种	养殖生物分类	点或面

续表

序号	类型	名称	内容	表现形式
4	遥感提取	等深点	等深点	点
5		海岸线	海岸类型	线
6	基础地理信息	生态功能区划	区划类型	面
7		生态红线	生态类型	面
8		海域使用	海域使用	面

（2）属性数据库

属性数据库是对要素概念和度量的抽象，以属性数据表的形式存储在关系数据库中，通过关键字段与图形数据实现关联。属性数据库主要包含以上图层的信息表。将ID字段作为数据关联的主键，实现属性数据与图形数据的关联，其他表属性信息则作为外键。属性数据设计一般根据系统对空间数据的具体情况设置要素字段，采样站位的字段表设计包括点编号及名称，字段表，结构如表5.10所示，面数据结构字段包括周长、面积、名称、类型、编号（表5.11）。采样站位图层字段含义见表5.12。

表5.10　采样站位要素字段设计表

列名	别名	数据类型	数据描述
OBJECTID	OBJECTID	对象ID	自动生成编号
Shape	Shape	几何	空间数据类型
Name	名称	几何串	点数据名称
Code	编号	双精度	采样站位编号

表5.11　面要素字段设计表

列名	别名	数据类型	数据描述
OBJECTID	OBJECTID	对象ID	自动生成编号
Shape	Shape	几何	空间数据类型
Name	名称	几何串	功能区名称
Code	编号	双精度	功能区编号
Shape_Length	周长	双精度	面数据周长
Shape_Area	面积	双精度	面数据面积

表5.12　采样站位图层字段含义

	字段名称	代码	单位
1	站位	siteNum	
2	经度	Long	度

续表

	字段名称	代码	单位
3	纬度	Lat	度
4	温度	Temperat	℃
5	盐度	Salinity	
6	水深	bathy_ft	M
7	透明度	Transpar	M
8	表层 Ph	sPh	
9	底层 Ph	bPh	
10	表层溶解氧	sDO	%
11	底层溶解氧	b_DO	%
12	水深	bathy_m	M
13	表层溶解无机氮（DIN）	sDIN	μmol/L
14	表层硝酸盐	sNO_3^-	μmol/L
15	表层亚硝酸盐	sNO_2^-	μmol/L
16	表层氨氮	sNH_4^+	μmol/L
17	表层磷酸盐	sPO_4^{3-}	μmol/L
18	氮磷比	srati_NP	
19	表层硅酸盐	sSilicas	μmol/L
20	底层硝酸盐	sNO_3^-	μmol/L
21	底层亚硝酸盐	sNO_2^-	μmol/L
22	底层氨氮	sNH_4^+	μmol/L
23	底层磷酸盐	sPO_4^{3-}	μmol/L
24	氮磷比	srati_NP	
25	表层总叶绿素	sTChla	μg/L
26	0.45 ～ 2μm	sClz45_2	
27	2 ～ 20μm	sCl2_20	μmol/L
28	＞ 20μm	sClH20	μmol/L
29	底层总叶绿素	sCl	μmol/L
30	底层 0.45 ～ 2μm	sClz45_2	μmol/L
31	底层 2 ～ 20μm	sCl2_20	μmol/L
32	底层＞ 20μm	sClG20	μmol/L
33	表层颗粒有机物（POM）	sPOM	mg/L
34	底层颗粒有机物（POM）	b_POM	mg/L

（3）栅格数据库

栅格数据是通过指定栅格类型的方式添加到镶嵌数据集中的，栅格适合表面连续变化的数据，数据由像元组成矩阵结构，其优点是结构简单、比较容易进行空间分析等。

栅格数据一般经过变换、地理配准、正射校正等步骤，才能导入地理数据库中。在数据入库时采用金字塔结构存放，对栅格数据集进行统一管理。根据通用横轴墨卡托投影（UTM），由于研究区域位于第51个投影带，数据库中的所有数据集投影按照系统设置的“WGS_84_UTM_zone_51N”进行默认投影，显示单位是m。

（4）时空数据模型

传统的空间数据模型强调对象的静态描述，如海底某一位置地形深度的空间坐标或位置不变，其深度属性不变，通常采用矢量或栅格的方式来描述空间数据，但对于一些具有变化性的空间对象如海水温度、流速和物质浓度，这种机制限制了动态信息的表达。随时间不断变化，这些空间位置的对象属性不断变化。如何有效地表达、记录和管理现实世界的这一类实体及其相互关系呢？针对这种时空变化往往采用时空数据模型，管理历史变化数据，以便重建历史、跟踪变化。

（二）空间数据库管理

地图数据库管理系统应提供数据存储、组织、检索、分类，以及文件的建立与维护，提供了处理用户查询命令与显示所检索的数据的功能。空间数据库的管理包括入库前的数据整理、数据预入库、数据处理与修改、元数据整理、数据正式入库及数据库功能开发等，用于组织和管理所有GIS数据。我们开发的水产养殖空间规划决策支持系统（APDSS）包含一组工具，具备了多源数据的处理与集成功能（表5.13），可用于浏览和查找地理数据、记录和浏览元数据、快速显示数据集，以及为地理数据定义数据结构。APDSS数据库的主要功能包括：

- 浏览和查找地理信息
- 记录、查看和管理元数据
- 创建、编辑图层和数据库

表5.13　多源数据信息的管理和集成

数据处理分析	数据入库管理	服务发布管理
原始数据读取	NC/GRIB 数据入库	风场 / 流场影像服务
数据转换和处理	TIF 栅格数据入库	物质浓度影像服务
数据自动入库	矢量数据入库	各种要素服务
数据计算分析	表格数据入库	地理处理服务

数据查询与操作是数据管理的主要功能。数据操作是指对数据进行分类、归并、排序、存取、检索和输入、输出等标准化操作。在地理空间数据库中，存储信息还包括大量图形、图像等空间数据，地理空间数据操作可以对数据库作插入、删除、修改、排序和检索等操作。地理空间数据查询是在空间数据库中检索出满足给定条件或位置的空间对象或属性特征的一种操作，从空间数据库中找出所有满足属性约束条件和空间约束条件的地理对象，也就是根据某个查询条件，对空间数据、属性数据和关系数据进行查询，在数据库中检索出满足条件的数据子集。由于地理空间数据具有结构化的属性特征和非结构化的空间特征，地理空间数据查询与操作主要分为根据属性条件查询与操作和根据空间几何位置查询与操作两种类型。

在 APDSS 中通过自行设计查询方法，通过对属性数据的更新、查询、检索等操作，适应大批量数据处理，实现了栅格和影像数据的统一管理。

五、空间规划功能系统实现

针对空间规划数据、适宜性评价等功能的实现，在养殖区关键水文动力要素数值模拟、水产养殖容量评估、养殖生态模型模拟等基础上，将适宜性评价、个体生长、养殖容量估算等空间规划功能集成到水产养殖空间规划决策支持系统（APDSS），实现了水产养殖空间管理辅助决策支持。

（一）适宜性评价

适宜性评价分为政策适宜性和环境适宜性。政策适宜性主要在系统中以有关国家及地方政策法规、海洋功能区划和水环境标准为依据，通过叠加规划图层，评价养殖海域是否符合海洋功能区划、是否与其他用海互相冲突等。环境适宜性通过养殖生物的生理生态特性、生长所需的环境条件与养殖水域的环境要素进行比较，在 APDSS 中实现此功能的方法是通过加载上述的适宜性评价图层，基于这些图层用户可根据不同养殖品种的生理生态要求，对整个养殖区适宜养殖品种、适宜养殖地点和适宜程度做出选择。

（二）个体生长预测

基于动态能量收支（DEB）模型，系统提供了养殖海域养殖种类的个体生长指标查询，该模型可以从能量流动的角度模拟生物体随着食物密度和温度等环境条件变化而变化的个体生长和繁殖状态。根据桑沟湾的养殖现状，该系统重点考虑海带、牡蛎、扇贝等生物的个体生长模拟。在集成生物生长模型时，此模块充分利用 DevExpress 在图形界面可视化编程方面的优点进行界面设计，根据 DEB

模型和参数分别编写计算类，计算结果以折线图、曲线图形式呈现。输入参数为初始体长或体重、投苗日期和收获日期等，收获结果表示最终重量、长度。用户可以调整上述输入参数，观察养殖生物生长的长度和重量变化。

（三）养殖容量估算

采用能量收支法，根据养殖生物的能量需求和养殖水域可提供的能量总量计算该水域能承载的生物总量。水流作为养殖过程中代谢原料和产物的载体，以浮游植物为指标，基于水动力模型模拟了不同养殖海区的交换过程对于海域内营养物质的输运和补充，采用物理过程与生物模型进行耦合模拟的方法估算了桑沟湾筏式养殖贝类长牡蛎与海带的综合养殖容量。由于养殖容量模型采用 Python 语言所编写，基于 .Net 框架的语言兼容性，APDSS 在后台中调用养殖容量模型，当用户点击每一个养殖分区时会给出不同养殖密度下的养殖生物（海带、贝类等）的个体生长情况和总产量，将运行结果以曲线或柱形图层返回窗体上，给出每个分区的适宜密度建议等。

参考文献

蔡碧莹 . 2018. 海带个体生长模型构建与生长预测研究 . 上海海洋大学硕士学位论文 .
蔡碧莹 , 朱长波 , 刘慧 , 等 . 2019. 桑沟湾养殖海带生长的模型预测 . 渔业科学进展 , 40(3): 31-41.
陈达义 , 汪进兴 . 1964. 海带在浙南沿海生长发育与水温关系的观察 . 浙江农业科学 , (2): 89-93.
陈根禄 , 王东室 . 1958. 海带养殖试点生产管理中的几点体会 . 中国海水 , (4): 10.
陈培雄 , 周鑫 , 徐伟 , 等 . 2018. 海洋功能区划评估理论研究——以浙江省为例 . 海洋环境科学 , 37(6): 888-892+898.
崔铁军 . 2007. 地理空间数据库原理 . 北京 : 科学出版社 : 353.
樊军伟 . 2013. 基于 GDAL 的 NetCDF 数据提取遥感影像数据信息的研究 . 东华理工大学硕士学位论文 .
冯士筰 , 李凤歧 , 李少菁 . 1999. 海洋科学导论 . 北京 : 高等教育出版社 : 83-85.
季仲强 . 2011. 近岸海域氮磷污染生态修复与大型海藻生物能源提取研究 . 浙江大学博士学位论文 .
牟乃夏 , 刘文宝 , 王海银 , 等 . 2012. ArcGIS10 地理信息系统教程 . 北京 : 测绘出版社 : 339-343.
平仲良 . 1993. 用实测海水透明度数据和 NOAA 卫星数据计算黄海悬浮体含量 . 海洋与湖沼 , (1): 24-30+118.
史洁 . 2009. 物理过程对半封闭海湾养殖容量影响的数值研究 . 中国海洋大学博士学位论文 .
孙倩雯 , 刘慧 , 尚伟涛 , 等 . 2019. 基于 GIS 的桑沟湾及周围海域海带养殖适宜性评价 . 渔业科学进展 , 40(3): 31-41.
王宪 , 李文权 . 1991. 盐度、pH 对海洋藻类光合作用速率的影响 . 海洋环境科学 , 10(1): 37-40.
吴荣军 , 朱明远 , 李瑞香 , 等 . 2006. 海带 (*Laminaria japonica*) 幼孢子体生长和光合作用的 N 需求 . 海洋通报 , 25(5): 36-42.

吴荣军，张学雷，朱明远，等. 2009. 养殖海带的生长模型研究. 海洋通报，28(2): 34-40.

张定民，缪国荣，杨清明. 1982. 沿岸流与海带养殖关系的研究Ⅱ：流速对海带生长的影响. 山东海洋学院学报，12(3): 73-79.

张起信. 1994. 海带生长与光照的关系. 中国海水，(6): 34-35.

邹亚未. 2014. 基于 GDAL 的 NetCDF 数据的信息提取及格式转换. 江西测绘，2014(2): 32-35.

Barr NG, Kloeppel A, Rees TAV, et al. 2008. Wave surge increases rates of growth and nutrient uptake in the green seaweed *Ulva pertusa* maintained at low bulk flow velocities. Aquatic Biology, 3(2): 179-186.

Bowie GL, Mills WB, Porcella DB, et al. 1985. Rates, Constants, and Kinetics Formulations in Surface Water Quality Modeling (2nd Edition). Athens: U.S. Environmental Protection Agency.

Caperon J, Meyer J. 1972. Nitrogen-limited growth of marine phytoplankton-Ⅰ. Changes in population characteristics with steady-state growth rate. Deep-Sea Research, 19(9): 601-618.

Duarte P, Meneses R, Hawkins AJS, et al. 2003. Mathematical modelling to assess the carrying capacity for multi-species culture within coastal waters. Ecological Modelling, 168(1-2): 109-143.

FAO. 2017. 基于生态系统方法的水产养殖区划、选址及区域管理. 罗马：FAO.

Ferreira JG, Ramos L. 1989. A model for the estimation of annual production rates of macrophyte algae. Aquatic Botany, 33(1-2): 53-70.

Froehlich HE, Gentry RR, Halpern BS. 2016. Synthesis and comparative analysis of physiological tolerance and life-history growth traits of marine aquaculture species. Aquaculture, 460: 75-82.

Gentry RR, Froehlich HE, Grimm D, et al. 2017. Mapping the global potential for marine aquaculture. Nature Ecology Evolution, 1(9): 1317-1324.

Harlin MM. 1978. Nitrate uptake by *Enteromorpha* spp. (Chlorophyceae): Application to aquaculture systems. Aquaculture, 15(4): 373-376.

Kitadai Y, Kadowaki S. 2003. The growth process and N, P uptake rates of *Laminaria japonica* cultured in coastal fish farms. Suisanzoshoku, 51(1): 15.

Leigh EG, Paine RT, Quinn JF, et al. 1987. Wave energy and intertidal productivity. PNAS of USA, 84(5): 1314-1318.

Lobban CS, Harrison PJ. 1996. Seaweed ecology and physiology. Cambridge: Cambridge University Press: 123-162.

Malczewski J. 2000. On the use of weighted linear combination method in GIS: Common and best practice approach. Transaction in GIS, 4: 5-22.

Martins I, Marques JC. 2002. A model for the growth of opportunistic macroalgae (*Enteromorpha* sp.) in tidal estuaries. Estuarine Coastal and Shelf Science, 55(2): 247-257.

Radiarta IN, Saitoh SI, Miyazono A. 2008. GIS-based multi-criteria evaluation models for identifying suitable sites for Japanese scallop (*Mizuhopecten yessoensis*) aquaculture in Funka Bay, southwestern Hokkaido, Japan. Aquaculture, 284(1-4): 127-135.

Steele JH. 1962. Environmental control of photosynthesis in the sea. Limnology and Oceanography, 7(2): 137-150.

Suzuki S, Furuya K, Kawai T, et al. 2008. Effect of seawater temperature on the productivity of

Laminaria japonica in the Uwa Sea, southern Japan. Journal of Applied Phycology, 20(5): 833-844.

Wheeler WN. 1980. Effect of boundary layer transport on the fixation of carbon by the giant kelp *Macrocystis pyrifera*. Marine Biology, 56(2): 103-110.

Xuan JL, Yang ZQ, Huang DJ, et al. 2016. Tidal residual current and its role in the mean flow on the Changjiang Bank. Journal of Marine Systems, 154: 66-81.

第六章

海水养殖空间规划决策支持工具[①]

① 本章主要作者：尚伟涛、于良巨、姜晓鹏、刘慧

为了满足人类对水产品的需求，我们需要在不断拓展海水养殖新空间的同时，保证现有海水养殖产业的可持续发展。因此，为海水养殖的空间管理提供技术支持，就显得十分必要。本书第一章介绍了国外海水养殖空间规划管理方面的一些工作，尤其是有关养殖空间规划的技术与工具等，对我国后续工作的开展，具有一定的借鉴意义。从本书第二到第五章的讨论中我们了解到：目前国内已经发展了生长模型、容量估算、环境影响评估和基于地理信息的规划技术，这些工作为海水养殖空间规划管理提供了重要基础。本章将系统介绍一个国内自主研发的水产养殖空间规划决策支持系统（aquaculture planning decision support system，APDSS），它囊括了国内已有的相关技术，也基本上具备了养殖场选址、适宜性评价和养殖容量估算等功能。随着这项技术的不断改进和推广应用，有望对我国海水养殖管理和决策提供重要支持。

考虑到前期研究积累，尤其是环境调查数据的可获得性受限，我们仍以桑沟湾为目标水域构建了 APDSS。本系统采用 C/S（Client/Server）+B/S（Browser/Server）混合模式进行开发，充分发挥两种模式的优势，可通过计算机的交互式功能即时显示用户选择的空间参数的评估结果。已建立的系统包括桌面端系统和网络端系统两部分：桌面端系统实现数据的处理、更新及模型参数的调试，网络端系统实现数据的查询、浏览和模型结果的展示。这一工具的主要优势在于，它能以公开透明的方式管理和显示不同来源的空间数据，具有运用和显示一系列软件内置指标的能力，并且可以通过模型工具、服务和数据存储库的维护和拓展，具备长期发展和不断升级的潜力。

ADPSS 系统采用数据服务层、逻辑应用层、用户视图层三层结构进行搭建。用户视图层是系统与用户的交互层，负责接收用户指令并将系统运行的结果展示给用户；逻辑应用层是系统的中间连接层，连接用户视图层和数据服务层；数据服务层是系统的基础，为系统提供基础数据支持，在逻辑应用层接收到用户层的需求指令后，向数据服务层调用数据，最后将结果返回给用户视图层（图 6.1）。桌面端系统通过建立海水养殖专题数据库，为海水养殖模型提供数据服务，同时网络端系统通过调用海水养殖专题数据库及海水养殖模型的运算结果，为用户提供数据的查询、浏览和模型成果的展示，辅助用户完成海水养殖空间规划决策任务。

海水养殖空间规划决策是一项复杂的工作，需要多源数据的支持，包括基础地理数据、航次调查数据、遥感数据、无人机数据及水动力模拟数据等。通过建立专题数据库，将不同格式、不同时间尺度的数据进行统一管理，借助 ArcSDE 技术，为用户提供空间和非空间数据库的高效率操作服务。

系统通过集成环境数据展示功能、养殖分区与适宜性评价功能、个体生长预测模型、养殖容量估算模型、养殖经济效益核算模型，从生态系统管理的角度对养殖活动进行客观评价，并全面展示相关数据和信息，为海水养殖空间规划决策提供理论和数据支撑。

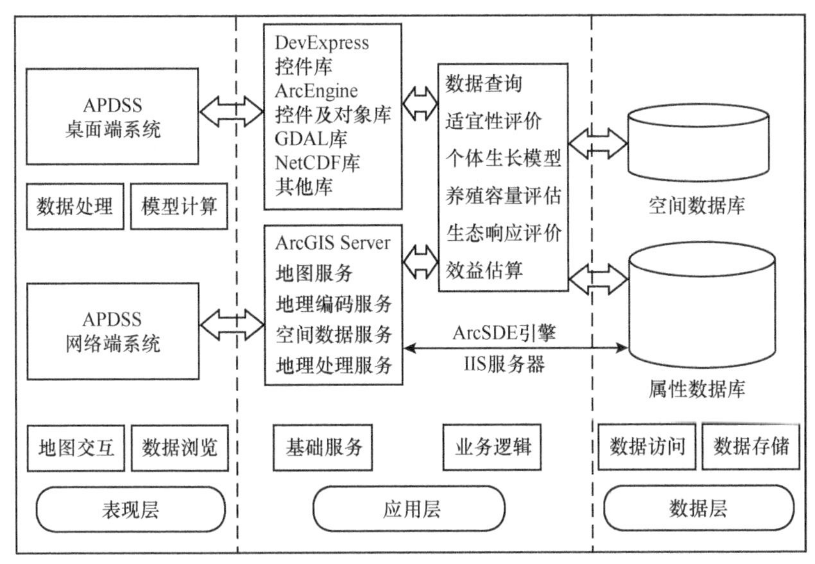

图 6.1　APDSS 总体设计框架

第一节　桌面端决策支持系统

桌面端系统采用 C/S（Client/Server）架构进行开发，使用 C# 语言和 ArcGIS Engine 组件进行程序编写。桌面端系统可实现数据的处理、更新及模型参数的调校。主要功能包括用户登录、地图工具、数据管理、空间规划、养殖管理和帮助这 6 项功能（图 6.2）。

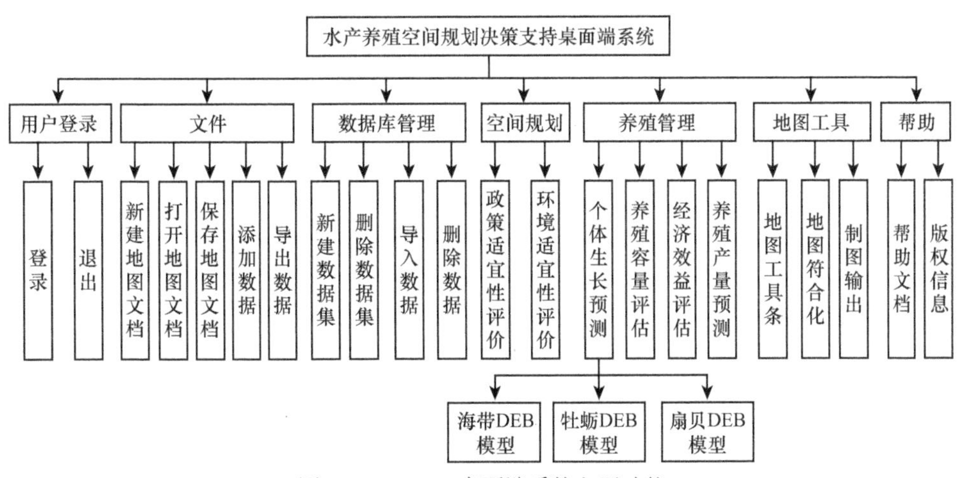

图 6.2　APDSS 桌面端系统主要功能

一、用户登录

根据不同的权限和使用方式，将 APDSS 用户分为三类：

普通用户：普通用户只能浏览系统中发布的数据，不能使用决策支持模块。

专家：专家可以访问系统中所有的数据，也可以使用各种决策支持模块并导出评价结果。

管理员：管理员可以修改并上传数据，备份数据库，还原数据库，系统维护。

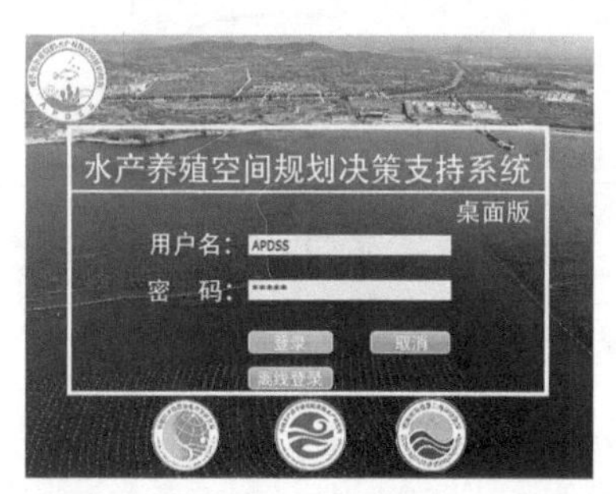

图 6.3　用户登录

系统对用户登录提供在线登录和离线登录（图 6.3）两种登录方式，在线登录方式需要输入用户名和密码，离线登录方式可以直接点击“离线登录”按钮登录系统，点击后可直接进入系统主界面（图 6.4）。用户在线登录和离线登录的区别是：在线登录方式可以从服务器加载专题数据库，离线登录方式由于权限的限制不能从服务器加载专题数据库，只能使用系统的部分功能。

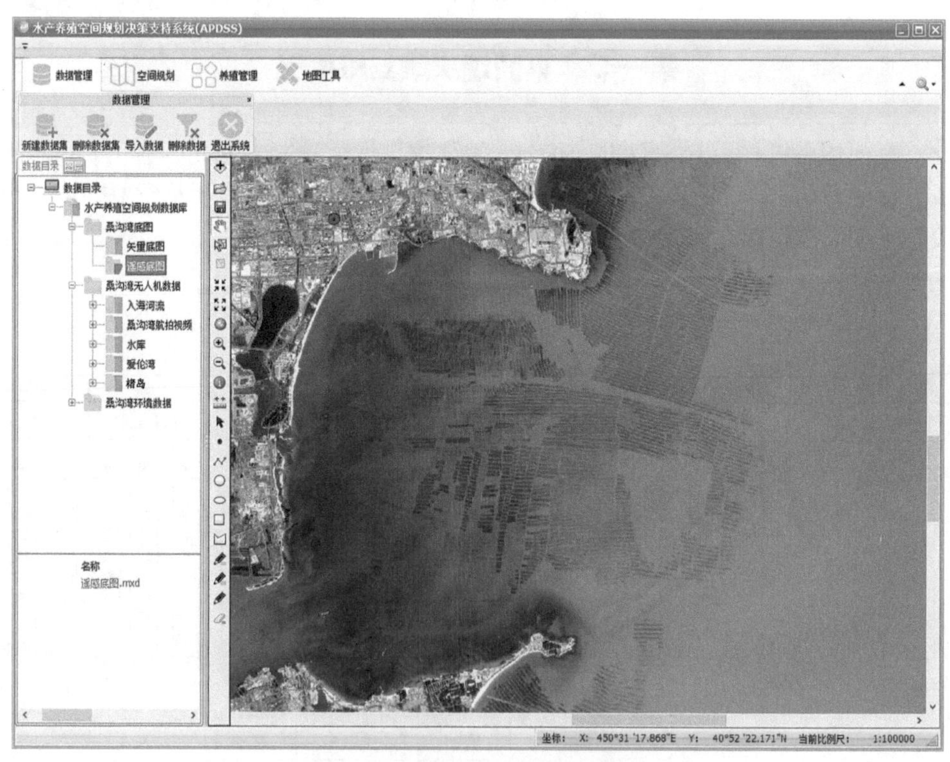

图 6.4　APDSS 桌面端系统主界面

1. 在线登录

用户在联网的情况下，可以使用在线登录方式，登录成功后可以把专题数据库加载到系统中。

双击 APDSS 桌面端系统快捷方式启动系统，首先弹出登录窗口，填写用户名和密码后点击“登录”按钮，如果用户名和密码输入正确，直接进入系统，如果用户名或密码输入错误，则弹出对话框提醒用户重新输入用户名和密码。

2. 离线登录

点击“离线登录”链接，进入系统主界面，系统不会加载专题数据库，只有“在线登录”方式登录成功后才能加载专题数据库。

二、地图工具

地图工具菜单的主要功能包括地图文档操作和数据操作，具体包括新建地图文档、打开地图文档、保存地图文档、添加数据、导出数据和退出系统等功能（图 6.5）。常用数据处理包括 ExcelToSHP、空间插值、读取服务数据和发布数据 4 个功能。

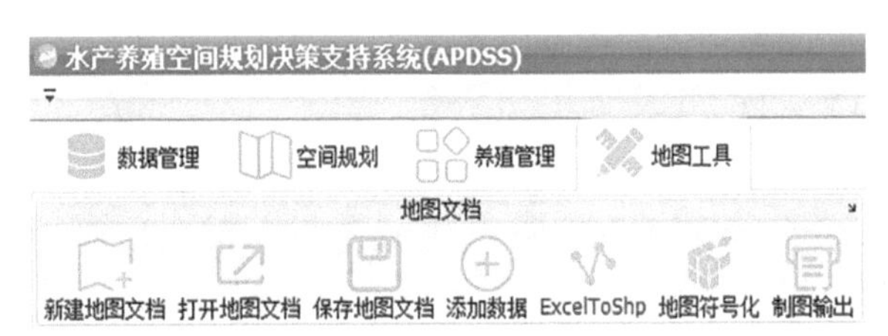

图 6.5　地图工具菜单

地图文档是 GIS 软件中用来保存矢量数据、栅格数据及图形设置的文件，类似于其他软件中的工程文件，可以对地图文档进行新建、打开和保存操作，GIS 软件中地图文档的后缀名是 *.mxd。

1. 新建地图文档

点击“新建地图文档”按钮可以新建一个空白的地图文档，然后添加新的数据，保存为新的地图文档。

2. 打开地图文档

点击“打开地图文档”按钮，系统弹出一个打开地图文档的对话框（图 6.6），选择需要被打开的地图文档，然后点击“打开”按钮，在系统中就打开了被选择的地图文档。

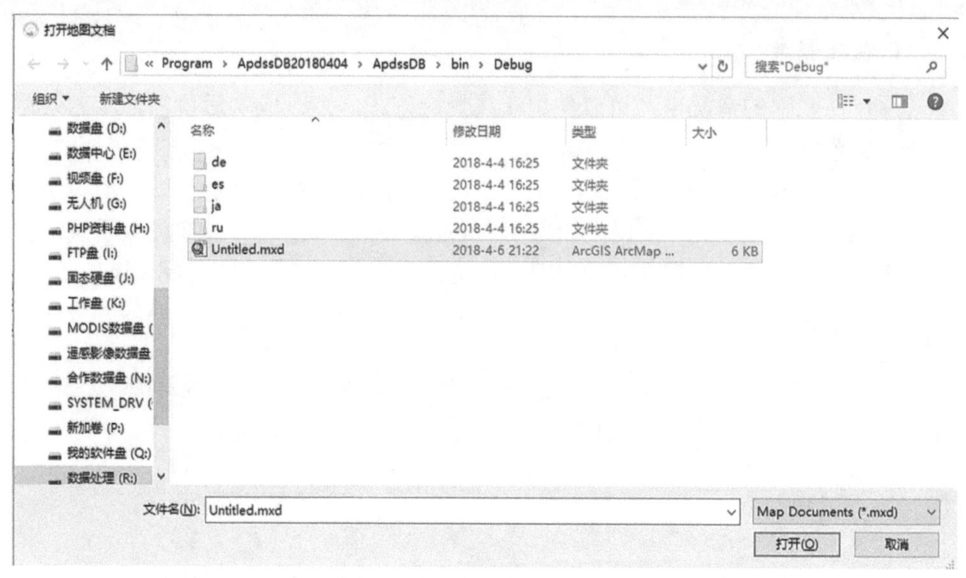

图 6.6　打开地图文档对话框

3. 保存地图文档

在系统中添加数据以后，点击“保存地图文档”按钮，系统弹出一个选择保存路径的对话框，选择合适的保存路径并输入文件名，然后点击“保存”按钮，地图文档保存成功（图 6.7）。

图 6.7　保存地图对话框

4. 添加数据

添加数据按钮可以把数据库中的数据或本地硬盘上的数据添加到系统中，系统支持的数据格式包括 Shapefile、Geodatabase、RasterCoverage、CAD 等。点击左侧的按钮选择需要添加的数据类型，右侧列表显示当前路径下可选择的文件，点击“Look in”下拉列表可导航到其他文件路径。选择文件后点击“Open”按钮，文件就添加到图层控制器中，同时在地图控件中显示（图 6.8）。

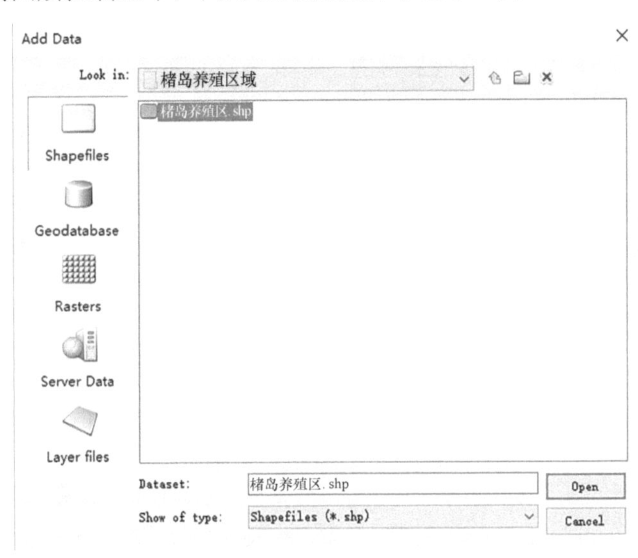

图 6.8　添加数据对话框

5. 导出数据

导出数据功能主要是把数据库中已经入库的数据导出并保存到本地文件夹。

6. ExcelToSHP

ExcelToSHP 工具可以把 Excel 格式的采样站位数据按照经纬度信息转换成带有地理坐标的矢量数据（Shapefile 格式数据）。Shapefile 格式数据（数据后缀为 *.shp）是 ArcGIS 平台通用的矢量数据格式，可以方便地进行空间分析和插值运算。

点击“ExcelToSHP”按钮打开 ExcelToSHP 工具对话框（图 6.9），点击“选择 Excel 文件”按钮弹出选择 Excel 文件对话框，选择需要转换的 Excel 文件，点击“确认”按钮，Excel 文件数据按照工作表（Sheet）的形式读入系统[一个 Excel 文件对应多个工作表（Sheet1$、Sheet2$、Sheet3$……）]，在工作表下拉列表中选择需要被转换的工作表（如 Sheet1$），点击“打开”按钮，工作表中的数据就可以在系统中被打开进行浏览。

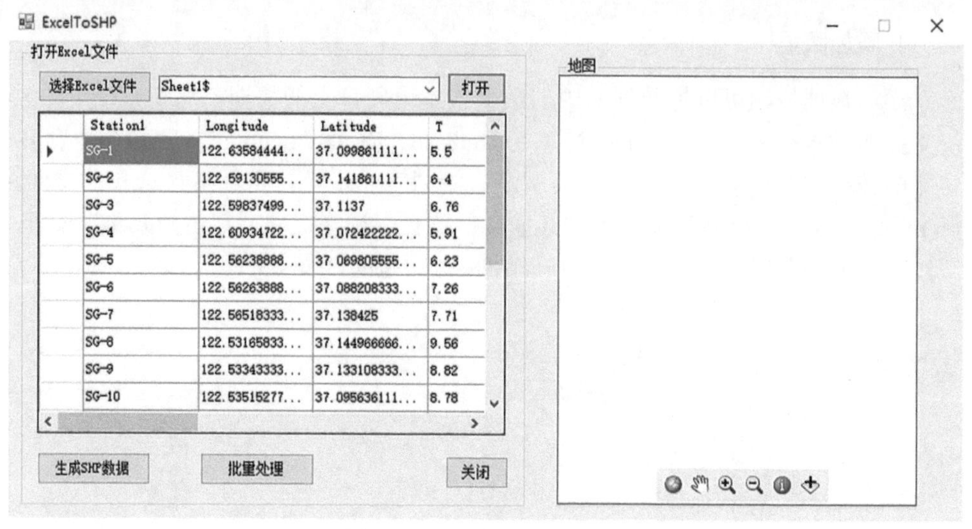

Station1	Longitude	Latitude	T
SG-1	122.63584444...	37.099861111...	5.5
SG-2	122.59130555...	37.141861111...	6.4
SG-3	122.59837499...	37.1137	6.76
SG-4	122.60934722...	37.072422222...	5.91
SG-5	122.56238888...	37.069805555...	6.23
SG-6	122.56263888...	37.088208333...	7.26
SG-7	122.56518333...	37.138425	7.71
SG-8	122.53165833...	37.144966666...	9.56
SG-9	122.53343333...	37.133108333...	8.82
SG-10	122.53515277...	37.095636111...	8.78

图 6.9　ExcelToSHP 对话框

点击“生成 SHP 数据”按钮，弹出生成 SHP 数据对话框（图 6.10）。点击保存路径后面的“选择”按钮，选择 SHP 数据的保存路径和文件名；点击“数据类型”下拉列表，选择数据的保存类型（Point、Polyline、Polygon）；点击“经度”下拉列表，选择 Longitude 字段；点击“纬度”下拉列表，选择 Latitude 字段。左边属性表中列出了数据的所有字段，右边属性表是需要被关联到 Shapefile 属性表中的字段。双击左边属性表某一字段（或单击左边属性表某一字段后点击“增加”按钮），就可以把左边属性表中的字段添加到右边属性表，同时左边属性表对应的字段将被删除。同样的，双击右边属性表某一字段（或单击右边属性表某一字段后点击“删除”按钮），就可以把右边属性表中的字段添加到左边属性表，同时右边属性表对应的字段将被删除。点击“增加所有”按钮可以把左边属性表中的所有字段全部添加到右边属性表；而点击“删除所有”按钮可以把右边属性表中的所有字段全部添加到左边属性表。点击“确定”按钮，系统就可以把 Excel 格式数据转换成 Shapefile

图 6.10　生成 SHP 数据对话框

格式数据，转换完成后会弹出对话框提示程序运行时间（图 6.11），同时数据会被加载到地图控件中进行显示。使用地图控件下方的地图工具按钮可以对数据进行缩放和属性信息查看等操作，点击“关闭”按钮关闭当前对话框。

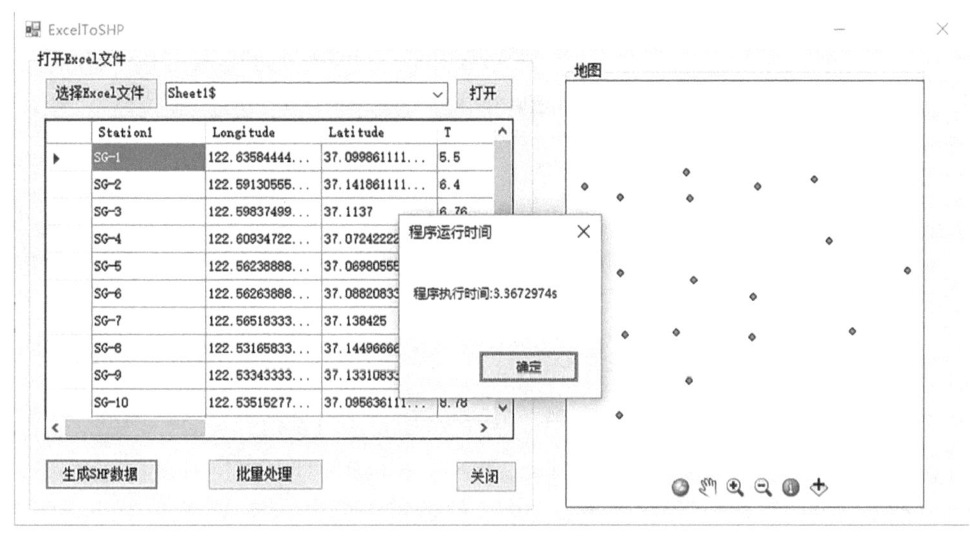

图 6.11　程序执行成功后提示界面

同时，ExcelToSHP 工具还提供了批量处理功能（图 6.12）。单击“批量处理”按钮，弹出批量处理对话框。点击“选择文件夹”按钮，选择需要批量处理的 Excel 格式数据的文件夹路径（提示：把需要批量处理的 Excel 格式数据存放

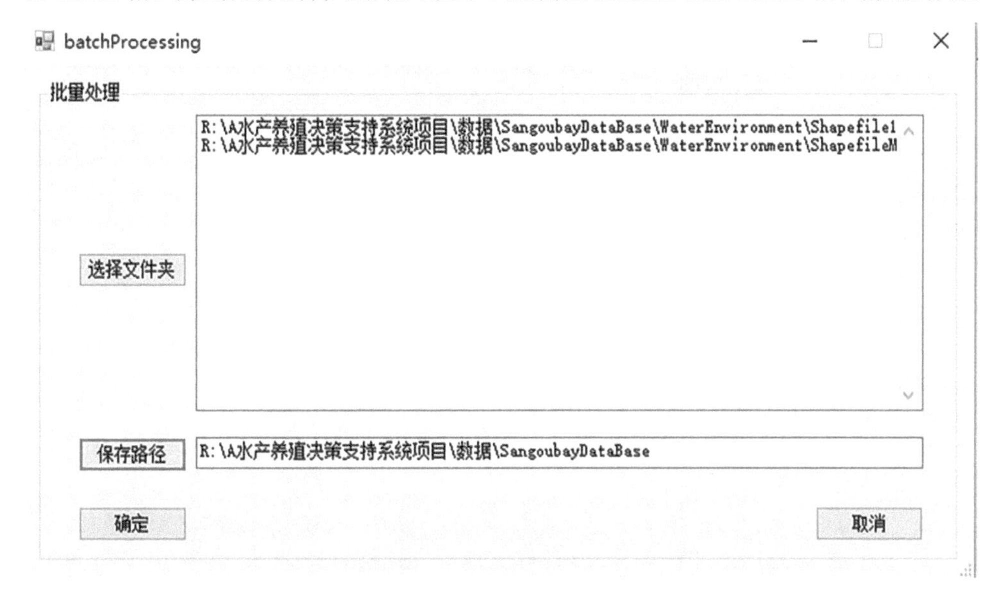

图 6.12　批量处理程序界面

到同一文件夹下）；点击“保存路径”按钮选择 Shapefile 文件的保存路径；点击“确定”按钮执行批量处理过程。

提示：

1）批量处理过程中，Excel 数据的所有字段都将被关联到 Shapefile 数据中。

2）程序执行过程中，默认读取 Longitude 字段和 Latitude 字段，请确保 Excel 数据的 Longitude 字段和 Latitude 字段的名称的一致性，如果名称不一致，部分数据将转换失败。

7. 空间插值

空间插值工具常用于将离散点的测量数据转换为连续的数据曲面，以便与其他空间现象的分布模式进行比较，它包括了空间内插和外推两种算法。空间内插算法：通过已知点的数据推求同一区域未知点数据。空间外推算法：通过已知区域的数据，推求其他区域数据。

点击“空间插值”按钮弹出空间插值对话框（图 6.13），在对话框中点击“选择文件”按钮，选择待插值的 Shapefile 数据（该工具只支持对点状 Shapefile 格式的数据进行插值，如果是 Excel 格式的数据需要先转换成 Shapefile 格式的数据再进行插值），点击“选择插值方法”下拉列表选择插值方法（距离加权倒数空间插值法、克里格空间插值法、样条函数空间插值法）、点击“选择插值字段”

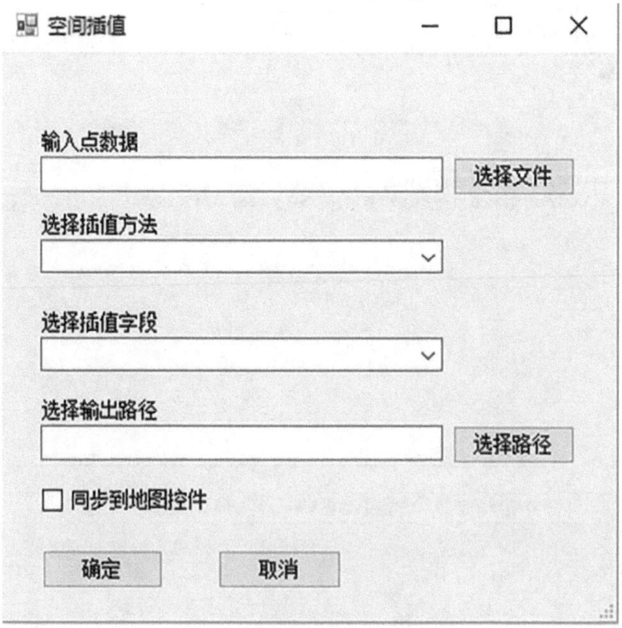

图 6.13　空间插值对话框

下拉列表，选择用来进行插值运算的属性表字段（如温度、盐度等字段），点击“选择路径”按钮，选择生成的插值数据的保存路径。勾选“同步到地图控件”选择框，则程序生成的插值数据会同步加载到地图控件中进行显示（如果不勾选，插值生成的数据只保存在文件夹中，需要手动加载到地图控件中进行显示），点击“确定”按钮运行插值方法，点击“取消”按钮关闭对话框。

8. 地图符号化

在制作专题地图时，首先需要把地图要素进行符号化，给每一个不同的要素设置不同的符号和颜色，然后添加其他地图要素（图名、比例尺、图例、指北针等），最后设置地图的输出尺寸和显示分辨率并导出（可以保存成 JPG/PNG/TIFF 等图片格式）。

点击“地图符号化”按钮，弹出地图符号化对话框（图 6.14），点击“请选择图层”下拉列表选择需要设置符号的图层，点击“请选择渲染方式”下拉列表，选择图层的渲染方式（简单渲染、单一值渲染、分级渲染）。

图 6.14　地图符号化对话框

点击“选择符号”按钮，弹出“选择样式符号”对话框（图 6.15），在对话框左侧的列表中选择合适的符号方案，点击“确定”按钮返回到“地图符号化”对话框，点击“地图符号化”对话框中的“确定”按钮，被选择的图层数据就可以完成符号化设置（图 6.16）。

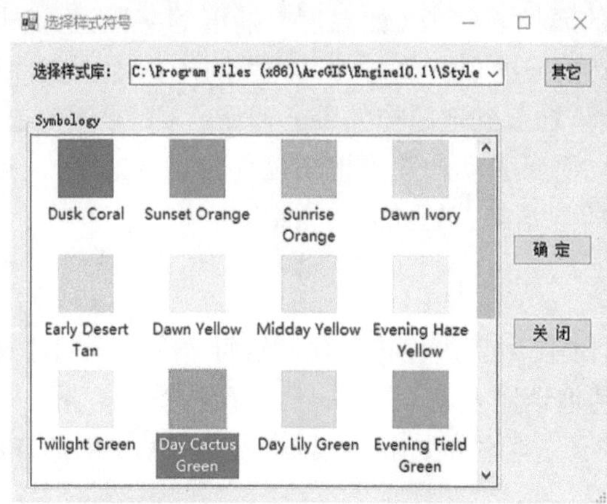

图 6.15　选择样式符号对话框

图 6.16　符号化后的图层数据

9. 制图输出

点击“制图输出”按钮，弹出地图制图输出对话框（图 6.17），在“图名”文本框中输入专题图的图名，然后点击“添加”按钮，就可以把图名添加到右侧专题图上。选择文字比例尺 / 图形比例尺，点击“添加”按钮，添加比例尺。点击

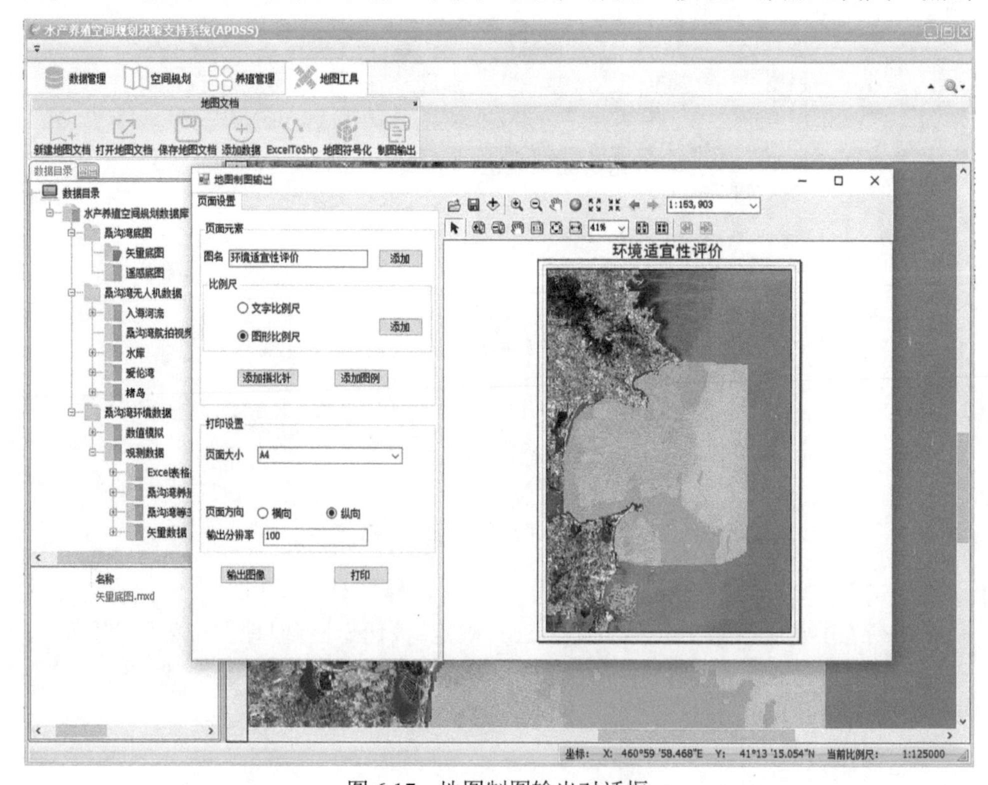

图 6.17　地图制图输出对话框

“添加指北针”按钮添加指北针，点击“添加图例”按钮添加图例，选择“页面大小”下拉列表选择地图尺寸（A4/A3），点击“横向 / 纵向”单选按钮选择页面的方向。在“输出分辨率”文本框中输入专题图输出时的分辨率，通过专题图上方的快捷按钮可以放大或缩小专题图。点击“输出图像”按钮，弹出专题图保存路径选择对话框（图 6.18），设置好路径后，单击“保存”按钮，完成专题图输出。点击“打印”直接通过打印机打印专题图。

图 6.18　专题图保存路径选择对话框

三、数据管理

水产养殖空间规划决策支持系统的数据管理菜单包括新建数据集、删除数据集、导入数据、删除数据等功能（图 6.19）。系统中包括矢量基础地理信息、遥感数据、水动力模拟数据及观测数据、海上大面调查的生物数据等不同格式数据。数据是按照类别进行管理的，相同类别的数据需要保存在同一类别的数据集下面，数据入库之前先新建数据集，然后才能导入数据（说明：为了数据的安全考虑，只有管理员对数据有读取和写入的操作权限）。

图 6.19　数据管理菜单栏

1. 新建数据集

对于将要新建的点或面矢量数据集或者栅格数据集，点击“新建数据集”按钮，弹出“新建数据集”对话框（图 6.20），在“数据集名称”文本框中输入新建数据集的名称，在“数据集所在数据库的名称”下拉列表中选择保存数据集的目标数据库，在“数据集类型”选择框中选择数据集的数据类型（如果数据类型是矢量数据，请选择要素数据集；如果数据类型是栅格数据，请选择栅格数据集），点击“坐标系统”右侧的“更改”按钮选择数据集对应的坐标系统（默认坐标系统是：WGS_84_UTM_zone_51N），点击“确认”按钮完成新建数据集，点击“取消”按钮，关闭对话框。

2. 删除数据集

点击“请选择数据库”下拉列表，选择对应的数据库，然后点击“请选择要删除的数据集”下拉列表选择要被删除的数据集，点击“确认”按钮删除对应的数据集，点击“取消”按钮关闭对话框（图 6.21）。

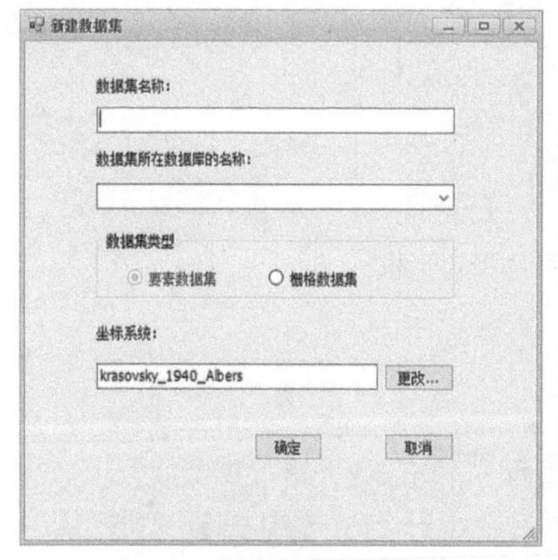

图 6.20 新建数据集对话框

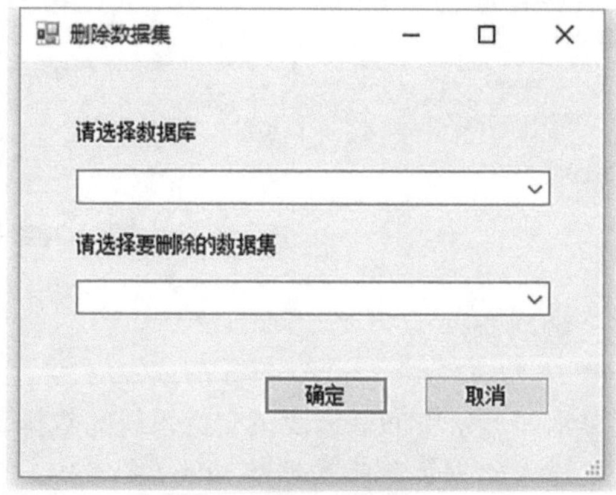

图 6.21 删除数据集对话框

3. 导入数据

针对上述生成的采样站位 shp 矢量数据和插值后的栅格数据，在“请输入数据名称”对话框（图 6.22）中输入数据名称，点击“所属数据库”下拉列表选择对应的数据库，点击“数据集”下拉列表选择对应的数据集，点击“选择文件”按钮弹出对话框选择本地需要导入数据库的数据，然后点击“确定”按钮完成数据入库，点击“取消”按钮关闭对话框。

4. 删除数据

点击“请选择数据库”下拉列表（图 6.23），选择要被删除的数据所在的数据库，点击“请选择数据集”下拉列表选择要被删除的数据所在数据集，点击“请选择要删除的数据”下拉列表选择要被删除的数据，然后点击“确定”按钮完成删除数据，点击“取消”按钮关闭对话框。

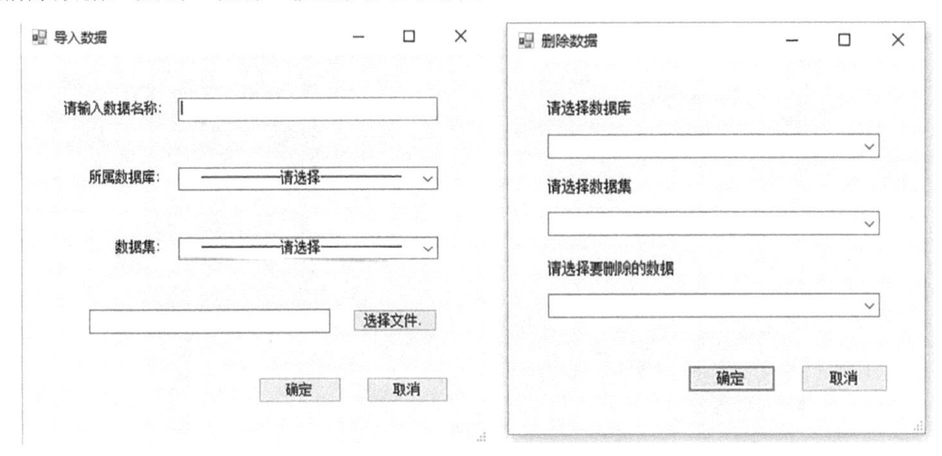

图 6.22　导入数据对话框　　　　图 6.23　删除数据对话框

5. 水动力数据查询

点击“水动力数据查询”按钮，弹出参数输入界面，用户可根据需求，任意提取指定的变量信息（图 6.24），在对话框中选择待栅格化的变量和时点作为查询条件。图 6.24 左上角为变量和查询时点的输入界面，在对话框参数列表中选

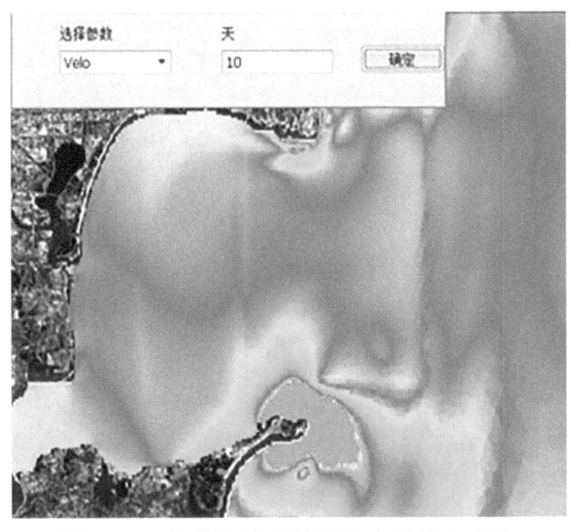

图 6.24　养殖海域环境因子空间分布查询

择变量”Velo”（Velo 表示海表平均流速）和时间参数第 10 天，点击“确定”按钮后生成海表平均流速栅格，在桌面端系统图层目录中直接加载生成的海表平均流速栅格化图层；在图 6.25 中，右键菜单选择要查询的变量后，左键点击遥感影像中海域任一位置，弹出该位置的时间序列信息（图 6.25）。

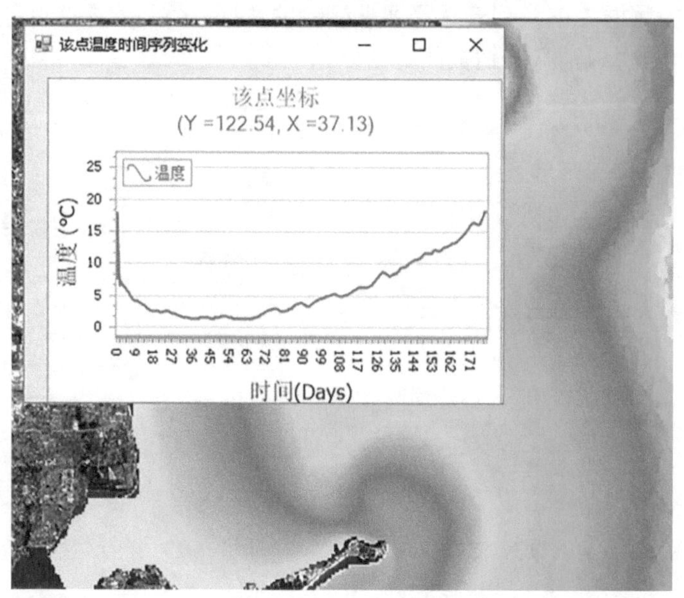

图 6.25　查询养殖海域某一位置的环境参数随时间变化情况

6. 读取服务数据

读取服务数据工具可以获取 ArcGIS for Server 发布的共享数据和地图，把数据从远程 Server 数据库中读取到本地计算机中进行显示和制图。

点击“读取服务数据”按钮，弹出服务配置对话框（图 6.26），在 Server 文本框中填入数据服务网址，在 User name 文本框中输入用户名，在 Password 文本框中输入密码，点击“Test”按钮可以测试连接是否成功，点击“OK”按钮就可以加载发布在 Server 数据库中的数据，点击“Cancel”按钮关闭对话框。

7. 发布数据

发布数据功能可以把专题地图通过 ArcGIS Server 模块发布到网络端，为网络端数据显示和模型运算提供数据源。ArcGIS Server 模块是桌面端和网络端的连接纽带，为桌面端和网络端提供了数据共享的通道。

点击“发布数据”按钮，弹出发布数据对话框（图 6.27），在“服务地址”下拉列表中选择 Server 数据库的网络地址，在“服务名称”文本框中输入发布的

图 6.26　读取服务数据对话框　　　　图 6.27　发布数据对话框

数据名称（如 DEB），在“选择目录”下拉列表中选择文件目录（默认为 root 根目录），然后点击“发布”按钮完成数据发布，点击“取消”按钮则关闭对话框。

四、空间规划

空间规划菜单栏包括政策适宜性评估、环境适宜性评价等功能，其中环境适宜性评价是根据海带生长所要求的适宜环境参数标准框架，进行了海带的养殖适宜性评价（见本书第五章第三节），评价结果可以直接在系统中呈现。图 6.28 所示菜单栏包括政策适宜性评价和环境适宜性评价两部分，其中，政策适宜性评价包括海洋功能区划、养殖分区和政策适宜性评价；环境适宜性评价包括根据每年 4 个季节大面调查环境数据进行的分季节适宜性评价，以及综合考虑四个季节的适宜性的总的评价结果。

图 6.28　空间规划菜单栏

1. 政策适宜性评价

亦即合规性评价。点击菜单栏中“政策适宜性”按钮菜单，加载政策适宜性评价结果，如图 6.29 所示。根据威海市政府海域使用规划，以 ArcGIS 为技术支持，将桑沟湾及其周边海域划分为 19 个区块，即分为农渔业区、港口航运区、旅游休闲娱乐区、工业与城镇用海区、海洋保护区、特殊利用区、保留区 7 类功能区，将7类功能区按照其与渔业用海是否兼容进行重分类，并在此基础上将桑沟湾海域划分为可养殖区、限养区、禁养区3类水产养殖用海分区。

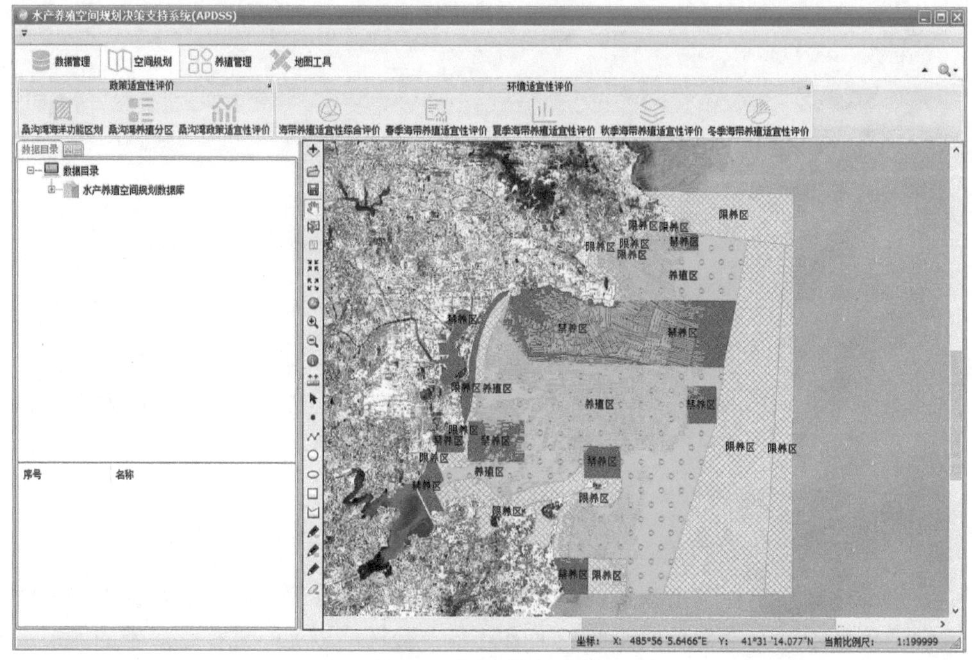

图6.29　政策适宜性评价

2. 环境适宜性评价

点击“环境适宜性评价”中四个季节和综合评价按钮，加载环境适宜评价结果，如图6.30所示。在APDSS中，以桑沟湾及周围海域主要的养殖品种海带作为评价对象，选取光照、温度、流速、无机氮、盐度、深度作为适宜性评价指标，通过野外调查和数据模拟获取养殖海区环境参数数据；根据动态能量学模型敏感性分析结果，并结合层次分析法计算评价指标权重，再将海带生长相关环境因子的强制函数拟合得到单因子评分曲线进行评分。最后，采用线性加权叠加分析方法得到海带养殖适宜性评价结果。在桑沟湾水域有适宜、中等适宜和不适宜海带养殖的区域，分别以绿色、黄色和粉色显示。环境适宜性评价可为确定最适合开展养殖活动的水域提供帮助。

五、养殖管理

养殖管理主要是为海水养殖企业提供参考，尤其是针对养殖品种的选择、养殖密度的设置和养殖收益进行预判，从而帮助企业做出最佳选择。菜单集成了扇贝个体生长预测、牡蛎个体生长预测、海带个体生长预测、牡蛎和海带养殖容量

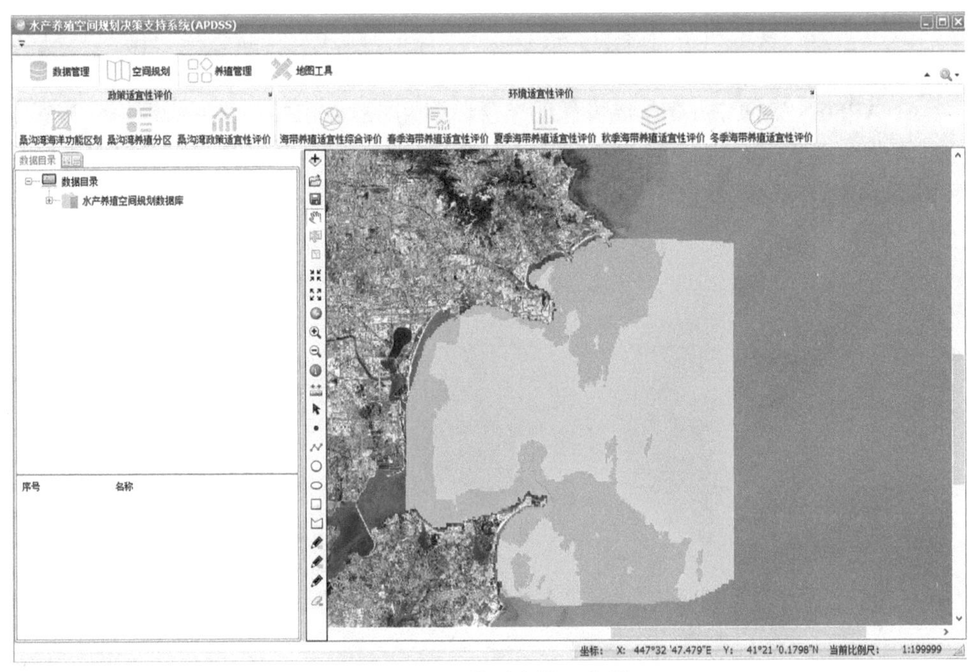

图 6.30　环境适宜性评价图

估算、成本效益测算等数值模型，通过调用数据管理模块存储的数据，完成模型的计算和结果展示（图 6.31）。

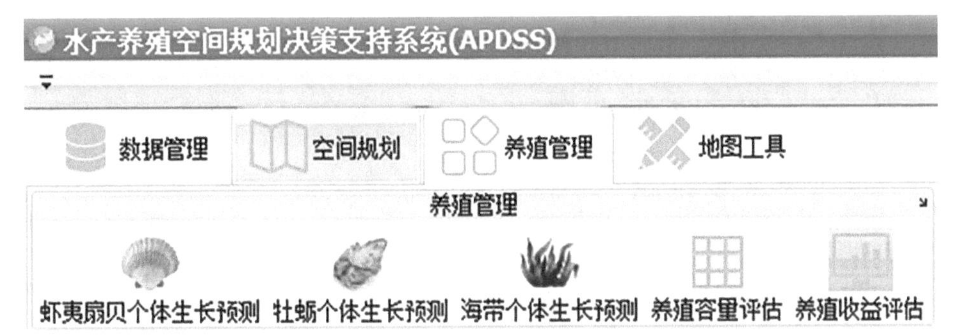

图 6.31　模型菜单栏

1. 海带个体生长预测

DEB（动态能量收支）模型通过生物摄入营养和体内的能量流动，描述了随着营养盐浓度和温度变化而导致的海带生长速率的变化，结果以海带叶片长度和干重表示。该模型允许模拟个体增长率和繁殖。能量获取以营养摄入并转化为能量储备，然后根据一般规则使用这些储备并将其分配给生长、维持和繁殖能量。生物按照固定的分配系数 κ 分配能量用于体细胞的维持和生长，而其余部分

(1–κ) 用于成熟度的维持、发育或繁殖。维持能量可以解释为维持身体和生殖组织的代谢成本。

在 APDSS 界面中，在“养殖管理”菜单下，用户点击“海带生长模型”按钮，弹出海带生长模型窗口（图 6.32），该窗口可以输入“海带苗长”“水温”“流速”等初始参数，点击“确定”按钮，自动从数据库读取模型数据，模型数据字段包括养殖日期、温度、盐度、叶绿素 a、POM、TPM、溶解氧、透明度、风速等。

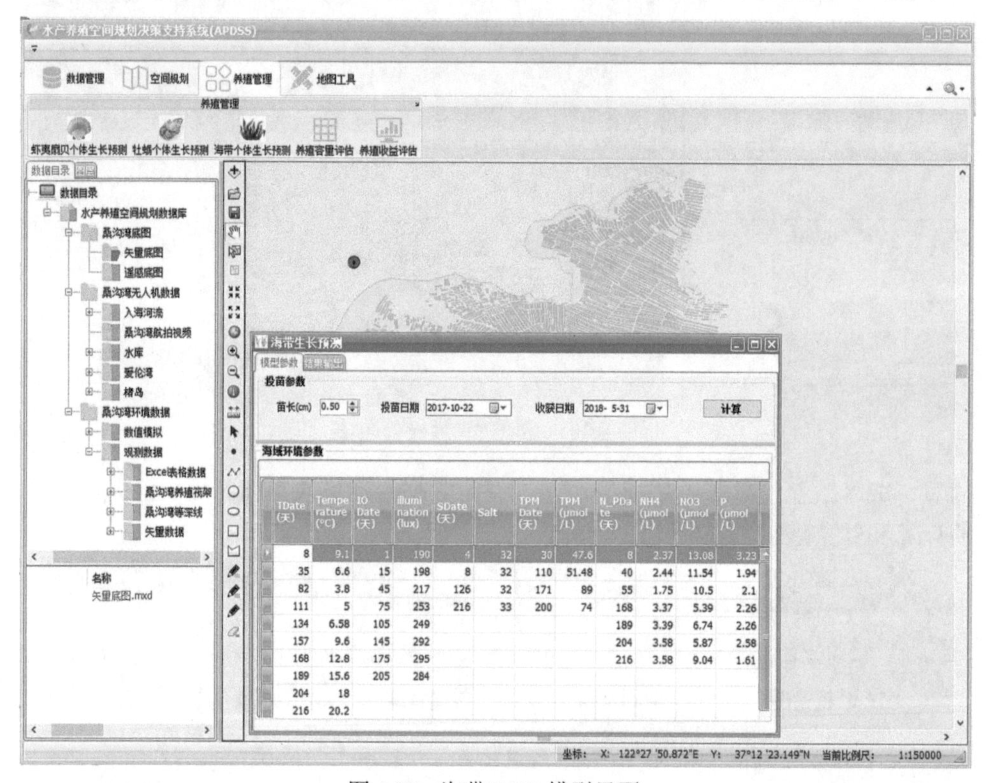

TDate (天)	Temperature (°C)	IO Date (天)	illumination (lux)	SDate (天)	Salt	TPM Date (天)	TPM (μmol/L)	N_PDate (天)	NH4 (μmol/L)	NO3 (μmol/L)	P (μmol/L)
8	9.1	1	190	4	32	30	47.6	8	2.37	13.08	3.23
35	6.6	15	198	8	32	110	51.48	40	2.44	11.54	1.94
82	3.8	45	217	126	32	171	89	55	1.75	10.5	2.1
111	5	75	253	216	33	200	74	168	3.37	5.39	2.26
134	6.58	105	249					189	3.39	6.74	2.26
157	9.6	145	292					204	3.58	5.87	2.58
168	12.8	175	295					216	3.58	9.04	1.61
189	15.6	205	284								
204	18										
216	20.2										

图 6.32　海带 DEB 模型界面

点击“计算”按钮，经个体生长模型计算后，得到从海带投苗到海带生长过程的结果曲线（图 6.33），窗口界面右侧显示海带在生长末期的最终长度、干重和养殖周期。该模块以曲线的形式逐日显示了海带的长度和重量增长（计算方法详见本书第二章第二节）。

该模块还具有对海带生长预测的功能。在模型参数界面的数据输入栏中，用户可以调整或重新输入海带苗初始重量，或改变投苗日期和收获日期，再点击“计算”输出模拟的曲线和运算结果，然后在结果输出界面观察海带的长度和重量变化。

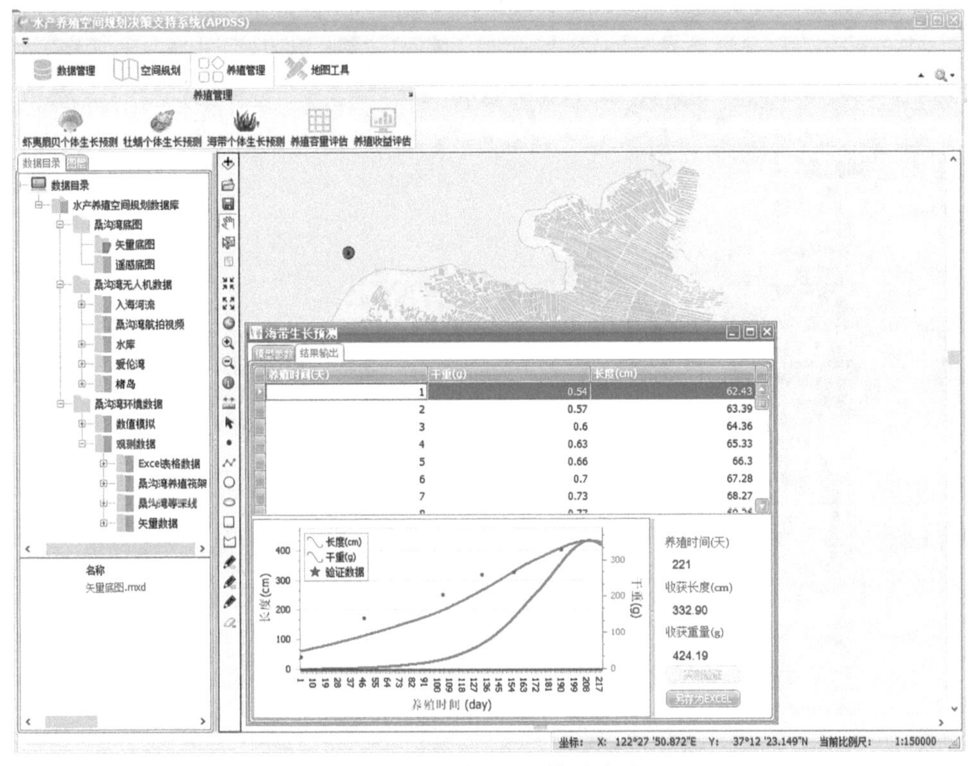

图 6.33　海带 DEB 模型结果

此外，用户还可以在海洋环境参数列表中输入各参数值，观察环境参数的变化对海带生长的影响。

模型运算结束后，切换到结果输出界面可以查看模型运算结果。模型运算结果以表格和曲线两种形式展示，表格中显示了 ID、养殖日期、干重和长度 4 个字段，同时模型曲线绘制了海带个体干重和叶片长度两条随养殖时间变化的曲线（图 6.33）。

2. 牡蛎个体生长预测

在 APDSS 界面中，在“养殖管理”菜单下，用户点击“牡蛎个体生长预测”按钮，弹出牡蛎生长模型窗口，该窗口可以输入“牡蛎苗长”“初始日期”“收获日期”等初始参数（图 6.34）。点击“确定”按钮，自动从数据库读取模型数据，模型数据字段包括养殖日期、温度、叶绿素 a（浓度）等。点击“计算”按钮，经牡蛎个体生长模型计算后，窗口切换至结果输出页面（图 6.35），得到牡蛎从投苗到收获的整个生长过程曲线，窗口界面右侧显示牡蛎在生长末期的最终长度、重量和生长期。

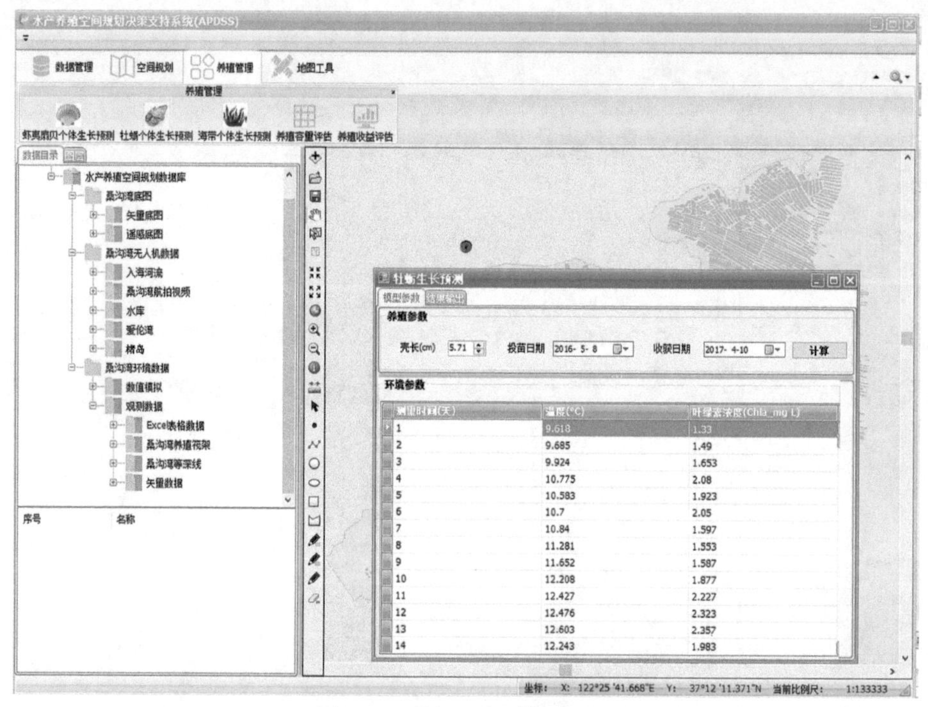

图 6.34　牡蛎 DEB 模型界面

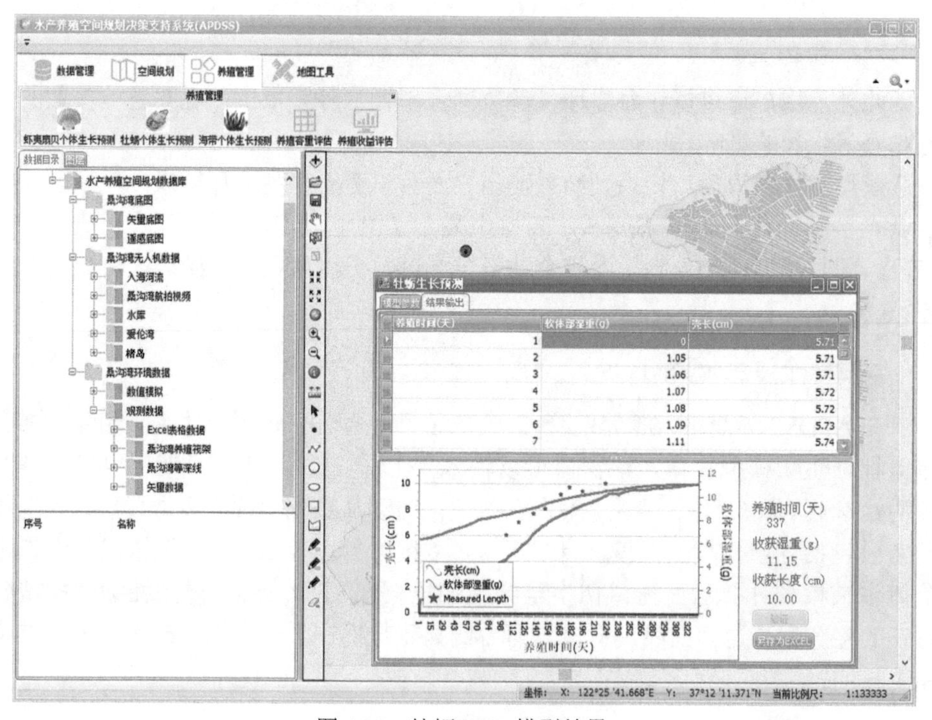

图 6.35　牡蛎 DEB 模型结果

用户也可以在“模型参数”界面调整牡蛎的初始重量，或改变投苗日期和收获日期，观察牡蛎生长的长度和重量变化。

3. 扇贝个体生长预测

点击“扇贝 DEB”按钮，弹出扇贝 DEB 模型操作界面（图 6.36）。点击“确定”按钮开始模型计算，自动从数据库读取模型数据。界面切换至模拟结果页面，模型数据字段包括 ID、养殖日期、温度、盐度、叶绿素 a（浓度）等。窗口界面右侧显示扇贝在生长末期的最终长度、重量和生长期。

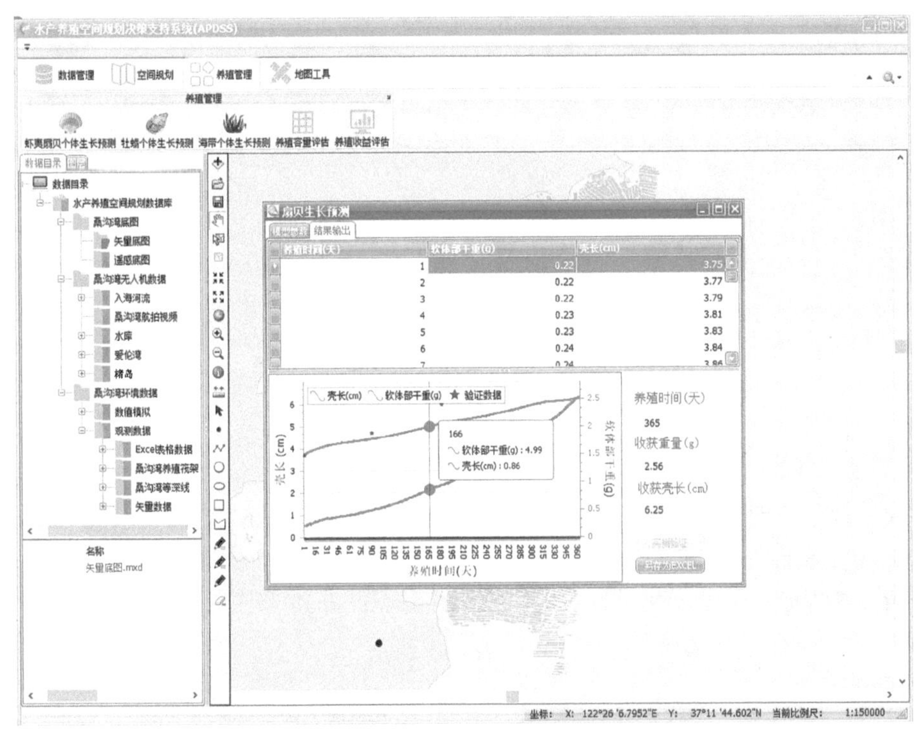

图 6.36　扇贝 DEB 模型界面

4. 养殖容量估算

基于水动力模型和 DEB 模型的综合评估结果，本模块可估算在现有生态条件下可以达到的最大养殖产量，即针对每一个养殖海区、某一种养殖生物（海带、贝类等）的养殖容量估算，评估内容包括适宜的养殖密度、预期达到的区块养殖总产量等。

该模型将桑沟湾分为 4 个区，如图 6.37 所示，在下拉菜单中选择每个分区内海带和贝类养殖密度，模拟海带和贝类混合养殖模式、不同养殖密度下的生物生长情况和养殖产量的变化。

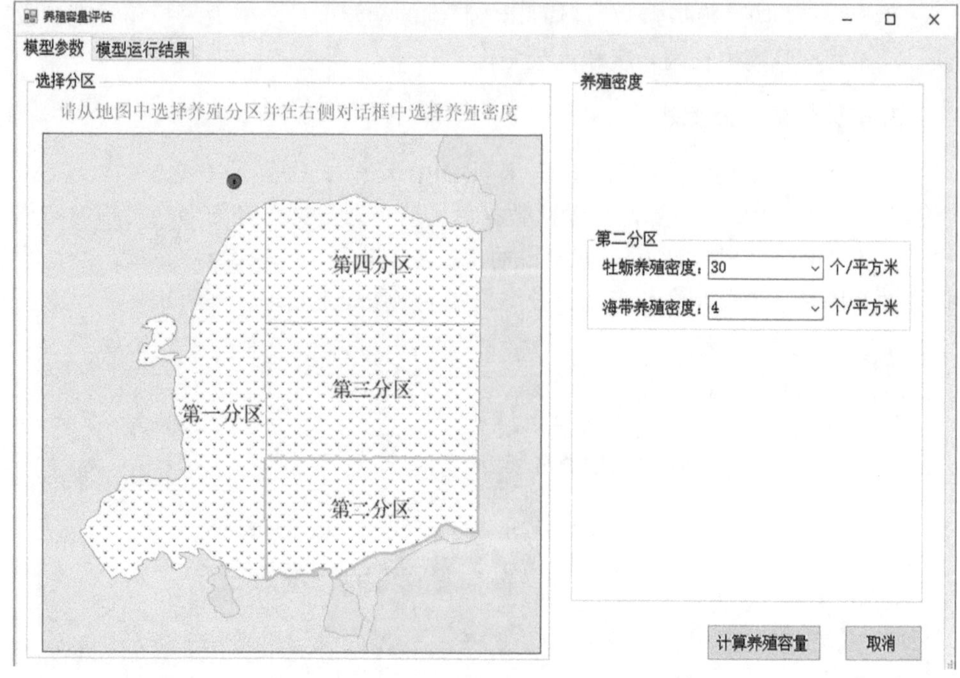

图 6.37　养殖容量分区养殖密度

点击养殖容量估算模型，该模型调用数据目录中的数据进行计算，计算结果以图形和 PDF 文档的形式进行展示，在提供评价结果图形的同时对图形中的每个区块进行了说明。该模块将对不同密度下养殖海带（4 棵 /m^2、5 棵 /m^2、6 棵 /m^2、7 棵 /m^2、8 棵 /m^2）和牡蛎（35 粒 /m^2、50 粒 /m^2、70 粒 /m^2、100 粒 /m^2）的生长情况和养殖产量的变化进行对比，模拟结果见图 6.38 和图 6.39。

六、帮助菜单

1. 帮助文档

点击窗口右侧查看按钮，选择“帮助文档”按钮，弹出帮助文档界面。通过帮助文档可以查看详细的系统功能介绍和操作说明（图 6.40）。

2. 版权信息

版权信息界面显示了该系统的版权信息及版本信息（图 6.41）。APDSS 由中国水产科学研究院黄海水产研究所牵头，与自然资源部第二海洋研究所、中国科学院烟台海岸带研究所三家单位共同协作完成，开发过程中由烟台海岸带研究所负责具体实施。系统目前版本号是 V1.0。

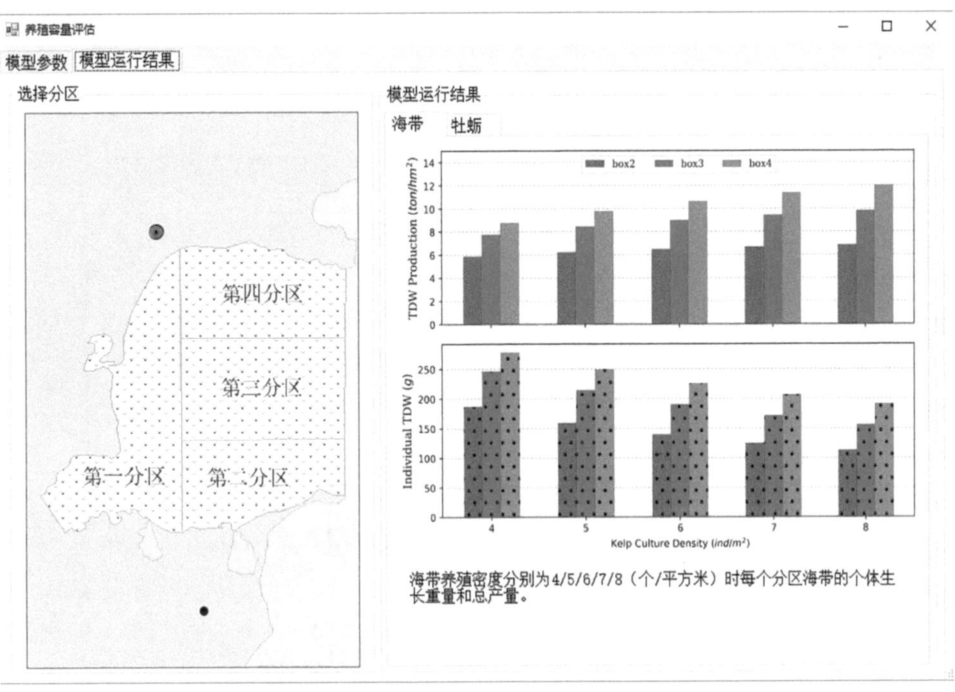

图 6.38　不同养殖密度下海带的总产量

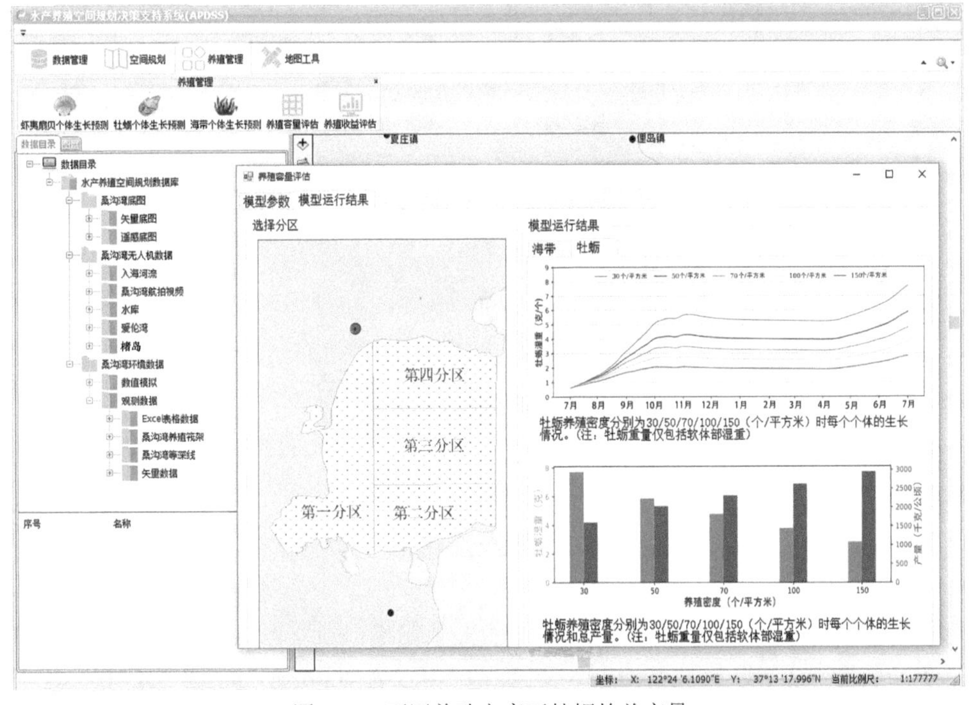

图 6.39　不同养殖密度下牡蛎的总产量

图 6.40　帮助菜单

图 6.41　APDSS 版权信息

第二节　网络端决策支持系统

网络端系统采用 B/S（Browser/Server）架构进行开发，以桑沟湾 1∶150 000 卫星遥感图和 ESRI 基础地图为背景图层，通过 ArcGIS Server 和 SQL Server 数据库发布和管理空间数据，采用 ESRI 的 ArcGIS API for JavaScript 地图插件进行地图功能开发，并且使用 ASP.NET MVC 框架实现系统的业务逻辑功能。系统将 GIS 技术和空间数据库建模技术引入海水养殖空间规划管理中，根据系统特点，建立属性数据库和空间数据库，设计并集成适宜性评价模型、个体生长模型、养殖容量估算模型等，依据模型计算得出养殖空间规划的合理方案，为实现基于生态系统的海水养殖空间规划提供决策支持。

网络端系统的主要任务是实现数据的查询、浏览和数据模型成果的展示。包括用户登录、数据目录、适宜性评价、养殖管理、空间规划、地图工具和帮助 7 个功能模块（图 6.42）。

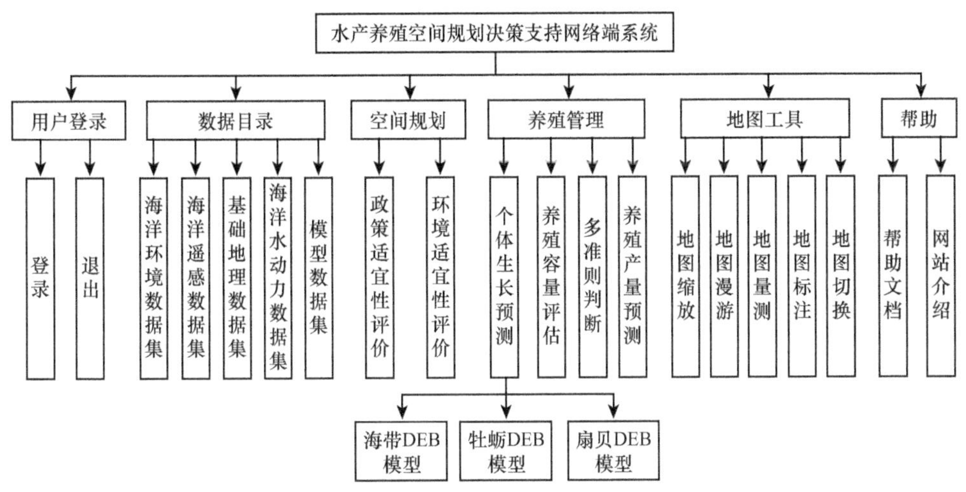

图 6.42　APDSS 网络端系统主要功能

一、用户登录

网络端 APDSS 与桌面端同样有三种类型的用户：普通用户、专家、管理员。

普通用户：普通用户只能浏览系统中发布的数据，不能使用决策支持模块。

专家：专家可以访问系统中所有的数据，也可以使用各种决策支持模块并导出评价结果。

管理员：管理员可以修改并上传数据，备份数据库，还原数据库，系统维护。

1. 登录

在浏览器中输入网址：http://www.apdss.cn/，进入网络端水产养殖空间规划决策支持系统（图 6.43），点击“登录”按钮，弹出登录界面（图 6.44），输入用户名和密码点击“登录”按钮，完成登录。

图 6.43　系统主界面

图 6.44　登录界面

2. 退出

系统登录以后，登录按钮切换为退出模式，点击“退出”按钮，系统退出用户登录状态。

二、数据目录

点击“数据目录”按钮，系统弹出图层控制器界面（图 6.45），图层控制器界面以树状目录的形式显示了海洋环境数据集、海洋遥感数据集、基础地理数据集、海洋水动力数据集、适宜性评价数据集等，每个数据集可以包括多个子数据目录。

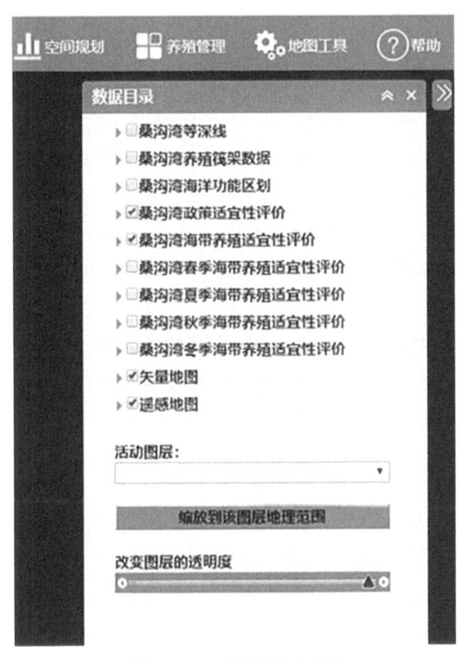

图 6.45 图层控制器

点击每个数据集前面的三角符号，可以展开当前数据集（图 6.46），再次点击三角符号可以收缩数据集。勾选每个数据前面的□符号，可以在地图中显示所勾选的数据，取消勾选，则数据隐藏。在活动图层下拉列表中选择一个数据集，

图 6.46 已勾选的图层在系统界面中显示

点击“放大到该图层地图范围”按钮，然后拖动滚动条就可以改变当前数据集的显示透明度。该功能可以进行多个图层的叠加和对比分析。

三、空间规划

空间规划为行政管理部门落实国家水域管理有关政策、制定养殖区规划、实现基于生态系统的水域空间管理提供支持。目前空间规划模块包括政策适宜性评价与环境适宜性评价两个部分。

用户在桑沟湾地图上选划一块水域，打开“养殖适宜性评价”标题栏，可分别选择养殖品种（包括海带、扇贝、牡蛎等选项），并且按照从低到高的顺序将各类评价体系划分层级，可以分别勾选，未勾选的层级不作为评价依据。

第一层级：政策法规。在底图上按照海洋功能区划进行初步分区，划出海洋保护区、海水养殖种质资源保护区和海洋生态红线区，以及港口、航道、旅游区等，根据与上述分区匹配程度，对海水养殖适宜性进行评价，将桑沟湾划分为可养区、限养区和禁养区（图 6.47）。

图 6.47　桑沟湾海洋功能区划

第二层级：环境适宜性评价。导入水温、水质、水动力等矢量化参数，每一参数（或指标）对应一个图层；根据不同品种的生理生态要求，对每个区块或网格适合养殖什么品种、适宜程度如何做出初步的判断。环境适宜性评价模型使用营养盐、水温、流速、盐度、光照等环境参数作为评价指标，将不同养殖品种对环境条件的生理需求作为评判标准（图 6.48）。

图 6.48　桑沟湾海水养殖政策适宜性评价

上述综合评价结果以图形和 PDF 文档的形式进行展示（图 6.49）。图形以不同的颜色表示适宜性的评价结果（最适宜、适宜、一般适宜、不适宜）。

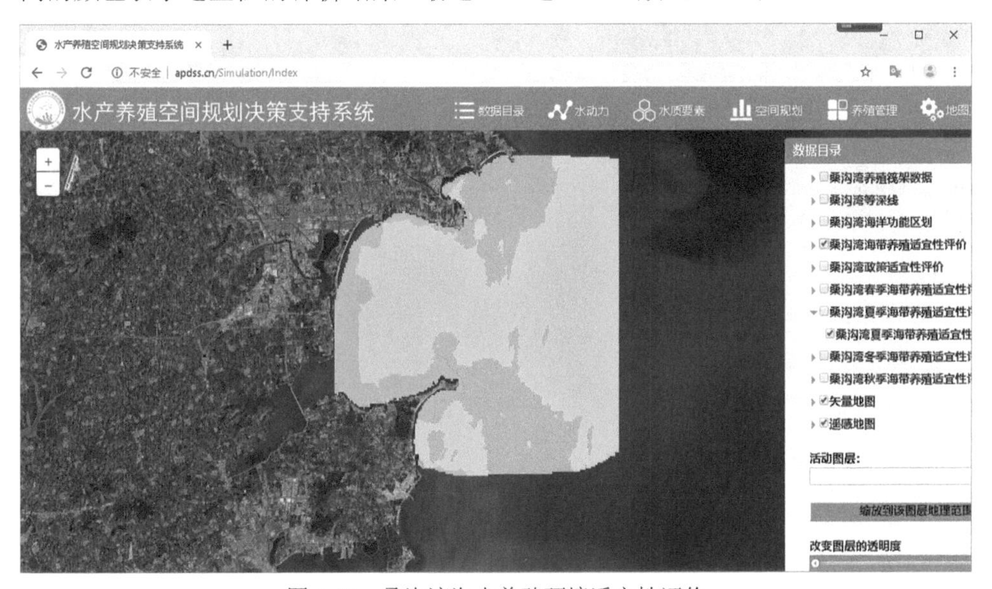

图 6.49　桑沟湾海水养殖环境适宜性评价

四、养殖管理

本模块为企业提供养殖管理方面的技术支持，实现数字化管理。包括养殖生物个体生长预测、养殖产量预测、养殖适宜性多准则判断和经济效益预估等模块。

1. 个体生长模型

个体生长模型用于模拟海带、牡蛎、扇贝等生物的个体生长，与桌面端系统中的模型原理相同。首先是建立基于动态能量收支理论、由基础生态环境参数作为约束因子的数值模型，通过自动导入系统数据库中的环境数据，可运行模型并得到一个养殖周期的个体生长曲线。每一种养殖生物的生长模型对应一个（或一组）曲线，并可同时显示生物的体长、体重（干重）、养殖周期等信息（图 6.50）。

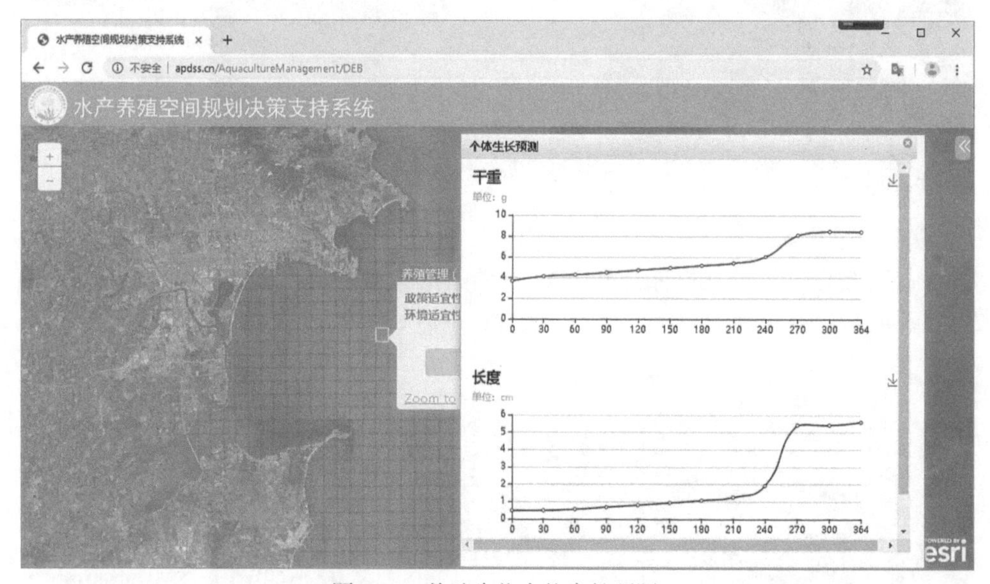

图 6.50　养殖生物个体生长预测

在适宜养殖的区域，点击养殖网格区域，选择个体生长模型种类，弹出个体生长模型对话框，点击“计算”按钮，模型运算完成后弹出结果对话框。模型计算结果以曲线进行显示，点击“下载”按钮，可以导出模型计算结果。

2. 养殖容量估算模型

基于水动力模型和 DEB 模型的综合评估结果，估算现有生态条件下可以达到的最大养殖产量，评价内容包括适宜的养殖密度、预期达到的区块养殖总产量等。针对每一个养殖区域（我们将桑沟湾分为四个区域）、某一种养殖生物（海带、贝类、鱼类等）的养殖容量估算都对应一组图层数据。

当用户点击每一个养殖分区时会给出不同养殖密度下养殖生物（海带、贝类等）的个体生长情况和总产量，将运行结果返回到在窗体上的曲线或柱形图层上，给出每个分区的适宜密度建议。

3. 多准则判断模型

本部分功能是将桑沟湾空间分为单位长度为1km的矢量网格，总计260个，每个网格具有多种准则属性，包括：是否符合海洋功能区划（是否与特定规划区域相冲突），是否符合渔业水质标准，是否远离一切污染源，是否与适宜性评估的结果相一致等多个因素，将多种因素作为判断准则及适宜性评价的数值赋值到每个网格。当鼠标点击单一网格时，系统判断该网格是否适宜开展水产养殖，并以对话框的形式反馈相应的信息（图6.51）。如果适宜开展水产养殖，则该网格不仅要满足政策适宜性评价的条件，也要满足环境适宜性评价的条件；如果其中有一项条件未能满足，则显示该区域不适宜。当所有适宜性评判准则都满足时，相应的对话框中会包含查询个体生长模型的链接，点击即可查看养殖生物的个体生长曲线。

图6.51　多准则判断养殖管理

4. 产量预测模型

以个体生长模型为基础，根据养殖场所在水域的环境条件、养殖场面积、养殖模式和养殖密度等，估算一个养殖场（或者一块区域）某种养殖生物在一个养殖周期结束时可以收获的养殖总产量。

5. 养殖经济模型

基于养殖产量、市场需求、预期价格、人工和生产成本等，对一个养殖场的毛收入和净利润进行预估，从而帮助养殖企业制定生产计划、控制成本、提高收益。

6. 养殖生态影响评价模型

基于水动力模型 + 污染物扩散模型的综合评估模型，对每一个养殖海区、某一种养殖生物（海带、贝类等）的（中长期）养殖环境影响做出评价。

该模型调用数据列表中的数据进行模型运算，结果以图形和 PDF 文档形式进行展示，图形显示了评价结果的不同分区，PDF 则进一步解释说明了评价结果。

五、地图工具

地图工具集成了地图缩放、地图漫游、地图标注、空间查询、地图量测和地图切换等功能，方便用户对地图进行操作。例如，利用曲线绘图工具，用户可以方便地在地图上标出其养殖场的位置（图 6.52）。

图 6.52　基本地图工具

六、帮助菜单

帮助菜单以文档的形式提供了系统详细的帮助信息。查看帮助信息，可以帮助用户更好地操作系统，进行规划决策工作（图 6.53）。

水产养殖空间规划决策支持系统
APDSS_Help.pdf
水产养殖空间规划决策支持系统(APDSS)
帮助文档
基于生态系统的水产养殖空间规划研究
APDSS

图 6.53　帮助文档

附录　桑沟湾海水养殖概况

桑沟湾内水域广阔，水流畅通，水质肥沃，自然资源丰富，是荣成市最大的海水增养殖区。桑沟湾的海水养殖以试养海带为起点，1957 年筏式养殖海带实验成功，1970 年达到 8800 亩，进入 20 世纪 70 年代中期，一直稳定在 16000 亩以上，总产量保持在 2.5 万吨以上，2007 年养殖面积达到 4335hm^2，产量达到 8.45 万吨；1972 年试养贻贝，到 1974 年贻贝养殖面积达 1 万亩；1979 年开始扇贝底播增养殖科研性试验，到 1982 年进入生产性的底播增殖，1985 年通过了全国首次扇贝生产底播验收，亩产达 350kg；1980 年起实验筏式养殖扇贝，1986 年养殖面积达 2000 亩，到 1988 年形成 1 万亩的养殖规模，总产达到 3.15 万吨，1999 年扇贝养殖面积为 1800hm^2；牡蛎养殖面积从 1999 年的 24hm^2 增至 2004 年的 600hm^2，2004 年，桑沟湾牡蛎的年产量增至 15 万吨；鲍的养殖面积从 1999 年的 19.2hm^2 增至 2004 年的 76.7hm^2，2007 年，桑沟湾鲍的年产量增至 1200t。

近年来，桑沟湾海水养殖规模不断扩大，海湾水域面积已被全部开发利用，并将养殖水域延伸到湾口以外，形成了筏式养殖、网箱养殖、底播增殖、区域放流、潮间带围海建塘养殖、滩涂养殖等多种养殖模式并举的新格局，增养殖品种有海带、裙带菜、江蓠、鲍、魁蚶、虾夷扇贝、栉孔扇贝、海湾扇贝、贻贝、牡蛎、江珧、毛蚶、杂色蛤、对虾、梭子蟹、仿刺参、牙鲆、石鲽、鲈鱼、黑鲪、六线鱼、马面鲀、河鲀等 30 多种，2018 年荣成市海水增养殖面积达 3.8 万 hm^2，养殖产量 80.5 万吨，养殖产值 146.8 亿元，其中桑沟湾养殖面积达 1.3 万 hm^2，产量 44 万吨，产值 77.8 亿元，分别占荣成市养殖总面积、总产量、总产值的 34.2%、54.7% 和 52.3%。

近年来，为了加强桑沟湾的保护和合理利用，基于高校、科研机构的研究成果，荣成市委、市政府实施了“721”湾内养殖结构调整工程，即总养殖面积中藻类种类占 70%，滤食性贝类种类占 20%，投饵性种类占 10%；通过调整养殖结构，传统养殖的比重不断下降，名特优养殖增势迅猛，以仿刺参、鲍、海胆为代表的海珍品养殖及多营养层次的综合养殖成为养殖业增长的主要因素；利用养殖品种间的互补优势实现生态养殖，从而降低了养殖自身污染，加快了海水交换量，提高了海水自净能力。2009 年到 2020 年间的海洋生态环境监测表明，桑沟湾海域环境状况良好，水质总体达到二类海水水质标准以上，能够满足海域使用要求，生物群落结构基本稳定，生物多样性较好，海洋生态环境持续保持良好。随着桑沟湾养殖品种的多样化，养殖模式也由海带、扇贝等传统单一养殖模式逐步发展成混养、轮养、多元养殖模式，并在近些年发展成为规模化的多营养层次综合水产养殖，取得了显著的经济、社会和生态效益。

结　语

海水养殖空间规划属于一个比较新的管理范畴，与之相关的应用研究和科技支撑都较为缺乏，理论体系尚不完备。但是，从2016年年底农业部印发《养殖水域滩涂规划编制工作规范》和《养殖水域滩涂规划编制大纲》以来，我国沿海地市已经相继开展并落实了海水养殖分区工作。目前的分区侧重于考虑海水养殖活动与不同生态功能区划分的衔接问题，而对于海水养殖的生态影响、海水养殖的环境适宜性，以及如何确定养殖密度以符合养殖容量的要求等方面，现有《养殖水域滩涂规划编制工作规范》尚未提出具体措施与方法。

在科技部国际科技创新合作重点专项“基于生态系统的水产养殖空间规划研究”（2016YFE0112600）项目的支持下，项目组围绕中国海水养殖分区管理的相关问题开展了大量研究，并且结合三年多的研究成果，初步构建了基于桑沟湾养殖区的水产养殖空间规划决策支持系统。对于如何将已有的生态学理论与知识转化成对水产养殖管理部门和养殖企业有用的工具，方便他们查询和使用，这个系统仅是一个初步的尝试。通过提炼和整理这三年来的主要研究成果，我们特别撰写了本专著，希望能在海水养殖空间管理方面，为相关的科研人员、管理部门和养殖企业提供一些新的思路和参考资料。

感谢苏纪兰院士、唐启升院士对本项目的悉心指导，感谢荣成市海洋发展局和青岛市科学技术局及山东省自然资源厅、山东省农业农村厅对本项目工作的大力支持！感谢原荣成市水产研究所连岩研究员为本项目提供了大量翔实的数据资料。

本书获科技部国际科技创新合作重点专项“基于生态系统的水产养殖空间规划研究”（2016YFE0112600）、国家重点研发计划项目“设施水产养殖智能化精细生产管理技术装备研发——水产动物重要生理生态行为与环境适应机理研究”（2017YFD0701701）、欧盟“地平线2020”计划（Horizon2020）项目“基于生态系统的可持续水产养殖空间拓展”（Ecosystem Approach to Making Space for Sustainable Aquaculture，AquaSpace，633476- H2020-SFS-2014-2），以及挪威外交部项目“环境和水产养殖治理”Environment and Aquaculture Governance（CHN17/0033，Ministry of Foreign Affairs，Norway）的资助，特此致谢。

刘　慧
2020年9月于青岛